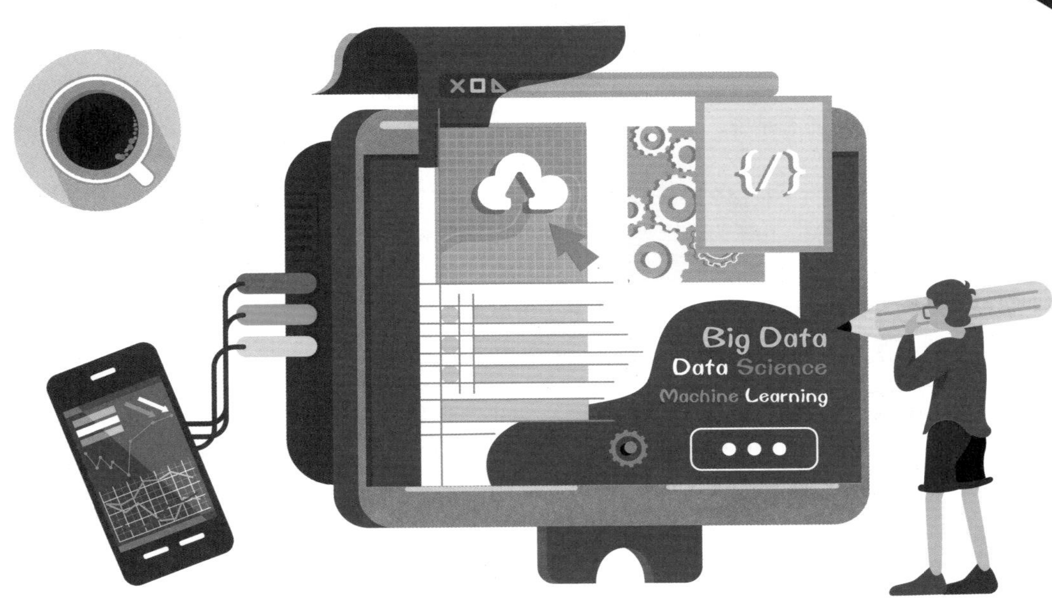

大话数据科学

大数据与机器学习实战（基于R语言）

陈文贤 编著

清华大学出版社
北京

内容简介

本书以独特的方式讲解数据科学，不仅让读者可以轻松学习数据科学理论，又可以动手（手算和机算）进行数据科学实战。本书特色：全彩印刷，图形、表格、思维导图丰富；避免深奥的数学证明，采用简单的数学说明；用各种学习图将本书内容贯穿起来；实战计算，包含小型数据的演算和大型数据的实战程序。

本书共13章，内容涵盖丰富的数据科学模型，包含关联分析、聚类分析、贝叶斯分类、近邻法、决策树、降维分析、回归模型等算法。利用小数据例题介绍计算步骤，同时用R语言验证计算结果。另外，也有大数据的案例数据，例如：推荐系统、支持向量机、集成学习等。另外，本书只有大数据的案例数据用R语言计算。

本书适合各个专业领域（包含金融、电商、保险、互联网等行业）想掌握数据科学的读者，也可以作为高校、社会培训机构教材。由于内容比较多，教师可自行选择教学内容。

图书在版编目(CIP)数据

大话数据科学：大数据与机器学习实战：基于R语言 / 陈文贤编著．—北京：清华大学出版社，2020.5

ISBN 978-7-302-55130-0

Ⅰ．①大… Ⅱ．①陈… Ⅲ．①数据处理②机器学习③程序语言—程序设计 Ⅳ．① TP274 ② TP181 ③ TP312

中国版本图书馆 CIP 数据核字 (2020) 第 047913 号

责任编辑： 栾大成
封面设计： 杨玉兰
版式设计： 方加青
责任校对： 徐俊伟
责任印制： 沈　露

出版发行： 清华大学出版社
网　　址： http://www.tup.com.cn，http://www.wqbook.com
地　　址： 北京清华大学学研大厦A座　　**邮　　编：** 100084
社 总 机： 010-62770175　　**邮　　购：** 010-62786544
投稿与读者服务： 010-62776969，c-service@tup.tsinghua.edu.cn
质 量 反 馈： 010-62772015，zhiliang@tup.tsinghua.edu.cn
印 装 者： 小森印刷（北京）有限公司
经　　销： 全国新华书店
开　　本： 188mm×260mm　　**印　　张：** 24.75　　**字　　数：** 528千字
版　　次： 2020年7月第1版　　**印　　次：** 2020年7月第1次印刷
定　　价： 128.00元

产品编号：079258-01

前　言

秋水时至，百川灌河；泾流之大，两涘渚崖之间不辩牛马。

于是焉河伯欣然自喜，以天下之美为尽在己。

顺流而东行，至于北海，东面而视，不见水端。

——《庄子·秋水篇》

互联网的时机到了，数据汇入数据库，流量之大，不能辨别分类聚类。

于是数据科学家沾沾自喜，以为大数据的美丽结果，我说了算。

数据流量顺势加大，汇流成海量，看数据沧海，不见因果关系。

——《大数据篇》

本书期望以深入浅出接地气的方式介绍数据科学，即帮助读者轻松学习数据科学理论，又有利于读者动手（手算和电算）完成数据科学实战。因此本书特色是：

① 一图抵千言

本书继承清华大学出版社出版的《大话统计学》一书学习地图的精神，内容尽量用图形、表格、思维导图说明。学习地图是让你知道你的位置，并且告诉你如何去目的地。

② 避免深奥的数学证明，采用简单的数学说明

奥卡姆剃刀原理（Occam's Razor）认为，最好的科学理论是能解释所有事实的最简单的理论（The best scientific theory is the simplest one that explains all the facts）。数据科学机器学习秉承简约法则：切勿浪费较多东西，去做“用较少的东西，同样可以做好的事情”，避免“过拟合”的精神。学会本书数据科学基本观念，可以进一步理解机器学习的理论证明和复杂模型，例如深度学习。

③ 章节连贯，一气呵成

本书说明了数据科学模型输入数据的类型和限制，算法的分类异同和因果关系，输出

结果的评价和优劣。数据科学要考虑：问题种类，数据来源，数据类型，分析方法，模型和算法，信息结果，验证评价和应用价值。有些实战数据出现在许多章节。

④ 动手计算

本书中有小型数据的例题演算，也有大型数据的实战程序。数据科学模型涉及关联分析、聚类分析、贝叶斯分类、近邻法、决策树、降维分析、回归模型等算法，利用小数据例题介绍计算步骤，同时用R 语言对照计算结果。另外，也有大数据的案例数据用R语言计算结果，例如推荐系统、支持向量机、集成学习等，只有大数据的案例数据用R语言计算。

因为本书使用R语言，而R语言的包、函数、数据、参数、输出信息等都是用英文，对每个名词的英文名词要特别注意，所以中英文索引很重要。本书中的R语言程序码（R例1.1～R例13.4）、实例的数据集（表2-4实战数据及补充数据如：北京PM2.5数据等）、出版后的索引、勘误表等，可在清华大学出版社扫码下载。

感谢台湾大学工业管理系杨立伟教授和计算机信息中心林淑芬教授提供部分素材。

衷心感谢清华大学出版社大力的支持和协助，使本书能够顺利出版。

由于作者的水平有限，本书中难免有不足和疏漏之处，恳请各位读者提出批评和建议，以便进一步修订和改进。

陈文贤

目　　录

第一篇　基础篇

第二篇 非监督式学习

第三篇 监督式学习

第一篇　基础篇

本篇内容涵盖机器学习驱动下的大数据所需的各种概念与技术。了解或掌握本篇内容以后，即可顺利进入后面的实战学习中。

第1章 大数据概述

学而时习之，不亦说乎？

——《论语·学而》

1.1 大数据与相关学科的定义

大数据（Big Data）与统计学、数据挖掘、数据科学、机器学习、人工智能和商业智能等相关技术，都是解决数据世界里的问题的算法和基础理论，应用在商业、医学、工程等各个领域。

以下就从大数据、数据挖掘、机器学习、知识管理、数据科学、人工智能、商业智能与统计学等学科领域，分别给出定义。这些定义有很多相同的地方，因为它们有很多共同的领域，其不同的地方，可以说是从不同的角度来看，也就是从挖掘、学习、学科、智能、知识等角度来定义。

1.1.1 大数据的定义

研究机构Gartner对于大数据给出这样的定义：大数据是需要新处理模型，才能具有更强的决策力、洞察发现力和流程优化能力来适应海量、高增长率和多样化的信息资产。

麦肯锡全球研究所给出的大数据定义是：一种在获取、存储、管理、分析方面，规模大到超出了传统数据库、软件工具能力范围的数据集合，具有海量的数据规模、快速的数据流转、多样的数据类型和价值密度低四大特征。

大数据的四大特性是4V：大、快、杂、疑，即数量庞“大”（Volume）、变化飞“快”（Velocity）、种类繁“杂”（Variety）、真实存“疑”（Veracity）。最后一个特性“疑”，有些负面，其实许多公司的大数据报导是存疑的，是忽悠人的，请见本章最后一节大数据的江湖门派。后来有人又加了一个特性：价值密度“低”（Value）。所以，大数据的特性如下。

- 大：数据量巨大，数据的记录或实例数量大，可能有成亿上兆笔。
- 快：数据成长快速，变化快速，算法快速，要跟上快速的脚步，唯快不败。
- 杂：数据变量繁杂，具有数字、文本、图片、视频、音频、地理位置信息等多种类型。
- 确：数据来源和分析结果的正确性与可靠性，需要评价。
- 值：分析结果的价值密度低。价值除以数据数量的密度低。

大数据就是要将这五个特性转换成正面的能量，所以有挖掘、学习、科学、智能。

大数据特性的数据表示如图1-1所示。

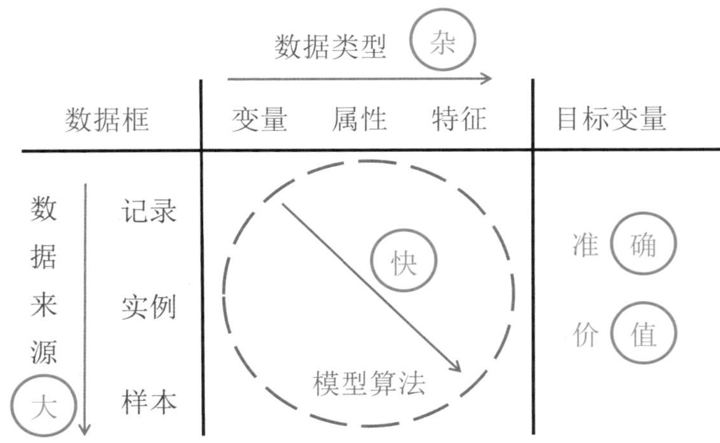

图1-1 大数据的“5V”特性

什么是价值？大数据的价值是什么？

我们看《复仇者联盟》中的美国队长、雷神索尔、钢铁人、浩克、蜘蛛侠，还有超人、蝙蝠侠等超级英雄的共同特征，除了有正义感，打击邪恶以外，就是：

- 速度快，几乎都会飞；
- 成长，有非凡的超能力；
- 变形，改变造型或有特殊兵器；
- 平台，超级英雄不再单打独斗，有总部或联盟。

信息系统的价值是：

- 经营（Run）：企业更有效率，更快速、更省钱；
- 成长（Growth）：营销、份额、品质大幅增长；
- 转型（Transformation）：企业转型或商业模型的改变；
- 平台（Platform）：互动共享的网络模型。

大数据的价值体现在以下几个方面。

- 经营：及时解析故障、问题和缺陷的根源。
- 经营：数据挖掘以规避欺诈行为。
- 成长：根据客户的购买习惯，为其推送可能感兴趣的优惠信息。
- 成长：从大量客户中快速识别出金牌客户。
- 成长：对大量消费者提供产品或服务的企业，可以利用大数据进行精准营销。
- 转型：制造业（如IBM）转型为信息服务业，中小微企业利用大数据做服务转型。
- 转型：传统企业面临互联网压力，必须进行转型，充分利用大数据的价值。

大数据使用模型，进而加深对重要用户的洞察力，可以追踪和记录其网络行为，识别业务影响；随着对服务利用的深刻理解，加快利润增长；同时跨多系统收集数据，发展IT服务目录。

大数据从采集、存储、预处理、建模、分析到形成结果的整个过程，涉及感知技术、存储技术、云计算技术、分布式处理技术等。建模分析技术有：统计学、数据挖掘、数据科学、机器学习、人工智能等。大数据是需要新处理模型才能具有更强的决策力、洞察发现力和流程优化能力的海量、高增长率和多样化的信息资产。对于很多行业而言，如何利用这些大规模数据是赢得竞争的关键。

本书的重点是大数据分析，也就是数据挖掘和机器学习。

本书定义的大数据的相关领域学科关系如图1-2所示。也许在其他文献或书本中的定义有所不同，这是信息管理的现象，没有完全一致的定义，尤其是一些机构每给出一个新的名词，就希望创建更前沿、更高等、更热门的名词、学科或产业。

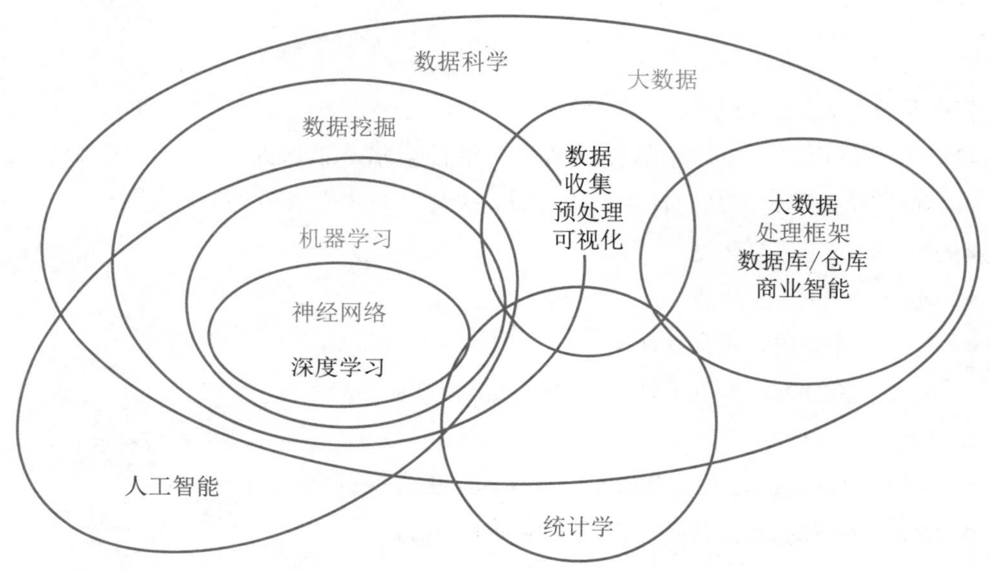

图1-2　大数据的相关领域学科关系图

1.1.2　数据挖掘

数据挖掘（Data Mining）一般是指从大量的数据中通过算法搜索隐藏于其中信息的过程。数据挖掘有以下一些不同的定义。

- “从数据中提取出隐含的过去未知的有价值的潜在信息。”
- “一门从大量数据或者数据库中提取有用信息的科学。”
- “从一个数据集提取信息，并将其转换成可理解的结构，以进一步使用。”

注意这几个关键词：未知的、潜在的、可理解的、有价值的、有用的信息。

数据挖掘是数据库知识发现（Knowledge Discovery in Databases，KDD）的分析步骤。

该术语于1989年出现，定义为“从数据集中识别出有效的、新颖的、潜在有用的，以及可理解的模型发现的过程”。

数据挖掘的理论技术可分为传统技术与改良技术两支。传统技术以统计分析为代表，统计学内所含时间序列、概率论、回归分析、类别数据分析、贝叶斯分类等都属于传统数据挖掘技术，因为数据挖掘对象多为变量繁多的数据，所以高等统计学的多变量分析、用来精简变量的主成分分析和因子分析、用来分类的逻辑回归和判别分析，以及用来区隔群体的聚类分析等，多用在数据挖掘分析方面。在改良技术方面，应用的有决策树理论、支持向量机SVM、随机森林法、类神经网络、关联规则法、深度学习等。数据分析趋势为从大型数据库抓取所需数据并使用专属计算机分析软件，数据挖掘的工具更符合企业需求。

数据挖掘方法也就是大数据分析方法是本书重点，下面简单介绍。

（1）分类方法：决策树（包括ID3、C4.5、Cart），朴素贝叶斯法，近邻法，支持向量机。

（2）预测方法：回归树，回归分析，时间序列。

（3）关联规则：Apriori算法。

（4）聚类分析：层次聚类，*K*-均值，EM算法，PAM算法。

（5）复杂数据类型挖掘：文本，网络，图形图像，视频，音频等挖掘与判别。

1.1.3 数据挖掘标准过程

跨行业数据挖掘标准过程（Cross Industry Standard Process for Data Mining，CRISP-DM）是1997年欧盟机构联合 DaimlerChrysler AG、SPSS、NCR、Teradata、OHRA共同开发的，如图1-3所示。CRISP提供了一种开放的、可自由使用的数据挖掘标准过程，使数据挖掘适合于商业或研究单位的问题求解策略。CRISP-DM具有产品中立性，使用上并不受限于特定作业平台。以下将介绍CRISP-DM作业程序的六个主要步骤。

（1）业务了解（Business Understanding）：理解企业需求，主要是以企业的观点，来找出推动此项目的目的，在此步骤前要先定义数据探勘问题，并且制订初步计划方案。决定商业目标，形势评估，决定数据探勘目标，及制订一个项目计划。

（2）数据理解（Data Understanding）：收集数据，了解数据源、数据库及数据仓储、数据特性，并对收集的数据做初步分析，包括识别数据的质量问题、数据的安全保护、找到对数据的基本观察，并设立假设前提。

（3）数据准备（Data Preparation）：主要为筛选数据中各项表格、记录以及变量，接着整理筛选出来的数据，应用于模型选择工具上。准备过程包括选择变量、清理遗失值、重构（定量定类数值）、整合及转换（标准化、归一化）数据。

（4）创建模型（Modeling）：这是数据挖掘中最引人注意的地方，也是本书的重点，此步骤着重于选择并应用一种或多种数据探勘技术，包括选择模型技巧（算法）、训练数据、机器学习、产生测试计划及模型评价。利用R语言，选择程序包、函数、参数。

（5）评估测试（Evaluation）：对数据探勘的结果是否达到商业目标做评估，包括评估结果、回顾数据探勘过程，主要为测试数据分析结果，并证实模型是否符合企业所推动方案的目的，以及进一步决定将来是否继续采用此模型。

（6）决策布署（Deployment）：此步骤主要是经评估后，若所建立的模型符合企业目标，则再进一步拟订该模型的推动计划。着重于将新知识融会到每天的商业运作过程中，从而解答最初的商业问题。包括计划发布、监控与维护、产生最终报告，及回顾整个项目。

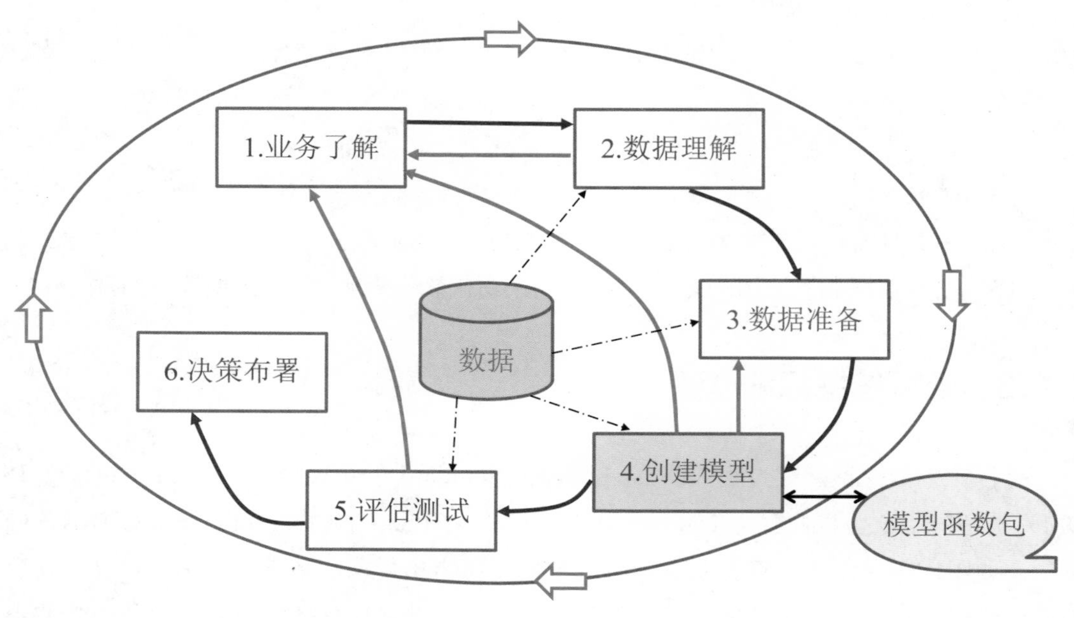

图1-3　跨行业数据挖掘标准过程

CRISP-DM如今已经成为大数据的行业标准，调查显示，50%以上的数据挖掘采用的都是CRISP-DM的数据挖掘流程。CRISP-DM 不只是应用在数据挖掘，也可以应用在工程或其他领域的项目中。

锻造大数据考虑CRISP过程：问题种类，数据来源，数据类型，分析方法，模型和算法，数据计算（程序代码、函数包或平台），信息结果，验证评价，应用价值。

如表1-1所示为CRISP-DM中六个主要步骤工作项目及产生的文档。

表1-1 CRISP-DM 六个主要步骤工作项目及产生的文档

业务了解	数据理解	数据准备	创建模型	评估测试	决策布署
决定业务目标 背景 业务目标 业务成功准则	**收集初步数据** 初步数据收集报告	**数据清理** 数据清理报告	**选择建模技术** 建模技术 建模假定	**评估结果** 评估数据挖掘结果和业务成功准则 认证模型	**策划部署行动** 部署策划
了解状况 资源现况 需求假设限制 风险应变 成本和效益	**描述数据** 数据描述报告	**建构数据** 给出属性变量产生实例记录	**产生数据** 训练数据 验证数据	**检讨过程** 过程检讨报告	**策划监督和维护** 监督和维护报告
了解数据挖掘 数据挖掘目的 数据挖掘成功准则	**探究数据** 数据探究报告	**整合数据** 数据合并	**建模** 参数设定 模型描述 模型输入数据	**决定下个阶段** 列出可能决策和行动	**产生最终报告** 最终报告
产生项目规划 项目规划 初步取得工具和技术	**验证数据质量** 数据质量报告	**格式化数据** 数据转换	**评估模型** 模型评估 修改参数设定（机器学习）		**检讨项目** 检讨报告
	选择数据 包容和排除数据	**数据抽样** 训练、验证、测试数据的抽样			

1.1.4 机器学习

机器学习（Machine Learning）是一门人工智能的科学（请见1.1.8节），该领域的主要研究对象是人工智能如何在经验学习中改善具体算法的性能。机器学习理论主要是设计和分析一些让计算机可以自动“学习”的算法。机器学习算法是从数据中自动分析获得规律，并利用规律对未知数据进行预测的算法。因为机器学习算法中涉及大量的统计学理论，尤其与推断统计学的联系密切，所以也被称为统计学习理论。机器学习的分析方法和数据挖掘有很多相同点，可以这样说：机器学习是从学习的观点来看数据挖掘。

机器学习已广泛应用于数据挖掘、计算机视觉、自然语言处理、生物特征识别、搜索引擎、医学诊断、检测信用卡欺诈、证券市场分析、DNA序列测序、语音和手写识别、战略游戏和机器人等领域。

机器学习有下面几种定义。

- “机器学习是对能通过经验自动改进的计算机算法的研究。”
- “机器学习是用数据或以往的经验，以此优化计算机程序的性能标准。”

- "一个计算机程序，执行一些任务（Task），从经验（Experience）中学习，改进工作衡量的绩效（Performance）。"
  - ◆ 机器学习的任务（T）是：分类、回归、关联或聚类。
  - ◆ 机器学习的经验（E）是：训练和验证模型。
  - ◆ 机器学习的评价绩效（P）是：分类的混淆矩阵，回归的R方。

机器学习专门研究计算机怎样模拟或实现人类的学习行为，以获取新的知识或技能，重新组织已有的知识结构使之不断改善自身的性能。

机器学习是人工智能的核心，是使计算机具有智能的根本途径，其应用遍及人工智能的各个领域，主要使用于归纳、综合方面。

学习是人类具有的一种重要智能行为，学习策略是指学习过程中系统所采用的推理策略。一个学习系统是由学习和环境两部分组成的。由环境部分（如书本或教师）提供信息，学习部分（学生）则实现信息转换，用能够理解的形式记忆下来，并从中获取有用的信息。在学习过程中，学生使用的推理越少，他对教师的依赖就越大，教师的负担也就越重。学习策略的分类标准，是根据学生实现信息转换所需的推理多少和难易程度来分类的，有以下七种学习类型。

（1）机械学习（Rote Learning）：不是"机器"学习，学习者无须任何推理或其他的知识转换，直接吸取环境所提供的信息。例如，生产装配在线的员工。

（2）示教学习（Learning From Instruction或Learning by Being Told）：学生从环境（教师或其他信息源如教科书等）获取信息，把知识转换成内部可使用的表示形式，并将新的知识和原有知识有机地结合为一体。所以要求学生有一定程度的推理能力，但环境仍要做大量的工作。学生拥有的知识可以不断地增加。学习的任务就是建立一个系统，使它能接受教导和建议，并有效地存储和应用学到的知识。专家系统在建立知识库时使用这种方法去实现知识获取。

（3）演绎学习（Learning by Deduction）：学生所用的推理形式为演绎推理。推理从公理出发，经过逻辑变换推导出结论。学生在推理过程中可以获取有用的知识。演绎推理的逆过程是归纳推理。例如，数理统计的定理证明。

（4）模拟学习（Learning by Analogy）：利用两个不同领域中的知识相似性，可以通过模拟，从源域的知识（包括相似的特征和其他性质），推导出目标域的相应知识，从而实现学习。模拟学习系统可以使一个已有的计算机应用系统转变为适应于新的领域，来完成原先没有设计的相类似的功能。模拟学习需要比上述三种学习方式进行更多的推理。在信息管理的研究中，很多研究者将技术接受模型TAM或层级分析AHP用模拟学习应用到其他领域。

（5）基于解释的学习（Explanation-Based Learning，EBL）：学生根据教师提供的目标概念、目标概念的一个例子、领域理论及可操作准则，首先构造一个解释来说明为什么该例子满足目标概念，然后将解释推广为目标概念的一个满足可操作准则的充分条件。EBL已被广泛应用于知识库求精和改善系统的性能。

（6）归纳学习（Learning From Induction）：归纳学习是由教师或环境提供某概念的一些实例或反例，让学生通过归纳推理得出该概念的一般描述（所谓泛化）。这种学习的推理工作量远多于示教学习和演绎学习，因为环境并不提供泛化。从某种程度上说，归纳学习的推理量也比模拟学习大，因为要发展后设概念，也就是泛化。机器学习的验证数据就是泛化。归纳学习是最基本的，发展也较为成熟的学习方法。

（7）创新学习（Innovation Learning）：科技上的发明、创造，除了经验，还有灵感和顿悟，是一种跳跃型学习。在人的主观作用推动下产生所有以前没有的设想、技术、文化、商业或者社会方面的关系。也指自然科学的新发现。创新具有某种不可预见性。科技创新是各创新主体、各创新要素交互作用下的一种复杂涌现现象，是技术进步与应用创新所构成的创新双螺旋共同演进的产物。大多数的创新行为都是未经计划的产物，因而创新是不能计划的。

机器学习对“经验”的依赖性很强。计算机需要不断从解决问题的经验中获取知识和学习策略，在遇到类似的问题时，运用经验知识解决问题并积累新的经验，我们可以将这样的学习方式称为“连续型学习”。但人类除了会从经验中学习之外，还会创造，即“跳跃型学习”。这在某些情形下被称为“灵感”或“顿悟”。计算机最难学会的就是“顿悟”，或者再严格一些来说，计算机在学习和“实践”方面，难以学会“不依赖于量变的质变”，很难从一种“质”直接到另一种“质”，或者从一个“概念”直接到另一个“概念”。未来的数据分析要给计算机学会“创造”提供学习的方法。这种方法为人的“创造力”的模型化提供了一种有效的途径。

机器学习的学习形式分类如下。

（1）监督式学习（Supervised Learning）：监督式学习从给定的训练数据样本，学习出一个规则或函数（分类器），当新的数据（记录）到来时，可以根据这个规则或函数预测结果。监督式学习的数据变量有自变量（特征）和目标变量。监督式学习算法主要有分类和预测，包括回归分析和统计分类。

（2）非监督式学习（Unsupervised Learning）：没有目标变量，主要应用于记录或实例的聚类、变量的关联规则、变量的降维。

（3）半监督式学习（Semi-supervised Learning）：训练预测非监督式的目标变量值，再监督式学习。

（4）强化学习（Reinforcement Learning）：强调如何基于环境（environment）而行动（action），以取得最大化的报酬（reward）。

1.1.5 知识管理

知识管理（Knowledge Management）是知识的分类和转移。知识的分类从层级来分有：数据创建信息，信息挖掘知识，知识产生智能，智能创造智慧。

知识的分类有许多不同的面向，以下是知识管理的面向。

❶ 内隐知识与外显知识

（1）内隐知识（tacit knowledge）：只能“意会”的个人的知识，例如，习惯、典范、行为、认知、预感、直觉等主观的经验性、模拟性、情境特殊性的知识，无法以言语文字表达，而存在于意见、人际网络、关系中。例如，如何骑脚踏车就是一种内隐知识；外科医师的手术技术、面包师傅凭着感觉揉面团，也是内隐知识。认知层面心智模式（mental model）、信仰（belief）、认知（perception）、心得等，都是内隐知识。

（2）外显知识（explicit knowledge）：可以“言传”，能够以报告、分析、手册、实践、说明、原则、公式、电子邮件、程序等表达的知识，例如，专利、项目报告、市场研究报告、计算机程序等。

❷ 知识领域与未知领域

一个人的知识领域和未知领域，如图1-4所示，包括如下内容。

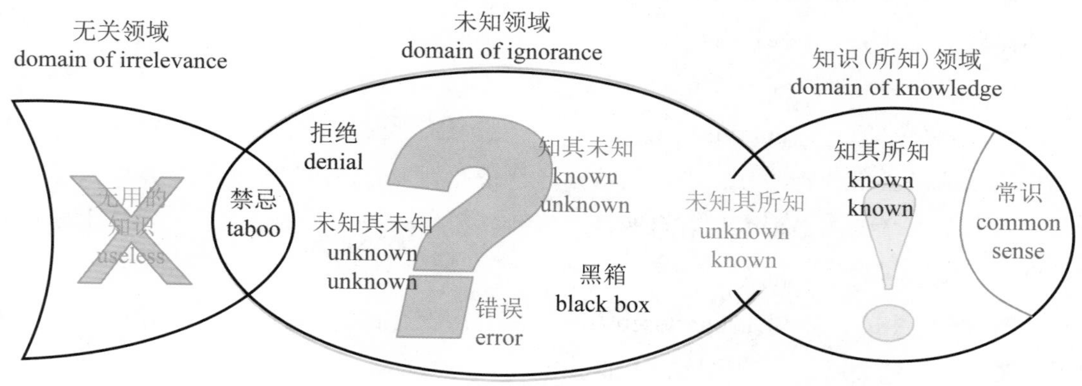

图1-4 知识领域

（1）常识（common sense）：大多数人都知道的（Things everybody know）。

（2）知其所知（known known）：知道自己了解的外显知识（Things you know you know）。

（3）未知其所知（unknown known）：不知道自己知道的内隐知识（Things you don’t

know you know）。

（4）知其未知（known unknown）：知道自己有不懂的（Things you know you don’t know）。

（5）未知其未知（unknown unknown）：不知道自己有不懂的（Things you don’t know you don’t know）。所谓“无知”还包括下述的“错误”。

（6）错误（error）：以为自己知道，其实是不懂的（You think you know but don’t）。

（7）拒绝（denial）：觉得太痛苦所以不想学的知识（Things too painful to know，so you don’t）。

（8）禁忌（taboo）：不能知道的知识（Dangerous，polluting，or forbidden knowledge）。

（9）无用的知识（useless）：知也无涯，无关的知识太多了。

信息、智能扩大已知领域，学习未知领域，改变错误的知识，认清自己的知识领域。

3 知识的转移

知识的转移，如图1-5所示。

从 \ 到	内隐知识	外显知识
内隐知识	共同化(共鸣的知识) 交谈沟通 脑力激荡 传授练习 案例讨论	外部化(观念的知识) 观念架构 汇总知识 请教专家 概念表达
外显知识	内部化(操作的知识) 观摩教育 举一反三 心得创意 自由意志	组合化(系统化知识) 文件学习 因果连接 数据挖掘 机器学习

图1-5 知识的转移

（1）共同化（socialization）：从个人的内隐知识转移到其他人的内隐知识。主要是流程导向的know-how知识和广泛地创造新知识。即CRISP过程的业务了解。

（2）外部化（externalization）：从个人内隐知识转移到其他人或群组的外显知识。主要是内容导向的know-what知识和集中地吸收新知识。即CRISP过程的数据理解和准备。

（3）组合化（combination）：从外显知识转移到外显知识。内容导向的know-what知识和广泛地创造新知识。即CRISP过程的创建模型和评估测试。

（4）内部化（internalization）：简称内化，从他人或组织的内隐知识转移到个人的内隐知识。主要是流程导向的know-how知识和集中地吸收新知识。即CRISP过程的决策布署。

知识的转移可以从个人到群体，而且是循环的，从共同化到外部化到组合化到内部化。

用知识转移的观念来说明机器学习的过程，最主要是抽象化和泛化，如图1-6所示。

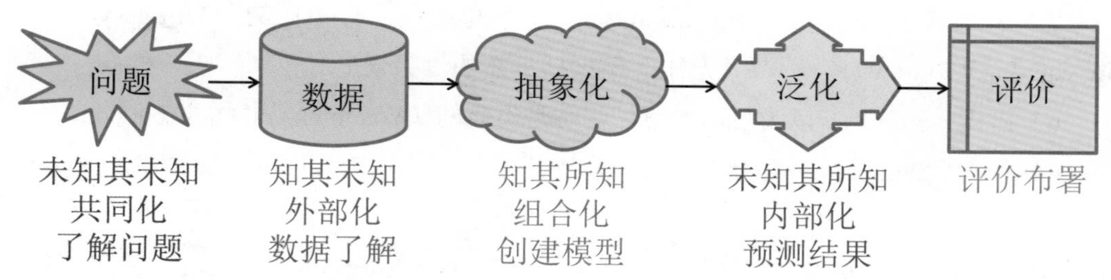

图1-6　机器学习的过程

（1）抽象化（abstraction）：机器学习的建模，抽象化的知识表达有：数学公式、关系图（如网络图、树图）、逻辑规则（if/then）、聚类图。简单地说，抽象化就是建模。

（2）泛化（generalization）：运用知识推广到其他情境，可能用到一些个人的自由意志（内隐知识），举一反三学习新规则。机器学习的泛化是用测试数据来评价模型。简单地说就是预测。

> 鲁棒性（1.2.8节）是泛化考虑的问题。
>
> 第8章中将近邻法称为懒惰学习，因为近邻法在抽象化(建模)和泛化(验证)方面，都不“努力”。

对应机器学习的过程如图1-6所示。

1.1.6　数据科学

数据科学（Data Science）是一门专门的学科（本科），研究数据的人称为数据科学家，所以数据科学是从学科或职业的角度，来看数据（包括统计学）或大数据。

数据科学的定义为：研究探索数据界奥秘的理论、方法和技术。数据科学研究数据本身，数据的各种类型、状态、属性及变化形式和变化规律。

数据科学已经有一些方法和技术，例如，数据采集、数据存储与管理、数据安全、数据分析、可视化等；还需要有基础理论和新技术，例如，数据存在性、数据测度、时间、数据代数、数据相似性与簇论、数据分类与数据百科全书、数据伪装与识别、数据实验、数据感知等。数据学的理论和方法将改进现有的科学研究方法，形成新型的科学研究方法，并且针对各个研究领域开发出专门的理论、技术和方法，从而形成专门领域的数据学，例如，行为数据学、生命数据学、脑数据学、气象数据学、金融数据学、地理数据学等。

从以上的说明可知，数据科学不仅是一个学科，还可以成为一个学院。

数据科学需要有三个领域的知识：统计演算知识，计算机科学知识，产业专业知识，如图1-7所示。前两者是技术层面，产业专业知识就是领域核心知识（domain knowledge），大数据的哲学思想。危险区域是只懂得计算机科学知识和产业专业知识，但是缺乏算法的逻辑观念，就会有产生错误判断的危险，如图1-7所示。机器学习是要有统计演算知识和计算机科学知识。

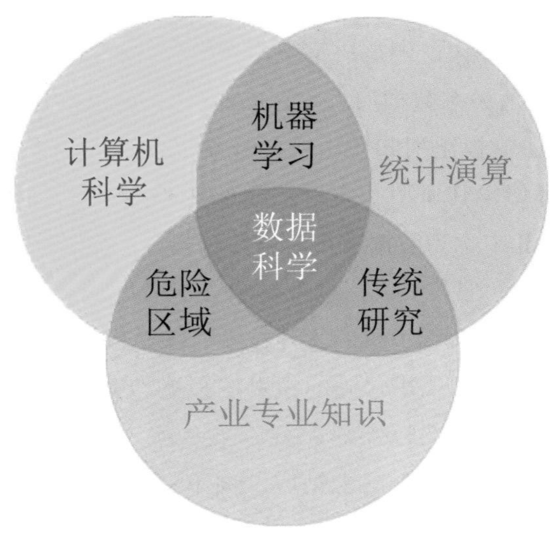

图1-7 数据科学是跨领域的学科

数据科学虽然是这三个领域的交集，实际上是要包括这三个领域的知识。

1.1.7 商业智能

商业智能（Business Intelligence，BI），又称商务智能或商业智慧，是用数据仓库技术、在线分析处理技术、数据挖掘和数据展现技术，进行数据分析以实现商业价值。商业智能技术提供使企业迅速分析数据的技术和方法，包括收集、管理和分析数据，将这些数据转换为有用的信息。

1958年，IBM将“智能”定义为：“对事物相互关系的一种理解能力，并依靠这种能力去指导决策，以达到预期的目标。”1989年，Dresner将商业智能描述为：“使用基于事实的决策支持系统，来改善业务决策的一套理论与方法。”1996年，Gartner机构给出商业智能定义为：“商业智能描述一系列的概念和方法，通过应用基于事实的支持系统来辅助商业决策的制定。”

商业智能是对商业信息的收集、管理和分析过程，目的是使企业的各级决策者获得知识或洞察力，促使他们做出对企业更有利的决策。商业智能一般由数据仓库、联机分析处理、数据挖掘、数据备份和恢复等部分组成。

数据仓库（Data Warehouse）和数据集市（Data Mart）产品，包括数据转换、管理和存取等方面的预配置软件，通常还包括一些业务模型，如财务分析模型。

BI数据处理大致可以分成两大类：**联机事务处理**（On-Line Transaction Processing，OLTP）和**联机分析处理**（Online Analytical Process，OLAP）。OLTP是传统的关系型数据库的主要应用，主要是基本的、日常的事务处理，例如银行交易。OLAP是数据仓库系统的主要应用，支持复杂的分析操作，侧重决策支持，并且提供直观易懂的查询结果。

OLAP 的概念最早是由关系数据库之父E.F.Codd于1993年提出的，他同时提出了关于OLAP的12条准则。OLAP的提出引起了很大的反响，OLAP同OLTP明显区分开来。OLAP工具提供多维数据管理环境，其典型的应用是对商业问题的建模与商业数据分析。OLAP又被称为多维分析。在 Excel 中称为数据透视表枢纽分析。

OLAP是使分析人员、管理人员或执行人员能够从多角度对信息进行快速、一致、交互的存取，从而获得对数据的更深入了解的软件技术。OLAP的目标是满足决策支持或者满足在多维环境下特定的查询和报表需求，它的技术核心是“维”这个概念。OLAP的数据格式在 R 语言是数组（array），请见2.3.9节。

OLAP的基本多维分析操作有：向上钻取、向下钻取、切片和切块、挖掘（跨业务维度）、透视、排序、筛选、翻阅、旋转等。钻取是改变维的层次，向上钻取是在某一维上将低层次的细节数据概括到高层次的汇总数据，或减少维数；而向下钻取则相反，它从汇总数据深入到细节数据进行观察或增加新维。切片和切块是在一部分维上选定值后，关心度量数据在其他维上的分布。如果其他的维只有两个，则是切片；如果有三个，则是切块。旋转是变换维的方向，即在表格中重新安排维的放置（例如行列互换）。OLAP可用于提供关于绩效的基本详细信息，抽取、转换、搜集数据。

商业智能用的工具还有记分卡、仪表板、企业报告、预测分析、通知警报、数据挖掘和在线分析等，允许用户容易地从多个角度选取和查看数据。

商业智能企业导入优点：

①随机查询动态报表；

②掌握指标管理；

③随时在线分析处理；

④可视化的企业仪表板；

⑤协助预测规划。

1.1.8 人工智能

1 人工智能的定义

人工智能（Artificial Intelligence，AI）是关于智能的学科，是研究怎样表示智能以及怎样获得智能并使用智能的科学。

人工智能是研究如何使计算机去做过去只有人类才能做的智能工作，研究、开发用于模拟、延伸和扩展人的智能的理论、方法、技术及应用系统的一门新的技术科学。

人工智能企图了解智能的实质，并生产出一种能以人类智能相似的方式做出反应的智能机器，该领域的研究包括机器人、语言识别、图像识别、自然语言处理和专家系统等。人工智能可以对人的意识、思维的信息过程进行模拟。

人工智能是研究使计算机来模拟人的某些思维过程和智能行为（如学习、推理、思考、规划等）的学科，主要包括计算机实现智能的原理、制造类似于人脑智能的计算机，使计算机能实现更高层次的应用。

2 人工智能简史

1950年：图灵测试。测试者向被测试者（人或机器）询问问题，如果有超过30%的测试者无法确认被测试者是机器，则该机器被认为具有人类智能。图灵奖是以图灵（Turing）为名。

1956年：达特茅斯会议AI的诞生。

1950—1970年：符号主义，推理系统。

1970—1980年：AI之冬。

1980—1987年：专家系统（如医疗专家系统）。

1987—1993年：第二次AI之冬，对专家系统的失望。

1980—2000年：统计学习，机器学习（数据挖掘），神经网络，遗传演算。

2006年至今：大数据的计算能力，AlphaGo围棋比赛，深度学习。

3 人工智能的理论体系和技术体系

人工智能理论体系：哲学、数学、计算机科学与工程、心理学、经济学、数理逻辑、神经科学、信息论、控制论、仿生学、生物学、语言学等多门学科。

人工智能技术体系：机器学习算法、机器学习架构、自然语言理解、计算机视觉、智能机器人、知识表示、自动推理、智能搜索、自动程序设计等方面。另外还有：机器视觉，指纹识别，人脸识别，视网膜识别，虹膜识别，掌纹识别，感知问题，模式识别，逻辑推理程序设计，智能控制，软计算，不精确和不确定的管理，神经网络，遗传算法。

4 人工智能实际应用

例如，机器学习，神经网络，深度学习，文本挖掘，自动规划，智能搜索，定理证明，自动程序设计，智能控制，机器人学，语言和图像理解处理，遗传程序设计，自动驾驶，互联网和移动互联网的应用。

早期的专家系统，现在进步的AI应用：智能金融，智能医疗，游戏博弈，家用机器人和服务机器人，智能制造业，人工智能辅助教育，智能农业，智能新闻写作，机器翻译，机器仿生，智能律师助理，人工智能驱动的娱乐业，人工智能艺术创作，智能客服，智能国防，智能审计，智能营销等。

⑤ AI 的其他问题

例如，伦理、法律、社会、产业、教育和人类的问题。

由上述可知，AI 的理论技术和应用领域范围太广，学习 AI要找到一个利基市场。人工智能最关键的难题，还是机器的自主创造性思维能力的塑造与提升。

⑥ AI 的类型

Russell 2016 将AI分为两个方面，四种类型。虽然这些类型的界线正在逐渐整合和模糊。

AI 目的方面

- 行动（Acting）：行为的过程，学习、感知、决策，弱人工智能（weak AI），无自主意识。
- 思考（Thinking）：思考的过程，有创意和情感，所谓强人工智能（strong AI）。

AI 绩效方面

- 人性化（Humanly）：验证科学（包括观察和假设），归纳法容许错误。
- 理性化（Rationally）：用数学和工程寻找正确的答案，演译法证明结论。

上述两个方面，四种AI的类型，如图1-8所示。

AI	人性化	理性化
行动	1. 人性化行动	4. 理性化行动
思考	2. 人性化思考	3. 理性化思考

图1-8　AI的类型

（1）人性化行动：图灵测试（turing test）的方式

图灵测试是AI 的行为，使人无法辨别是机器还是人的行为。AI的人性化行动，几乎包括多数的AI领域。

- 自然语言处理：能够处理和沟通人类的语言。
- 知识表达：感知存储视听，可以写歌词作诗。
- 机器学习：根据情况（数据），侦测和探索模式，自动化推论、深度学习。
- 计算机视觉：辨识视听结果，语音识别、人脸识别、动作识别。
- 自动化推理：存储信息回答问题，得到新的结论。

- 机器人：操作与移动机器，无人驾驶。

（2）人性化思考：认知模型（cognitive modeling）的方式

认知模型可以说是“人心”的意思，人的心脏（heart）没有思考能力，人心（mind）是人的情感。如果能充分了解人的心智想法，就可以用计算机程序表达。人性化思考有三种方式：

- 通过内省：尝试抓住“想法”的进行。
- 心理实验：观察人的行动和心理状态。
- 大脑的想象：神经生理学，观察大脑的行动。

（3）理性化思考：思考法则（laws of thought）的方式

思考的法则理论有哲学的逻辑，符号主义，推论系统。人和计算机不可能完全理性化。

- 数学证明或发展新理论。

（4）理性化行动：合理化代理（rational agent）的方式

- 智能代理：智能体，处理查询并返回结果的软件。应用于金融、医学、管理。
- 游戏下棋：西洋棋或围棋（AlphaGo 战胜人类对手）。

> Russell 2016 和Poole 2017的人工智能AI 是基于智能代理的理论。
>
> AI领域的应用，可以考虑CRISP过程：问题种类，数据来源，数据类型(是否大数据？)，模型和算法，数据计算(程序代码、函数包或平台)，信息结果，验证评价，应用价值。
>
> 人类的神童是记忆能力超强、计算(心算)能力超强，还是思考能力超强?
>
> 计算机有前两项能力，在AI方面如何超越人的思考能力?

1.1.9 统计学与大数据比较

统计学分析的过程如图1-9所示。

问题 → 总体 → 变量 → 参数 → 抽样 → 随机 → 统计量 → 建模 → 结论 → 价值
目标　定义　未知　概率论　变量　估计检验　抽样误差　样本数据　决策

图1-9　统计学分析的过程

大数据分析的过程如图1-10所示。

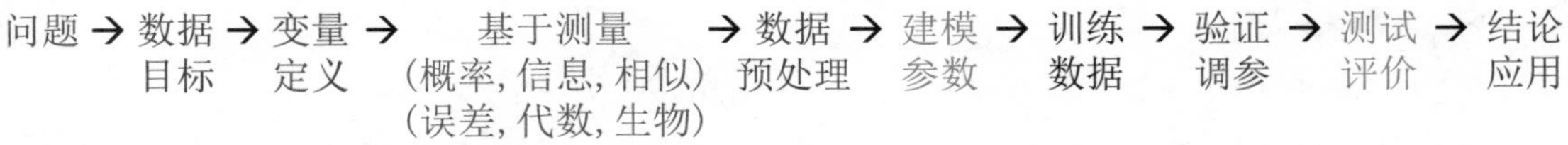

问题目标 → 数据定义 → 变量 → 基于测量（概率, 信息, 相似）（误差, 代数, 生物） → 数据预处理 → 建模参数 → 训练数据 → 验证调参 → 测试评价 → 结论应用

图1-10　大数据分析的过程

统计学和大数据的比较如表1-2所示。

表1-2　统计学和大数据的比较

	传统统计学 黑板统计学	现代统计学 PC统计学	大数据 数据挖掘，统计学习
目标	估计和检验总体的参数和预测		数据的关联规则、聚类规则（关系），分类规则、预测规则（因果）
因果关系	检验假设，寻找显著的因果或关系，先设因果假设，再作检验（1.3.3节）		找规则，找相关，找因果，分类，关联、顺序，聚类，预测
数据变量	总体，抽样的样本，大约1000多个样本即可 变量：定类、定序、定距尺度的数据，结构化数据		所有数据，样本=总体， 变量：定类、定序、定距尺度的数据，及文本非结构化数据
样本	样本数据，推论的根据		训练数据、验证数据、测试数据
来源	市场调查、产品抽查、控制实验		数据库、数据仓储、网络数据
原理	以样本（小量）的数据，利用随机变量抽样误差的理论，达成精确度高的推论，例如估计的置信度和检验的p值		没有随机变量抽样误差，有训练误差（偏差）、验证误差、测试误差（方差），过拟合问题
方法	基于概率理论（参数的统计量随机变量），抽样误差		基于概率、信息、误差、代数、距离相似、生物等理论（1.3.5节）
驱动	模型驱动数据		数据驱动模型
参数	总体参数：均值、方差、比例、回归 系数，估计检验的对象。 模型输出的参数，1.2.7节的O参数		处理模型的参数，1.2.7节的P参数，超参数、阈值，机器学习训练的对象
数据预处理	检查数据是否符合假定条件： 变量独立，正态分布，方差相等。避免非抽样误差： 《大话统计学》1.4节 《大话统计学》16.2节		数据可视化，描述统计（summary） 数据转换：标准化与正规化（4.2.2节） 分箱（10.2.8节） 数据归约：变量降维（第5章）
算法	简单公式 近似正态 人工计算	复杂公式如：百分位、偏态、峰态公式等请见《大话统计学》， 自助估计法（6.2.2节）	模型求解有多个算法，有程序包有的模型算法，当作黑箱（1.2.2节），调用机器学习包
	没有黑箱模型		
工具	概率表，检验临界值表小型计算器	PC统计软件，SPSS，《大话统计学》：中文统计	大型计算机或分布式处理，R，Python 语言，机器学习包（或平台）

1.1.10 数据名词的定义

数据的名词定义如图1-11所示。

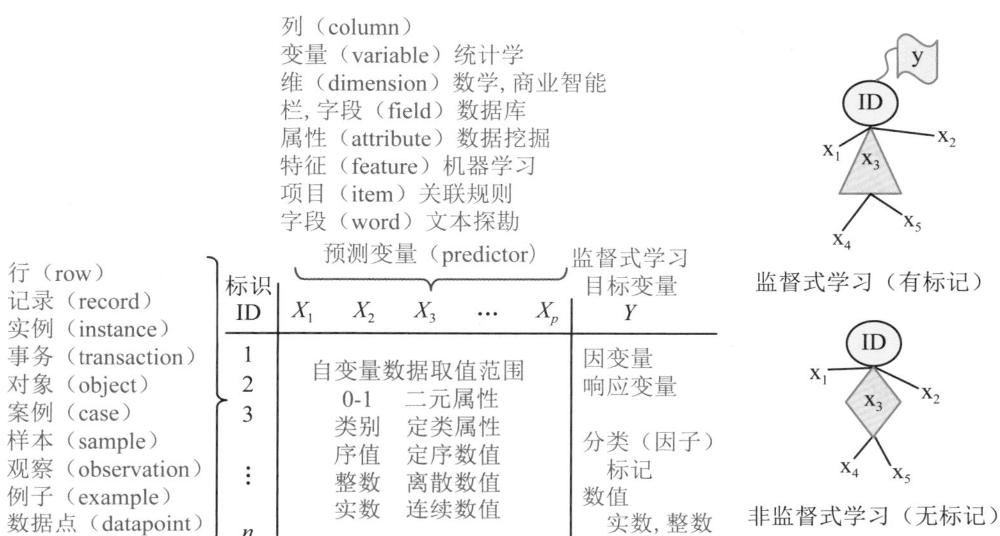

图1-11 数据名词定义

将大数据的重点名词画成大数据 R语言词云图，如图1-12所示。

图1-12 大数据R语言词云图

R程序代码请见本章附录。

1.2 系统与模型概念

本节介绍的系统与模型的概念，包括：系统定义，系统成分（目标、实体、属性、活动），一般系统（输入、处理、输出），环境，反馈，黑箱，模型，假定和参数，还有敏感性、稳健性、鲁棒性、过拟合。AI的知识图谱（Knowledge Graph）可以从系统概念开始。

1.2.1 系统定义与成分

系统（system）是一个很普遍的名词，在生活中或学术中无处不在。例如，教育系统、人体系统、神经系统、语言系统、经济系统等。在经济系统中，以物品和服务来交换相等价值的物品与服务，而且利用良好的经济系统，多数人能获得利益或满足需要。

系统有许多不同的定义，比较通常的定义是：一些相关的人、事、物、观念或活动，有其共同的目标，形成一个逻辑性、概念性或功能性的组合。

本书要研究的系统是数据系统。

系统有下列四个成分。

（1）目标（objective）：系统要达到的目标，数据系统的目标是价值。

（2）实体（entity）：企业系统的实体是资源，数据系统的实体是对象、记录、实例。

（3）属性（attribute）：实体的性质或观念，例如，实体的数量、质量、数据（信息）、观念（文化）、技术、状态、关系、结构、因果等。数据系统的属性是“变量”，以数据的属性为主，去分析信息系统。

（4）活动（activity）：属性的变化过程，例如，行动、过程、规划、组织、控制。数据系统的活动是建模、分析、评价。

信息系统分析中，面向对象分析（Object-Oriented Analysis）的对象的定义是：对象是系统中特定实体（entity：如汽车，订购单）或有意义的概念（如会计科目），本身存有一组信息来表示对象的现况（属性，状态），同时拥有一组属于该对象的行为（活动或操作），可改变此对象的现况。

信息在实体世界中是属性，在虚拟（数字）世界中是主体，说明了从不同角度看系统，有不同的叙述。管理，除了目标决定很重要，活动的选择就是策略的决策。

统计学的目的（目标）有以下四个。参考《大话统计学》第1章。

（1）了解现象：描述统计是了解数据的呈现与性质。

（2）推测总体：统计检验和估计是推测总体。

（3）知道因果：两个总体检验、方差分析、回归分析是知道因果。

（4）预测未来：时间序列是预测未来。

大数据的目的同上，除了第2项改为：推测总体数据的结构。

电子商务的商业模型有以下四大元素（对照1.1.1节中的IT价值）。

（1）顾客价值定位：顾客价值成长与平台。

（2）利润公式：商业成长。

（3）关键资源：商业经营。

（4）关键过程：商业转型。

前两项是目标，第3项是实体和属性，第4项是活动。

1.2.2 输入，处理，输出与黑箱

系统通常有输入（input），处理（process）和输出（output）。系统实体的相互关系与活动，形成一个转换处理，将输入转换成输出，而达到系统目标。

信息系统的输入、处理、输出，如图1-13所示。在这个图中，除了输入、处理、输出以外，还有目标、反馈与控制、数据与信息、5W1H（Why，What，Who，When，Where，How），以及计划执行考核行动（全面质量管理的PDCA）。

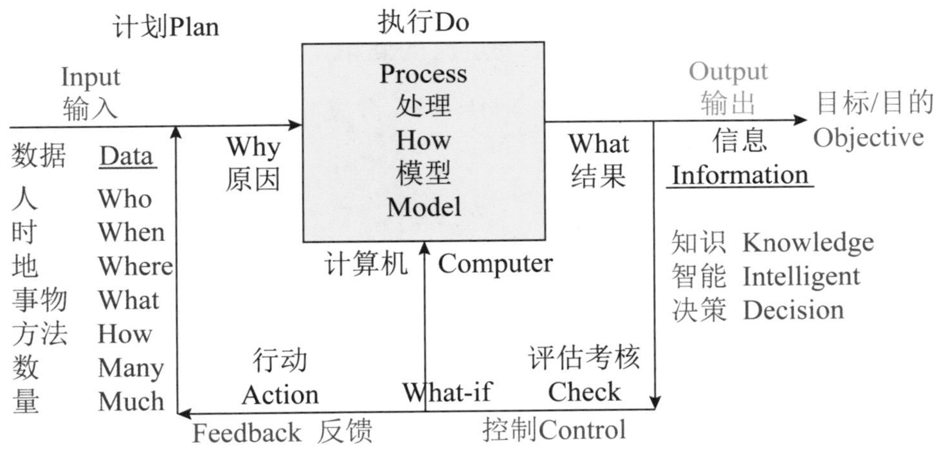

图1-13 信息系统的输入、处理、输出

黑箱或黑盒（Black Box），指一个只知道输入输出关系而不知道内部结构的系统或设备。与之相反的是白箱。如果系统的输入和输出已知，但是其处理转换过程没有定义，则称这个系统为黑箱。黑箱的概念应用于信息系统分析与设计，可以先将一些子系统当作黑箱，例如，已经设计好的模块或暂时不要分析的子系统，会使分析工作更容易一点儿。对于有些管理人员或决策者，有些系统（如专家系统）或模型（如数量模型或决策支持系统），只要知道其输入的是哪些数据，输出的信息有什么意义，至于其处理过程不一定要

非常清楚，就可以把它当作黑箱。黑箱的概念可使事情简化。科技顾问、软件公司，如果只重视输入输出的包装，例如，很亲切的图形用户接口，而其黑箱的处理没有达到效率或效果，而且不让顾客学习技术，或修改其处理过程，这种黑箱是不好的。

有人说“接口都封装好了，调个包就行”，意思是：将程序“包”封装成黑箱，只要知道输入的接口就行。

学习是不同层次的黑箱，例如，支持向量机分类法，你要懂得支持向量机的概念如超平面与支持向量，那是白箱；然后是核函数的概念，那是灰箱；最后是支持向量机的算法，如对偶题和拉格朗日函数，对于有些人来说，那是黑箱，如图1-14所示。算法程序设计一定要打开黑箱，否则就用“包”。

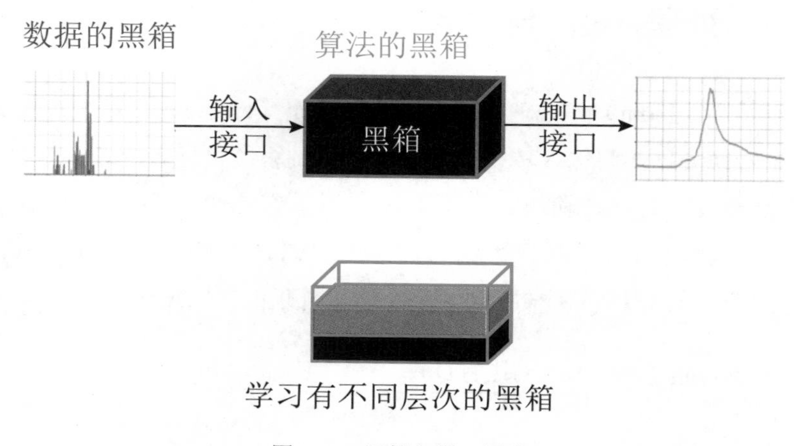

图1-14　黑箱与学习层次

1.2.3　环境

系统的环境（environment）用于回答以下两个问题。

第一个问题：这个事物对系统目标是否重要或有影响？

第二个问题：系统分析师（或系统决策者）是否能够影响这个事物？

如果第一个问题的答案是肯定的，而第二个问题的答案是否定的，则这个事物是系统的环境。换句话说，环境因素是：①会影响系统的目标；②系统对这些因素的控制能力是有限的或根本无法控制。企业的高阶策略管理，主要是能够进行环境侦测，其重点是：①找出环境中的关键变量，②这些变量是否变动？变动方向如何？变动速度多快？③是否应计划行动方案，以应付变动？环境变动程度越大，越需要环境侦测，而需要信息处理的能力越高、越快速。环境侦测是企业策略规划的重要一环。

系统环境是无法控制的，所以要针对其变化，采取应变措施。现代企业不应该只是适应快速变迁的环境，而是要专注地开创新机会、新环境。环境的变化当然会影响到系统边界的变化，环境变化很大的话，可能使系统消失。换言之，环境变化可能使企业失败或消失。

学习和训练的差别是：学习系统的目标价值是学习者，环境是老师和书本。训练系统的目标价值是训练者（老板、驯兽师），不是被训练者（工人、动物），当被训练者训练完成，就不再成长，而学习者是主动地学习，不断地成长，这就是智能。

1.2.4 反馈

通常系统都要有反馈（Feedback）过程，反馈是为了确保系统的正确操作，相当于管理学中的控制功能。系统的反馈，有下列四个步骤。

（1）根据系统目标定出可接受的输出标准；计划要改善的项目。

（2）设定衡量输出的方法与绩效指标；执行改革项目。

（3）比较实际输出与标准；检查项目改善成效。

（4）采取改进的行动。如果成效显著，将改革结果变成新的作业标准。

这四个步骤，相当于全面质量管理的P（Plan，计划）、D（Do，执行）、C（Check，检查）、A（Action，行动）的循环。

最早的人工智能系统的温度控制就是系统反馈。

机器学习的验证集和评价，第6章介绍的模型评价与选择，就是反馈。

1.2.5 效率与效果

每个系统最重要的问题是，如何去评估衡量系统的绩效。系统观念建议两个主要的绩效衡量：一个是效果（effectiveness），另一个是效率（efficiency）。

引用管理学者Warren Bennis的话来说明效率与效果的差别：“管理者做正确的方法，领导者做正确的事。”（Managers do things right. Leaders do the right thing.）。效率是做正确的方法（Do things right.），效果是做正确的事（Do the right thing.）。炸鸡店的口号“We do chicken right” 意思是“我们做鸡肉的方法是对的”。

效果是衡量系统的输出达成目标的程度，因为输出代表系统存在的理由，要有效果就是要做出正确的结果。以生产系统来说，效果是生产正确需要的产品。效率是衡量系统如何使用最少的输入来达到最大的输出。效果是正确的生产方式，效果是正确的生产结果。效果是决定做什么（what），效率是决定如何做（how）。如果生产方针（效果）弄错了，生产（效率）再好、再省钱也没有用。

大数据的分析模型或算法，效率是计算的快速，例如，关联分析的Apriori计算频繁项集和关联规则。而FP算法或Eclat算法，如果比较快但计算结果相同，这就是效率。效果是计算结果的正确性，例如，准确结果的分类，较好的聚类分群，有价值意义的规则，正确的预测结果。

1.2.6 模型与建模

系统方法重要的是建立模型（Model），简称建模。因为真实系统通常是错综复杂的，不能重复实验的，或者是未知的。所以，我们要先在模型上研究出最好或较好的决策方案，然后再实施于实际。系统难以进行分析及解决问题，因此必须把系统简化。所以模型就是系统的简化、抽象化，它是系统的一个表达方式，而不利用到系统本身。模型是为了研究系统，将系统中的目标、实体、属性、活动、输入、处理、输出等关系描述出来。因为系统简化的程度不同，所以系统的模型不是唯一的。例如，地图就是实际系统（城市）的一个模型，地图有不同程度的简化（只有高速公路的地图，只有干道大马路的地图，大街小巷都有的地图），例如，在地图上的“＋”和“－”。为了不同的研究而有不同的模型，同时每次反馈（评价）也可能修改模型。

第6章模型评价给出了模型复杂度，复杂模型（地图）偏差小但是推广泛化能力差。

所以模型是系统的一个代替、简化、抽象或仿真，以便说明系统，甚而在模型上找答案以解决实际系统的问题。

图形、表格、公式、画板等都是模型，我们通常在模型上做分析，而不在真实系统上做。因为在实际系统上做实验，是很昂贵或不可行的。模型可以进行“若这样会如何”（what-if）的模拟，以实验数种工厂布置的方案。

知识表达的方法，可以归纳为：层次图、坐标图、矩阵图、网络图。例如，新旧品管QC七大工具（手法），其中，鱼骨图（或称石川图、因果图、特性要因图）就是层次图，中间的大骨头是最上层，各个细骨头是层别。大数据的分析模型有：层次图（聚类）、坐标图（回归）、矩阵图（贝叶斯、混淆矩阵）、网络图（类神经网络）。大数据的模型输出有各种可视化图形。

模型运用的过程包括：建立模型、模型求解、得到解答，如果不满意解答，则修改模型，重复上述阶段，如果满意解答，则执行解答决策与实施控制。Simon的理论中，决策过程分为理解、设计、选择和实施四个阶段。图1-3所示的跨行业数据挖掘标准过程 CRISP-DM 也是一个建模过程。

如图1-15所示为模型应用的概念图，水平是从真实到抽象，垂直是从叙述到方法。建立模型要了解系统，形成问题，知道其前因后果。建立模型没有标准答案，艺术多于科学（客观），所谓艺术是指有很多个人的主观感觉、经验和判断。在模型处理阶段，是找出模型的解答，这还不是系统的解答。经过决策者选择或确认解答，在实际系统实施解答（布署决策）。如果发现解答不合乎系统，要修改模型，再找新的决策，这是评价反馈或维护。

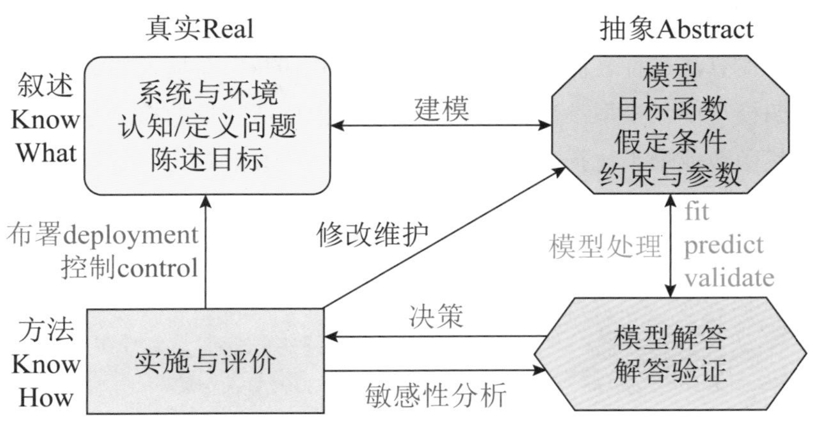

图1-15 模型与建模

R语言通常用model、m 或 fit 表示模型。例如：

```
> m <- lm(y ~., data)  # m 是数据 data 因变量 y 的线性模型
```

1.2.7 模型的假定与参数

模型的假定（Assumption）是模型的约束条件（如变量的线性关系），或假定条件（随机变量的正态、独立、相同分布或相等方差）。

模型中的参数（parameters）是已知确定的（输入的参数）、未知的常数（输出的参数）或模型调整的数值（模型处理的参数）。

作业研究（运筹学）的线性规划模型的参数是已知确定的（敏感性分析考虑变动），例如：

$$\text{Max } c^{T}x,\ \text{s.t.} Ax \leqslant b,\ x \geqslant 0$$

目标线性函数和约束条件的系数 c，A，b 是输入的参数，称为 I 参数（Input）。

统计学模型的参数是未知的常数，例如，总体均值、方差、比例值、相关系数、回归系数等，是统计学模型要估计或检验的对象，这是输出的参数，称为 O 参数（Output）。

大数据机器学习的参数有算法的参数，是处理模型的参数，称为超参数。例如，随机森林的树的数目、树的深度等。关联分析的阈或阈值，临界值或门坎值，是模型的算法参数。阈值（threshold）是令对象发生某种变化，所需的某种条件的值，称为 P 参数（Process）。

调优参数（tuning parameters）是调整模型参数，例如，逻辑回归损失函数中惩罚的正则化强度（regularization strength），或决策树分类器最大深度的设置值，都是 P 参数。

6.4.1节和8.1.3节参数学习与非参数学习，简单的说，参数学习是固定的O 参数（参数数目不因样本量而变动），非参数学习是变动的P 参数。

模型参数则是学习算法拟合训练数据的参数，例如线性回归直线的加权系数（或斜

率）及其偏差项（y轴截距）是模型O参数。

超参数需要在算法运行之前就手动给定，如knn中的k，而模型参数可以由算法自动学习到。逻辑回归模型中，模型参数就是数据集中每个特征变量的权重系数，该系数可以最大化地对数似然函数或最小化损失函数自动更新，而超参数则比如是迭代次数，或基于梯度的优化中传递训练集的次数。另一个超参数是正则化代价cost参数C的值。

R 语言支持向量机的：包::函数（公式，数据，控制参数，…），如下：

```
e1071::svm(x, y, kernel ="radial", degree = 3, gamma = 1, coef0 = 0, cost =
1, nu = 0.5, cachesize = 40, tolerance = 0.001, epsilon = 0.1, cross = 0)
```

1.2.8 敏感，稳健或鲁棒

模型中的I参数变动，则最优解的变动情形，就是敏感性分析，即“若…则…”（what-if）分析。

稳健或鲁棒（robust）模型是，虽然系统的真实情况不符合模型的假定条件，但是模型的解答与系统的实际解答相去不远，即模型解答可行而目标值误差不大，所以稳健鲁棒模型的适用范围较广。

如果模型的假定条件不符合，造成模型的解答结果完全不对，或是I参数改变，解答就差别很大，我们就称这个模型的敏感度（sensibility）很高。敏感度很高，通常是不好的。

鲁棒是 Robust 的音译，其意思是稳健的，不敏感的。“鲁”是不敏感，“棒”是稳健的。在数据挖掘中，有时会探讨模型是否有鲁棒性。

1.2.9 模型的过拟合

过拟合（Overfitting）是大数据模型的一个重要的问题，这是过度考虑训练数据拟合模型，结果造成模型测试和预测的方差很大，泛化很差。

假设在欧洲某国家打车，开车是一青年男性，结果他抢劫了财物，结论是：全欧洲出租车的师傅都是会抢劫财物的男性，这就是过拟合。因为用一个极端案例的特征变量建立预测模型。如果见到一个女性，你会判定他不会是出租车师傅更不会抢劫，于是错误率就会很高。

用武侠小说来比喻，过拟合可以说是“招式用老”（用招过度），太多算计对手的招式，等到新招式（测试数据）出来的时候就不对了。请见第6章模型的选择。

模型的各种拟合如图1-16所示。

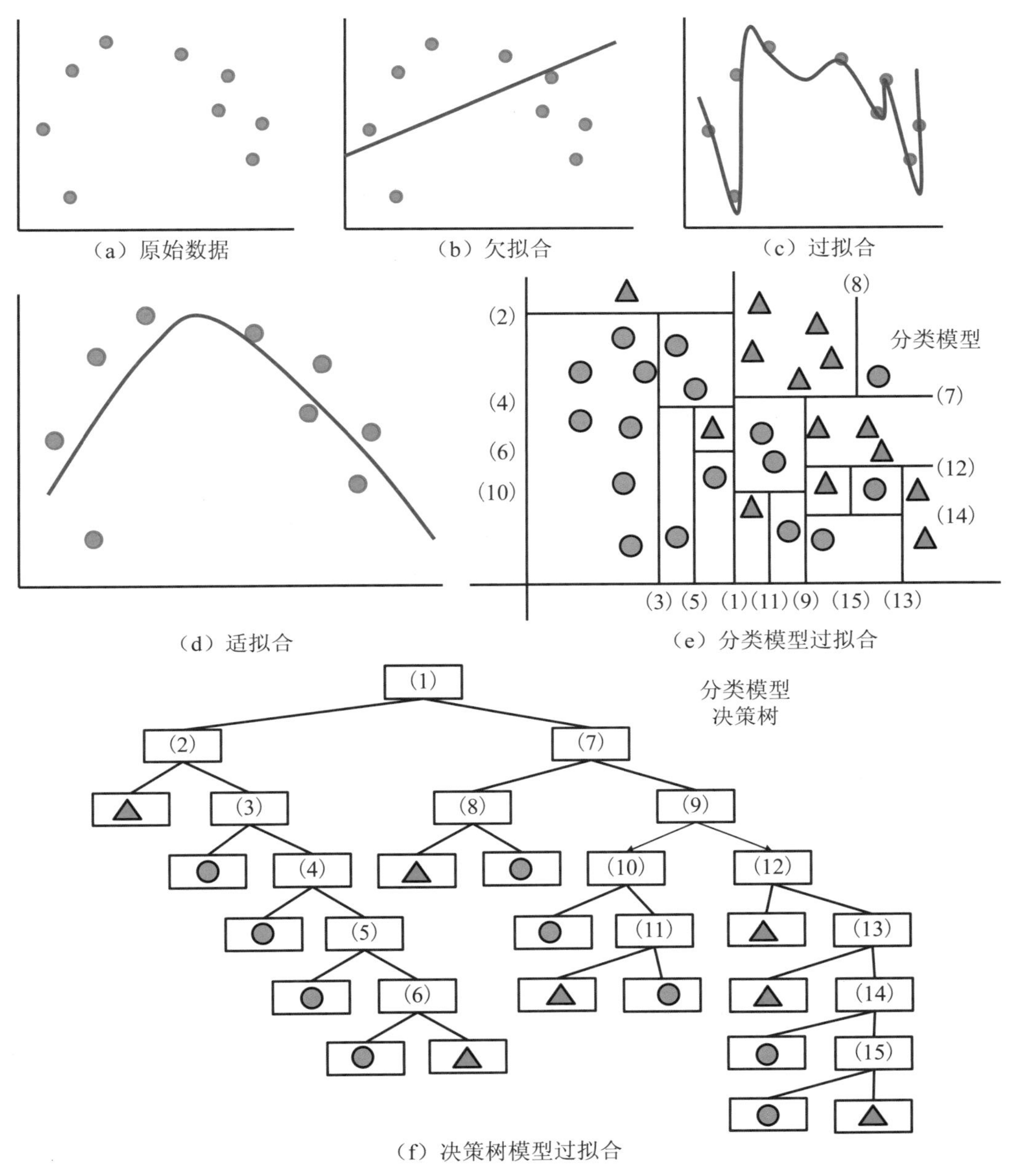

图1-16 模型的拟合

过拟合会造成模型的预测结果的方差很大，造成不稳定的结果，而且使测试数据的预测结果正确性降低。

过拟合是低偏差、高方差（见第6章偏差与方差），比较容易在机器学习中出现。过拟合发生的原因如下。

（1）较多的变量。增加O参数（相当于增加变量）。

（2）记忆特别案例（完全拟合训练数据），将“噪声”当作“信息”。

（3）P参数的设定，近邻法的k很小或等于1。

（4）较多的自由度，例如多元回归SSR的自由度，也就是越多的自变量。

（5）复杂模型，如神经网络。

所以，要改变过拟合要尽量做到如下几点。

（1）减少变量。减少O参数。

（2）增加训练数据。

（3）不依赖特别案例。

（4）去除杂音异常值（噪声）。

（5）控制P参数。

（6）简单模型，正则化在模型的成本函数中加上P参数的惩罚项。

正则化在处理过程中引入正则化因子，增加约束的作用，使用正则化的Lasso或Ridge回归，可有效降低过拟合的现象。请见第7章。

1.3 大数据分析模型的分类

我们要从各个角度或面向，站在不同的高度，去看大数据分析模型分类。

1.3.1 后设模型

后设分析（Meta-analysis，或译作元分析、整合分析、综合分析、荟萃分析）是指将多个研究结果整合在一起的分析方法。希腊语μετά（metá）的意思是“之后”或“之上”。后设模型是在模型之上，关于模型的模型，超越模型的模型。

先来理解一下本节相关的词汇。

- 形而上学（Metaphysics）：超越自然（physics希腊文）之上，中译取自易经；“形而上者谓之道，形而下者谓之器”。道，形而上的本体，超越一切世间存在。
- 元数据（Meta data）：关于数据的数据、超越数据的数据。
- 元知识（Meta knowledge）：关于知识的知识、超越知识的知识。
- 元语言（Meta language）：用来描述语言的语言。
- 后设文法（Meta grammar）：用来描述文法的文法。
- 后设理论（Meta theory）：用来解释理论的理论。
- 后设认知（Meta cognitive）：认知自己的认知。

- 后设学习（Meta learning）：整合学习的学习，第12章介绍的集成学习是后设学习。
- 后设模型（Meta model）：关于模型的模型，本节是机器学习模型的后设模型。

什么是后设大数据（Meta big data）？后设人工智能（Meta artificial intelligent ）？

一个系统的模型不是唯一的，模型没有标准答案。后设模型更不是唯一的，当然更是没有标准答案的。如图1-17所示。

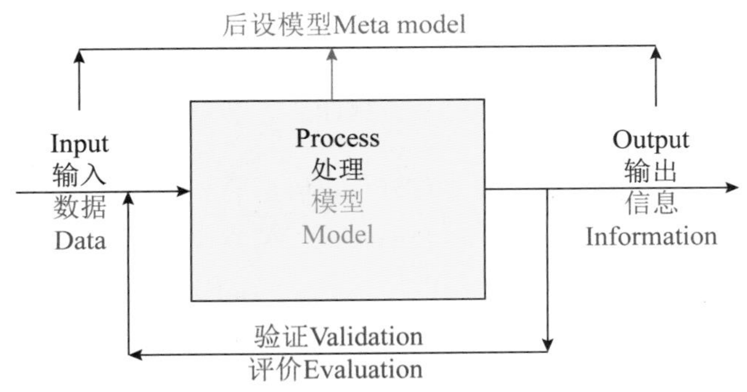

图1-17 模型与后设模型

1.3.2 关系与因果

哈佛大学教授Christensen认为：建立管理理论可以分为三个阶段，第一个阶段是界定想了解的事物或现象；第二个阶段是进行分类，分类是为了凸显复杂现象中具有重要意义的差异性，分类的结果并非唯一，正确的分类是发展有效理论的关键，例如管理学常用的2×2分类模型 、BCG 模型；第三个阶段是提出理论模型，指出什么原因会导致什么分类结果，或者什么分类现象应该做什么，就是因果或关系。

所以，管理学的分析主要就是：分类、关系、因果。

> 有一个社会心理学的游戏，是给你三张图片：猴子、熊猫和香蕉，问哪两张图片有关？这个社会心理学的研究是比对亚洲人和西方人的思维方法，亚洲人大多会回答猴子与香蕉有关，西方人多数会认为猴子和熊猫有关。猴子与香蕉是因果关系的思维（食物），猴子和熊猫是分类关系的思维（动物）。这个研究也是有分类：亚洲人和西方人；有因果：思维方法。

大数据的数据挖掘方法主要也是分类、关系、因果，可以归类成：关联分析、聚类分析、分类分析、回归分析。

1.3.3 基于因果关系的统计学分类

我们将统计学方法基于因果关系，分成以下三类。

（1）无因果或关系：只有一个变量（单变量）或样本空间的一个事件概率，例如，描述统计、一个总体一个变量的参数估计和检验。

（2）有关系无因果：两个变量的相关系数，例如概率理论中两个事件的条件概率、独立、非独立关系，分类数据的独立性检验，指数与时间序列时间的因素分析。

（3）有关系因果：两个总体的参数估计与检验，方差分析，回归分析。

如图1-18 所示是统计学方法的分类。上述统计学方法，请见《大话统计学》。

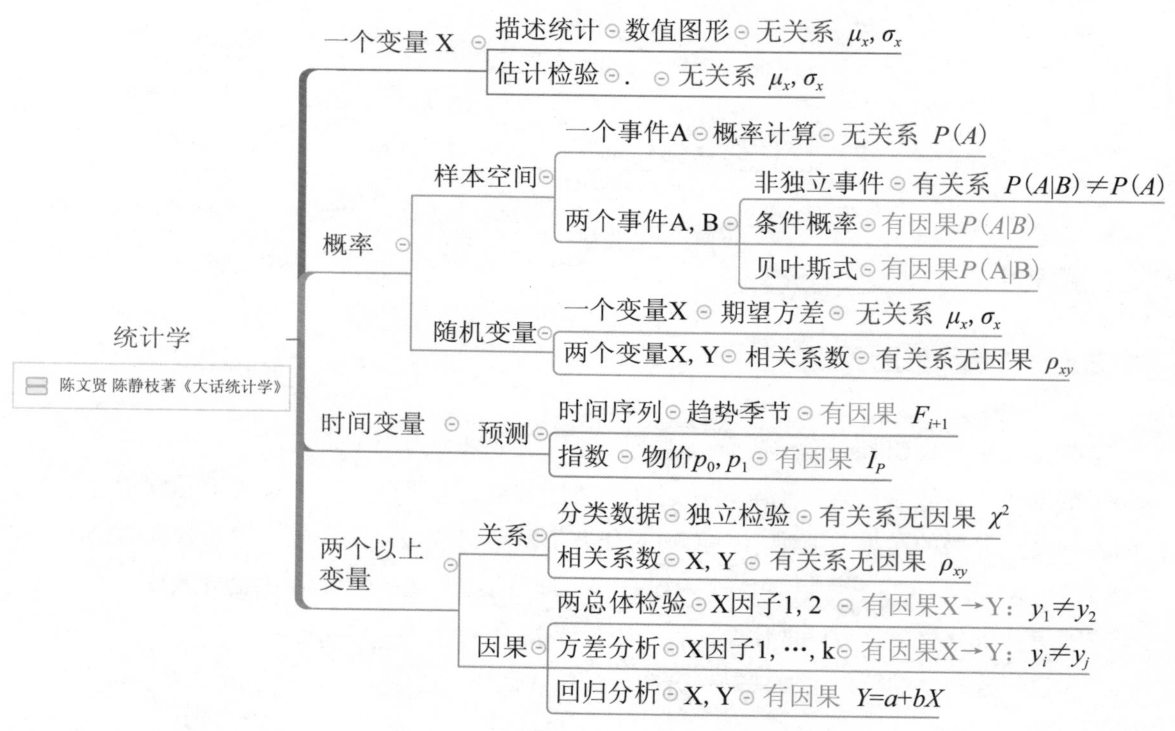

图1-18 统计学方法的分类

1.3.4 基于因果关系的大数据分类

大数据分析或数据挖掘模型都会提到监督式与非监督式。监督式是有因果关系，非监督式是有关系无因果。

大数据分析模型的分类：①非监督式（因果或关系）；②模型算法；③数据尺度；④法则分类；⑤评估准则等。大数据分析模型分类如图1-19和表1-3所示。

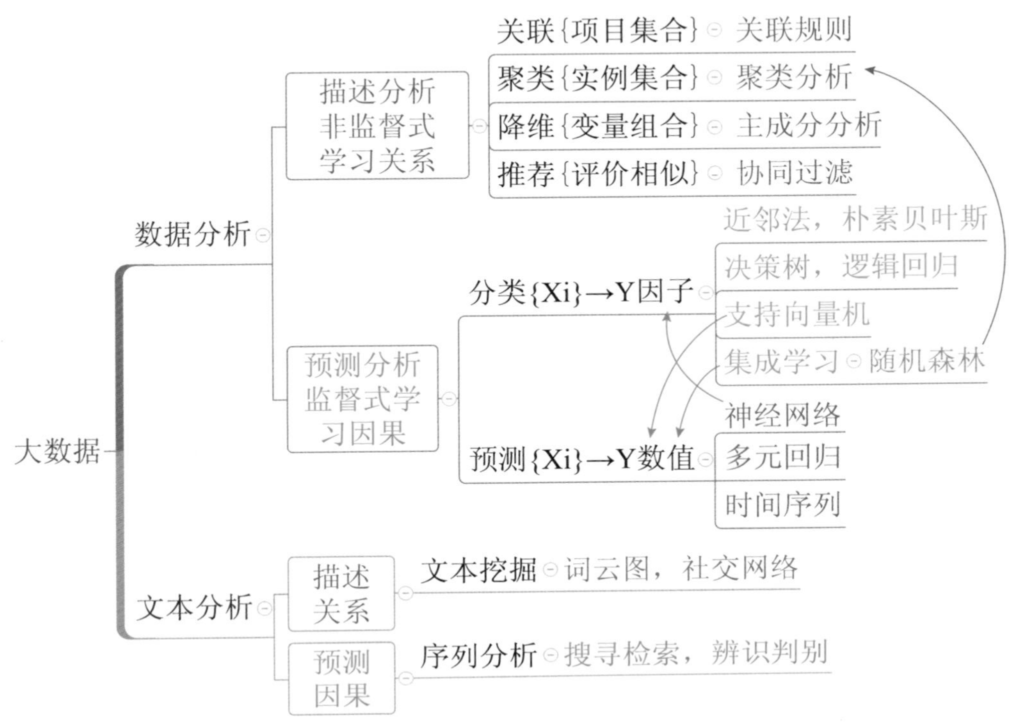

图1-19　大数据分析方法的分类

表1-3　大数据方法的分类

<table>
<tr><th rowspan="2">面向来源</th><th colspan="9">大数据分析</th></tr>
<tr><th colspan="7">数据分析（数据挖掘）</th><th colspan="2">文本分析</th></tr>
<tr><td>目的</td><td colspan="2">非监督式
描述式（关系）</td><td colspan="5">监督式
预测式（因果）</td><td>描述式
（关系）</td><td>预测式
（因果）</td></tr>
<tr><td>建模</td><td>关联</td><td>聚类
降维</td><td colspan="3">分类</td><td colspan="2">预测</td><td>分群</td><td>序列</td></tr>
<tr><td>算法</td><td>Apriori</td><td>集群
主成分</td><td>决策树
集成法</td><td>贝叶斯
近邻法</td><td>支持
向量机</td><td>神经
网络</td><td>多元
回归</td><td rowspan="2">文本
网络
词云图</td><td rowspan="2">检索
判定</td></tr>
<tr><td>延伸
算法</td><td>序列
（因果）</td><td>K-均值
阶层聚
类</td><td>随机
森林</td><td>贝叶斯
网络</td><td>核函数</td><td>深度
学习</td><td>压缩
逻辑</td></tr>
<tr><td>测量</td><td>概率</td><td>距离</td><td>信息</td><td>概率</td><td>空间</td><td>生物</td><td>误差</td><td>统计法</td><td>概率法</td></tr>
<tr><td>评估</td><td colspan="2">计算速度/复杂度</td><td colspan="3">混淆矩阵/正确率</td><td colspan="2">R方/成本</td><td></td><td>正确度</td></tr>
</table>

表1-3是一个阶层式的分类表，每个阶层是属于上一个阶层的属性。例如，随机森林算法是决策树算法的一种，是一种分类模型，是一种监督式（因果预测式）的数据挖掘分析，数据类型是离散型或连续型，有目标函数（卷标）是分类尺度，算法法则是统计法，评估准则是准确度。

1.3.5 基于数据类型的分类

如图1-20所示是基于数据类型的分类，（）中的数字表示是本书第几章。

		降维分析(5)		目标变量
R 语言(2)		A B C	· W … X	Y因变量
聚类分析(4)	行 记录 实例 事务 1 2 3 ⋮ n	自变量 定类属性 项目 字段 关联规则(3)	预测变量 连续属性 评分矩阵 推荐系统(13)	模型评价与选择(6) 定类：分类分析 贝叶斯(9) 决策树(10) 集成学习(12) 数值：回归与判别(7) 近邻法(8) 支持向量机(11)
时间序列 变量 Y		时间t：Y_1，Y_2，…Y_t		预测变量Y_{t+1}

图1-20 基于数据类型的大数据分析方法分类

如图1-21所示是大数据分析应用流程图。

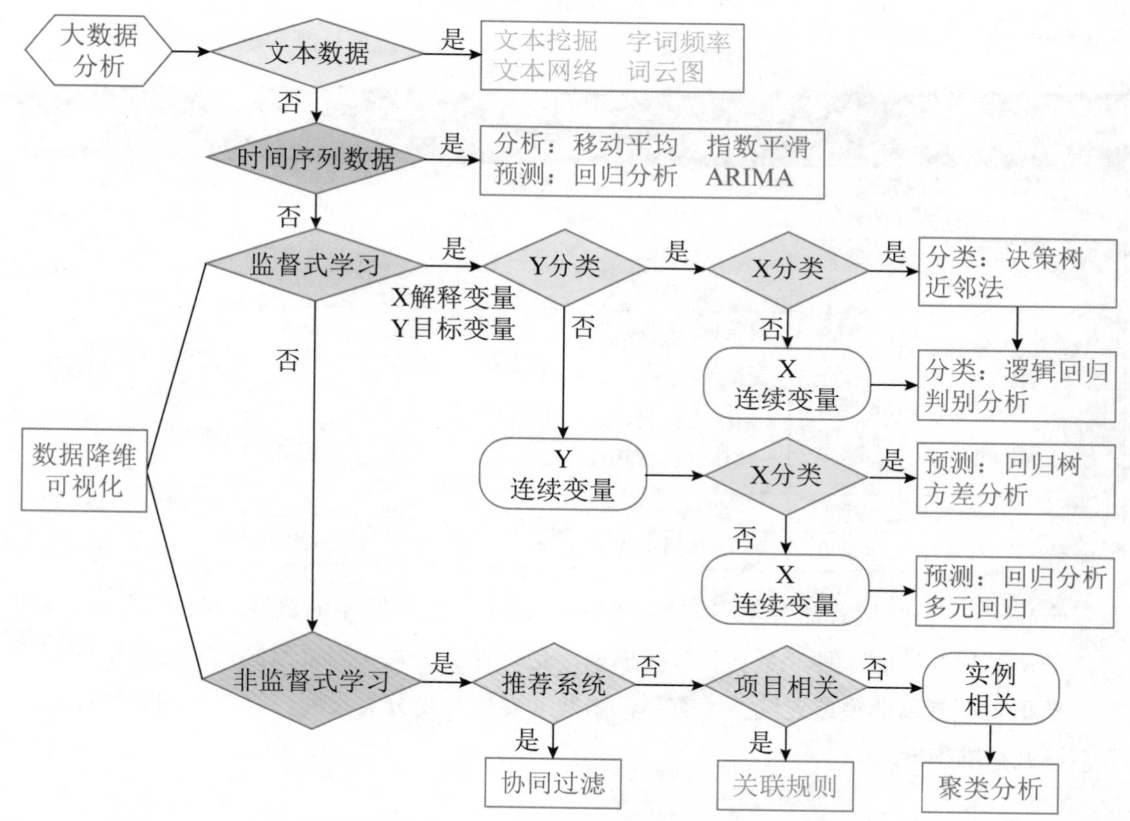

图1-21 大数据分析应用流程图

如表1-4所示是不同数据类型对大数据分析方法的分类。

表1-4 数据类型对大数据分析方法的分类

<table>
<tr><th colspan="4">监督式学习</th></tr>
<tr><th colspan="2" rowspan="2"></th><th colspan="2">目标变量</th></tr>
<tr><th>定类离散</th><th>定距连续</th></tr>
<tr><td rowspan="2">自变量</td><td>离散</td><td>决策树
贝叶斯分类
随机森林法</td><td>回归树
支持向量机
神经网络</td></tr>
<tr><td>连续</td><td>Logistic回归
K-近邻法
SVM支持向量机</td><td>支持向量机
线性回归
神经网络</td></tr>
<tr><th colspan="4">非监督式学习</th></tr>
<tr><th colspan="2"></th><th>基于实例</th><th>基于变量</th></tr>
<tr><td rowspan="3">变量</td><td>离散</td><td>聚类分析0-1数据</td><td>关联分析
序列分析</td></tr>
<tr><td>有序因子</td><td>基于用户的协同
过滤推荐系统</td><td>基于项目的协同
过滤推荐系统</td></tr>
<tr><td>连续</td><td>聚类分析
层次聚类
K-均值法</td><td>降维分析
时间序列</td></tr>
</table>

1.3.6 基于测量的分类

机器学习基于测量的分类有以下几种。

（1）基于概率测量（probability based learning）：

关联分析，贝叶斯分类，EM聚类法。

（2）基于相似（距离）测量（similarity based learning）：

聚类分析（距离或相似度），*K*-近邻法。

（3）基于信息（熵）测量（information based learning）：

决策树，集成学习。

（4）基于误差测量（error based learning）：

回归（最小二乘法），时间序列。

（5）基于统计测量（statistics based learning）：

主成分分析（相关系数），分类的组合分析（集成法）。

（6）基于空间（几何）测量（space based learning）：

支持向量机（超平面）。

（7）基于生物测量（biology based learning）：

神经网络，遗传算法。

1.3.7 数据科学模型的其他分类

数据科学模型还有其他分类，分散在本书多个位置：图1-22是学习模型与数据科学，图6-10模型选择的复杂度，6.4.1节和8.1.3节的参数学习器和非参数学习器，8.1.1节的“认真学习器与懒惰学习器”，还有图8-3基于实例或属性的学习模型，图11-2监督式学习比较。

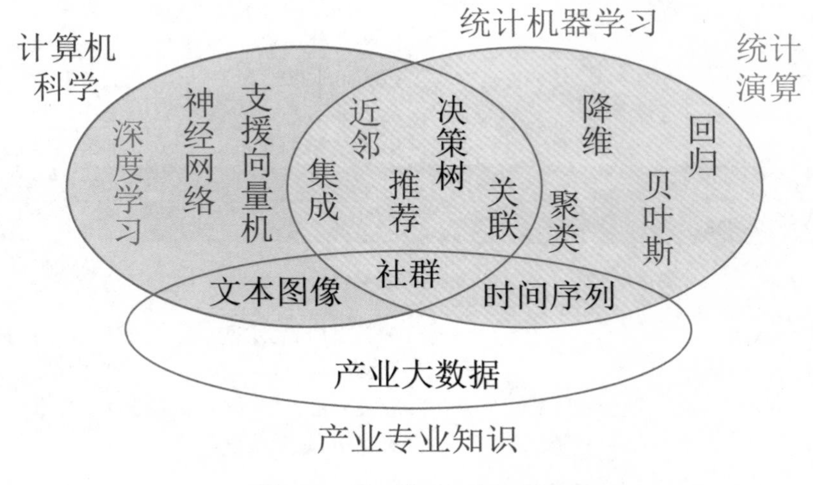

图1-22　学习模型与数据科学

1.4 大数据的江湖传奇

金庸在《笑傲江湖》中说：“只要有人的地方就有恩怨，有恩怨就会有江湖，人就是江湖。”将恩怨改为数据：“只要有人的地方就有数据，有数据就会有江湖，人在江湖。”

武侠小说是在写江湖传奇，通常的故事是：主角经过奇遇如灵丹怪兽，遇到师父传授功力招式，得到武功秘籍，然后快意恩仇，行侠仗义，消灭恶徒，称霸江湖。

大数据的江湖故事是：企业得到珍贵数据，学习挖掘方法，获得信息、知识、智能，创造份额优势，打败竞争对手。

《笑傲江湖》将华山派武功分为剑宗和气宗，剑宗注重剑法招式，气宗注重气功内功。大数据分析、数据挖掘、机器学习就是大数据的剑宗。

以下是大数据的江湖门派。

① 华山派剑宗

大数据分析、数据挖掘的招式，独孤九式：数据挖掘十大算法。大数据分析的分类、回归、聚类、关联规则等数据挖掘机器学习方法。本书是属于大数据中的剑宗，本章是剑宗独孤九剑的总诀式。

② 华山派气宗

大数据处理程序，数据收集，预处理，可视化，大数据处理框架，数据库/仓库，分布式并行处理，Hadoop，MapReduce。

以前武侠武功常以动物为师，如猴、蛇、鹰、鹤、蛤蟆等，现在的大数据功法也喜欢以动物为名，如Python（蟒蛇）、Pandas（熊猫）、Hive（蜂巢）、Pig（猪）等。

本书有R语言实战的数据，因数据量大，而且有调参和集成的算法，用笔记本电脑处理有的需要一两小时，所以可能要用大数据气宗来加快处理速度。

③ 藏经阁

大数据相关书籍和出版社，大数据案例探讨。

④ 铸剑师

大数据分析函数与程序包以R语言和Python语言为工具。R语言的包、Python和相关的平台，应用在神经网络、深度学习等。

⑤ 武馆

大数据分析平台。例如，谷歌的Tensorflow，脸书的 PyTorch，阿里PAI机器学习平台。铸剑师和武术馆有要付费的和免费的分享平台。

现代大数据平台不只是武术馆，而好像是武器馆，只要会选择武器如手枪（模型），会装子弹（数据），会瞄准（调参），会扣板机（指令），检查命中率（验证），就可以杀敌（应用）。于是出现了手枪原理（模型理论）、弹道理论（算法过程）、装拆手枪（程序设计处理），使黑箱可交给专家或学术机构处理。

⑥ 少林武当派

中国互联网公司三巨头BAT（百度、阿里巴巴、腾讯）；美国 FAANG（脸书、亚马逊、苹果、网飞、谷歌），这些可以说是大数据的少林武当派。

⑦ 丐帮

数据和程序共享平台。R 语言是开源免费共享平台，R 提供 14000个以上的软件包，这些包就像是丐帮的大小分舵，有数据有算法函数。而 Python 语言的框架，一样是免费共享平台，例如Tensorflow有谷歌的支持，就像是少林武当的大寺庙。

⑧ 概帮

大数据概念帮，介绍大数据应用在医学、保险、零售、会计、工业、制造、农业、金融、电商、地理、运动等各行业。多数是概念，纸上谈兵。

对于概帮，我们要问：问题种类，数据来源，数据类型，分析方法，模型和算法，信息结果，验证评价，应用价值，这是CRISP-DM 跨行业数据挖掘标准过程。如果无法回答上述问题，就是概帮。当然，有些概帮是因为商业机密，无法提供这些说明。

⑨ 盖帮

在中国台湾省，“盖”是骗人、糊弄、唬弄、忽悠的意思。

例如，有一家保险公司，声称利用大数据揪出诈保案件，数据挖掘分类分析结果是：好人（不诈保）特征是：①申请理赔金额低；②投保多年后第一次申请理赔；③只申请一日额理赔；④符合免调查条件。坏人（诈保）特征是：①投保后短期内申请理赔；②密集投保；③跨区看病；④医师病人状况雷同；⑤手术不符合标准；⑥住院天数不符合常理；⑦同业务员出险率高。这个大数据分析结果其实不必做挖掘，我们也知道结果，这就是“盖帮”。

⑩ 媒楼

大数据的宣传机构，帮助盖帮的宣传机构。

⑪ 魔教（邪派）

制造假数据，盗数据的人。

⑫ 钱庄

大数据存储。

⑬ 刑部神捕司

大数据执法的公家机构，维护国家和个人隐私安全，个资保护。

⑭ 镖局

大数据保护，数据安全。

⑮ 护法

门派内大数据的安全保护，大数据平台运行安全，企业的法务部门。

以上门派可以对照数据科学领域与数据挖掘标准过程，如图1-23和图1-24所示。

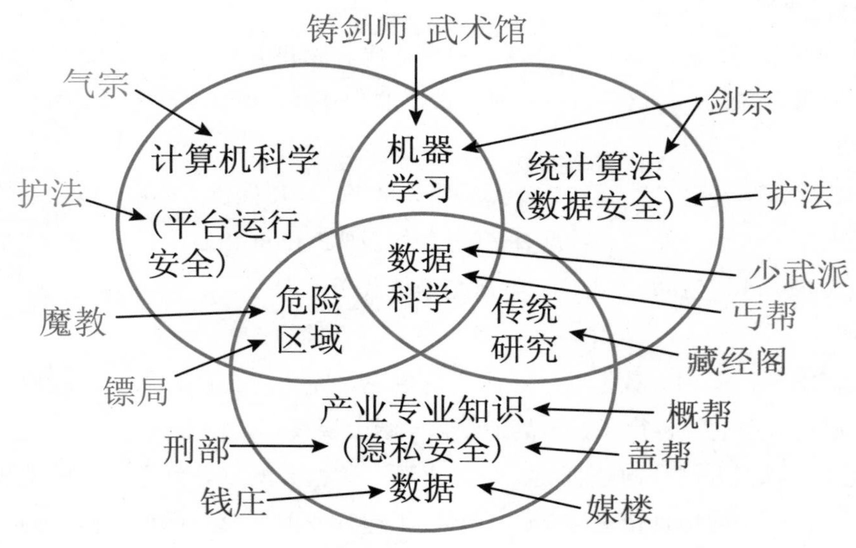

图1-23 大数据江湖门派与数据科学领域

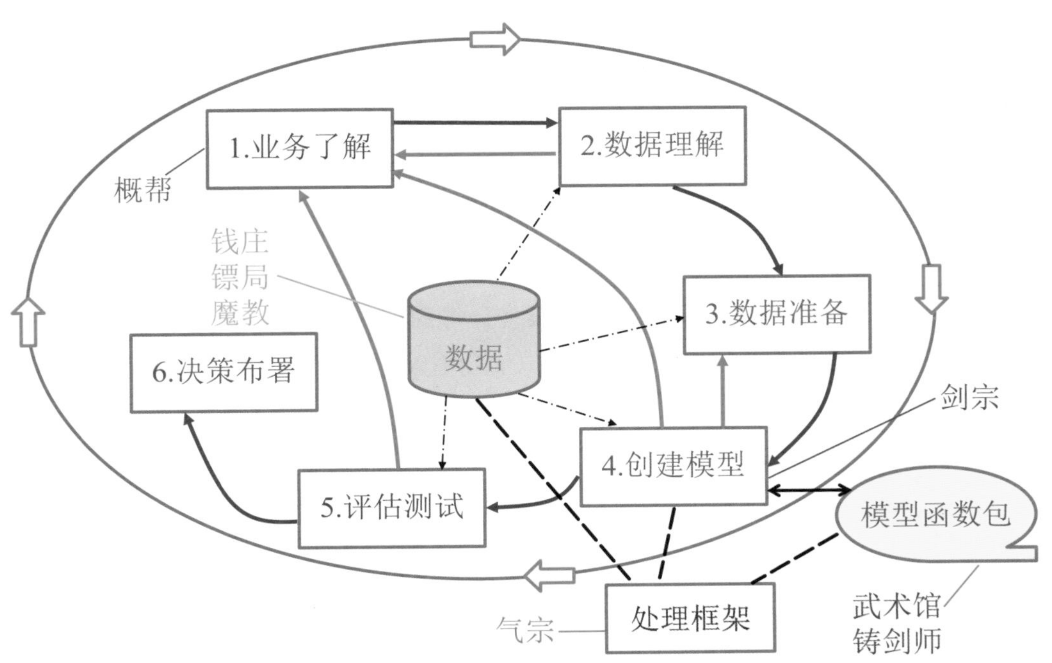

图1-24　大数据江湖门派与数据挖掘标准过程

如图1-25所示是大数据江湖传奇的聚类分析，图中方圆圈表示该门派的估计数目。

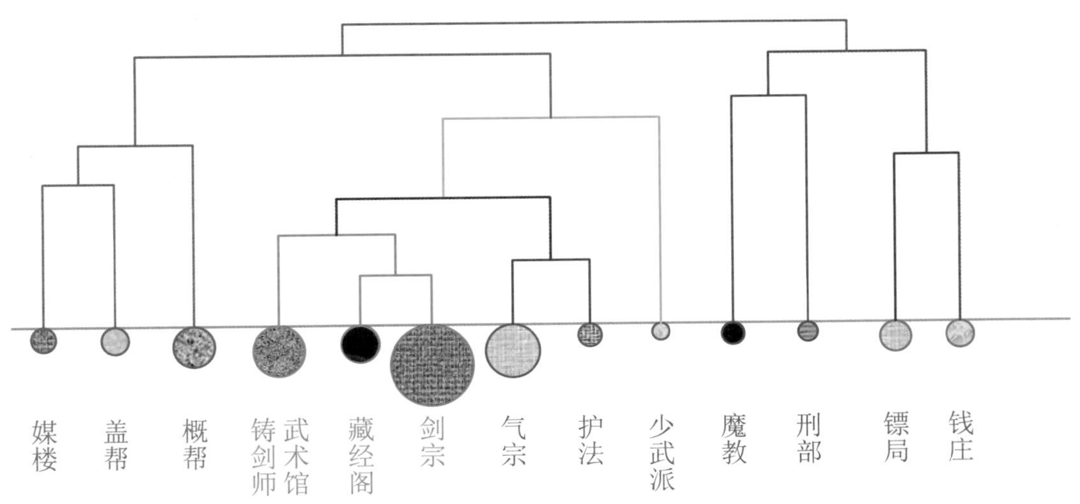

图1-25　大数据江湖门派的聚类分析

大数据门派的估计数目，可以从教育界（学校、老师）、企业界、政府等面向分别去估计。图1-25可以说是一个后设大数据。

大数据目前没有倚天剑、屠龙刀。没有一个天下无敌的招式，没有一个招数可以打败所有的武功。天下没有一个药方可以治百病。大数据没有一个模型（或算法）可以解决所有的数据分析。所以应用数据挖掘，每个方法都有优点缺点（本书多数章节有说明），有适用环境和范围，实战需要经验和商业知识。

大数据和武侠世界有一点不同的是，武侠的内功（气宗）是基本功不会变，剑招（剑宗）是会改变的，要讲无招胜有招是有些过分。相对来说，大数据的气宗（计算机技术）比剑宗（数据挖掘技术）容易创新改变的，因为计算机科学技术可以说是日新月异。数据挖掘已经有二三十年的历史，是因为网络和计算机技术才有大数据。

二十年前的算法求解，因为计算机的速度和储存能力，所以斤斤计较于计算的复杂性。现在用分布式并行处理，就可以解决很多计算的问题。所以，因为计算机的快速能力，使得以前统计学、数据挖掘、人工智能（记得有AI之冬），无法处理的模型，现在可以用训练和验证大数据。这就说明了武侠小说的一句话：

天下武功，无坚不摧，唯快不败。

1.5 R语言"词云图"代码

【R例1.1】数据科学关键词 R 词云图

数据：WD，函数{包}：wordcloud2{wordcloud2}

数据框架data frame：变量 V1，V2

```
> # R例1.1
> if(!require(wordcloud2)){install.packages("wordcloud2")}
> if(!require(grDevices)){install.packages("grDevices")}
> library(grDevices)
> library(wordcloud2)
> V1 = c("数据","机器学习","模型","大数据","统计","数据科学","数据挖掘","计算机",
"聚类","预测","参数","神经网络","误差","知识","变量","回归","样本","图形","决策
树", "江湖传奇", "数据科学家", "文本" ,"方差","方法","时间" ,"人工智能" , "关联
规则", "支持向量机","集成学习", "随机森林", "混淆矩阵", "R 语言", "监督式学习",
"Apriori", "降维", "近邻法", "非监督式学习","协同过滤","互联网", "交叉验证", "商
品","估计","分布" ,"分析" , "分类" ,"锻造" , "清华大学","可视化" , "向量", "数据
框", "学习器" ,"因子" ,"基于" , "处理","学习" , "定义" ,"实战" ,"实际值" ,"实验" ,
"用户" , "平台" , "建模" ,"技术" ,"抽样", "过拟合" , "指数", "指标" , "挖掘" ,
"损失" , "接口" ,"控制", "推荐" ,"描述", "效果", "效率", "数学" , "数据分析" ,
"数据可视化", "机构", "条件" ,"来源" , "标准", "标签" ,"样本", "案例" , "概率" ,
"模型选择" ,"后设模式" ,"正态" , "水平","特征" ,"独立" , "理论" , "过程" , "预
测","目标" ,"相关", "关系", "矩阵", "研究","社交网络" ,"超参数", "程序" ,"策
略" ,"算法", "管理" ,"类别", "系数", "系统" ,"线性","组合" ,"结构" , "编程","观
察值" ,"观测" , "规则" ,"回归树" , "训练集" ,"评价", "评估", "误差" ,"贝叶斯" ,
```

```
"资料" , "距离" ,"软件","过程","选择" , "重要" , "销售" , "随机" , "风险","驱动" ,
"BIC" , "AIC" , "CRISP", "CV" , "kNN", "Python" , "SVM","知识管理", "鲁棒","商
业智能", "Logistic回归", "Ridge回归", "Lasso回归", "逻辑回归", "懒惰学习", "贪婪
算法")
> V2 = c(2020, 750, 700, 800, 850, 900, 650, 600, 650, 500, 400, 500, 500,
450, 480, 500,400, 500, 550, 450, 400, 450, 450, 300, 300, 500, 550, 450,
500, 450, 400, 420, 500, 400, 350, 400, 300, 450, 400, 350, 220, 300,
200, 300, 400, 250, 300, 400, 200, 500, 450, 300, 300, 280, 280, 250,
300, 400, 200, 350, 350, 450, 300, 300, 450, 300, 300, 300, 300, 300,
200, 400, 200, 300, 300, 200, 300, 300, 200, 250, 300, 300, 300, 300,
300, 400, 300, 400, 300, 300, 400, 200, 200, 300, 350, 300, 250, 300,
300, 250, 350, 350, 200, 300, 250, 300, 300, 200, 200, 300, 300, 300,
300, 350, 200, 200, 250, 350, 400, 300, 300, 400, 300, 300, 260, 300,
250, 200, 250, 300, 300, 300, 300, 300, 300, 300, 300, 300, 300, 350,
300, 300, 380,380, 380, 320, 300, 300)
> WD <- data.frame(V1, V2)
> str(WD) ;  WD
> wordcloud2(WD, shape = "star")
```

1.6 本章思维导图

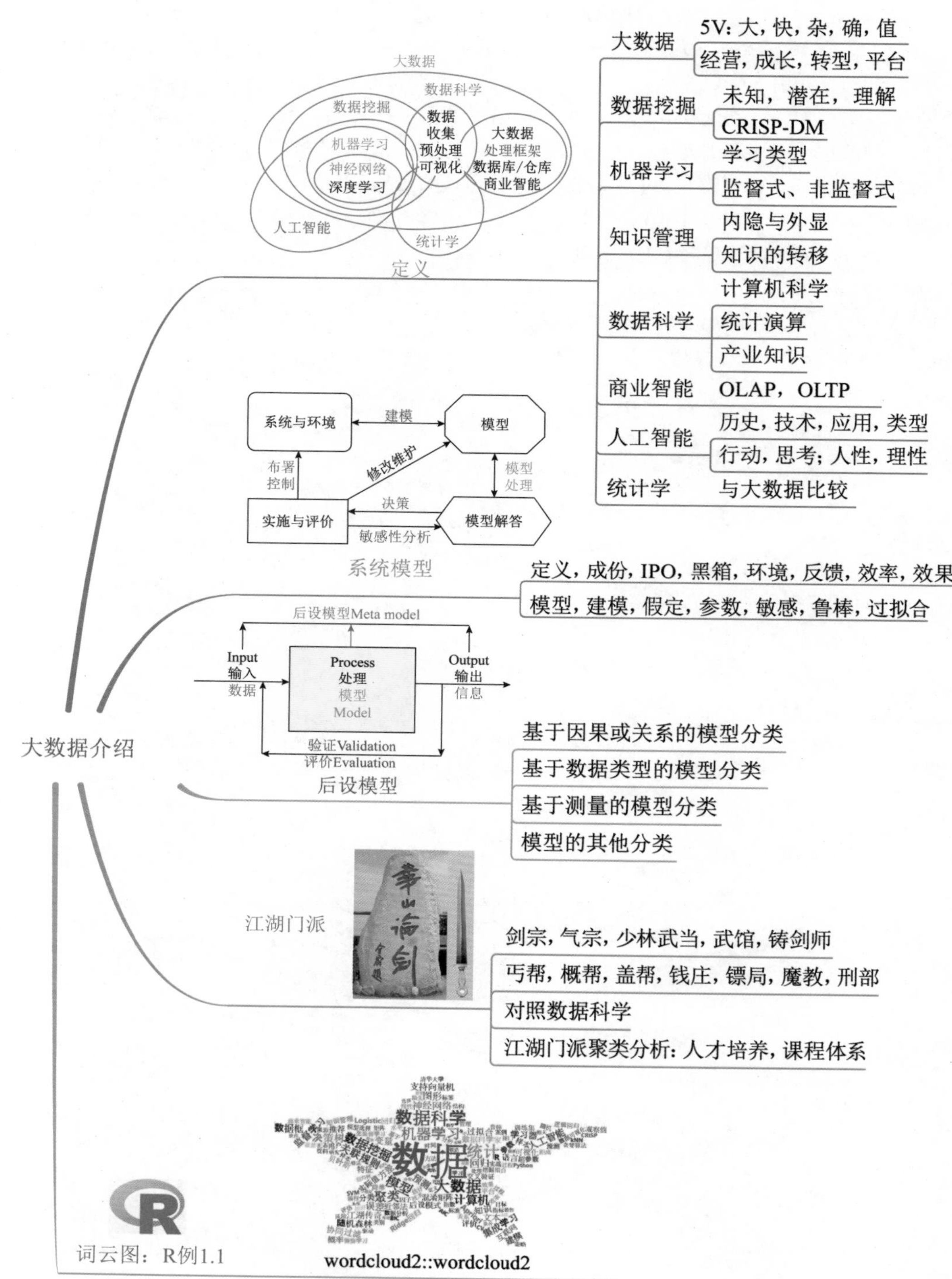
大数据介绍
定义
大数据
数据科学
数据挖掘
数据
收集
预处理
可视化
大数据
处理框架
数据库/仓库
商业智能
机器学习
神经网络
深度学习
人工智能
统计学
大数据
5V：大，快，杂，确，值
经营，成长，转型，平台
数据挖掘
未知，潜在，理解
CRISP-DM
机器学习
学习类型
监督式、非监督式
知识管理
内隐与外显
知识的转移
数据科学
计算机科学
统计演算
产业知识
商业智能
OLAP，OLTP
人工智能
历史，技术，应用，类型
行动，思考；人性，理性
统计学
与大数据比较
系统与环境
建模
模型
布署
控制
修改维护
模型
处理
实施与评价
决策
模型解答
敏感性分析
系统模型
定义，成份，IPO，黑箱，环境，反馈，效率，效果
模型，建模，假定，参数，敏感，鲁棒，过拟合
后设模型Meta model
Input
输入
数据
Process
处理
模型
Model
Output
输出
信息
验证Validation
评价Evaluation
后设模型
基于因果或关系的模型分类
基于数据类型的模型分类
基于测量的模型分类
模型的其他分类
江湖门派
华山论剑
剑宗，气宗，少林武当，武馆，铸剑师
丐帮，概帮，盖帮，钱庄，镖局，魔教，刑部
对照数据科学
江湖门派聚类分析：人才培养，课程体系
数据
数据科学
机器学习
数据挖掘
大数据
词云图：R例1.1
wordcloud2::wordcloud2

第2章

大数据与R语言

凡大数之法，万万曰亿，万万亿曰兆，万万兆曰京，万万京曰陔，万万陔曰秭，万万秭曰壤，万万壤曰沟，万万沟曰涧，万万涧日正，万万正曰载。

——《孙子算经》

2.1 大数据进位

大数据5V的第一个V是巨大海量，估计到2020年数据的总量为40 ZB 字节，这是多少？

《孙子算经》是中国南北朝的数术著作，成书在四五世纪，也就是约一千五百年前。中国的算数是以“万”（10^4）为进位单位，万万为亿，万亿为兆，万兆为京；英文的数值是以“千”（10^3）为进位单位，千为 K，1000K为M，1000M为G，一万是10K，一亿是100M。中国进位单位到“载”（10^{44}），万载到了尽头，已经是天文数字。

表2-1　中国和英文的算术进位

中国进位	英文进位	存储进位
万（10^4）	千Thousand （10^3） Kilo （K）	Kilobyte（KB）
亿=万万（10^8）	百万Million （10^6） Mega （M）	Megabyte（MB）
兆=万亿（10^{12}）	十亿Billion （10^9） Giga（G）	Gigabyte（GB）
京=万兆（10^{16}）	兆Trillion （10^{12}） Tera （T）	Terabyte（TB）
陔=万京（10^{20}）	Quadrillion （10^{15}） Peta （P）	Petabyte（PB）
秭=万陔（10^{24}）	Quintillion （10^{18}） Exa （E）	Exabyte（EB）
壤=万秭（10^{28}）	Sextillion （10^{21}） Zetta （Z）	Zettabyte（ZB）
沟=万壤（10^{32}）	姊Septillion （10^{24}） Yotta （Y）	Yottabyte（YB）
涧=万沟（10^{36}）	Octillion（10^{27}）	Brontobyte（BB）
正=万涧（10^{40}）	Nonillion（10^{30}）	Geopbyte（GPB）
载=万正（10^{44}）	Decillion（10^{33}）	后两者未正式公认
万载（10^{48}）	Undecillion（10^{36}）	

现在通常只用到“兆”（10^{12}）这个单位，不知道再过多久，“京”（10^{16}）或P（10^{15}）会成为常用的单位。

微软公司的比尔·盖茨在1981年说：640K对任何人来说都应该足够了，而现在个人存储已经都用TB为单位。

摩尔定律说：当价格不变时，集成电路上可容纳的元器件的数目，每隔18～24个月便会增加一倍，性能也将提升一倍，换算为成本，即每隔一年半成本可降低一半。这种趋势已经持续了50多年，虽然摩尔定律已经被宣告趋缓或结束，但信息技术前进的步伐并不会变慢。

人类数据的成长是每年几十倍。大数据和人工智能也就是在这个趋势下成长起来。

这二十年来，人类文明的进步，除了信息科技，还有开放共享，例如 R 语言，这也是本章和本书的重点。

2.2 R语言介绍

R语言是一种程序语言，其应用面向数据处理、统计分析、数据挖掘、机器学习、数据可视化。R语言的特点是功能强大、源代码开放、共享平台免费。R 语言提供一万个以上的软件包，包（package）是函数、数据集和编译程序等的集合。

2.2.1 安装 R 语言软件

首先，下载R语言软件：

（1）进入网站www.r-project.org。

（2）在R 主页左上角 Download下单击CRAN。

（3）CRAN链接，选择一个镜像Mirrors链接地址，如中国的清华大学。

https://mirrors.tuna.tsinghua.edu.cn/CRAN/。

（4）选择Download R for Linux、Download R for Mac或Download R for Windows。

（5）如果选择Download R for Windows，单击 base 基础包。

（6）下载执行文件，单击Download R 3.5.3 for Windows。

（7）安装 R语言软件。

（8）启动R，出现 R 的提示符 >，开始 R的命令内容。

（9）R的 # 表示说明文件批注，程序不会执行。

（10）一行多个表达式可以用；隔开，一个表达式可分成多行。

（11）+号表示尚未输入完成，接续上一个命令，可按Esc键离开。

（12）↑ 键可自动重复上一个命令，如果打错一个命令行，可以此修改。

（13）对象（数据）名称是英数字加底线或句点，第一个字是英文，大小写有差异。

（14）创建对象用 <- 或 = 号，以（）括住命令直接显示数据，NA表示遗失值。

（15）档案路径可写成 “c:/R/babies.txt” 或 “c:\\R\\babies.txt”。

2.2.2 下载R语言程序包

在2.2.1节第7步安装 R语言，用桌面捷径 R x64 3.5.3 启动R。

```
> install.packages("arules")
```

如图2-1所示，选择一个镜像链接（右边5个在other mirrors）。

China (Hong Kong) [https]
China (Guangzhou) [https]
China (Lanzhou) [https]
China (Shanghai 1) [https]
China (Shanghai 2) [https]

China (Beijing) [https]
China (Beijing)
China (Hefei) [https]
China (Hefei)
China (Lanzhou)

图2-1　选择镜像链接

```
> library(arules)     # 每次重新执行 R 要调用library载入包
> require()           # 也可载入包，会根据包的存在与否返回true或者false
> search()            # 了解目前 R 工作空间已调用的 library
```

install.packages（“包”）→ library（包）→ 函数（数据，method =方法，参数）。

install.packages（“包”）只要在第一次安装, 以后每次要用library（包）。

函数（Function）有自定义函数和调用函数，请见表2-3，例如：

```
> dis<- dist(data,method = "euclidean"); hc <- hclust(dis,method=
"complete")
```

2.3 R数据对象的属性与结构

在《大话统计学》中定义数据的衡量尺度有：定比尺度、定距尺度、定序尺度、定类尺度。在R数据对象的属性有：数值、整数、因子、逻辑和字符串。数据对象结构有：向量、因子、矩阵、数据框、数组、列表、时间序列等，如图2-2所示。

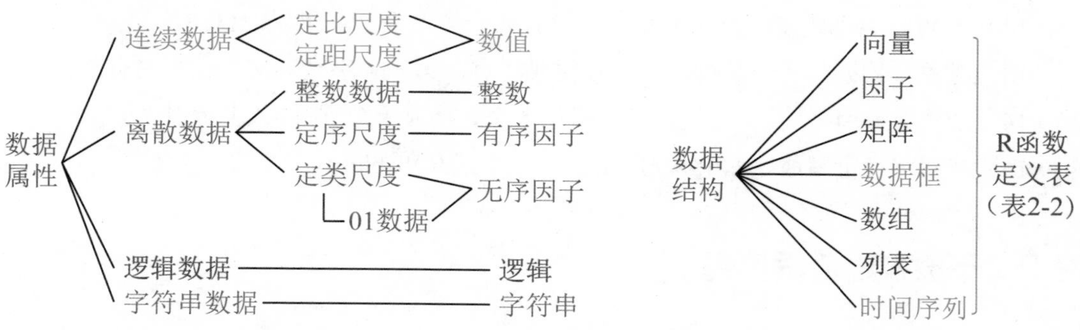

图2-2　R数据对象的属性与结构

2.3.1 数值

数值（numeric）：下列命令 a，a1 是变量，分别指定为 5，3.5。

```
> a <- 5  # 创建数据对象a
> a1 <- 3.5
```

2.3.2 整数

整数（integer）：下列命令 b，b2 是变量，分别指定为整数 5，2。b1 是数值。

```
> b <- 5L
> b1 <- 2
> b2 <- as.integer(b1)
> typeof(b2)
   [1] "integer"
```

2.3.3 字符串

字符串（character）：引号要用 " "，不能用 “ ”（如果用Word编程）。
下列命令c，c1是变量，分别指定为字符串。

```
> c <- "first"
> c1 <- "Big Data"
> mode(c)
   [1] "character"
> is.character(c1)
   [1] TRUE
```

2.3.4 逻辑

逻辑（logical）：TRUE =T = 1，FALSE = F = 0。下列命令d是变量，指定为TRUE。

```
> d <- TRUE
> b1 > a1
   [1] FALSE
```

```
> a == b    # 判定a是否等于b
  [1] TRUE
> is.numeric(a)
  [1] TRUE
> is.integer(a)
  [1] FALSE
> TRUE + T + FALSE*F + T*F + T*T + F
  [1] 3
```

2.3.5 向量

向量（vector）没有维度，不是行向量1×*n*，也不是列向量*n*×1，如图2-3所示。

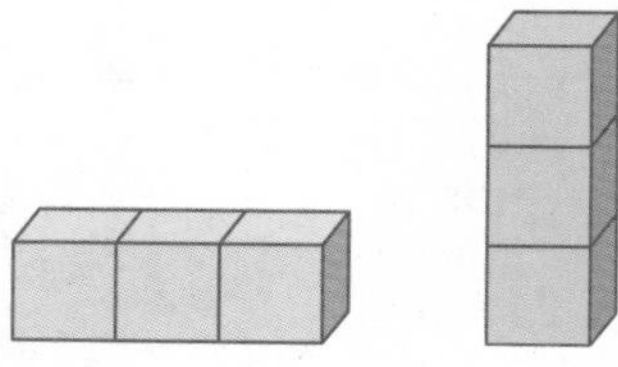

图2-3　向量

向量每个元素有相同的格式，数值或符串符。下列命令 e，f，g，a 是变量，指定为向量。

```
> e <- c(1,2,3,4)              # 创建数值向量e
> f <- c(1:3)                  # 创建整数向量f
> g <- c("A", "B", "C", "A")   # 创建字符串向量g
> a <- c(1,2,3,NA)
> sum(a)
  [1] NA
> sum(a, na.rm = TRUE)
  [1] 6
> data <- c(4,3,2,5.6,7.2,9,15,28)
> summary(data)
    Min. 1st Qu.  Median    Mean 3rd Qu.    Max.
   2.000   3.750   6.400   9.225  10.500  28.000
> c(10,12,19) + c(8,5,9)
  [1] 18 17 28
> c(1,2,3) * c(3,2,1)
```

```
    [1] 3 4 3
> c(1,2,3,4) + c(1,2)
    [1] 2 4 4 6
> c(12,9,"dog",7,5)                    # 向量每个元素有相同的格式，数值或字符串符
    [1] "12"  "9"   "dog" "7"   "5"    # 结果都变成字符串符
```

2.3.6 因子

因子（factor）是定类变量（无顺序）或定序变量（有顺序），分为有序因子和无序因子。

下列命令E，g是向量，F，G，H，h是变量，指定为因子。H，h改为有序因子。

```
> E <- c("a", "b", "c", "b")
> F <- as.factor(E)    # 创建因子F
> G <- factor(E,order=FALSE, levels= c("a", "b", "c"))
> H <- factor(E,order=TRUE,levels=c("a", "b", "c"))
> (g <- c("A","B","C","D"))
    [1] "A" "B" "C" "D"
```

如图2-4所示。

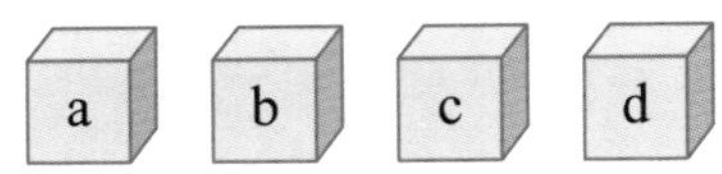

图2-4　因子F

```
> (h <- as.factor(g))
    [1] A B C D
    Levels: A B C D
> (h <- factor(x=g, levels=g, ordered=TRUE))   # 创建有序因子h
    [1] A B C D
    Levels: A < B < C < D
```

如图2-5所示。

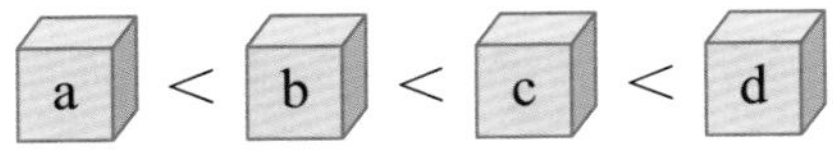

图2-5　有序因子h

```
> ordered(g)
```

```
  [1] A B C D
  Levels: A < B < C < D
> str(h)       # 查看数据对象 h 的结构
 Ord.factor w/ 4 levels "A"<"B"<"C"<"D": 1 2 3 4
> gl(3,50)    # 创建因子 3个水平，每个水平连续 50 个
  [1] 1 1 1 1 1 1 1 1 1 1 1 1 1 1 1 1 1 1 1 1 1 1 1 1 1 1 1 1 1 1
 [31] 1 1 1 1 1 1 1 1 1 1 1 1 1 1 1 1 1 1 1 1 2 2 2 2 2 2 2 2 2 2
 [61] 2 2 2 2 2 2 2 2 2 2 2 2 2 2 2 2 2 2 2 2 2 2 2 2 2 2 2 2 2 2
 [91] 2 2 2 2 2 2 2 2 2 2 3 3 3 3 3 3 3 3 3 3 3 3 3 3 3 3 3 3 3 3
[121] 3 3 3 3 3 3 3 3 3 3 3 3 3 3 3 3 3 3 3 3 3 3 3 3 3 3 3 3 3 3
Levels: 1 2 3
> gl(3,1,9)   # 创建因子 3个水平，每个水平 1 个，总共 9个
[1] 1 2 3 1 2 3 1 2 3
Levels: 1 2 3
```

2.3.7 矩阵

矩阵（matrix）的维度是$m \times n$，m是行的数目，n是列的数目，每个元素有相同的格式，通常都是数值，所以两个矩阵可以相加或相乘，相乘有如下两种。

```
> matrix(1:12, nrow=3)# 如图2-6所示
     [,1] [,2] [,3] [,4]
[1,]    1    4    7   10
[2,]    2    5    8   11
[3,]    3    6    9   12
```

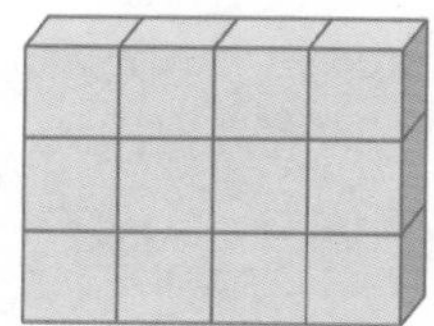

图2-6 矩阵

```
> A <- matrix(1:10, nrow=5)
> A
     [,1] [,2]
[1,]    1    6
[2,]    2    7
[3,]    3    8
[4,]    4    9
[5,]    5   10
> B <- matrix(1:10, ncol=2, byrow=TRUE)
> B
```

```
      [,1] [,2]
[1,]    1    2
[2,]    3    4
[3,]    5    6
[4,]    7    8
[5,]    9   10
> A+B
      [,1] [,2]
[1,]    2    8
[2,]    5   11
[3,]    8   14
[4,]   11   17
[5,]   14   20
> A*B
      [,1] [,2]
[1,]    1   12
[2,]    6   28
[3,]   15   48
[4,]   28   72
[5,]   45  100
> A %*% t(B)     # t(B) 是B的转置矩阵
      [,1] [,2] [,3] [,4] [,5]
[1,]   13   27   41   55   69
[2,]   16   34   52   70   88
[3,]   19   41   63   85  107
[4,]   22   48   74  100  126
[5,]   25   55   85  115  145
> (A[2,]) ; (A[,1]) ; (A[1,2])
 [1] 2 7
 [1] 1 2 3 4 5
 [1] 6
> A <- as.vector(A)    # 矩阵A转换成向量
> C <- as.matrix(A)    # 向量A转换成矩阵
> matrix(x,r,c)        # 将向量x转为r行c列的矩阵
> matrix(c(1:20), 5,4)
      [,1] [,2] [,3] [,4]
[1,]    1    6   11   16
[2,]    2    7   12   17
[3,]    3    8   13   18
[4,]    4    9   14   19
[5,]    5   10   15   20
> # t(x) : 转置矩阵
> # as.matrix(x) : 将数据框变量转成矩阵型态
> # %*% : 矩阵相乘或矩阵和向量相乘(加减 + -)
> # diag(x) : 对角矩阵 diagonal
> # det(x) : 行列式值 determinant
> # solve(x) : 反矩阵 inverse matrix
```

```
> # eigen(x) :特征值与特征向量eigenvalue
```

2.3.8 数据框

数据框（data frame）是大数据R语言最常用的数据结构。数据框的数据常用命名为“df”。数据框每个列（变量）的样本数目相同，相同列的数据属性相同，不同列的数据可以有不同属性，如下例（示意图如图2-7所示）k有4行3列：X1的属性是字符串因子，X2和X3的属性是数值。

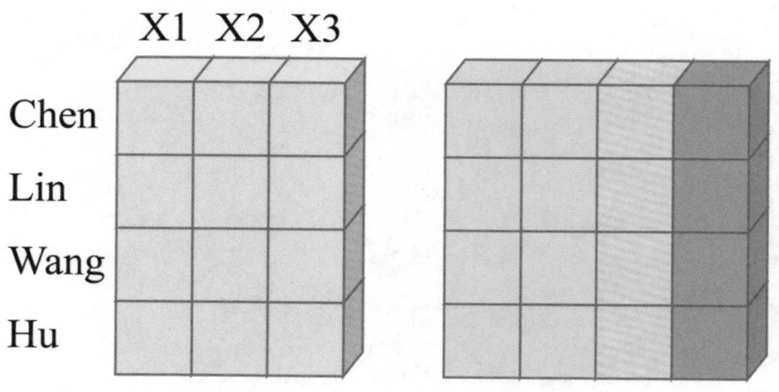

图2-7 数据框示意

```
> k <- data.frame(X1=c("M","F","M","F"), X2=c(168,170,178,162),
+ X3=c(68,60,75,52), row.names=c("Chen","Lin","Wang","Hu"))
> k
```

```
      X1  X2 X3
Chen   M 168 68
Lin    F 170 60
Wang   M 178 75
Hu     F 162 52
```

```
> sapply(k,class) # k 的数据结构
```

```
       X1        X2        X
 "factor" "numeric" "numeric"
```

2.3.9 数组

数组（array）是多维的矩阵。

1.1.7节商业智能OLAP多维分析：向上钻取（roll up）、向下钻取（drill down）、切片（slice）和切块（dice）等数据结构应用是数组数据。

如下代码示意图如图2-8所示。

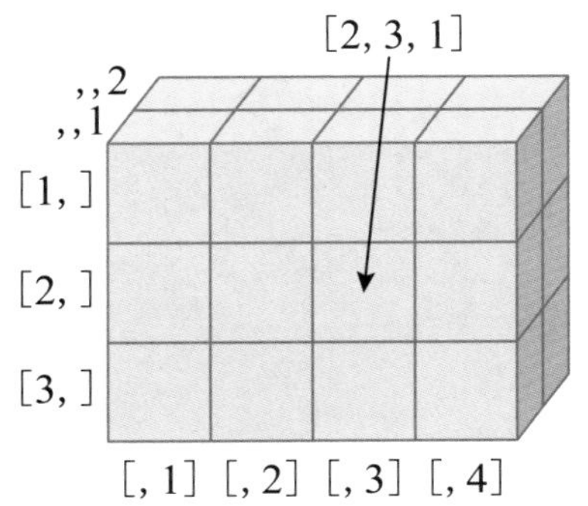

图2-8 数组示意

```
> (D <- array(1:24,dim=c(3,4,2)))
, , 1

     [,1] [,2] [,3] [,4]
[1,]    1    4    7   10
[2,]    2    5    8   11
[3,]    3    6    9   12

, , 2

     [,1] [,2] [,3] [,4]
[1,]   13   16   19   22
[2,]   14   17   20   23
[3,]   15   18   21   24
> D1 <- array(1:48,dim=c(3,4,2,2))
```

2.3.10 列表

列表（list）可以将不同结构的数据合并，如图2-9所示。

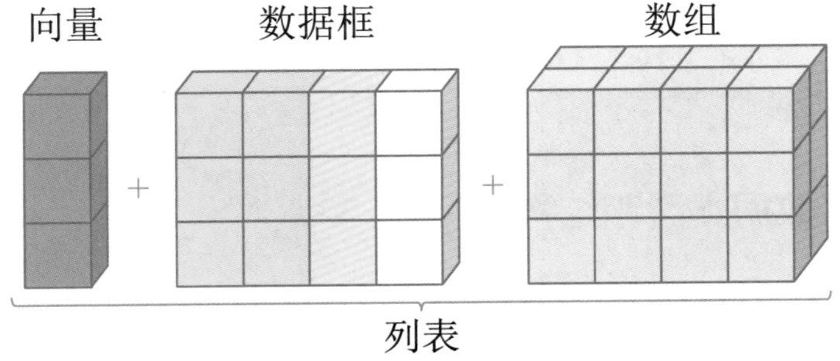

图2-9 列表示意

```
> list1 <- list(c(1,2,3),2:6)
> list2 <- list(D,1:10,A,list1)
```

```
[[1]]
, , 1

     [,1] [,2] [,3] [,4]
[1,]    1    4    7   10
[2,]    2    5    8   11
[3,]    3    6    9   12

, , 2

     [,1] [,2] [,3] [,4]
[1,]   13   16   19   22
[2,]   14   17   20   23
[3,]   15   18   21   24


[[2]]
 [1]  1  2  3  4  5  6  7  8  9 10

[[3]]
 [1]  1  2  3  4  5  6  7  8  9 10

[[4]]
[[4]][[1]]
[1] 1 2 3

[[4]][[2]]
[1] 2 3 4 5 6
```

2.3.11 时间序列

示意代码如下：

```
> ts(c(12,15,18,22,20,26,24,28,30,29), frequency = 4, start = c(2001,2))
          Qtr1 Qtr2 Qtr3 Qtr4
     2001        12   15   18
     2002   22   20   26   24
     2003   28   30   29
```

2.3.12 访问数据类型和结构

统计学和大数据最重要的是查看数据的类型和结构。

```
> class(x)         # 查看x的数据类型
> str(x)           # 查看x的数据结构
> attributes(x)    # 查看x的数据属性
> head(x)          # 访问x前几行的数据
```

```
> mode(x)
> typeof(x)
```

一个数据结构在不同的访问中，可能有不同的结果。

2.3.13 遗失值

NA表示missing value，NaN表示not a number，NULL表示empty object。

```
> x <- c(2,NA,8)
> is.na(x)
   [1] FALSE TRUE FALSE
> mean(x)
   [1] NA
> mean(x,na.rm=TRUE)   # 删除遗失值NA再计算均值
   [1] 5
```

2.3.14 读入Excel CSV数据

在 Excel 中保存文件，选择“另存为”保存类型，选择“CSV（逗号分隔）”，即可保存 AB.csv 文件，可使用R 语言打开。

```
> AB = read.csv("C:/R/AB.csv",header=T)  # 读入 AB.csv
> class(AB)
   [1] "data.frame"
> AB[1:3,]
```

2.3.15 编辑数据

```
> # 在数据编辑器双击左键，开始修改档案，关闭数据编辑器

> AB <- edit(AB, editor = "xedit")
```

2.3.16 保存Excel CSV数据

```
> write.csv(AB, file = "C:/R/AB.csv")
```

2.3.17 数据输入窗口

打开窗口输入数据。

```
> X <- data.frame(X1=character(0), X2= character(0), X3=numeric(0))
> X <-edit(X)   # X1, X2 当作因子 factor
```

2.3.18 R 的数据结构和函数表

R的数据结构和函数表如表2-2所示。

表2-2 R 的数据结构和函数

数据结构	R函数	说明
数值（numeric）	as.numeric("2")	双精准数值
整数（integer）	as.integer(2.5)	整数
字符串（character）	as.character(2.5)	文字符
逻辑（logical）	as.logical(2>5)	TRUE或T=1，FALSE或F=0
日期（date）	as.Date("2018-10-01")	日期
向量（vector）	c()	无纬度序列，元素有相同属性
因子（factor）	factor()	字符串向量，无序分类
有序因子（orderedfactor）	ordered()	字符串向量，有序分类
矩阵（matrix）	matrix()	二维表格，元素有相同属性
数据框（data.frame）	data.frame()	二维表格，行是记录，列是变量 每行可以属性不同，长度相同
数组（array）	array()	多维矩阵，元素有相同属性
列表（list）	list()	多维结构，每维各种结构组合
时间序列（timeseries）	ts()	时间序列
遗失值（missingdata）	NA	遗失值
函数的数据结构	as(x，"transactions")	关联规则apriori的事务数据

2.4 R的函数包

先下载R程序包。

```
> install.packages("arules")
```

```
> library(arules)
```

包（packages）是一组内函数、数据和说明文件组成，分为3 种类型。

（1）基本包：R 语言内建包，约30个包，如 base、stats、graphics。

基本包的函数是自带的函数，不需要安装额外的包。

（2）建议包：建议下载的包，如 ggplot2。

（3）贡献包：需要执行安装 R 函数，就要下载的包，如 arules。

函数是属于包，但是有些函数在许多包都有，例如：函数 predict。

包::函数、函数{包} 表示其关系，例如：arules::apriori 或 apriori{arules}。

2019年R有14594个包，请见MRAN（the Microsoft R Application Network）。

本书应用的R包和函数如表2-3所示。

表2-3　本书应用的R包和函数

功能	包	函数
图形可视化	ggplot2	gplot()
关联分析	arules，arulesViz	apriori()，crossTable()，itemFrequencyPlot()
聚类分析层次聚类	stats	hclust()
聚类分析非层次聚类	stats	kmeans()
	cluster	daisy()，pam()
	NbClust	NbClust()
计算距离	stats	dist()
	philentropy	distance()
数据标准化	stats，scales	scale()
	psycho	standardize()
主成分分析	stats	prcomp()，princomp()
	psych	principal()
协同过滤	recommenderlab	Recommender()
分类K近邻分析	class	knn()，train()
	kknn	train.kknn()
	caret	knn()
	FNN	knn()
分类决策树	C50	C5.0()
	party	rpart()
分类回归树	rpart	rpart()
	RWeka	M5P()，JRip()，J48()
分类朴素贝叶斯	e1071	naiveBayes()
	caret	train()
支持向量机	e1071	tune.svm()
	kernlab	ksvm()
集成学习	ipred	bagging()
	adabag	bagging()，boosting()

续表

功能	包	函数
随机森林	randomForest	randomForest()
回归	Stats	lm()
部分回归	leaps	regsubsets()
逻辑Logistic回归	stats	glm()

建议：将上列包除了 stats，其他先下载安装，如 > install.packages("ggplot2")。
或 > if(!require(ggplot2)){install.packages("ggplot2")} #若没有安装，则安装。

本书应用R语言的数据集如表2-4所示。

表2-4　本书应用R语言的数据集(C:/R/ 数据包含在本书下载包)

数据data	文件名 filename	数据来源：package/ library	函数function	本书章节
钻石	diamonds	ggplot2	qplot	§ 2.5.1
泰坦尼克号	Titanic	datasets	apriori	§ 3.6.1
商店数据	shop	C:/R/	apriori	§ 3.6.2
食品杂货	Groceries	arules	apriori	§ 3.6.3
人口收入	Adult	arules	apriori	§ 3.6.4
芎尾花	iris	datasets	apriori	§ 3..6.5, § 5.4.1
欧洲语言	Euro	C:/R/	hclust	§ 4.6.1
电力公司	Utility	C:/R/	hclust	§ 4.6.2
欧州人蛋白质	protein	C:/R/	cluster,kmeans	§ 4.6.3
红酒	wine	HDclassif	NbClust,kmeans	§ 4.6.4, § 5.4.7
汽车	cars	C:/R/	NbClust,kmeans	§ 4.6.5
美国罪犯	USArrests	datasets	prcomp	§ 5.4.2
冰球联盟	NHLtrain	C:/R/	principall	§ 5.4.4
职业棒球	2012MLB	C:/R/	prcomp	§ 5.4.5
早餐麦片	UScereal	MASS	prcomp	§ 5.4.6
汽车	Auto	ISLR	lm	§ 6.6.2
乳腺癌诊断	wdbc,wbcd	C:/R/	tree,gmodels	§ 6.6.3, § 8.4.3
股票	Smarket	ISLR	glm	§ 7.4.1
乳腺癌病理	biopsy	MASS	glm	§ 7.4.2
医疗保险	insurance	C:/R/	lm	§ 7.4.3
职棒打击	Hitters	ISLR	glm,glmnet	§ 7.4.4
美国总统	USPresident	C:/R/	tune.svm,train	§ 8.4.4
玻璃数据	glass	kknn	train,kknn	§ 8.4.5
垃圾邮件	sms_spam	C:/R/	naiveBayes	§ 9.4.3
皮玛糖尿病	Pima.tr	MASS	chaid,tune.svm	§ 10.6.5, § 11.7.4
波士顿房价	Boston	MASS	teee,randomForest	§ 10.6.7, § 12.7.3
员工离职	attrition	C:/R/	chaid	§ 10.6.11

续表

数据data	文件名 filename	数据来源：package/ library	函数function	本书章节
基因表达	Khan	ISLR	svm	§ 11.7.1
字符	letterdata	C:/R/	ksvm	§ 11.7.5
信用	credit	C:/R/	bagging	§ 12.7.2
顾客流失	churn	C:/R/	ranger,boosting	§ 12.7.5
笑话推荐	Jester5k	recommendedab	Recommender	§ 13.4.1
电影推荐	MovieLense	recommenderlab	Recommender	§ 13.4.2

2.5 R的数据绘图

用 R 函数包“ggplot2” 的数据集“diamonds”钻石，来说明R 的数据绘图。

钻石数据

钻石数据是数据框的结构，有53940行（样本），10 列（变量）：

（1）价格Price 美金 $326--$18，823

（2）克拉Carat 质量 0.2--5.01

（3）切割Cut Fair，Good，Very Good，Premium，Ideal

（4）色泽Color J（worst）to D（best）

（5）净度Clarity I1（worst），SI2，SI1，VS2，VS1，VVS2，VVS1，IF（best）

（6）长 X length in mm（0--10.74）

（7）宽 Y width in mm（0--58.9）

（8）高 Z depth in mm（0--31.8）

（9）深度 Depth = z / mean（x，y）= 2 * z /（x + y）（43--79）

（10）形状Table = top of diamond relative to widest point（43--95）

【R例2.1】钻石数据：diamonds，函数{包}：qplot ggplot {ggplot2}

```
> # R例2.1
> if(!require(ggplot2)){install.packages("ggplot2")} ; library(ggplot2)
> if(!require(GGally)){install.packages("GGally")} ; library(GGally)
> data(diamonds);str(diamonds) # 数据有53940个样本，10个变量有数值整数和因子
```

```
> head (diamonds) ; summary(diamonds)  # 描述统计
> price <- diamonds$price ; qplot (price, data = diamonds)
> hist(price, prob=TRUE, xlab = "Price", main = "")
> lines(density(price))
> abline(v = mean(price), col = "red")    # 红线是均值平均数
> abline(v = median(price), col = "blue") # 蓝线是中位数
> qplot (carat, price, data = diamonds)
> qplot (log(carat), log(price), data=diamonds,colour=color)
> ggpairs(diamonds[,1:5])
> ggpairs(diamonds[,3:8], aes(colour = color, alpha = 0.4 ), title =
+ "Diamonds ") + theme(plot.title = element_text(hjust = 0.5))
> ggpairs(diamonds[,2:7], aes(colour = cut, alpha = 0.4 ), title =
+ "Diamonds", upper = list(continuous = "density"), lower = list
+ (combo ="denstrip"))+theme(plot.title=element_text(hjust = 0.5))
> qplot (color, price / carat, data = diamonds, geom ="jitter")
> set.seed (1234) # 随机乱数种子，为使每次计算结果相同
> dsmall <- diamonds [sample (nrow (diamonds), 100),] # 抽样100个钻石
> qplot (carat, price, data = dsmall, colour = color)
> qplot (carat, price, data = dsmall, shape = cut)
> qplot(carat, price, data = dsmall, geom = c("point", "smooth"))
> qplot (depth, data=diamonds, binwidth=0.1,xlim=c(58,68), fill=cut)
> qplot (cut, depth, data=diamonds, geom="boxplot")
> ggplot(diamonds, aes(factor(cut), price, fill=cut)) + geom_boxplot()
> ggplot(diamonds, aes(factor(clarity), price, fill=clarity))
+ geom_boxplot()
> ggplot(diamonds, aes(y=carat, x=cut)) + geom_violin()  # 小提琴图
> ggplot(diamonds, aes(clarity, depth)) + geom_violin()
> pairs(diamonds[,c("depth","price","carat","color","clarity","cut")])
```

如图2-10～图2-15所示。

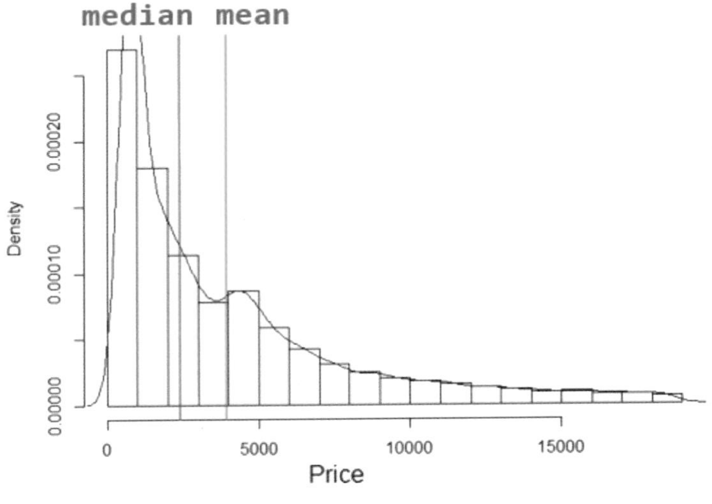

图2-10 钻石价格直方图

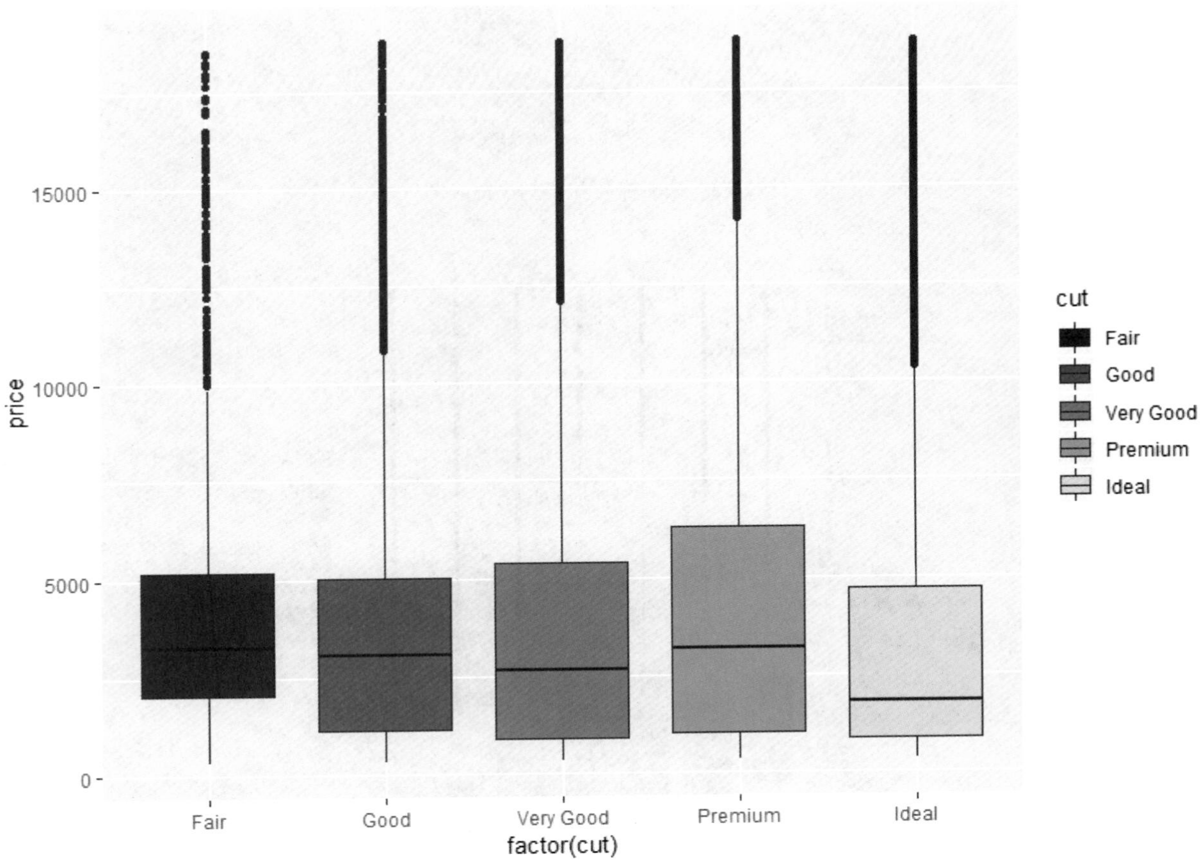

图2-11 钻石价格和切割箱线图

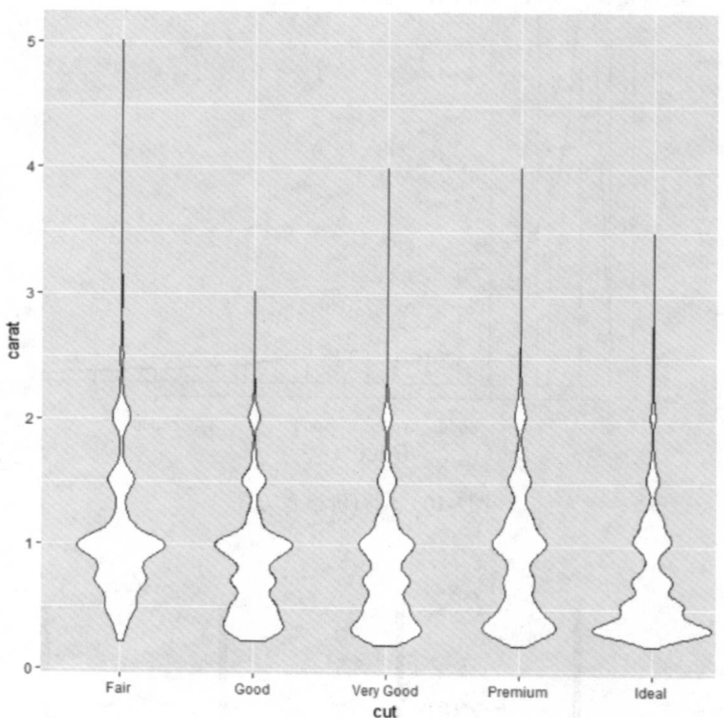

图2-12　钻石克拉和切割小提琴图

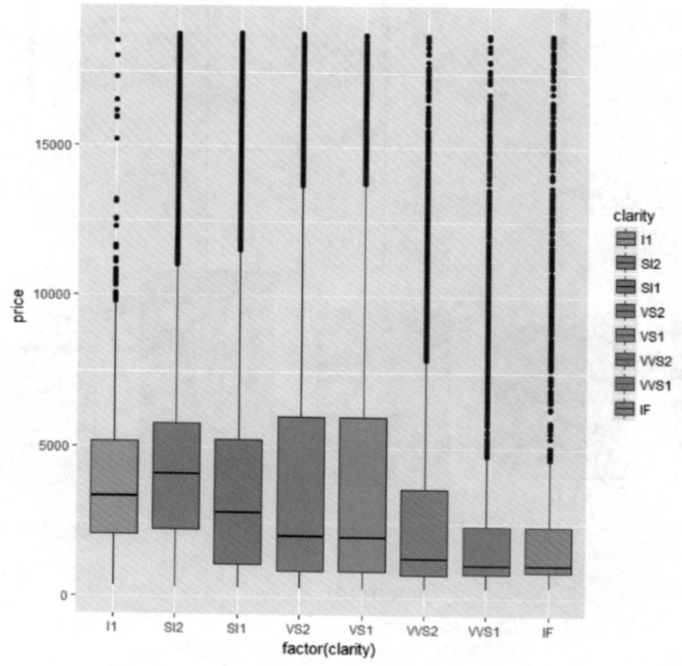

图2-13　钻石价格和净度箱线图

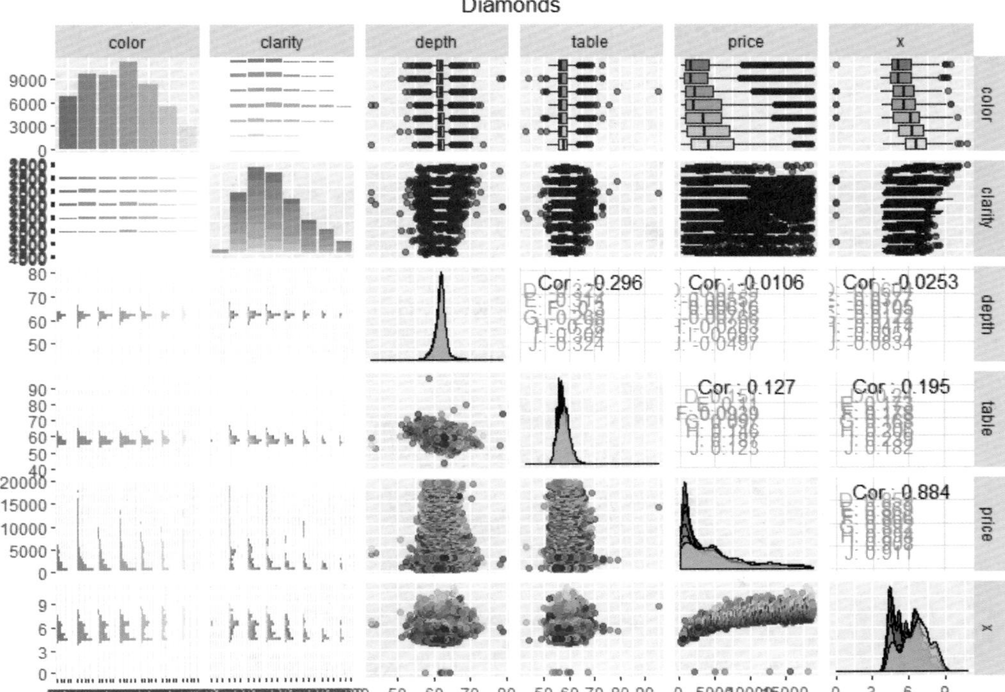

图2-14　钻石变量相关系数1

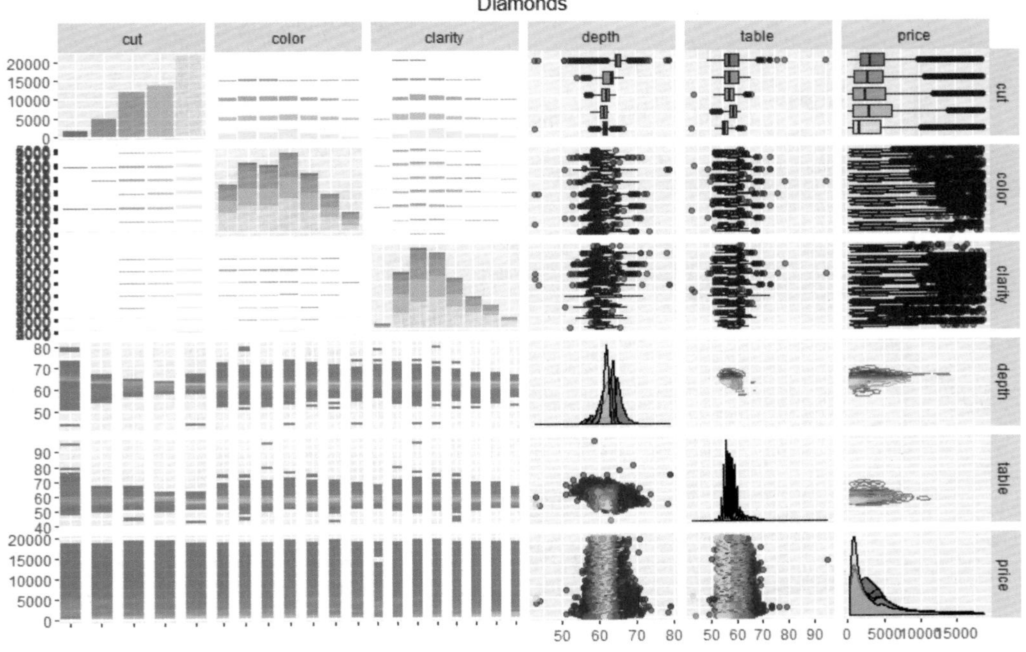

图2-15　钻石变量相关系数2

2.6 本章思维导图

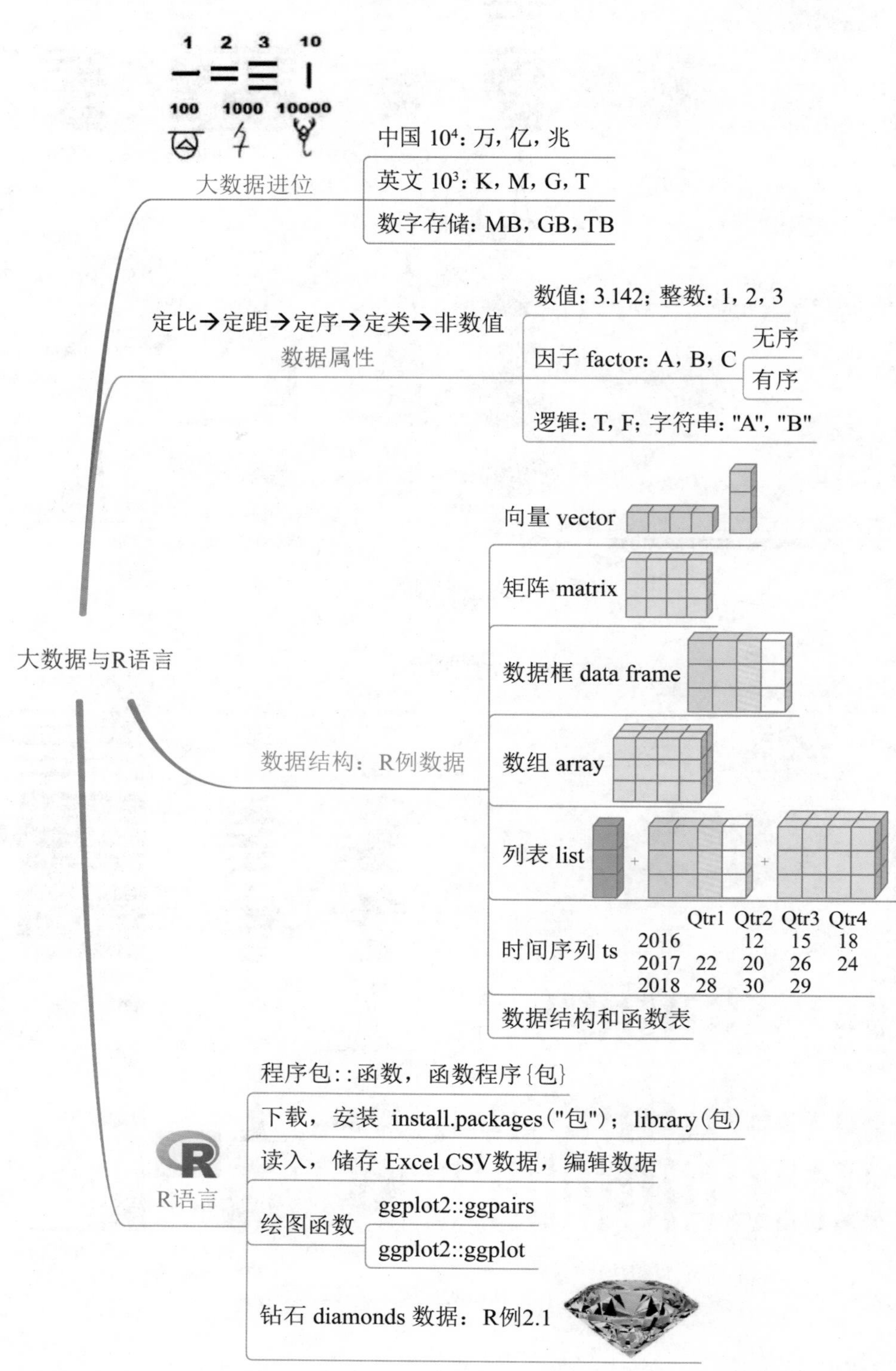
1 2 3 10
100 1000 10000
大数据进位
中国 10⁴：万，亿，兆
英文 10³：K，M，G，T
数字存储：MB，GB，TB
定比→定距→定序→定类→非数值
数据属性
数值：3.142；整数：1，2，3
因子 factor：A，B，C
无序
有序
逻辑：T，F；字符串："A"，"B"
大数据与R语言
数据结构：R例数据
向量 vector
矩阵 matrix
数据框 data frame
数组 array
列表 list
Qtr1 Qtr2 Qtr3 Qtr4
2016 12 15 18
2017 22 20 26 24
2018 28 30 29
时间序列 ts
数据结构和函数表
R语言
程序包::函数，函数程序{包}
下载，安装 install.packages("包")；library(包)
读入，储存 Excel CSV数据，编辑数据
绘图函数
ggplot2::ggpairs
ggplot2::ggplot
钻石 diamonds 数据：R例2.1

第二篇　非监督式学习

非监督式学习（Unsupervised Learning）是机器学习的一种算法，其目的是去对原始数据进行分类，以便了解数据内部结构。非监督式学习在学习时并不知道其分类结果是否正确，没有受到监督（被告知正确的学习方向）。仅输入数据，而它会自动从这些数据中找出潜在规则。当学习完毕并经测试后，可以将之应用到新的案例上。

本篇内容涵盖各种监督式学习算法和案例。

第3章
关联分析

不遇盘根错节，无以别利器，此乃吾立功之秋也。

——司马光《资治通鉴》

3.1 关联分析介绍

关联规则分析（association rules）是数据挖掘的**购物篮分析**（market basket analysis），即：从顾客的交易中发现买A产品的顾客可能会买B产品。例如，尿布与啤酒的故事，每星期四晚上，买尿布的顾客的交易（事务）多数会买啤酒。营销应用在推荐商品、交叉促销、商店布置等。关联规则还应用在许多领域，包括：网站页面分析、广告使用分析、用户关键词搜寻、入侵检测、连续生产及生物信息学等。

图3-1是关联规则名词概念图。

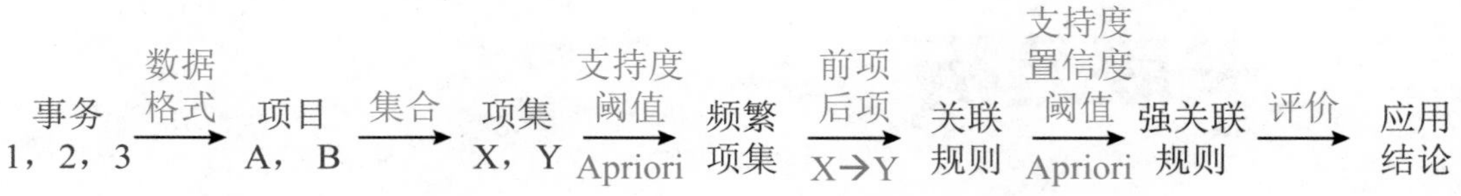

事务 1，2，3 —数据格式→ 项目 A，B —集合→ 项集 X，Y —支持度阈值 Apriori→ 频繁项集 —前项后项 X→Y→ 关联规则 —支持度置信度阈值 Apriori→ 强关联规则 —评价→ 应用结论

图3-1　关联规则名词概念

3.1.1 事务与项目的定义

关联分析的数据表示如图3-2。

事务标识 TID	A	B	C	D	E	F	G	AB A×B	EFG E×F×G
	项目				项集X				
事务集合D 1	1	0	1	1	0	1	0	0	0
2	1	1	0	1	1	1	1	1	1
3	1	1	1	1	0	0	0	1	0
4	0	0	1	1	1	1	0	0	0
5	0	0	0	0	0	0	0	0	0
Σ=count	3	2	3	4	2	3	1	2	1
支持度	.4	.4	.6	.8	.4	.6	.2	.4	.2

（a）二元关联矩阵

TID	项集
事务 1	A，C，D，F
2	A，B，D，E，F，G
3	A，B，C，D
4	C，D，E，F
5	

（b）事务数据库

图3-2　关联分析的数据表示

定义关联分析的名词：

（1）项目（item）：商品或物品名称，例如A、B、尿布、啤酒。

（2）项目集或称项集（itemset）：一个及一个以上项目集合，例如{A}、{B}、{A，B}、{尿布，啤酒}。项目或项集是数据框的列。

项目是变量，用A，B，C表示，也会当作项集。

项集是集合，用X，Y表示，例如X = {A}简记A，X = {A，B}简记AB。

X=AB，Y=EFG，X∪Y=ABEFG。

（3）*k*-项集（*k*- itemset）：包含*k*个项目的集合。ABEFG是5-项集。

（4）空项集（empty itemset）：没有项目的集合，例如{ }。

（5）事务标识（TID）：顾客的标记。数据框的行。

（6）事务（transaction）：顾客的交易，例如{A=1，B=0，C=1}、{尿布=1，啤酒=0}。

（7）零事务（null transaction）：没有交易的事务，例如图3-2的TID = 5。

（8）支持度（support）：项集X={A}（简记A）的支持度，# 表示数目。

Support(A)= S(A)= #{事务*i* | A=1} / n，n = #(D)= 所有事务的数目。

S(A)= {A=1的事务的数目} / {所有事务的数目}。

Support({A，B})= S(AB)= #{事务*i* | A=1，B=1} / n = #(A×B)/ n 。

S(AB)= # {A=1且B=1 的事务的数目} / {所有事务的数目}。

S(X)= {X所有事务 = 1的数目} / {所有事务的数目}。

S(A)≧S(AB)，项集的项目越多，支持度就越小。

S(X)≧S(X∪Y)，S(Y)≧S(X∪Y)，对所有项集X，Y。

（9）子项集（subitemset）与超项集（superitemset）：若项集X，Y，X⊆Y，则X称为Y的子项集；Y称为X的超项集。例如X = AB，Y = ABC，X是子项集，Y是超项集。

Support（子项集）⩾Support（超项集），S（子项集）⩾S（超项集）

（10）支持度阈，最小支持度（minimum support threshold）：阈值，支持度门槛值。记作Minsupport。

（11）频繁项集（frequent itemset）：项集X的支持度大于最小支持度阈值，称为频繁项集S(X) > Minsupport。

（12）所有频繁项集的子项集，都是频繁项集。

青（子项集频繁）出于蓝（是因为超项集频繁），而胜于蓝（子项集比超项集更频繁）。

（13）所有非频繁项集的超项集，都是非频繁项集。非频繁的子项集，其超项集一定是非频繁。子不教（子项集非频繁），父之过（因为超项集非频繁）。

3.1.2 项集的关联规则

关联规则可以用条件概率检查，买什么东西的顾客，会再买什么东西。例如，买尿片

的，会买啤酒，P（B买啤酒 | A买尿片）> P（B买啤酒）。

若两个项集X，Y，其交集为空集合 X∩Y ={}，即X，Y没有共同的项集，则项集X，Y的关联规则X→Y，X 称为规则的前项或先导（antecedent或left-hand-side，lhs），Y 称为规则的后项或后继（consequent或right-hand-side，rhs）。

AB→ACD 不能成为规则。

关联规则的测量有如下几项。

（1）支持度（support）：X→Y的支持度：规则的有用性。

Support(X→Y)= S(X→Y)= S(Y→X)= S(X∪Y)

（2）置信度（confidence）：X→Y的置信度：规则前项（因）后项（果）的可信度或确定性。

置信度是条件概率：P（顾客买Y | 顾客买X）。请参考《大话统计学》5.5节。

Confidence(X→Y)= C(X→Y)= S(X→Y)/ S(X)

（3）提升度（lift）：X→Y的提升度：顾客买 X 带给购买Y 信息的提升度。

Lift(X→Y)= L(X→Y)= C(X→Y)/ S(Y)= S(X→Y)/ [S(X)×S(Y)]

在数据挖掘称为提升度，在购物篮分析称为改善度（improvement）。项集X搭配项集Y销售，是单独销售项集Y结果的L(X→Y)倍。L(X→Y)可能 <1，=1，或 >1。

事物频数如表3-1所示。

表3-1　事务频数表

	B=1	NotB(B=0)	
A=1	a	b	a+b
NotA（A=0）	c	d	c+d
	a+c	b+d	a+b+c+d=n

支持度 S(A)=(a+b)/ n;

支持度 S(B)=(a+c)/n;

支持度 S(A→B)= a / n = S(B→A);

置信度 C(A→B)= a /(a+b);

置信度 C(B→A)= a /(a+c);

提升度 L(A→B)= a(a+b+c+d)/(a+b)(a+c)= L(B→A);

若提升度 Lift = 1，则A和B 是独立的。因为 a × n =(a+b)×(a+c)。

若提升度Lift > 1，则A和B是（互相）正面提升的。

若提升度 Lift < 1，则A和B 是（互相）负面提升的。

但是，提升度会受到零事务和样本数的影响。

以上有关统计学的独立和条件概率，《大话统计学》中第5章有详细说明。

（4）支持度阈（minimum support threshold），阈又叫阈值，支持度门槛值。记作

Min_support。

（5）置信度阈（minimum confident threshold），置信度门槛值。记作Min_ confident。

通常支持度要大于 0.1，置信度要大于0.1 或 0.2，提升度要大于 1，正面信息。但是当项目（变量）越多时，支持度会越小。

（6）强关联规则。

Support(X→Y)= S(X→Y)> Min_support

Confidence(X→Y)= C(X→Y)> Min_confident

（7）支持度和提升度符合交换律，置信度不符合交换律。

Support(X→Y)= Support(Y→X)，S(A→B)= S(B→A)

Confidence(X→Y)≠ Confidence(Y→X)，C(X→Y)≠ C(Y→X)

Lift(X→Y)= Lift(Y→X)，L(X→Y)= L(Y→X)

（8）Support({}→X)= Support(X)

Confidence({}→X)= Support(X)，Confidence(X→{})= 1

Lift({}→X)= 1

> **注意：**一个项集只有最小支持度阈记作Minsupport，没有最小置信度阈；两个项集的关联规则有最小支持度阈Min_support和最小置信度阈Min_confident。没有最小提升度阈。设定阈值通常为Minsupport = Min_support。
>
> 在R语言参数用supp = Min_support，conf = Min_confiden。

3.2 关联规则数据格式

项目与事务的数据格式有以下五种。

（1）二元关联矩阵（binary incidence matrix）：如图3-3（a）所示，这种格式的数据，可以储存为Excel的.csv格式，行是事务标识，列是项目，1表示该事务购买了该项目。

（2）事务数据库（transactions database）：如图3-3（b）所示，这种格式的数据，可以储存为Word的.txt格式，每个事务储存它所包含的项集。

（3）因子项目数据框（data frame）：事务数据的数据框表示，适合有因子的项目，如图3-3（c）所示，项目 A 有A_1，A_2，A_3，3个水平。每个事务在每个因子有一个水平。

（4）事务频数表（transaction frequency table）：如图3-3（d）所示，计算各项集的事务频数，例如 #{A=0，B=0，C=0}=24。储存在 R 表格的格式。

（5）事务表格式：如图3-3（e）所示，每行一个TID一个项目，可以储存为.csv

格式。

事务标识 TID	A	B	C	D	E	F	G
1	1	0	1	1	0	1	0
2	1	1	0	0	1	1	1
3	1	1	1	1	0	0	0
⋮	⋮						
n	0	0	0	0	0	0	0

（事务集合D；列为项目）

（a）二元关联矩阵

TID	项集
1	A, C, D, F
2	A, B, E, F, G
3	A, B, C, D
⋮	⋮
n	

（行为事务）

（b）事务数据库（购物篮）

TID	项目
1	A
1	C
1	D
1	F
2	B
2	E
2	F
2	G
3	A
3	B
3	D
⋮	⋮

（e）事务表格式

TID	A	B	C	D	E
1	A_1	B_3	C_2	D_1	E_2
2	A_2	B_1	C_1	D_3	E_1
3	A_1	B_2	C_2	D_1	E_2
⋮	⋮				⋮
n	A_3	B_4	C_1	D_2	E_3

（事务；列为项目（因子））

（c）因子项目数据框

,,C=0

A \ B	0	1
0	24	6
1	10	12

,,C=1

A \ B	0	1
0	16	20
1	8	15

（d）事务频数表

图3-3　数据表示

图3-3（d）是三个纬度的表，表内数字是频数，事务的项目A=0，B=0，C=0有24个。

关联规则分析要注意数据格式，R 语言函数 arules::apriori 可以处理（a）、（b）、（c）三种格式。（d）、（e）的格式要在程序中转换为数据格式，可以用arules 包进行转换。

```
> library(arules)
> showMethods("coerce", classes="transactions")
> data <- as(data,"transactions")
```

请见本章3.6.1节泰坦尼克号的关联规则实例计算。

3.3 关联规则的算法

Apriori算法，是翻译为先的验算法，1994年由Agrawal & Srikant等首先提出，是最为著名且广泛运用的关联规则算法。Apriori算法是基于广度优先的算法。另外有Eclat算法，是基于深度优先的算法，还有FP成长树算法，不在此赘述。

3.3.1 Apriori算法

Apriori算法分成两部分：第一部分，计算所有的频繁项集；第二部分，计算所有的强关联规则。Apriori算法概念如下。

（1）设定关联规则：一个项集的最小支持度阈Minsupport；两个项集关联规则的最小支持度阈 Min_support和最小置信度阈 Min_confident。通常Minsupport = Min_support。

（2）根据最小支持度阈Minsupport，计算所有的频繁项集，k = 1。

1）找出*k*-项集所有频繁项集。

2）（剪枝步骤）若其中有非频繁项集，则其超项集为非频繁项集，予以删除。

3）$k = k + 1$，回到 2），直到所有 *n*-项集被计算或删除。

（3）根据最小置信度阈 Min_confident，计算的强关联规则。

根据频繁项集的规则，计算强关联规则。

剪枝步骤：根据下列定理。

如果规则 X→Y-X 不是强关联规则，不满足置信度阈值，则Z→Y-Z 也不是强关联规则，其中Z是X的子项集。

例如：Y=ABCD，X=BCD，Y-X=A，Z=B，Y-Z＝ACD

如果BCD→A非强关联规则，则B→ACD非强关联规则。

非强关联规则有两个条件：

（1）S(BCD→A)=S(B→ACD)=S(ABCD)< Min_support

（2）C(B→ACD)= S(ABCD)/S(B)< S(ABCD)/S(BCD)= C(BCD→A)< Min_confident

因为　S(B) > S(BCD)

具体如图3-4和图3-5所示。

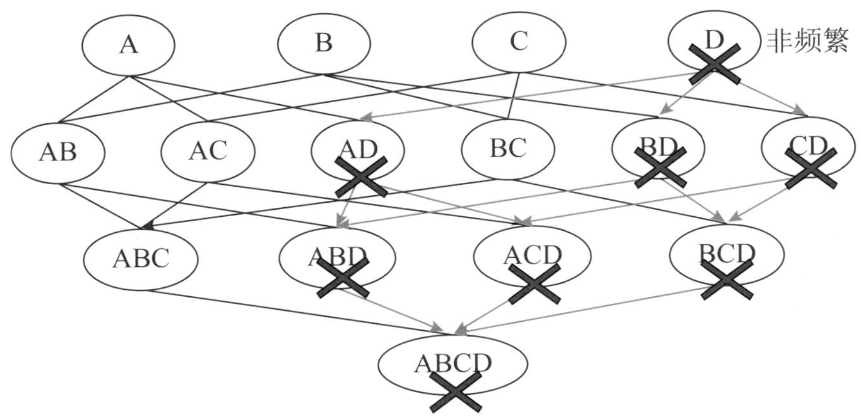

图3-4　Apriori算法计算频繁项集的剪枝步骤

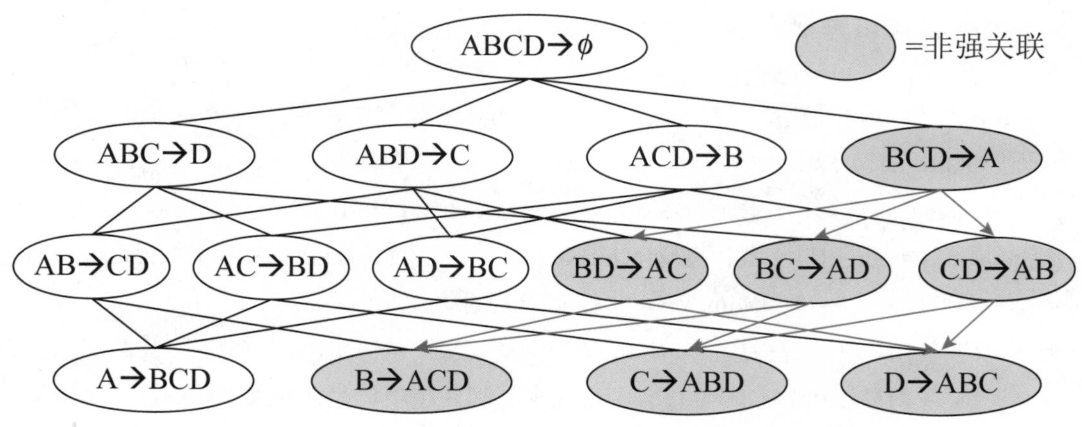

图3-5　Apriori算法的计算强关联规则

3.3.2　关联规则其他测度值

项集关联的测度值，除了支持度，置信度，提升度，关联规则的测量还有许多测度值。（参考网站http://michael.hahsler.net/research/association_rules/measures.html）。

在R语言的关联规则包中arules 的函数 interestMeasure()可以有这些测量。如表3-2所示。

表3-2　事务频数表

	B	Not*B*	
A	*a*	*b*	*a*+*b*
Not*A*	*c*	*d*	*c*+*d*
	a+*c*	*b*+*d*	*a*+*b*+*c*+*d*

下列关联规则测度值，没有前项后项（$A\to B$或$B\to A$）的差别（交换律），只有关联，没有因果的规则。除了置信度有前项后项的差别。

（1）χ^2期望值：

$$\chi^2(A,B)=\frac{(a+b)(a+c)}{(a+b+c+d)}$$

如果$a>\chi^2(A,B)$，则提升度>1。

（2）互信息（mutual information）：

$$\mathrm{MI}(A,B)=\log\left(\frac{P(A\cap B)}{P(A)P(B)}\right)=\log\left(\frac{a(a+b+c+d)}{(a+b)(a+c)}\right)$$

（3）Jaccard 系数：

$$\mathrm{J}(A,B)=\frac{\#(A\times B)}{\#(A\cup B)}=\frac{P(A\cap B)}{P(A\cup B)}=\frac{a}{a+b+c}$$

（4）全置信度（all_confidence）：

$$\text{All\_conf}(A,B)=\min\{P(A|B),P(B|A)\}$$

（5）最大置信度：

$$\text{max\_conf}(A,B)=\max\{P(A|B),P(B|A)\}$$

（6）余弦度量Cosine测度：

$$\text{Cosine}(A,B)=\frac{P(A\cap B)}{\sqrt{P(A)\times P(B)}}=\sqrt{P(A|B)\times P(B|A)}$$

（7）杠杆率（leverage）：

$$\text{leverage}(A\to B)=\text{Support}(A\to B)-\text{Support}(A)*\text{Support}(B)$$

杠杆率类似提升度，leverage($A\to B$)>1是正相关；leverage($A\to B$)=1是独立；leverage($A\to B$)< 1 是负相关。

（8）Phi相关系数Phi correlation coefficient：

$$\phi(A,B)=\frac{ad-cb}{\sqrt{(a+c)(a+b)(c+d)(b+d)}}$$

（9）Kulczynski 测度：

$$\text{Kulc}(A,B)=(0.5)\{P(A|B)+P(B|A)\}$$

（10）确信度（conviction）：

$$\text{Conviction}(A\to B)=[1-\text{Support}(B)]/[1-\text{Confidence}(A\to B)]$$

确信度或定罪率 Conviction($A\to B$)= 1.2 表示有20% 的错误率。

（11）失调率（imbalance ratio）不平衡比：

$$\text{IR}(A,B)=\frac{|\#(A)-\#(B)|}{\#(A)+\#(B)-\#(A\times B)}=\frac{|b-c|}{|a+b+c|}$$

以上测度值（1）～（9）测量值越高，表示 A，B 的关联越好，（10）确信度和（11）失调率是越低越好。

3.3.3 负关联规则

关联规则是计算两个项集的关联，以购物篮来说，（A→B）是已经买了项集A，会再买项集B的概率。例如，顾客买了面包，还会再买牛奶的概率。

负关联规则（¬A→B）是没有买项集A，会买项集B的概率。或者（A→¬B）是买项集A，不会买项集B的概率。例如，顾客买了豆浆，就不会再买牛奶的概率。

请见3.6.2节【R例3.4】商店数据有负关联规则的R程序代码。

3.4 关联规则的优点和缺点

3.4.1 Apriori算法的优点

（1）Apriori是一个有系统的步骤，经过生成所有的频繁项集和强关联规则，两阶段都进行剪枝，降低了计算量，提升了计算速度。

（2）关联规则的产生结果，很容易了解。

（3）有用的数据挖掘方法，可以产生没有预期的信息或知识。

3.4.2 Apriori算法的缺点

（1）关联规则的变量，只能应用于0-1变量、因子（分类）变量和有序因子（等级变量），数值变量要转换为因子变量。请见【R例3.6】和【R例3.7】。

（2）每次增加频繁项目集的大小，计算项集的支持度，都需要对数据库中的全部记录进行一遍扫描比较，当数据集很大时，频繁项目集的生成速度会显著降低。

（3）对于大型的数据库，存储和计算的代价随记录的增加呈现出几何级数的增加。

（4）算法的有效性有待改善。

3.4.3 关联规则的评估

关联规则的评估，有下列重点。

（1）考虑3.3.2节其他测度值，比较其结果。

（2）是否可以将规则化为行动（actionable）。请见 3.5.3 节。

（3）这些规则是否很平常、不重要、无价值（trivial），例如：买尿布会买婴儿奶粉。

（4）这些规则是不明显的、但有用的（inexplicable），像是挖掘到宝石的惊奇。

（5）关联规则是监督式还是非监督式？监督式与非监督式的差别在于目标变量，关联规则可以将目标变量放在规则的后项，检查其关联，例如3.6.1节泰坦尼克号的旅客存活的变量。

3.5 关联规则的实例计算

先用两个小数据[尿布与啤酒（数据挖掘的老故事），豆浆、烧饼与饭团]计算项目和规则，说明关联规则的计算，再用 R 语言计算比较结果。

3.5.1 尿布与啤酒

尿布与啤酒的故事：买尿布（项集）的顾客（事务）多数会买啤酒（项集）。

❶ 数据

数据中有50个事务，取尿布与啤酒两个项目，如图3-6、图3-7所示。

	A	B	C	D	E	F	G	H	I
1	TID	A 尿布	B 啤酒	A*B					
2	1	1	1	1		列联表	B	非 B	
3	2	1	1	1		A	24	6	30
4	3	1	0	0		非 A	10	10	20
5	4	0	1	0			34	16	50
6	5	0	0	0					
7	6	1	0	0		支持度	S(A→B)	0.48	
8	7	0	1	0		置信度	C(A→B)	0.8	
9	8	1	1	1		提升度	L(A→B)	1.176471	
50	49	1	1	1					
51	50	0	0	0					
52		30	34	24					

图3-6　尿布与啤酒数据

顾客	尿布A	啤酒B		A*B
1	1	1	→a	1
2	1	1	→a	1
3	1	0	→b	0
4	0	1	→c	0
50	0	0	→d	0
	a+b	a+c	a+b+c+d	a

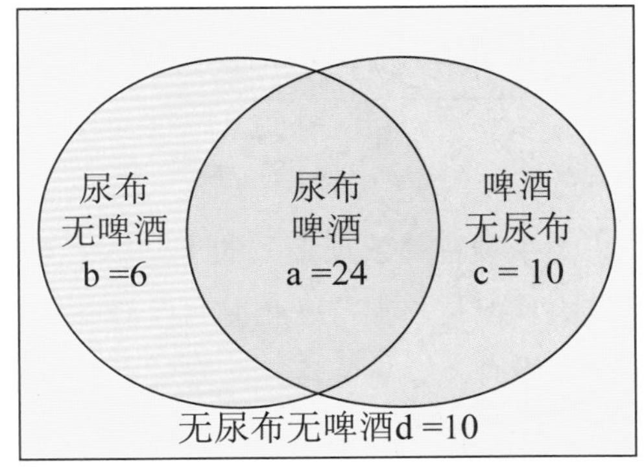

注：a=买尿布+啤酒人数；b=买尿布不买啤酒人数；c=不买尿布买啤酒人数；d=尿布啤酒都不买人数

图3-7　尿布与啤酒的数据

② 计算

尿布与啤酒的实例计算如图3-8所示。

列联表	啤酒	无啤酒	
尿布	a	b	a+b
无尿布	c	d	c+d
	a+c	b+d	a+b+c+d

列联表	啤酒	无啤酒	
尿布	24	6	30
无尿布	10	10	20
	34	16	50

图3-8　尿布与啤酒的实例计算

支持度（尿布→啤酒）= a /(a+b+c+d)= 24/ 50 = 0.48

置信度（尿布→啤酒）= a /(a+b)= 24/30 = 0.8

提升度（尿布→啤酒）= a(a+b+c+d)/(a+b)(a+c)= 24×50/(30×34)= 1.18

χ^2 期望值：$\chi^2(A,B)=20.4$， $24>20.4$ 。

所以，尿布与啤酒有正面的信息，提升度大于 1。

但是，如果零事务（A=0，B=0）增加或减少，会改变支持度和提升度，如图3-9所示。

列联表	啤酒B	无啤酒-B	
尿布A	24	6	30
无尿布-A	10	60	70
	34	66	100
支持度（A→B）=24/100=0.24			
置信度（A→B）=24/30=0.8			
提升度（A→B）=24×100/（30×34）=2.35			

列联表	啤酒B	无啤酒-B	
尿布A	24	6	30
无尿布-A	10	0	10
	34	6	40
支持度（A→B）=24/40=0.6			
置信度（A→B）=24/30=0.8			
提升度（A→B）=24×40/（30×34）=0.94			

图3-9　尿布与啤酒增加或减少零事务会改变支持度和提升度

两个项目（或项集）的支持度、置信度、提升度，其测度值越高，显示两个项集的关联越大。但是，支持度和提升度会受到零事务（A=0，B=0）和样本数的影响。所以Jaccard系数就没有将零事务计算在测量里面。

另外，因为置信度（A→B）≠置信度（B→A），可能会发生置信度（A→B）很高，但是置信度（B→A）很低的现象。

全置信度，最大置信度和Kulczynski测度的取值都是从0～1，值越大，关联越大，不受零事务影响。

❸ R 语言

将图3-6尿布与啤酒数据的Excel表另存为AB.CSV，保存类型为CSV（逗号分隔）。

这是二元关联矩阵格式，不用转换，可以直接用apriori函数。

【R例3.1】尿布与啤酒：数据AB.csv，函数apriori、inspect{arules}

数据框格式data.frame：50个观察值　2个变量

```
> # R例3.1
> if(!require(arules)){install.packages("arules")}
> library(arules)
> AB = read.csv("C:/R/AB.csv",header=T)  # 读入 AB.csv
> head(AB)    # 数据 AB 的前 6 个事务
> class(AB)   # 数据 AB 的结构
> AB=as.matrix(AB)
> str(AB)     # 数据 AB 的结构类别
> rule= apriori(AB,parameter=list(supp=0.2,conf=0.5,maxlen=5))
> inspect(rule)
```

```
  A B
1 1 1
2 1 1
3 1 0
4 0 1
5 0 0
6 1 0
```

关联规则的分析结果。

```
    lhs    rhs support confidence lift     count
[1] {}  => {A} 0.60    0.6000000  1.000000 30
[2] {}  => {B} 0.68    0.6800000  1.000000 34
[3] {A} => {B} 0.48    0.8000000  1.176471 24
[4] {B} => {A} 0.48    0.7058824  1.176471 24
```

3.5.2 豆浆、烧饼与饭团

❶ 数据

假设有50位顾客，每个顾客购买豆浆、烧饼或饭团，记为 1，如图3-10所示。

计算{豆浆+烧饼}（项目集）和{饭团}（项目集）的关联规则，如图3-11所示。

a =买（豆浆+烧饼+饭团）的人数；

b =买（豆浆+烧饼），不买饭团的人数；

c =不买（豆浆+烧饼），而买饭团的人数；

d =不买（豆浆+烧饼），而且不买饭团的人数。

	A	B	C	D	E	F	G	H	I	J	K
1	TID	A 豆浆	B 烧饼	C 饭团	A*B	A*B*C					
2	1	1	1	1	1	1		列联表	C	非 C	
3	2	1	1	0	1	0		A+B	7	17	24
4	3	1	0	1	0	0		非(A+B)	19	7	26
5	4	0	1	1	0	0			26	24	50
6	5	0	0	1	0	0					
7	6	1	0	0	0	0		支持度	S(A+B→C)	0.14	
8	7	0	1	0	0	0		置信度	C(A+B→C)	0.291667	
9	8	1	1	1	1	1		提升度	L(A+B→C)	0.560897	
50	49	1	1	0	1	0					
51	50	0	0	0	0	0					
52		30	34	26	24	7					

图3-10　豆浆、烧饼和饭团的数据

顾客	豆浆	烧饼	饭团	
1	1	1	1	→a
2	1	1	0	→b
3	1	0	1	→c
4	0	1	1	→c
5	0	0	1	→c
6	1	0	0	→d
7	0	1	0	→d
…	…		…	
50	0	0	0	→d

列联表	饭团	无饭团	
（豆浆+烧饼）	a	b	a+b
无豆浆或无烧饼	c	d	c+d
	a+c	b+d	a+b+c+d

列联表	饭团	无饭团	
（豆浆+烧饼）	7	17	24
无豆浆或无烧饼	19	7	26
	26	24	50

图3-11　豆浆、烧饼与饭团的计算

② 计算

支持度（豆浆+烧饼→饭团）= a/(a+b+c+d)= 7/ 50 = 0.14

置信度（豆浆+烧饼→饭团）= a/(a+b)= 7/24 = 0.29

提升度（豆浆+烧饼→饭团）= a(a+b+c+d)/(a+b)(a+c)= 7×50 /(24×26)= 0.56

支持度阈值 和置信度阈值 0.2。

提升度小于 1，（豆浆+烧饼）对（饭团）是负面信息，负的关联。

χ^2 期望值：$\chi^2(A,B)=12.48$，$7<12.48$。

因为，（烧饼）和（饭团）互为替代品，两者较少同时存在，买烧饼的人不会再买饭团，除非他食量很大。

③ R语言

【R例3.2】豆浆、烧饼或饭团：数据ABC.csv，函数{包}：apriori {arules}

itemFrequency {arules}

数据框格式 data.frame：50个观察值　3个变量

```
> # R例3.2
> if(!require(arules)){install.packages("arules")}
> library(arules)
> ABC = read.csv("C:/R/ABC.csv",header=T)
> head(ABC) ;  class(ABC) ; (ABC=as.matrix(ABC))
> rule=apriori(ABC,parameter=list(supp=0.1,conf=0.2,maxlen=5),
+ control=list(verbose=F))
> inspect(rule)   # 图3-12
```

```
  A B C
1 1 1 1
2 1 1 0
3 1 0 1
4 0 1 1
5 0 0 1
6 1 0 0
```

```
     lhs      rhs support confidence lift      count
[1]  {}    => {C} 0.52    0.5200000  1.0000000 26
[2]  {}    => {A} 0.60    0.6000000  1.0000000 30
[3]  {}    => {B} 0.68    0.6800000  1.0000000 34
[4]  {C}   => {A} 0.24    0.4615385  0.7692308 12
[5]  {A}   => {C} 0.24    0.4000000  0.7692308 12
[6]  {C}   => {B} 0.24    0.4615385  0.6787330 12
[7]  {B}   => {C} 0.24    0.3529412  0.6787330 12
[8]  {A}   => {B} 0.48    0.8000000  1.1764706 24
[9]  {B}   => {A} 0.48    0.7058824  1.1764706 24
[10] {A,C} => {B} 0.14    0.5833333  0.8578431  7
[11] {B,C} => {A} 0.14    0.5833333  0.9722222  7
[12] {A,B} => {C} 0.14    0.2916667  0.5608974  7
```

图3-12　关联规则

```
> itemFrequency(items(rule),type ="relative")
> itemFrequency(items(rule),type ="absolute")
> rule.sortcof=sort(rule,by="confidence")
> inspect(rule.sortcof)    # 关联规则依照 confidence 大小排列
> rule.sortlift=sort(rule,by="lift")
> inspect(rule.sortlift)   # 图3-13
```

```
     lhs      rhs support confidence lift      count
[1]  {A}   => {B} 0.48    0.8000000  1.1764706 24
[2]  {B}   => {A} 0.48    0.7058824  1.1764706 24
[3]  {}    => {C} 0.52    0.5200000  1.0000000 26
[4]  {}    => {A} 0.60    0.6000000  1.0000000 30
[5]  {}    => {B} 0.68    0.6800000  1.0000000 34
[6]  {B,C} => {A} 0.14    0.5833333  0.9722222  7
[7]  {A,C} => {B} 0.14    0.5833333  0.8578431  7
[8]  {C}   => {A} 0.24    0.4615385  0.7692308 12
[9]  {A}   => {C} 0.24    0.4000000  0.7692308 12
[10] {C}   => {B} 0.24    0.4615385  0.6787330 12
[11] {B}   => {C} 0.24    0.3529412  0.6787330 12
[12] {A,B} => {C} 0.14    0.2916667  0.5608974  7
```

图3-13　关联规则依照提升度lift大小排列

3.5.3　评估与应用

尿布和啤酒的评估和应用，有下列建议。

（1）将尿布和啤酒摆在出口结账的地方，方便顾客节省时间。

（2）换一个角度，买尿布的人会再买啤酒，将尿布和啤酒摆在距离较远的地方，让顾客多逛多买东西。

（3）选择一些品牌的尿布和啤酒包裹在一起卖，使获利增加。

（4）超级市场可以将上述方案（2）、（3）在两家分店分别实施，试验哪个方案对营业额有显著增加。

（5）关联规则应用在文本挖掘、产业新闻的关联分析：双11与阿里巴巴。

（6）书店的关联分析：买《大话数据科学》的人会买《大话统计学》。

（7）推荐系统：协同过滤法，找出那些有相同喜好的人，推荐给他们相关的产品。

（8）选择不同的支持度、置信度和提升度的阈值，使算法的计算和复杂度降低。

3.6　R语言实战

3.6.1　泰坦尼克号

统计学的分类数据分析是，检验两个因子是否独立，或相关性是否显著。以泰坦尼克号为例，在统计学中是检验乘客身份（因子）和存亡（因子）是否无关或显著相关。在关联规则分析中是挖掘“头等舱”和“存活”是否有关联，参见《大话统计学》例题14.4。

如果将“存活”变量当作因变量（目标变量），问题就是监督式学习的分类模型。

关于泰坦尼克号的数据如表3-3、图3-14、图3-15所示。这个数据和《大话统计学》第14章的数据略有不同，因为参考数据来源不同。

表3-3　泰坦尼克号的数据

<table>
<tr><th rowspan="3">因
果</th><th colspan="4">头等舱</th><th colspan="4">二等舱</th><th colspan="4">三等舱</th><th colspan="4">组员</th><th colspan="4">总和</th></tr>
<tr><th colspan="2">男</th><th colspan="2">女</th><th colspan="2">男</th><th colspan="2">女</th><th colspan="2">男</th><th colspan="2">女</th><th colspan="2">男</th><th colspan="2">女</th><th colspan="2">男</th><th colspan="2">女</th></tr>
<tr><th>小</th><th>大</th><th>小</th><th>大</th><th>小</th><th>大</th><th>小</th><th>大</th><th>小</th><th>大</th><th>小</th><th>大</th><th>小</th><th>大</th><th>小</th><th>大</th><th>小</th><th>大</th><th>小</th><th>大</th></tr>
<tr><td rowspan="3">存活</td><td>5</td><td>57</td><td>1</td><td>140</td><td>11</td><td>14</td><td>13</td><td>80</td><td>13</td><td>75</td><td>14</td><td>76</td><td>0</td><td>192</td><td>0</td><td>20</td><td>29</td><td>338</td><td>28</td><td>316</td></tr>
<tr><td colspan="2">62</td><td colspan="2">141</td><td colspan="2">25</td><td colspan="2">93</td><td colspan="2">88</td><td colspan="2">90</td><td colspan="2">192</td><td colspan="2">20</td><td colspan="2">367</td><td colspan="2">344</td></tr>
<tr><td colspan="4">203</td><td colspan="4">118</td><td colspan="4">178</td><td colspan="4">212</td><td colspan="4">711</td></tr>
<tr><td rowspan="3">死亡</td><td>0</td><td>118</td><td>0</td><td>4</td><td>0</td><td>154</td><td>0</td><td>13</td><td>35</td><td>387</td><td>17</td><td>89</td><td>0</td><td>670</td><td>0</td><td>3</td><td>35</td><td>1329</td><td>17</td><td>109</td></tr>
<tr><td colspan="2">118</td><td colspan="2">4</td><td colspan="2">154</td><td colspan="2">13</td><td colspan="2">422</td><td colspan="2">106</td><td colspan="2">670</td><td colspan="2">3</td><td colspan="2">1364</td><td colspan="2">126</td></tr>
<tr><td colspan="4">122</td><td colspan="4">167</td><td colspan="4">528</td><td colspan="4">673</td><td colspan="4">1490</td></tr>
<tr><td rowspan="3">总和</td><td>5</td><td>175</td><td>1</td><td>144</td><td>11</td><td>168</td><td>13</td><td>93</td><td>48</td><td>462</td><td>31</td><td>165</td><td>0</td><td>862</td><td>0</td><td>23</td><td>64</td><td>1667</td><td>45</td><td>425</td></tr>
<tr><td colspan="2">180</td><td colspan="2">145</td><td colspan="2">179</td><td colspan="2">106</td><td colspan="2">510</td><td colspan="2">196</td><td colspan="2">862</td><td colspan="2">23</td><td colspan="2">1731</td><td colspan="2">470</td></tr>
<tr><td colspan="4">325</td><td colspan="4">285</td><td colspan="4">706</td><td colspan="4">885</td><td colspan="4">2201</td></tr>
</table>

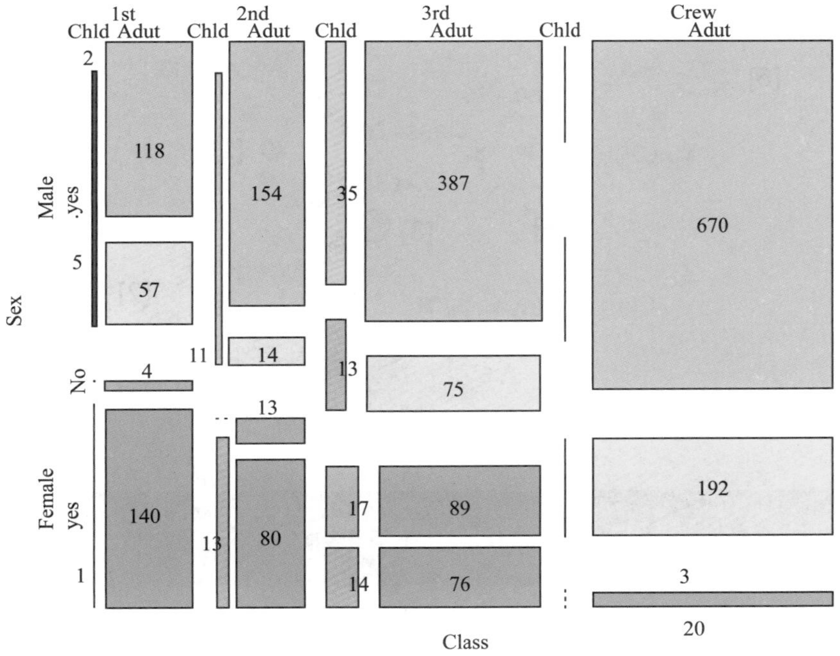

图3-14　R语言mosaicplot图

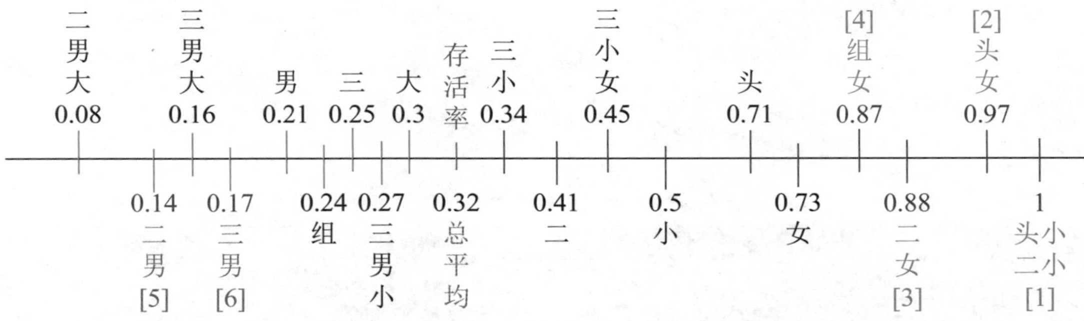

注：[1],…,[6]　是图3-16的规则

图3-15　泰坦尼克号的存活率

```
    lhs                          rhs             support     confidence lift     count
[1] {Class=2nd,Age=Child}     => {Survived=Yes} 0.010904134 1.0000000 3.095640  24
[2] {Class=1st,Sex=Female}    => {Survived=Yes} 0.064061790 0.9724138 3.010243 141
[3] {Class=2nd,Sex=Female}    => {Survived=Yes} 0.042253521 0.8773585 2.715986  93
[4] {Class=Crew,Sex=Female}   => {Survived=Yes} 0.009086779 0.8695652 2.691861  20
[5] {Class=2nd,Sex=Male}      => {Survived=No}  0.069968196 0.8603352 1.270871 154
[6] {Class=3rd,Sex=Male}      => {Survived=No}  0.191731031 0.8274510 1.222295 422
```

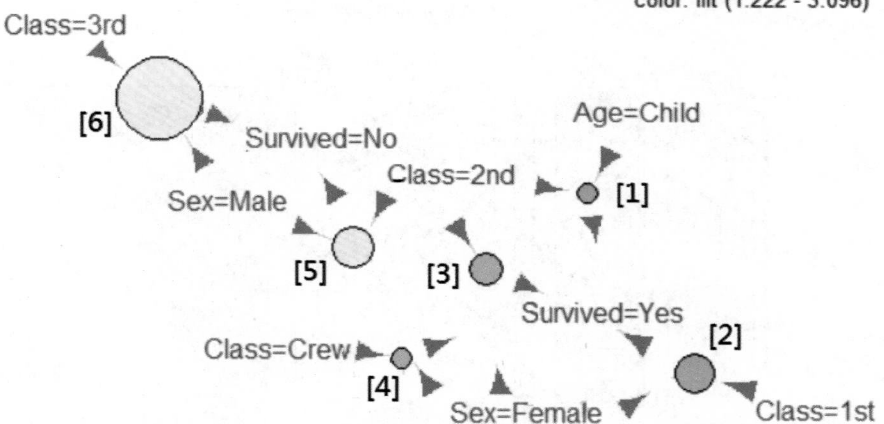

图3-16　关联规则的网络图

【R例3.3】泰坦尼克号：数据Titanic、Titan，函数{包}：apriori、itemFrequency、eclat{arules}

图3-3关联分析数据有5种格式，R例3.1和R例3.2 是（a）0-1二元关联矩阵。

泰坦尼克号数据档案是（d）事务频数表Titanic，转成（c）因子项目数据框Titan。

```
> # R例3.3
> # Titanic   四个变量 Class (1st, 2nd, 3rd, Crew),Sex(Male, Female),
> #                    Age(Adult, Child),Survived(Yes,No)
> #  变量有 4×2×2×2 = 32 个项目
> if(!require(arules)){install.packages("arules")}; library(arules)
> if(!require(arulesViz)){install.packages("arulesViz")}
> library("arulesViz") ; library(graphics)
> data(Titanic)  # 内建数据事务频数表 table 格式，如图3-3(d)
> str(Titanic) ; Titanic
> mosaicplot(Titanic, main = "Survival on the Titanic")  # 请见图3-15
> apply(Titanic, c(1, 4), sum) # Class 和 Survived 的人数
> apply(Titanic, c(3, 4), sum) # Age 和 Survived 的人数
> df=as.data.frame(Titanic)    # 32×5将内建数据转成数据框格式
> Titan=NULL
> for (i in 1:4) Titan=cbind(Titan,rep(as.character(df[,i]),df$Freq))
> Titan=as.data.frame(Titan)    # 转换成2201×4数据框，如图3-3(c)
> names(Titan)=names(df)[1:4]
> summary(Titan) ;  head(Titan)
> x <- eclat(Titan, parameter=list(minlen=1, maxlen=3, sup=0.2,
+ target="frequent itemsets")) # Eclat 函数 频繁项集
> inspect(x)
> rule=apriori(Titan)           # 以默认值进行初步探勘
> inspect(rule)
> #refine and pruning rules
> rule=apriori(Titan,parameter=list(minlen=2,supp=0.005,conf=0.8),
+ appearance=list(rhs=c("Survived=No","Survived=Yes"),default="lhs"))
> # 后项参数为Survived
> rulesort=sort(rule,by="lift") ; inspect(rulesort)
> subset.matrix=is.subset(rulesort,rulesort)
> redundant=colSums(subset.matrix) > 1 ; which(redundant)
> rulepruned=rulesort[!redundant] ; inspect(rulepruned)
> library(arulesViz)    # 关联规则可视化
> plot(rulepruned)      # Heat map (热图)
> plot(rulepruned,method="grouped") #Balloon plot (气球图)
> plot(rulepruned,method="graph",control =list(type="items"))
> # Graph (网络图，如图3-16所示)
> plot(rulepruned, method = "paracoord", control = list
+ (reorder = TRUE))     # (平行坐标图，如图3-17所示)
> interestMeasure(rule, c("chiSquared", "cosine", "maxConfidence",
+ "jaccard", "kulczynski", "imbalance", "kappa"), transactions=Titan)
```

关联规则如图3-18所示。

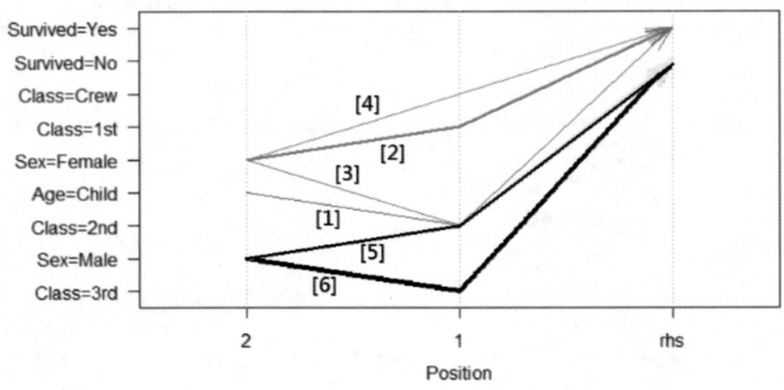

图3-17　平行坐标图

```
     lhs                                    rhs            support        confidence lift      count
[1]  {}                                  => {Age=Adult}    0.9504771 [1]  0.9504771 1.0000000 2092
[2]  {Class=2nd}                         => {Age=Adult}    0.1185825 [2]  0.9157895 0.9635051  261
[3]  {Class=1st}                         => {Age=Adult}    0.1449341 [3]  0.9815385 1.0326798  319
[4]  {Sex=Female}                        => {Age=Adult}    0.1930940 [4]  0.9042553 0.9513700  425
[5]  {Class=3rd}                         => {Age=Adult}    0.2848705 [5]  0.8881020 0.9343750  627
[6]  {Survived=Yes}                      => {Age=Adult}    0.2971377 [6]  0.9198312 0.9677574  654
[7]  {Class=Crew}                        => {Sex=Male}     0.3916402 [7]  0.9740113 1.2384742  862
[8]  {Class=Crew}                        => {Age=Adult}    0.4020900 [8]  1.0000000 1.0521033  885
[9]  {Survived=No}                       => {Sex=Male}     0.6197183 [9]  0.9154362 1.1639949 1364
[10] {Survived=No}                       => {Age=Adult}    0.6533394 [10] 0.9651007 1.0153856 1438
[11] {Sex=Male}                          => {Age=Adult}    0.7573830 [11] 0.9630272 1.0132040 1667
[12] {Sex=Female,Survived=Yes}           => {Age=Adult}    0.1435711 [12] 0.9186047 0.9664669  316
[13] {Class=3rd,Sex=Male}                => {Survived=No}  0.1917310 [13] 0.8274510 1.2222950  422
[14] {Class=3rd,Survived=No}             => {Age=Adult}    0.2162653 [14] 0.9015152 0.9484870  476
[15] {Class=3rd,Sex=Male}                => {Age=Adult}    0.2099046 [15] 0.9058824 0.9530818  462
[16] {Sex=Male,Survived=Yes}             => {Age=Adult}    0.1535666 [16] 0.9209809 0.9689670  338
[17] {Class=Crew,Survived=No}            => {Sex=Male}     0.3044071 [17] 0.9955423 1.2658514  670
[18] {Class=Crew,Survived=No}            => {Age=Adult}    0.3057701 [18] 1.0000000 1.0521033  673
[19] {Class=Crew,Sex=Male}               => {Age=Adult}    0.3916402 [19] 1.0000000 1.0521033  862
[20] {Class=Crew,Age=Adult}              => {Sex=Male}     0.3916402 [20] 0.9740113 1.2384742  862
[21] {Sex=Male,Survived=No}              => {Age=Adult}    0.6038164 [21] 0.9743402 1.0251065 1329
[22] {Age=Adult,Survived=No}             => {Sex=Male}     0.6038164 [22] 0.9242003 1.1751385 1329
[23] {Class=3rd,Sex=Male,Survived=No}    => {Age=Adult}    0.1758292 [23] 0.9170616 0.9648435  387
[24] {Class=3rd,Age=Adult,Survived=No}   => {Sex=Male}     0.1758292 [24] 0.8130252 1.0337773  387
[25] {Class=3rd,Sex=Male,Age=Adult}      => {Survived=No}  0.1758292 [25] 0.8376623 1.2373791  387
[26] {Class=Crew,Sex=Male,Survived=No}   => {Age=Adult}    0.3044071 [26] 1.0000000 1.0521033  670
[27] {Class=Crew,Age=Adult,Survived=No}  => {Sex=Male}     0.3044071 [27] 0.9955423 1.2658514  670
```

图3-18　27个关联规则

3.6.2　商店数据

商店数据文件是图3-3（e）事务表格式格式

【R例3.4】商店数据：shop.csv，函数apriori、itemFrequency

数据框格式data.frame：110893行，2列，如图3-19所示。

	A	B	C
1	order_id	product_id	
2	837080	Unsweetened Almond	
3	837080	Fat Free Milk	
4	837080	Turkey	
5	837080	Caramel Corn Rice	
6	837080	Guacamole Singles	

图3-19 事务表格式

```
> # R例3.4
> library(arules) ;  library(dplyr)
> library(ggplot2) ; library(igraph)
> library(arulesViz)
> shop = read.csv("C:/R/shop.csv")
> str(shop)
> # 事务表格式格式转换为事务数据库格式
> shop %>% group_by('order_id') %>% summarize(order.count =
+ n_distinct(order_id))
> shop %>% group_by('product_id') %>% summarize(product.count =
+ n_distinct(product_id)) + trans <- read.transactions(file =
+ data.path, format = "single", sep = ",", cols = c("order_id",
+ "product_id"), rm.duplicates = FALSE,quote = "",
+ skip = 0, encoding = "unknown")
> data.frame(head(sort(itemFrequency(trans, type = "absolute") ,
+ decreasing = TRUE), 10))
> head(sort(itemFrequency(trans, type = "absolute") , decreasing =
+ FALSE), 10)
> parameters = list( support = 0.01, minlen = 2, maxlen = 10, target
+ = "frequent itemsets")
> freq.items <- apriori(trans, parameter = parameters)
> str(freq.items)
> itemFrequencyPlot(trans, topN = 25)  # 25个频繁项集，如图3-20所示
> freq.items <- apriori(trans, parameter = parameters)
> freq.items.df <- data.frame(item_set = labels(freq.items) ,
+ support = freq.items@quality)
> head(freq.items.df)
> exclusion.items <- c('Banana','Bag of Organic Bananas')
> freq.items <- apriori(trans, parameter = parameters, appearance
+ = list(none = exclusion.items, default = "both"))
> freq.items.df <- data.frame(item_set = labels(freq.items) ,
```

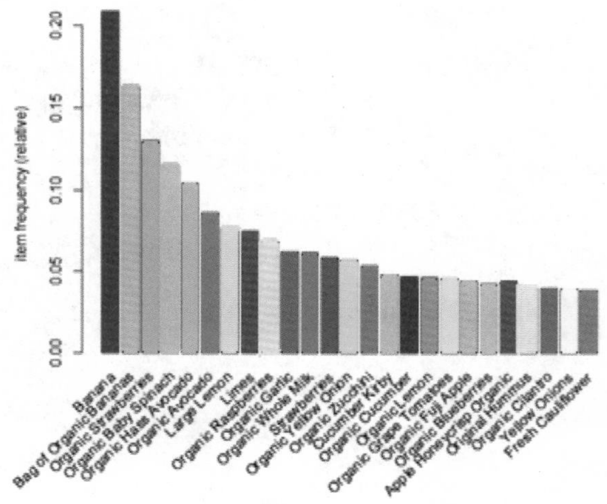

图3-20　项目频数

```
+ support = freq.items@quality)
> head(freq.items.df,10) ; support <- 0.01 ; confidence <- 0.2
> columns <- c("order_id", "product_id")
> parameters = list(support = 0.01, confidence = 0.2, minlen = 2,
+ maxlen = 10, target = "rules" )
> rules <- apriori(trans, parameter = parameters)
> rules.df <- data.frame(rules = labels(rules), rules@quality)
> head(rules.df) ; tail(rules.df)
> ## 支持关联规则的事务
> as(supportingTransactions(rules, trans), "list")
> get.txn <- function(data.path, columns){
+ trans <- read.transactions(file = data.path, format = "single",
+ sep = "," , cols = columns, rm.duplicates = FALSE, quote = "",
+ skip = 0, encoding = "unknown")
+ return(trans) }
> ## 交叉销售
> get.rules <- function(support, confidence, transactions){
+ parameters = list( support = support, confidence = confidence,
+ minlen = 2, maxlen = 10, target = "rules" )
+ rules <- apriori(transactions, parameter = parameters)
+ return(rules) }
> find.rules <- function(transactions, support, confidence,
+ topN = 10){ all.rules <- get.rules(support, confidence,
+ transactions) rules.df <-data.frame(rules = labels(all.rules) ,
+ all.rules@quality)
> other.im <- interestMeasure(all.rules, transactions = transactions)
```

```
> rules.df <- cbind(rules.df, other.im[,c('conviction','leverage')])
> best.rules.df <- head(rules.df[order(-rules.df$leverage),],topN)
+ return(best.rules.df) }
> plot.graph <- function(cross.sell.rules){
+ edges <- unlist(lapply(cross.sell.rules['rules'], strsplit,
+ split='=>')) + g <- graph(edges = edges) + plot(g) }
> cross.sell.rules <- find.rules( trans, support, confidence )
> cross.sell.rules$rules <- as.character(cross.sell.rules$rules)
> plot.graph(cross.sell.rules) ; cross.sell.rules
```

交叉销售关联规则如图3-21所示。

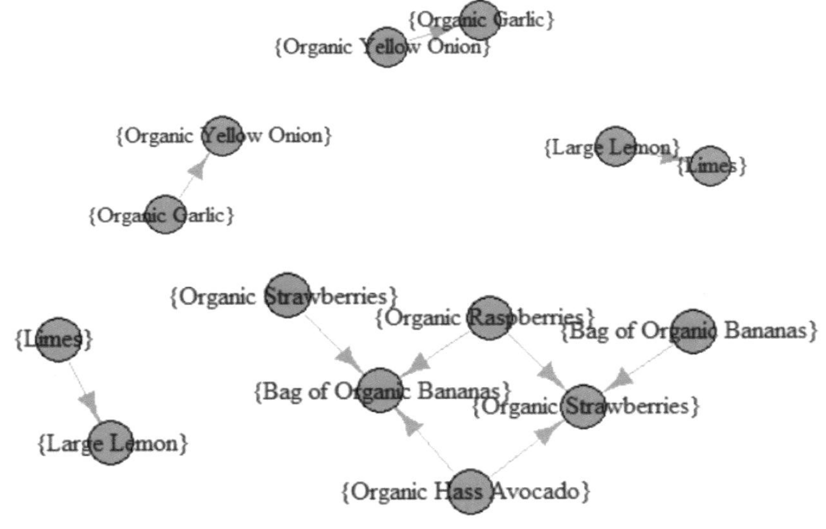

图3-21 交叉销售关联规则

```
> ## 负关联规则
> get.neg.rules <- function(transactions, itemList, support,
+ confidence){
+ neg.transactions <- addComplement( transactions, labels = itemList)
+ rules <- get.rules(support, confidence, neg.transactions)
+ return(rules) }
> itemList <- c("Organic Whole Milk","Cucumber Kirby")
> neg.rules <- get.neg.rules(trans,itemList, support = .05,
+ confidence = .6)
> neg.rules.nr <- neg.rules[!is.redundant(neg.rules)]
> labels(neg.rules.nr)
> # 规则画图
```

负关联规则如图3-22所示。

```
 [1] "{Strawberries} => {!Organic Whole Milk}"
 [2] "{Strawberries} => {!Cucumber Kirby}"
 [3] "{Organic Whole Milk} => {!Cucumber Kirby}"
 [4] "{Organic Zucchini} => {!Cucumber Kirby}"
 [5] "{Organic Yellow Onion} => {!Organic Whole Milk}"
 [6] "{Organic Yellow Onion} => {!Cucumber Kirby}"
 [7] "{Organic Garlic} => {!Organic Whole Milk}"
 [8] "{Organic Garlic} => {!Cucumber Kirby}"
 [9] "{Organic Raspberries} => {!Organic Whole Milk}"
[10] "{Organic Raspberries} => {!Cucumber Kirby}"
```

图3-22　负关联规则

```
> all.rules <- get.rules(support, confidence, trans)
> plotly_arules(all.rules, method = "scatterplot", measure =
+ c("support","lift"), shading = "order")
> plot(all.rules, method = NULL, measure = "support", shading =
+ "lift", interactive = FALSE)
> sub.rules <- head(sort(all.rules, by="lift"), 15)
> plot(sub.rules, method="grouped")
> plot(sub.rules, method="graph", measure = "lift")
```

关联规则如图3-23所示。

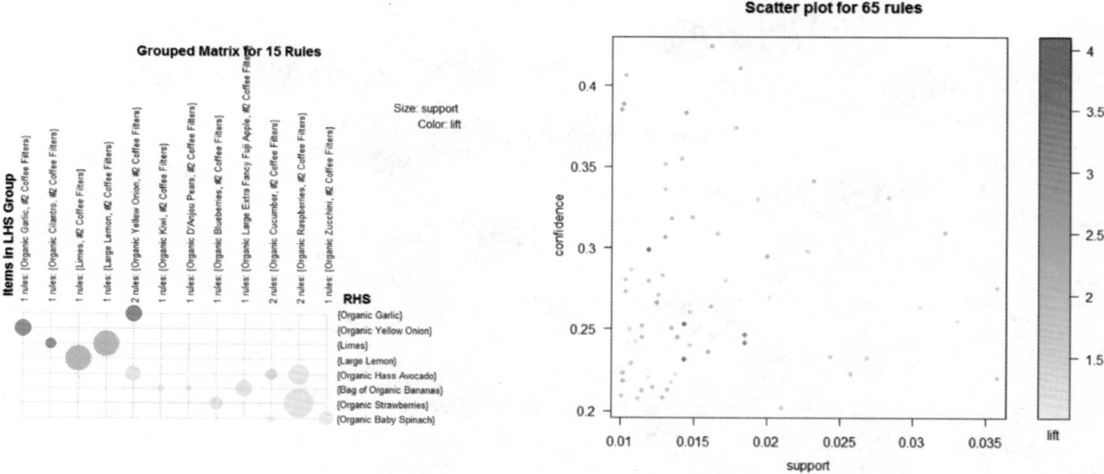

图3-23　关联规则

3.6.3　食品杂货数据

【R例3.5】食品杂货：数据Groceries，函数apriori

Groceries数据arules的transactions格式：9835行（记录）。

数据是图3-3（b）事务数据库的格式。

```
> # R例3.5
```

```
> if(!require(arules)){install.packages("arules")} ; library(arules)
> if(!require(arulesViz)){install.packages("arulesViz")}
> library(arulesViz) ; library(arules)
> itemFrequencyPlot(Groceries, topN = 10,type = "absolute")
> itemFrequencyPlot(Groceries, topN = 15)
> rules <- apriori(Groceries, parameter = list(supp = 0.001,
+ conf = 0.9, maxlen = 4))
> rules ; options(digits = 3)
> rules <- sort(rules, by = "lift", decreasing = TRUE)
> inspect(rules[1:5])
> rules <- sort(rules, by = "confidence", decreasing = TRUE)
> inspect(rules[1:5])
> subset.matrix = is.subset(rules, rules)
> subset.matrix[lower.tri(subset.matrix, diag=TRUE)] = NA
> redundant = colSums(subset.matrix, na.rm=TRUE) >= 1
> rules.pruned = rules[!redundant] ; rules.pruned
> e = eclat(Groceries, parameter=list(support=0.05))
> e = sort(e, by="support", decreasing=TRUE) ; inspect(e)
> tab <- crossTable(Groceries) ; tab[1:3, 1:3]
> tab["bottled beer", "bottled beer"]
> tab["bottled beer", "canned beer"]
> beer.rules <- apriori(data = Groceries,
+ parameter = list(support = 0.0015, confidence = 0.3),
+ appearance = list(default = "lhs", rhs = "bottled beer"))
> beer.rules
> beer.rules <- sort(beer.rules, decreasing = TRUE, by = "lift")
> inspect(beer.rules)
> tab["bottled beer", "red/blush wine"]
> tab["red/blush wine", "red/blush wine"] ; 48/189
> tab["white wine", "white wine"]
> tab["bottled beer", "white wine"] ; 22/187
> Plot(beer.rules, method = "graph", measure  = "lift",
+ shading="confidence")
> #### 数据 groceries = Groceries
> groceries <- read.transactions("C:/R/groceries.csv", sep = ",")
> summary(groceries) ; inspect(groceries[1:5])
> itemFrequency(groceries[, 1:3])
> itemFrequencyPlot(groceries, support = 0.1)
> itemFrequencyPlot(groceries, topN = 20)
> image(groceries[1:5])
> image(sample(groceries, 100))
> apriori(groceries)
> groceryrules <- apriori(groceries, parameter = list(support =
```

```
+  0.006, confidence = 0.25, minlen = 2))
> groceryrules ; summary(groceryrules)
> inspect(groceryrules[1:3])
> inspect(sort(groceryrules, by = "lift")[1:5])
> berryrules <- subset(groceryrules, items %in% "berries")
> inspect(berryrules) ; str(groceryrules_df)
```

3.6.4 人口收入数据

在 R 语言包 arules 的内建数据集有Adult 和 AdultUCI 两个有关个人收入的数据集，共有48842个记录。AdultUCI 数据有 15个变量，虽然是数据框的格式，但是不能将AdultUCI 数据输入 apriori 函数计算关联规则，因为变量有数值型变量。

AdultUCI的15个变量：

（1）年龄Age数值整数变量。

（2）工作等级Workclass因子有8个水平。

（3）教育Education有序因子有16个水平。

（4）教育年数education-num数值向量。

（5）婚姻marital-status因子有7个水平。

（6）职业Occupation因子有14个水平。

（7）家庭关系Relationship 因子有6个水平。

（8）种族Race因子有5个水平。

（9）性别Sex因子有2个水平。

（10）资本获利capital-gain数值向量。

（11）资本损失capital-loss数值向量。

（12）Fnlwgt数值向量。

（13）每周工时hours-per-week数值整数变量。

（14）出生国家native-country因子有41个水平。

（15）收入Income有序因子有2个水平（小 small < large 大）。

将AdultUCI 数据的第4和第12个变量删除。

将（1）年龄Age改为有序因子有4个水平。

将（10）资本获利capital-gain改为有序因子有3个水平。

将（11）资本损失capital-loss改为有序因子有3个水平。

将（13）每周工时hours-per-week改为有序因子有4个水平。

上述的因子全部加起来 13个变量共有115个因子。

数据 Adult 是图3-3（b）事务数据库的格式 transactions。

数据 AdultUCI是图3-3（c）数据框的格式 data.frame 48842 obs. 13 variables。

【R例3.6】人口收入：数据Adult.CSV，函数apriori

```
> # R例3.6
> library(arules) ; data(Adult) ; data(AdultUCI) ; dim(Adult)
> dim(AdultUCI) ; Adult[1:2,] ; AdultUCI[1:2,] ; str(Adult)
> str(AdultUCI) ; head(Adult)
> ## 删除属性变量
> AdultUCI[["fnlwgt"]] <- NULL
> AdultUCI[["education-num"]] <- NULL
> AdultUCI[[ "age"]] <- ordered(cut(AdultUCI[[ "age"]],
+ c(15,25,45,65,100)),
+ labels = c("Young", "Middle-aged", "Senior", "Old"))
> AdultUCI[[ "hours-per-week"]] <- ordered(cut(AdultUCI[[
+ "hours-per-week"]], c(0,25,40,60,168)),
+ labels = c("Part-time", "Full-time", "Over-time", "Workaholic"))
> AdultUCI[[ "capital-gain"]] <- ordered(cut(AdultUCI[[
+ "capital-gain"]], c(-Inf,0,median(AdultUCI[[ "capital-gain"]]
+ [AdultUCI[[ "capital-gain"]]>0]), Inf)), labels =
+ c("None", "Low", "High"))
> AdultUCI[[ "capital-loss"]] <- ordered(cut(AdultUCI[[
+ "capital-loss"]], c(-Inf,0, median(AdultUCI[[ "capital-loss"]]
+ [AdultUCI[[ "capital-loss"]]>0]), Inf)), labels =
+ c("None", "Low", "High"))
> ## create transactions
> (Adult1 <- as(AdultUCI, "transactions"))
> str(Adult1) ; Adult <- data(Adult) ; str(Adult) ; summary(AdultUCI)
> Adult2 <- AdultUCI[, -c(1,3,5,11,12,13)]
> Adu = as(Adult2, "transactions") ; head(Adu) ; dim(Adu)
> rules <- apriori(Adu, parameter=list(supp=0.5,conf=0.9))
> rule1=sort(rules,by = "confidence")
> inspect(rule1)
```

3.6.5 鸢尾花数据

鸢尾花数据（Iris data set）包含了150个样本，分别是山鸢尾、变色鸢尾和维吉尼亚鸢尾。用4个特征变量测量花朵：萼片长度、萼片宽度、花瓣长度、花瓣宽度。

（1）萼片长度（Sepal Length）：计算单位是厘米。

（2）萼片宽度（Sepal Width）：计算单位是厘米。

（3）花瓣长度（Petal Length）：计算单位是厘米。

（4）花瓣宽度（Petal Width）：计算单位是厘米。

（5）类别（Class）：可分为Setosa、Versicolor和Virginica三个品种。

【R例3.7】连续变量关联分析：鸢尾花数据iris，函数apriori

数据框格式data.frame：150个观察值　5个变量

```
> # R例3.7
> if(!require(arules)){install.packages("arules")} ; library(arules)
> if(!require(tidyverse)){install.packages("tidyverse")}
> library(tidyverse) ; data(iris)
> z_iris %>%  dplyr::select(-Species) %>% gather(Variable, Value) %>%
+ ggplot(aes(x=Value, fill=Variable)) + geom_density(alpha=0.5)
+ geom_vline(aes(xintercept=0)) + theme_bw()
+ scale_fill_brewer(palette="Spectral")
> irisDisc <- discretizeDF(iris) ; head(irisDisc)
> trans5 <- as(irisDisc, "transactions") ; trans5
```

鸢尾花数据特征变量分布图如图3-24所示。

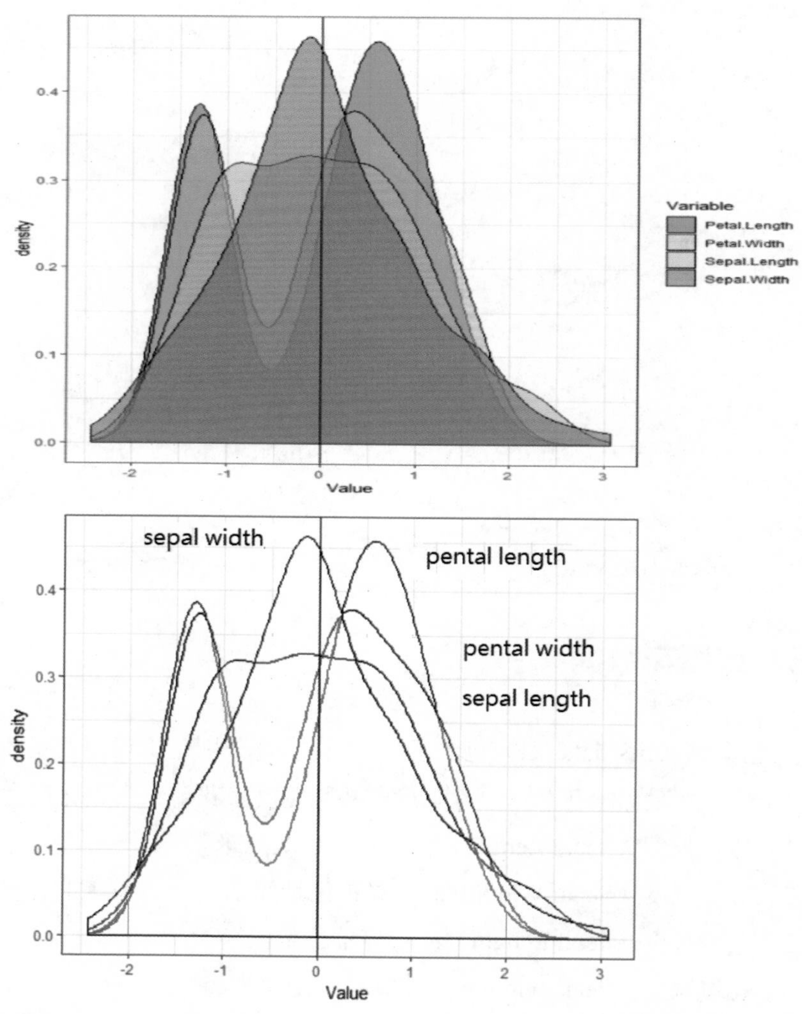

图3-24　鸢尾花数据特征变量分布图（下图是去除填充颜色）

```
> colnames(trans5)
 [1] "Sepal.Length=[4.3,5.4)"  "Sepal.Length=[5.4,6.3)" "Sepal.Length=[6.3,7.9]
 [4] "Sepal.Width=[2,2.9)"     "Sepal.Width=[2.9,3.2)"  "Sepal.Width=[3.2,4.4]'
 [7] "Petal.Length=[1,2.63)"   "Petal.Length=[2.63,4.9)" "Petal.Length=[4.9,6.9]
[10] "Petal.Width=[0.1,0.867)" "Petal.Width=[0.867,1.6)" "Petal.Width=[1.6,2.5]'
[13] "Species=setosa"          "Species=versicolor"     "Species=virginica"
> inspect(head(trans5))
> rules <- apriori(trans5, parameter=list(supp=0.1,conf=0.5))
> rules <- apriori(trans5, parameter=list(supp=0.3,conf=0.6))
> rules ; options(digits = 2)
> inspect(rules[1:16])
     lhs                            rhs                        support confidence lift count
[1]  {Petal.Width=[0.867,1.6)}  => {Species=versicolor}       0.30    0.94       2.8  45
[2]  {Species=versicolor}       => {Petal.Width=[0.867,1.6)}  0.30    0.90       2.8  45
[3]  {Petal.Length=[2.63,4.9)}  => {Species=versicolor}       0.31    0.94       2.8  46
[4]  {Species=versicolor}       => {Petal.Length=[2.63,4.9)}  0.31    0.92       2.8  46
[5]  {Petal.Length=[1,2.63)}    => {Petal.Width=[0.1,0.867)}  0.33    1.00       3.0  50
[6]  {Petal.Width=[0.1,0.867)}  => {Petal.Length=[1,2.63)}    0.33    1.00       3.0  50
[7]  {Petal.Length=[1,2.63)}    => {Species=setosa}           0.33    1.00       3.0  50
[8]  {Species=setosa}           => {Petal.Length=[1,2.63)}    0.33    1.00       3.0  50
[9]  {Petal.Width=[0.1,0.867)}  => {Species=setosa}           0.33    1.00       3.0  50
[10] {Species=setosa}           => {Petal.Width=[0.1,0.867)}  0.33    1.00       3.0  50
[11] {Species=virginica}        => {Petal.Length=[4.9,6.9]}   0.31    0.94       2.8  47
[12] {Petal.Length=[4.9,6.9]}   => {Species=virginica}        0.31    0.92       2.8  47
[13] {Species=virginica}        => {Petal.Width=[1.6,2.5]}    0.31    0.94       2.7  47
[14] {Petal.Width=[1.6,2.5]}    => {Species=virginica}        0.31    0.90       2.7  47
[15] {Petal.Length=[4.9,6.9]}   => {Petal.Width=[1.6,2.5]}    0.31    0.90       2.6  46
[16] {Petal.Width=[1.6,2.5]}    => {Petal.Length=[4.9,6.9]}   0.31    0.88       2.6  46
> data(iris)
> caret::featurePlot(x = iris[, c("Sepal.Length", "Sepal.Width",
+  "Petal.Length", "Petal.Width")], y = iris$Species,
+   plot = "density", scales = list(x = list(relation = "free"),
+   y = list(relation = "free")), adjust = 1.5, pch = "|",
+   layout = c(2, 2), auto.key = list(columns = 3))
```

鸢尾花数据特征变量分布如图3-25所示。

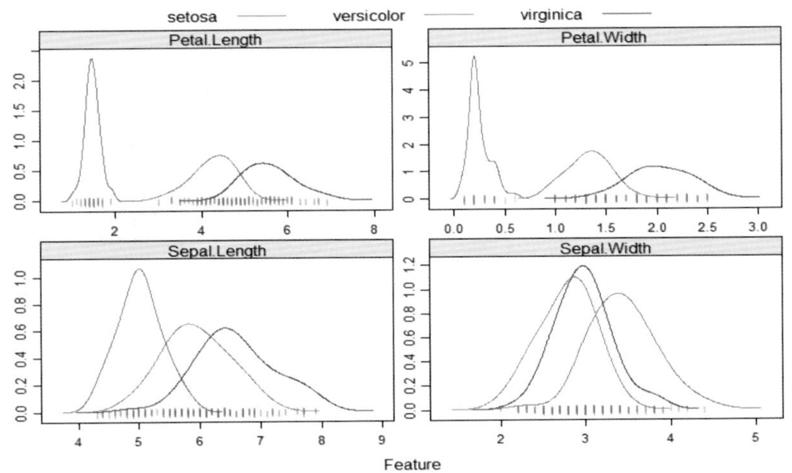

图3-25 鸢尾花数据特征变量分布图

3.7 本章思维导图

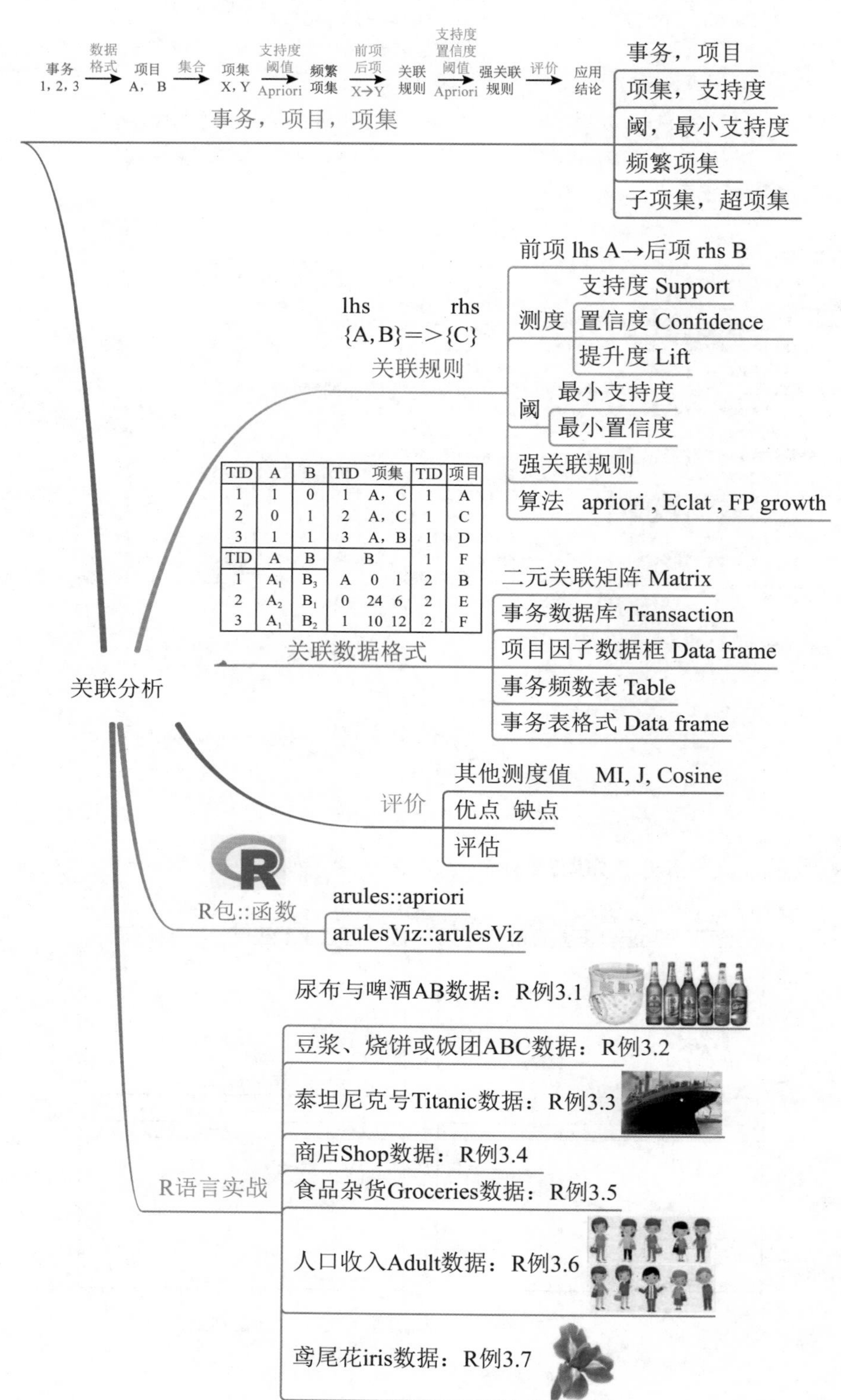

TID	A	B
1	1	0
2	0	1
3	1	1

TID	项集
1	A，C
2	A，C
3	A，B

TID	项目
1	A
1	C
1	D
1	F
2	B
2	E
2	F

TID	A	B
1	A_1	B_3
2	A_2	B_1
3	A_1	B_2

A \ B	0	1
0	24	6
1	10	12

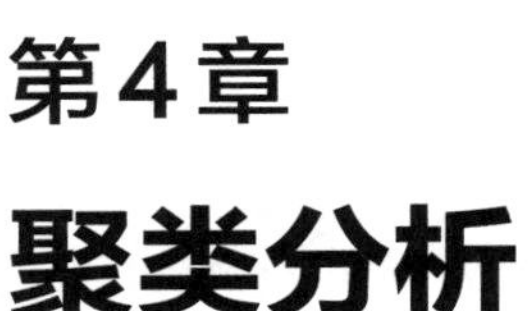

第4章 聚类分析

方以类聚，物以群分，吉凶生矣。

——《周易·系辞上》

4.1 聚类分析介绍

聚类分析（Cluster Analysis）是要把数据的记录（样本）根据相似度，把相似的记录聚合在一起，称为“类”或“簇”（cluster）。在营销管理的市场划分，就是聚类分析。聚类分析没有目标变量，所以是非监督式学习。

聚类分析概念图如图4-1所示。

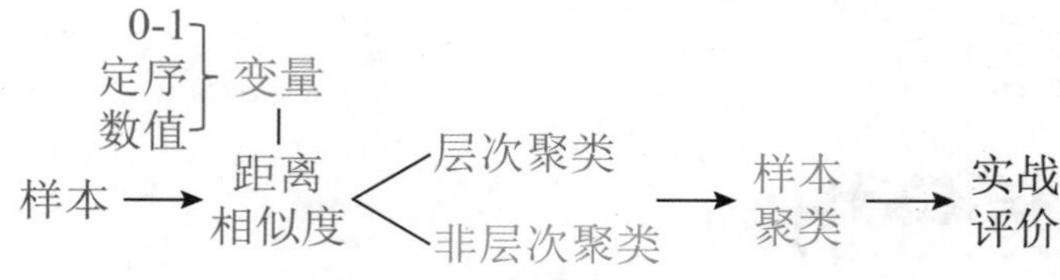

图4-1　聚类分析概念图

聚类分析有：层次聚类（hierarchical）和非层次聚类（non-hierarchical）。

❶ 层次聚类

假设有N个记录，计算 1类，2类，…N类的划分。

（1）聚合法（agglomerative）：从N类→N-1类→…→ 1类的合并。

R 语言包“cluster”的函数agnes（AGglomerative NESting）是聚合法层次聚类。

本章主要介绍聚合法层次聚类R 语言基础包“stats”的函数hclust。

（2）划分法（divisive）：从1类→2类→…→ N类的划分。

R 语言包“cluster”的函数diana（DIvisive ANAlysis clustering）是划分法层次聚类。

层次聚类，给出一个树形图（dendrogram），最上层是树根，是所有记录样本合并成一类，最下层是树叶，所有记录样本各成一类，聚合法是由下往上，从树叶变成树根，最后将所有记录并成一类。聚合法是用样本的“距离”来合并树枝。

第10章的决策树也是树形图，算是划分法，由上往下，用变量的“信息”来划分树枝，从树根变成树叶。决策树是监督式学习，用来判别样本是属于哪一类。

❷ 非层次聚类

选定一个k值，计算 k类的聚类。

（1）k-均值法（k-mean）：只适用于数值变量，不适用于分类变量。

（2）基于质心聚类法（PAM）：适用于数值变量和分类变量。

（3）期望最大值聚类法（EM）。

（4）基于密度的聚类法（DBSCAN）。

（5）模糊C均值法（Fuzzy C-means）。

4.2 距离与相似度衡量

相似度（similarity）是衡量两个样本的相似程度。相似度越高，聚类结果越好。

距离（distance）、相异度或不相似度（dissimilarity）是相似度的相反。距离越大，相似度越低。距离越近，相似度越高。

在计算机程序，多数以距离计算聚类分析的不相似度。

定义$d(x,y)$为两个样本x，y的距离，有下列性质：

（1）非负性（non-negative）$d(x,y) \geqq 0$。

（2）同时公理（identity）$d(x,y)=0$ 当且仅当 $x=y$。

（3）对称性（symmetry）$d(x,y)=d(y,x)$。

（4）三角不等式（triangular inequality）$d(x,y) \leqq d(x,z)+d(z,y)$。

4.2.1 数值数据距离

x，y为两个样本，x_i，y_i是x，y样本的变量i的数据值，$i=1$，…，p，p个变量。

数值数据距离的测量公式有：

（1）欧氏Euclidean 距离L_2度量：

$$d(x,y)=\sqrt{\sum_{i=1}^{p}(x_i-y_i)^2}$$

（2）闵可夫斯基Minkowski距离 L_m度量：

$$d(x,y)=\sqrt[m]{\sum_{i=1}^{p}|x_i-y_i|^m}$$

（3）堪培拉Canberra距离：

$$d(x,y)=\sum_{i=1}^{p}\frac{|x_i-y_i|}{|x_i|+|y_i|}$$

（4）查甘诺斯基Czekanonowski距离：

$$d(x,y)=1-\left[2\sum_{i=1}^{p}\min(x_i-y_i)\right]/\left[\sum_{i=1}^{p}(x_i-y_i)\right]$$

（5）曼哈顿Manhattan距离 L_1度量：

$$d(x,y)=\sum_{i=1}^{p}|x_i-y_i|$$

（6）极大坐标Maximum距离或切比雪夫Chebyshev距离 L_∞度量：

$$d(x,y)=\max_{i-1,2,\cdots,p}|x_i-y_i|$$

（7）夹角余弦Cosine：

$$d(x,y)=\frac{\sum_{i=1}^{p}(x_iy_i)^2}{\sqrt{\left(\sum_{i=1}^{p}x_i^2\right)\left(\sum_{i=1}^{p}y_i^2\right)}}$$

夹角余弦是相似度测度，夹角余弦越大，相似度越高。

4.2.2 标准化与归一化

因为变量 i，$i=1$，2，…，p 的度量尺度不同，数值大的变量会影响距离的度量，所以在计算距离前，要将变量标准化或归一化。

标准化（standardization）是将数据规范到（−3，+3）之间：

$$x'=\left(x-\bar{x}\right)/\sigma$$

归一化或规范化（normalization）是将数据规范到（0，+1）之间：

$$x'=\left(x-\min(x)\right)/\left(\max(x)-\min(x)\right)$$

将鸢尾花 iris 数据（3.6.5节）标准化：

标准化并不能改变数据的分布，不是变成正态分布。

R 语言函数 scale()和standardize()可以标准化。

【R例4.1】标准化：数据iris，函数standardize

```
> # R例4.1
> install.packages("tidyverse")
> library(tidyverse)
> z_iris <- iris %>%  psycho::standardize() ; head(z_iris)
```

4.2.3 0−1数据距离和相似度

两个样本x，y 的数据如表4-1所示。

表4-1　样本数据

	X1	X2	X3	X4	X5	X6
x	0	0	1	1	1	1
y	1	0	1	1	0	1

1 0−1数据的距离

（1）欧氏Euclidean 距离，p 是变量的数目：

$$d(x,y)=\sqrt{\sum_{i=1}^{p}(x_i-y_i)^2}=\sqrt{2}=1.414214$$

（2）堪培拉Canberra距离：

$$d(x,y)=\sum_{i=1}^{p}\frac{|x_i-y_i|}{|x_i|+|y_i|}-\frac{p}{(p-k)}=2\times\frac{6}{5}=2.4$$

若x_i=0，y_i=0，则在Σ中不列入计算，k是（x_i=0，y_i=0）的数目

（3）曼哈顿Manhattan距离：

$$d(x,y)=\sum_{i=1}^{p}|x_i-y_i|=2$$

（4）极大坐标Maximum距离：

$$d(x,y)=\max_{i=1,2,\cdots,p}|x_i-y_i|=1$$

② 0-1数据的相似度

0-1数据的配对系数如表4-2、表4-3所示。

表4-2 配对系数

		记录y		
		1	0	
记录x	1	a	b	a+b
	0	c	d	c+d
		a+c	b+d	p=a+b+c+d

表4-3 表4-1样本数据的配对系数

		记录y		
		1	0	
记录x	1	3	1	4
	0	1	1	2
		4	2	6

a<-{$x=1$，$y=1$}的数目；b<-{$x=1$，$y=0$}的数目；c<-{$x=0$，$y=1$}的数目；d<-{$x=0$，$y=0$}的数目。

有下列八个相似度系数：

（1）Jaccard’s 相似度系数（Similarity Coefficient）= $a/(a+b+c)$= 3/5。

距离函数：$d(x,y)=1-a/(a+b+c)=1-3/5=2/5=0.4$。

R语言的距离函数> dist（data, method = "binary"）就是用上述公式。

（2）Kendall Coefficient =$(a+d)/p$ = 4/6。

（3）Russel-Rao Coefficient = a / p = 3/6。

（4）Dice–Sorensen Coefficient = $2a/(2a+b+c)$= 6/8。

（5）$a/[a+2(b+c)]$ = 3/7。

（6）$a/(b+c)$= 3/2。

（7）$(a+d)/[a+d+2(b+c)]$ = 4/8。

（8）$2(a+d)/ [2(a+d)+ b+c] = 8/10$。

4.2.4 混合数据的距离

混合数据是数据变量有连续变量、0-1变量、定类变量、定序变量的混合。

Gower 相似度衡量：

$$s_{ijk} = \frac{\sum_{k=1}^{p} w_{ijk} s_{ijk}}{\sum_{k=1}^{p} w_{ijk}}$$

i，j为两个样本，k 为变量。

（1）若变量k是连续变量或定序变量：

$$s_{ijk} = 1 - \frac{|x_{ik} - x_{jk}|}{\max(x_k) - \min(x_k)}$$

若x_{ik}, x_{jk}均非遗失值，则$w_{ijk} = 1$；

若x_{ik}, x_{jk}有一为遗失值，则$w_{ijk} = 0$。

（2）若变量k是0-1变量：

若$x_{lk} = 1$，$x_{jk} = 1$，则$s_{ijk} = 1$，$w_{ijk} = 1$；

若$x_{lk} = 1$，$x_{jk} = 0$，则$s_{ijk} = 0$，$w_{ijk} = 1$；

若$x_{lk} = 0$，$x_{jk} = 1$，则$s_{ijk} = 0$，$w_{ijk} = 1$；

若$x_{lk} = 0$，$x_{jk} = 0$，则$s_{ijk} = 0$，$w_{ijk} = 0$。

（3）若变量 k 是定类变量：

若$x_{ik} = x_{jk}$，则$s_{ijk} = 1$，$w_{ijk} = 1$；

若$x_{ik} \neq x_{jk}$，则$s_{ijk} = 0$，$w_{ijk} = 1$；

若$x_{ik} = x_{jk}$有一为遗失值，则$w_{ijk} = 0$。

4.2.5 顾客数据的距离

假定有5个顾客，7个变量，数据如表4-4所示。

表4-4 顾客数据

TID 顾客	X1 身高	X2 体重	X3 性别	X4 出生	X5 民族	X6 学历	X7 购买
1	165	68	女 0	1980	汉	大学2	0
2	178	76	男 1	1992	汉	高中1	1
3	158	72	女 0	1980	回	大学2	1
4	169	58	男 1	1996	汉	硕士3	0
5	183	78	男 1	1994	满	高中1	1

续表

TID 顾客	X1 身高	X2 体重	X3 性别	X4 出生	X5 民族	X6 学历	X7 购买
max	183	78		1996		3	
min	158	58		1980		1	

*X*1，*X*2是连续变量，*X*4，*X*6是定序变量，*X*3，*X*5是定类尺度变量，*X*7是 0-1变量。

Gower 相似度计算：

s(1，2)= [1−(178−165)/25+1−(76−68)/20+0+1−(92−80)/16+1+1−(2−1)/2+0]/6 = 0.555

s(1，3)= [1−(165−158)/25+1−(72−68)/20+1+1−(80−80)/16+0+1−(2−2)/2+0]/6 = 0.753

s(2，3)= [1−(178−158)/25+1−(76−72)/20+0+1−(92−80)/16+0+1−(2−1)/2+1]/6 = 0.458

s(1，4)= [1−(169−165)/25+1−(68−58)/20+0+1−(96−80)/16+1+1−(3−2)/2+0]/5 = 0.568

s(2，4)= [1−(178−169)/25+1−(76−58)/20+1+1−(96−92)/16+1+1−(3−1)/2+0]/6 = 0.535

s(3，4)= [1−(169−158)/25+1−(72−58)/20+0+1−(96−80)/16+0+1−(3−2)/2+0]/6 = 0.227

s(1，5)= [1−(183−165)/25+1−(78−68)/20+0+1−(94−80)/16+0+1−(2−1)/2+0]/6 = 0.234

s(2，5)= [1−(183−178)/25+1−(78−76)/20+1+1−(94−92)/16+0+1−(1−1)/2+1]/6 = 0.929

s(3，5)= [1−(183−158)/25+1−(78−72)/20+0+1−(94−80)/16+0+1−(2−1)/2+1]/6 = 0.421

s(4，5)= [1−(183−169)/25+1−(78−58)/20+1+1−(96−94)/16+0+1−(3−1)/2+0]/6 = 0.386

相似度与距离如表4-5所示。

表4-5　相似度与距离

相似	1	2	3	4	5	距离	1	2	3	4	5
1	1					1	1				
2	0.555	1				2	0.445	1			
3	0.753	0.458	1			3	0.247	0.542	1		
4	0.568	0.535	0.227	1		4	0.432	0.465	0.773	1	
5	0.234	0.929	0.421	0.386	1	5	0.766	0.071	0.579	0.614	1

【R例4.2】计算距离：数据P1.csv，函数daisy

```
> # R例4.2
> library(cluster)
> (pa = read.csv("C:/R/P1.csv",header=T))
```

```
> pa
   X1 X2 X3   X4 X5 X6 X7
1 165 68  0 1980  1  2  0
2 178 76  1 1992  1  1  1
3 158 72  0 1980  2  2  1
4 169 58  1 1996  1  3  0
5 183 78  1 1994  3  1  1
```

```
> pa$X3 <- as.factor(pa$X3)
> pa$X5 <- as.factor(pa$X5)
```

```
> pa$X7 <- as.factor(pa$X7)
> disMatrix <- daisy(pa, metric="gower")
> disMatrix <- round(disMatrix, digits=3)
> disMatrix
```

```
> disMatrix
Dissimilarities :
      1     2     3     4
2 0.596
3 0.354 0.607
4 0.451 0.501 0.806
5 0.799 0.204 0.668 0.669

Metric :  mixed ;  Types = I, I, N, I, N, I, N
Number of objects : 5
```

4.2.6 距离和相似度的转换

聚类分析的两个记录（样本）的相似度是求最大，但是距离是求最小，所以距离和相似度要经过转换。

$d(i,j)$= 距离，$s(i,j)$= 相似度

$d(i,j)=1-s(i,j)$ 或 $d(i,j)=p-s(i,j)$，p 是变量的数目

$d(i,j)=\max\{s(i,j) \mid 任何 s(i,j)\}-s(i,j)$

$$d(i,j)=\sqrt{2(1-s(i,j))}$$

$$s(i,j)=1/(1+d(i,j))$$

4.2.7 计算距离的R函数

介绍三个R语言计算距离的函数如表4-6所示。

表4-6　计算距离的R函数

R函数	参数	程序包	应用
dist()	dist(x，method="")	stats	knn，hclust
distance()	46个距离方法	philentropy	
daisy()	matric="gower"	cluster	pam

【R例4.3】计算距离：数据P.csv，函数dist、distance

daisy函数在 pam函数时说明，dist 函数定义如下：

```
dist(x, method = "euclidean", "maximum", "manhattan", "canberra", "binary"
or "minkowski")
> # R例4.3
> pp = read.csv("C:/R/P.csv",header=T)
> pp ; class(pp)
> dist(pp, method="binary")
```

```
  X1 X2 X3 X4 X5 X6
1  0  0  0  1  1  1
2  1  1  1  0  1  0
3  0  1  0  1  1  0
4  0  0  1  0  1  1
5  1  1  1  0  0  0
```

```
     1    2    3    4
2 0.83
3 0.50 0.60
4 0.50 0.60 0.80
5 1.00 0.25 0.80 0.80
```

```
> dist(pp, method="euclidean")
```

```
     1    2    3    4
2 0.83
3 0.50 0.60
4 0.50 0.60 0.80
5 1.00 0.25 0.80 0.80
```

```
> dist(pp, method="canberra")
```

```
    1   2   3   4
2 5.0
3 3.0 3.6
4 3.0 3.6 4.8
5 6.0 1.5 4.8 4.8
```

```
> dist(pp, method="manhattan")
```

```
  1 2 3 4
2 5
3 2 3
4 2 3 4
5 6 1 4 4
```

```
> dist(pp, method="maximum")
```

```
  1 2 3 4
2 1
3 1 1
4 1 1 1
5 1 1 1 1
```

```
> library(philentropy)
> x <- distance(pp, method = "jaccard")
> x <- round(x, digits=3)
```

```
> x
      v1    v2  v3  v4   v5
v1 0.000 0.833 0.5 0.5 1.00
v2 0.833 0.000 0.6 0.6 0.25
v3 0.500 0.600 0.0 0.8 0.80
v4 0.500 0.600 0.8 0.0 0.80
v5 1.000 0.250 0.8 0.8 0.00
```

```
> # combine three probabilty vectors to a probabilty matrix
```

```
> ProbMatrix <- rbind(1:10/sum(1:10), 20:29/sum(20:29),
+ 30:39/sum(30:39))
> distance(ProbMatrix, method = "euclidean")
```

```
Metric: 'euclidean' using unit: 'log'.
     v1    v2    v3
v1 0.00 0.128 0.139
v2 0.13 0.000 0.011
v3 0.14 0.011 0.000
```

```
> dist(ProbMatrix, method = "euclidean")
```

```
      1     2
2 0.128
3 0.139 0.011
```

distance 函数 R 语言程序：

【R例4.4】计算距离：数据P.csv，函数distance{philentropy}

```
> # R例4.4
> install.packages("philentropy")
> library(philentropy)
> x <- rbind(1:10, 20:29, 30:39)
> distance(x, method = "euclidean")
```

```
Metric: 'euclidean' using unit: 'log'.
   v1 v2 v3
v1  0 60 92
v2 60  0 32
v3 92 32  0
```

```
> getDistMethods() # 其他距离方法 dist methods
```

4.3 层次聚类分析

4.3.1 两类连接

层次聚类的聚合法是：每次要将两个小类合并成一类，所以小类的个数要减少一个。假定有小类 U，V，两小类合并连接，计算连接的方法有：

① 单连接（single linkage）

U的记录和V的记录，距离最小或相似度最大：

$$d_{UV} = \min\{d(i,j) \mid i \in U, j \in V\}$$

② 全连接（complete linkage）

U的记录和V的记录，距离最大或相似度最小：

$$d_{UV} = \max\left\{d(i,j) \mid i \in U, j \in V\right\}$$

③ 均连接（average linkage）

U的记录和V的记录，所有距离的均值：

$$d_{UV} = \frac{1}{|D|} \sum_{i \in U, j \in V} d(i,j)$$

是U的记录和V的记录所有连接的数目。

④ 中心连接（centroid linkage）

U记录的中心点r_u和V记录的中心点r_V的距离：

$$d_{UV} = \|r_u - r_V\|^2$$

⑤ 华德连接（Ward linkage）

$$d_{UV} = \sum\nolimits_{i \in U} (i - r_U)^2 + \sum\nolimits_{j \in U} (i - r_V)^2 - \sum\nolimits_{k \in U \cup V} (k - r_{UV})^2$$

华德连接法又称最小方差法（Minimum variance method）。

如果S，T两个小类 连接或聚合 S，T。

ward.D 和 ward.D2 连接的层次聚类适合每类的记录数目差不多相等。

层次聚类最后画出树形图或谱系图（dendrogram）如图4-2所示。

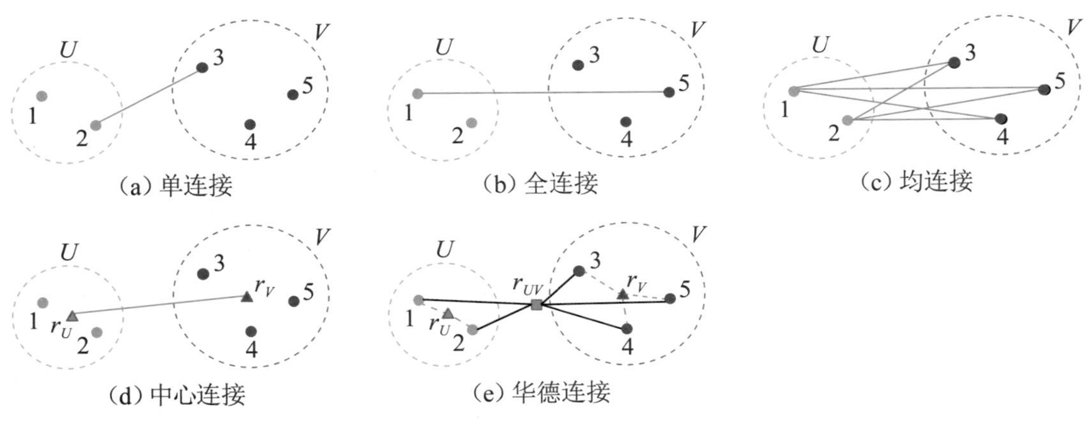

图4-2 五类连接

层次聚类的 R 语言如下。

```
> hclust(d, method = "complete")
# method = "ward.D", "ward.D2", "single", "complete", "average", "median"
"centroid"
```

4.3.2 顾客数据的聚类

假定有5个顾客，7个变量，数据如表4-7所示。

表4-7 顾客数据（2）

	X1 身高	X2 体重	X3 性别	X4 出生	X5 民族	X6 学历	X7 购买
1	165	68	女	1980	汉	大学2	0
2	178	76	男	1992	汉	高中1	1
3	158	72	女	1980	回	大学2	1
4	169	58	男	1996	汉	硕士3	0
5	183	78	男	1994	满	高中1	1

将上述数据转换为0-1变量。

变量$X1$，$X2$，$X3$，$X4$，$X5$，$X6$转换为0-1变量

若身高≥170，$X1=1$；若身高<170，$X1=0$；

若体重≥70，$X2=1$；若体重<70，$X2=0$；

若性别=男，$X3=1$；若性别=女，$X3=0$；

若出生<1990，$X4=1$；若出生≥1990，$X4=0$；

若民族=汉，$X5=1$；若民族≠汉，$X5=0$；

若学历≥大学，$X6=1$；若学历<大学，$X6=0$。

新的数据框如表4-8所示，右边是存储到Excel，档名Ch4-1.csv，如图4-3所示。

表4-8 数据框

	X1	X2	X3	X4	X5	X6	X7
1	0	0	0	1	1	1	0
2	1	1	1	0	1	0	1
3	0	1	0	1	0	1	1
4	0	0	1	0	1	1	0
5	1	1	1	0	0	0	1

	A	B	C	D	E	F	G
1	X1	X2	X3	X4	X5	X6	X7
2	0	0	0	1	1	1	0
3	1	1	1	0	1	0	1
4	0	1	0	1	0	1	1
5	0	0	1	0	1	1	0
6	1	1	1	0	0	0	1

图4-3 数据框

❶ 计算相似度

Jaccard's相似度系数$=a/(a+b+c)$。

距离函数 $d(1,2)=1-1/(1+2+4)=6/7$。

(1,3)	1	0
1	2	1
0	2	2

(1,2)	1	0
1	1	2
0	4	0

d(i,j)	1	2	3	4	5
1	1				
2	6/7	1			
3	3/5	5/7	1		
4	1/2	4/6	5/6	1	
5	1	1/5	4/6	5/6	1

距离最小是（2，5），所以（2，5）合并为一小类。

用单连接法（method ="single"）。

	1	(2,5)	3	4
1	1			
(2,5)	6/7	1		
3	0.6	4/6	1	
4	0.5	4/6	5/6	1

	(1,4)	(2,3,5)	4
(1,4)	1		
(2,5)	2/3	1	
3	0.6	2/3	1

于是（1，4）合并，然后（1，3，4），树形图如图4-4。

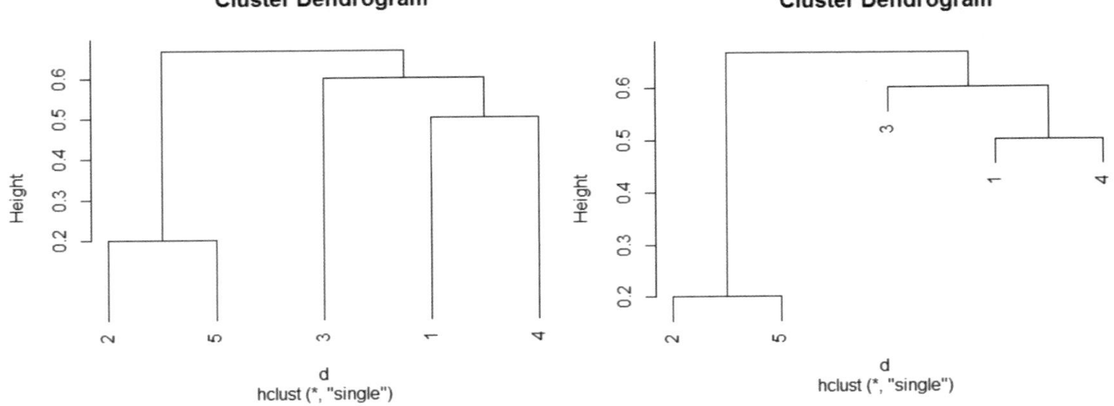

图4-4　层次聚类分析树形图

R 语言的程序如下。

【R例4.5】层次聚类：数据Ch4-5.csv，函数hclust

```
> # R例4.5
> p = read.csv("C:/R/Ch4-5.csv",header=T)
> class(p) ; p
```

```
> d <-dist(p, method="binary")
> d <- round(d,digits=3)
> c <- hclust(d, method="single")
> plot(c)
> plot(c, hang=-1)
```

```
  X1 X2 X3 X4 X5 X6 X7
1  0  0  0  1  1  1  0
2  1  1  1  0  1  0  1
3  0  1  0  1  0  1  1
4  0  0  1  0  1  1  0
5  1  1  1  0  0  0  1
```

4.3.3 层次聚类的优点和缺点

1 层次聚类的优点

（1）不需要定义聚类的数目。

（2）树形图是很容易了解和解释的。

（3）多变量分析有把变量聚合为因子分析，而希望给集合变量的因子有一个名字；层次聚类可以在某个层次的聚类，给出一个分类标志的命名，这是市场细分。例如，【R例4.8】欧洲语言聚类的罗曼语系，第1章大数据江湖门派的聚类学派。

（4）在市场细分中，因为层次聚类有个层次的*k*，选择不同的*k*，决定可以处理的市场的大小。

2 层次聚类的缺点

（1）层次聚类要计算距离矩阵，当观察样本数 *n* 相当大时，计算时间和成本大。

（2）层次的算法是单行道，当一个观察样本聚类错误，就不能再更改。

（3）层次聚类可能低度稳定，增加或减少一些样本，可能有大不同的解答。

（4）不同的连接会有不同的聚类，单连接和全连接的聚类较稳健，均连接可能会有完全不同的聚类。

（5）层次聚类对于异常样本会很敏感。

4.4 非层次聚类分析

4.4.1 *K*-mean聚类

k-均值法（*k*-mean）聚类。

（1）选择聚类的数目 k，数据标准化，随机选择 k 个记录当聚类的中心点。

（2）每个记录（样本）计算和每个中心点的距离，指派该记录属于距离最近的中心点。

（3）重新计算每个聚类的中心点。

（4）重复第（2）步，直到每个记录都不再移动。

假定有5个顾客，2个变量，$k=2$，数据如表4-9、表4-10所示。

表4-9　顾客数据（3）

数据	X1 身高	X2 体重
1	165	68
2	178	76
3	158	72
4	169	58
5	183	78

表4-10　4个步骤

第1步 标准化	X1 身高	X2 体重	分类	中心点坐标 X1	中心点坐标 X2
1	−0.559	−0.303	A	0.09	0.202
2	0.739	0.707	A		
3	−1.258	0.201	B	−0.06	−0.135
4	−0.160	−1.564	B		
5	1.238	0.959	B		

第2步	A	B
1	0.822	(0.526)
2	(0.822)	1.161
3	1.348	(1.244)
4	1.935	(1.446)
5	(1.375)	1.698

第3步	中心点坐标 X1	中心点坐标 X2
1, 3, 4	−0.659	−0.555
2, 5	0.989	0.833

第4步	A	B
1	(0.272)	1.920
3	(0.965)	2.334
4	(1.126)	2.658
2	1.883	(0.281)
5	2.427	0.280

【R例4.6】*k*−均值法(*k*−mean) 聚类：数据P3.csv，函数kmeans

```
> # R例4.6
> pa = read.csv("C:/R/P3.csv",header=T)
> pa  # 两个变量数据
> ps <- scale(pa)
> ps  # 标准化数据
> km <- kmeans(ps, 2)
> km
```

```
> pa
   X1 X2
1 165 68
2 178 76
3 158 72
4 169 58
5 183 78
```

```
        X1    X2
[1,] -0.56 -0.30
[2,]  0.74  0.71
[3,] -1.26  0.20
[4,] -0.16 -1.56
[5,]  1.24  0.96
attr(,"scaled:center")
 X1  X2
171  70
attr(,"scaled:scale")
  X1   X2
10.0  7.9
```

```
K-means clustering with 2 clusters of sizes 2, 3

Cluster means:
     X1    X2
1  0.99  0.83
2 -0.66 -0.56

Clustering vector:
[1] 2 1 2 2 1

Within cluster sum of squares by cluster:
[1] 0.16 2.27
 (between_SS / total_SS =  69.6 %)
```

记录1是第2类，记录2是第1类，记录3是第2类，…，记录5是第1类。

4.4.2 PAM聚类

基于质心聚类法（Partitioning Around Medoids，PAM）和*k*-均值法聚类相同要选择聚类的数目。PAM 的输入数据是矩阵或数据框，可以是混合数值和因子变量，即利用 Gower 距离。

PAM 算法有两个阶段。

❶ 创建阶段

（1）选择 *k* 个记录作为中心。

（2）每个记录聚类到最近的中心。

❷ 交换阶段

（1）每个类如果有记录的平均距离最小，该记录交换为新的中心点。

（2）回到创建阶段第 2 步，一直到所有中心点都不再变动。

【R例4.7】PAM 聚类：数据P1.csv，函数pam{cluster}

第4.3.2节数据的 PAM 的 R语言如下：

```
> # R例4.7
> library(cluster)
> p1 = read.csv("C:/R/P1.csv",header=T)
> class(p1) ; p1
```

```
> pam1 <- pam(p1, k=3)
> pam1
```

```
Medoids:
     ID  X1 X2 X3   X4 X5 X6 X7
[1,]  1 165 68  0 1980  1  2  0
[2,]  2 178 76  1 1992  1  1  1
[3,]  4 169 58  1 1996  1  3  0
Clustering vector:
[1] 1 2 1 3 2
```

```
> library (cluster)
> library (vegan)
> dis = vegdist(exp_matrix)
> res = pam(dis,3) # choice of clustering algorithm
> p1 = read.csv("C:/R/P1.csv",header=T)
> class(p1) ; p1
> pam1 <- pam(p1, k=3)
> sil = silhouette (pam1$clustering, p1) # cluster vector
> plot(sil,col=meta$Colors)
```

4.4.3 *K*-mean聚类的优点和缺点

1 *K*-mean聚类的优点

（1）算法简单容易了解。

（2）有高度弹性，如果已经做好聚类，新的实例样本加入，很容易计算。监督式学习分类近邻法（kNN），新的实例样本加入，要重新全部再计算。

（3）在许多实战应用上，效果相当好。

2 *K*-mean聚类的缺点

（1）对于一些先端的聚类方法，*K*-mean并非是很精致的方法。

（2）因为有用到随机的选择（起始点），所以不保证是最优解。

（3）需要选择猜测聚类的数目k。

（4）对于非球形数据的类，或分散密度的类，聚类不会很理想。

4.5 聚类分析的评价

聚类分析和第3章关联规则分析都是非监督式学习，没有因变量来评价测试数据的结果，聚类分析用剪影图或轮廓图来看聚类的效果，剪影图适用在*K*-mean和Pam聚类。

如果数据有分类变量，例如鸢尾花数据或红酒数据，可以用表格 table 比较实际分类和聚类的结果。

聚类的剪影图

剪影图或轮廓图（silhouette plot）如图4-5所示。

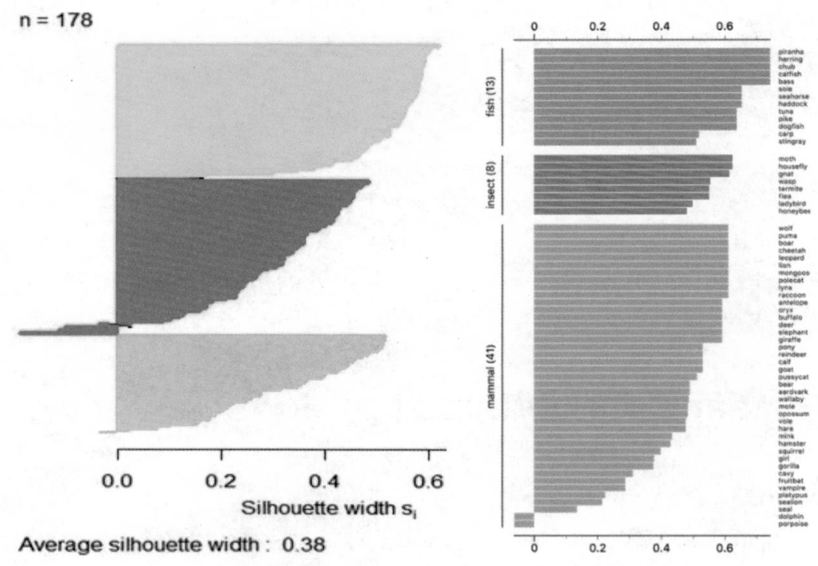

图4-5　聚类的剪影图

定义样本 i 的轮廓信息（silhouette information）$s(i)$如下：

$d(i,C)$是样本 i 和一个聚类C中每个样本的平均距离：

$$d(i,C)=Avg\left(d(i,j)\mid j\in C\right)$$

$a(i)$是样本 i 在一个聚类C中和同类其他样本的平均距离：

$$a(i)=d(i,C)\ \ i\in C$$

$b(i)$是样本 i 和非同类C中最小距离，即样本 i最近聚类的距离：

$$b(i)=\min_c d(i,C)\, i\notin C$$

$$s(i)=\frac{b(i)-a(i)}{\max\{a(i),b(i)\}}$$

$$s(i)=\begin{cases}1-\dfrac{a(i)}{b(i)} & \text{if } a(i)<b(i),\text{即}s(i)>0\\ 0 & \text{if } a(i)=b(i),\text{即}s(i)=0\\ \dfrac{b(i)}{a(i)}-1 & \text{if } a(i)>b(i),\text{即}s(i)<0\end{cases}$$

$$-1\leqslant s(i)\leqslant 1$$

$s(i)$越大，分类越好；$s(i)$越小，分类越差；$s(i)$小于0，错误分类。

如果$0.71 \leqq s(i) \leqq 1.0$，则有很强的聚类的结构；

如果$0.51 \leqq s(i) \leqq 0.70$，则有合理的聚类的结构；

如果$0.26 \leqq s(i) \leqq 0.50$，则有较弱的聚类的结构；

如果 $0 \leqq s(i) \leqq 0.25$，则有很差的聚类的结构。

4.6 R语言实战

4.6.1 欧洲语言的聚类

十五个欧洲语言：英语English（En）、挪威语Norwegian（No）、丹麦语Danish（Da）、荷兰语Dutch（Du）、德语German（Ge）、法语French（Fr）、西班牙语Spanish（Sp）、意大利语Italian（It）、波兰语Polish（Pl）、匈牙利语Hungarian（Hu）、芬兰语Finnish（Fi）、希腊语Greek（Gr）、拉丁语Latin（La）、葡萄牙语Portuguese（Pt）、捷克语Czech（Cz），括号是数据代号。从1到10的文字，进行聚类分析如表4-11～表4-13所示。

表4-11　十五个欧洲国家1到10的文字

1 English（En）	One	Two	Three	Four	Five	Six	Seven	Eight	Nine	Ten
2 Norwegian（No）	En	To	Tre	Fire	Fem	Seks	Sju	Atte	Ni	Ti
3 Danish（Da）	En	To	Tre	Fire	Fem	Seks	Syv	Otte	Ni	Ti
4 Dutch（Du）	Een	Twee	Drie	Vier	Vijf	Zes	Zeven	Acht	Negen	Tien
5 German（Ge）	Eins	Zwei	Drie	Vier	Funf	Sechs	Sieben	Acht	Neun	Zehn
6 French（Fr）	Un	Duex	Trois	Quatre	Cinq	Six	Sept	Huit	Neuf	Dix
7 Spanish（Sp）	Uno	Dos	Tres	Cuatro	Cinco	Seis	Siete	Ocho	Nueve	Diez
8 Italian（It）	Uno	Due	Tre	Quattro	Cinque	Sei	Sette	Otto	Nove	Dieci
9 Polish（Pl）	Jeden	Dwa	Trzy	Cztery	Piec	Szesc	Siedem	Osiem	Dziewiec	Dziesiec
10 Hungarian（Hu）	Egy	Ketto	Harom	Negy	Ot	Hat	Het	Nyolc	Kilenc	Tiz
11 Finnish（Fi）	Yksi	Kaksi	Kolme	Nelja	Viisi	Kuusi	Seitseman	Kahdeksan	Yhdeksan	Kymmenen
12 Greek（Gr）	Ena	Duo	Tria	Tessera	Pente	Exi	Epta	Oktw	Ennia	Deka

续表

13 Latin（La）	Unus	Duo	Trēs	Quattuor	Quīnque	Sex	Septem	Octō	Novem	Decem
14 Portuguese（Pt）	Um	Dois	Três	Quatro	Cinco	Seis	Sete	Oito	Nove	Dez
15 Czech（Cz）	Jeden	Dva	Tri	Chtryi	Pet	Shest	Sedm	Osm	Devet	Deset

表4-12　相似度（1到10的文字的第一个字母相同的个数）

	En	No	Da	Du	Ge	Fr	Sp	It	Pl	Hu	Fi	Gr	La	Pt	Cz
相似度	10														
	8	10													
	8	9	10												
	3	5	4	10											
	4	6	5	5	10										
	4	4	4	1	3	10									
	4	4	5	1	3	8	10								
	4	4	5	1	3	9	9	10							
	3	3	4	0	2	5	7	6	10						
	1	2	2	2	1	0	0	0	0	10					
	1	1	1	1	1	1	1	1	1	2	10				
	1	3	3	1	1	3	4	4	5	1	0	10			
	4	3	5	1	3	8	8	9	6	0	1	4	10		
	4	3	5	1	3	9	9	10	6	0	1	4	9	10	
	3	2	4	0	2	5	7	6	10	0	1	5	6	6	10

表4-13　距离＝10—相似度

	En	No	Da	Du	Ge	Fr	Sp	It	Pl	Hu	Fi	Gr	La	Pt	Cz
距离	0														
	2	0													
	2	1	0												
	7	5	6	0											
	6	4	5	5	0										
	6	6	6	9	7	0									
	6	6	5	9	7	2	0								
	6	6	5	9	7	1	1	0							
	7	7	6	10	8	5	3	4	0						
	9	8	8	8	9	10	10	10	10	0					

续表

	En	No	Da	Du	Ge	Fr	Sp	It	Pl	Hu	Fi	Gr	La	Pt	Cz
距离	9	9	9	9	9	9	9	9	9	8	0				
	9	7	7	9	9	7	6	6	5	9	10	0			
	6	7	5	9	7	2	2	1	4	10	9	6	0		
	6	7	5	9	7	1	1	0	4	10	9	6	1	0	
	7	8	6	10	8	5	3	4	0	10	9	5	4	4	

【R例4.8】欧洲语言聚类：数据Euro.csv，函数hclust

数据框格式 data.frame：15个观察值　15个变量

```
> # R例4.8
> LAN <- read.csv("C:/R/Euro.csv",header=T)
> str(LAN)
> LAN   # 数据框的格式
> LD <- as.dist(LAN) ; str(LD)
> LD   # 转换为距离的格式
> LCluster = hclust(LD,method="average")
> plot(LCluster, hang=-1) ; plot(LCluster)
```

所谓的“拉丁语系”指的应该是“罗曼语系”。包括了意大利语、西班牙语、葡萄牙语、法语、罗马尼亚语以及瑞士的罗曼语。

树形图如图4-6所示。

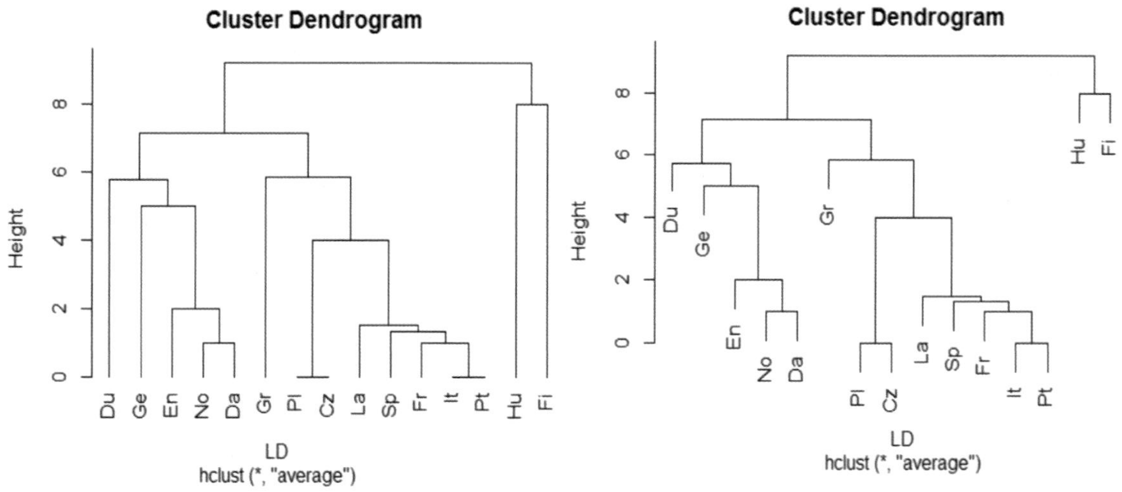

图4-6　欧洲语言的聚类树形图

4.6.2 美国电力公司数据

美国电力公司数据有22家电力公司（实例），8个变量，如表4-14所示。

表4-14 美国电力公司数据

	X1	X2	X3	X4	X5	X6	X7	X8
1	1.06	9.2	151	54.4	1.6	9077	0	0.628
2	0.89	10.3	202	57.9	2.2	5088	25.3	1.555
3	1.43	15.4	113	53	3.4	9212	0	1.058
4	1.02	11.2	168	56	0.3	6423	34.3	0.7
5	1.49	8.8	192	51.2	1	3300	15.6	2.044
6	1.32	13.5	111	60	−2.2	11127	22.5	1.241
7	1.22	12.2	175	67.6	2.2	7642	0	1.652
8	1.1	9.2	245	57	3.3	13082	0	0.309
9	1.34	13	168	60.4	7.2	8406	0	0.862
10	1.12	12.4	197	53	2.7	6455	39.2	0.623
11	0.75	7.5	173	51.5	6.5	17441	0	0.768
12	1.13	10.9	178	62	3.7	6154	0	1.897
13	1.15	12.7	199	53.7	6.4	7179	50.2	0.527
14	1.09	12	96	49.8	1.4	9673	0	0.588
15	0.96	7.6	164	62.2	-0.1	6468	0.9	1.4
16	1.16	9.9	252	56	9.2	15991	0	0.62
17	0.76	6.4	136	61.9	9	5714	8.3	1.92
18	1.05	12.6	150	56.7	2.7	10140	0	1.108
19	1.16	11.7	104	54	−2.1	13507	0	0.636
20	1.2	11.8	148	59.9	3.5	7287	41.1	0.702
21	1.04	8.6	204	61	3.5	6650	0	2.116
22	1.07	9.3	174	54.3	5.9	10093	26.6	1.306

注：*X*1 =营收income/debt，*X*2 =投资报酬率（RoR），*X*3 =每千瓦成本cost per kilowatt，
*X*4 =年负载系数annual load factor，*X*5 = 尖峰需求增长peak demand growth，
*X*6= 销售sales，*X*7 =核能百分比percent nuclear，*X*8 =总燃料成total fuel costs

【R例4.9】美国电力公司：数据Ut.csv，函数hclust {cluster}

数据框格式 data.frame：22 个观察值　8个变量

```
> # R例4.9
> library(cluster)
> UT = read.csv("C:/R/Ut.csv",header=T)
> options(digits = 3)
> UT
> UTD <- dist(UT)
> UTD
```

```
> UTCluster = hclust(UTD,method="average")
> UTCluster
> plot(UTCluster)
> HCK5 = cutree(UTCluster, k=5) ; HCK5
> HCK7 = cutree(UTCluster, k=7) ;  HCK7
> rect.hclust(UTCluster,k=5,border="red")
> table(HCK5)
```

```
HCK5
 1  2  3  4  5
 7 10  1  2  2
```

```
> (UTR <- as.data.frame(scale(UT))) # 标准化
> UTCluster1 = hclust(dist(UTR),method="single")
> UTCluster2 = hclust(dist(UTR),method="ward.D")
> UTCluster3 = hclust(dist(UTR),method="centroid")
> UTCluster4 = hclust(dist(UTR),method="complete")
> UTCluster5 = hclust(dist(UTR),method="average")
> plot(UTCluster5, hang=-1)
> rect.hclust(UTCluster5,k=6,border="red")
> HCK6 = cutree(UTCluster, k=6) ; HCK6
> row.names(UTR) <- paste(HCK6, ":",row.names(UT),sep="")
> heatmap(as.matrix(UTR), Colv=NA, hclustfun=hclust,
+   col=rev(paste("gray", 1:99,sep="")))
```

树形图如图4-7所示。

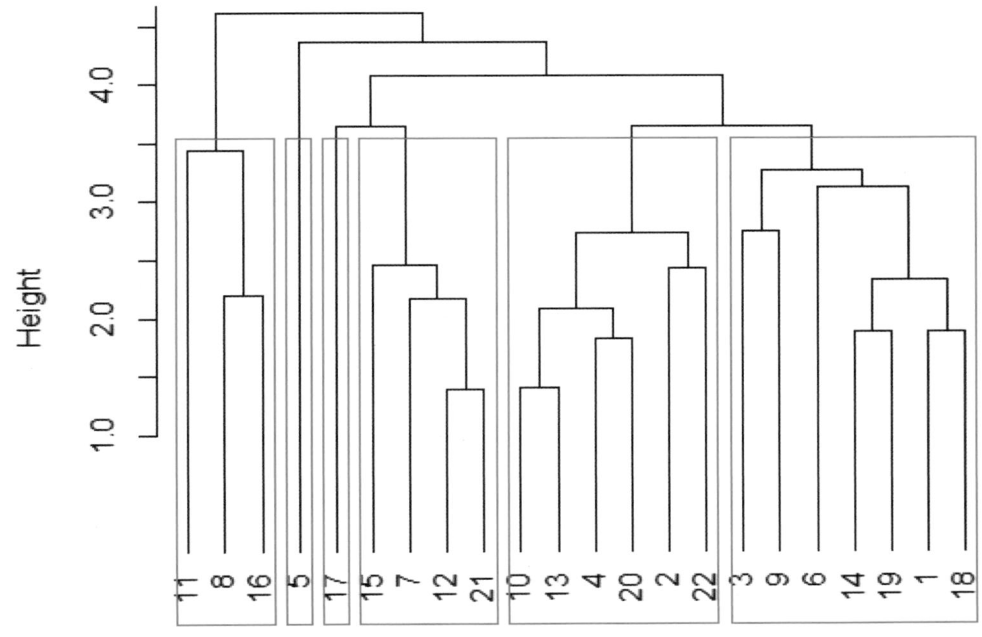

图4-7 美国电力公司聚类树形图

图4-8 是陈诺夫Chernof 脸图，不是R语言的图形，参考Johnson 2012。

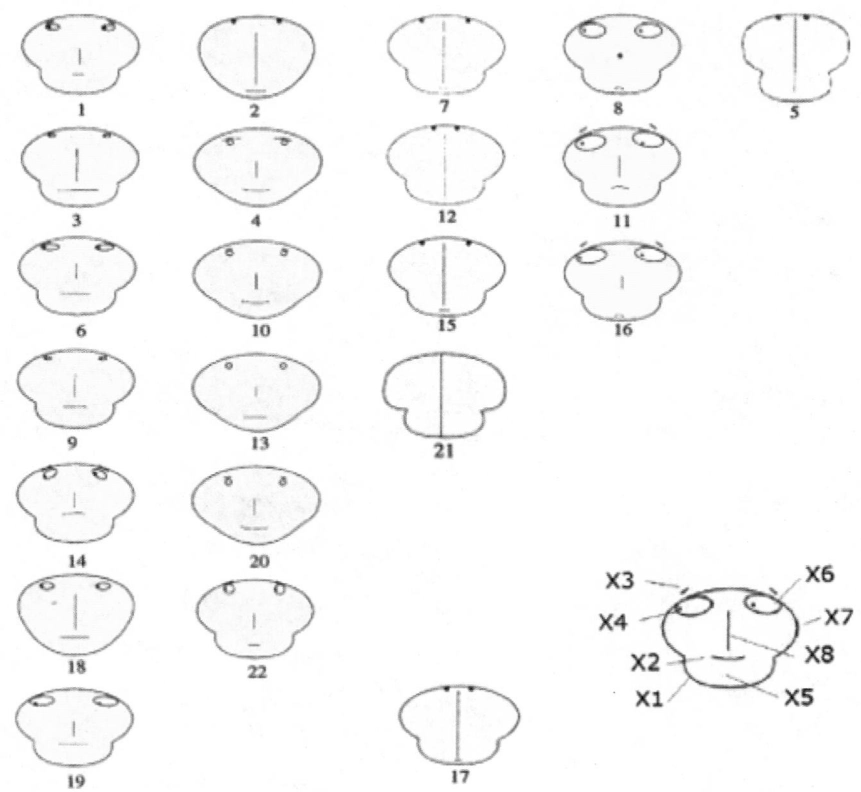

图4-8 陈诺夫Chernof脸图

4.6.3 欧洲人蛋白质数据

【R例4.10】欧州人蛋白质数据protein.CSV，函数hclust cluster::pam

欧洲人蛋白质数据有25个国家样本，10个变量如表4-15所示。

表4-15 欧洲人蛋白质数据变量

Country	国家	RedMea	红肉	WhiteMeat	白肉	Eggs	蛋
Milk	牛奶	Fish	鱼肉	Cereals	谷类	Starch	淀粉
Nuts	坚果	Fr&Veg	果菜				

数据框格式 data.frame：25 个观察值 10个变量

```
> # R例4.10
> install.packages("cluster"); library(cluster)
> EUP <- read.csv("C:/R/protein.csv") ; head(EUP)
> EUPScaled = as.data.frame(scale(EUP[,-1]))
```

```
> EUPScaled$Country =EUP$Country
> hc = hclust(dist(EUPScaled, method="euclidean"), method="ward.D2")
> hc ;  plot(hc, hang = -0.01, cex = 0.7)
> hc2 = hclust(dist(EUPScaled), method="single")
> plot(hc2, hang = -0.01, cex = 0.7)
```

树形图如图4-9所示。

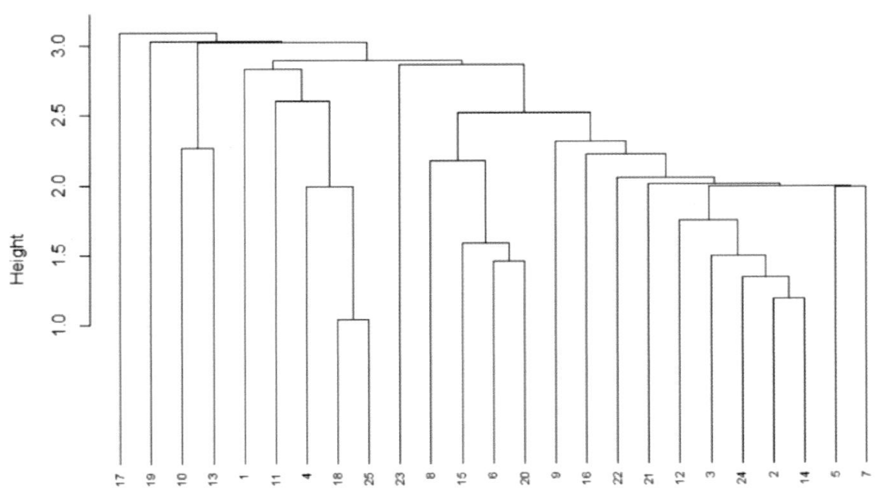

图4-9 欧洲人蛋白质数据聚类树形图

```
> dv = diana(EUPScaled, metric = "euclidean")
> plot(dv); fit = cutree(hc, k = 4); table(fit)
> plot(hc); rect.hclust(hc, k = 4, border="red")
> # k-means 聚类
> if(!require(devtools)) install.packages("devtools")
> install.packages(c("factoextra","fpc","cluster","NbClust"))
> library(factoextra); library("cluster")
> devtools::install_github("kassambara/factoextra")
> EUP <- read.csv("protein.csv"); rownames(EUP)=EUP$Country
> EUP$Country=NULL; EUPScaled = as.data.frame(scale(EUP))
> set.seed(100); kmFit = kmeans(EUPScaled, 4); kmFit
> aggregate(EUPScaled, by=list(cluster=kmFit$cluster), mean)
> fviz_cluster(kmFit, data = EUPScaled)
> fviz_nbclust(EUPScaled, kmeans, method = "wss")
> geom_vline(xintercept = 4, linetype = 2)
> pamFit <- pam(EUPScaled, 4); pamFit$medoids
> fviz_cluster(pamFit); claraFit <- clara(EUPScaled, 4, samples=5)
> claraFit$medoids ; fviz_cluster(claraFit)
> if(!require(factoextra)){install.packages("factoextra")}
> library(factoextra)
```

```
> if(!require(cluster)){install.packages("cluster")} ; library(cluster)
> if(!require(fpc)){install.packages("fpc")} ; library(fpc)
> if(!require(NbClust)){install.packages("NbClust")} ; library(NbClust)
> EUP <- read.csv("C:/R/protein.csv")
> rownames(EUP)=EUP$Country; EUP$Country=NULL
> EUPScaled = as.data.frame(scale(EUP))
> nb <- NbClust(EUPScaled, distance = "euclidean", min.nc = 2,
+               max.nc = 9, method = "ward.D2", index ="all")
> fviz_nbclust(nb) + theme_minimal(); km.res = kmeans(EUPScaled, 3)
> sil.km <- silhouette(km.res$cluster, dist(EUPScaled))
> # silhouette analysis
> si.sum <- summary(sil.km); > si.sum$clus.avg.widths
> si.sum$avg.width; si.sum$clus.sizes; fviz_silhouette(sil.km)
> pam.res <- pam(EUPScaled, 3)
> dd <- dist(EUPScaled, method ="euclidean")
> pam_stats <- cluster.stats(dd, pam.res$cluster)
> pam_stats$within.cluster.ss
> pam_stats$clus.avg.silwidths
> pam_stats$dunn
> pam_stats$dunn2
> res.stat <- cluster.stats(dd, km.res$cluster, pam.res$cluster)
> res.stat$corrected.rand
> res.stat$vi
> par(mfrow = c(1,1))
> pam.res$medoids
> plot(pam.res, which.plots=2, main="")
```

如图4-10～图4-13所示。

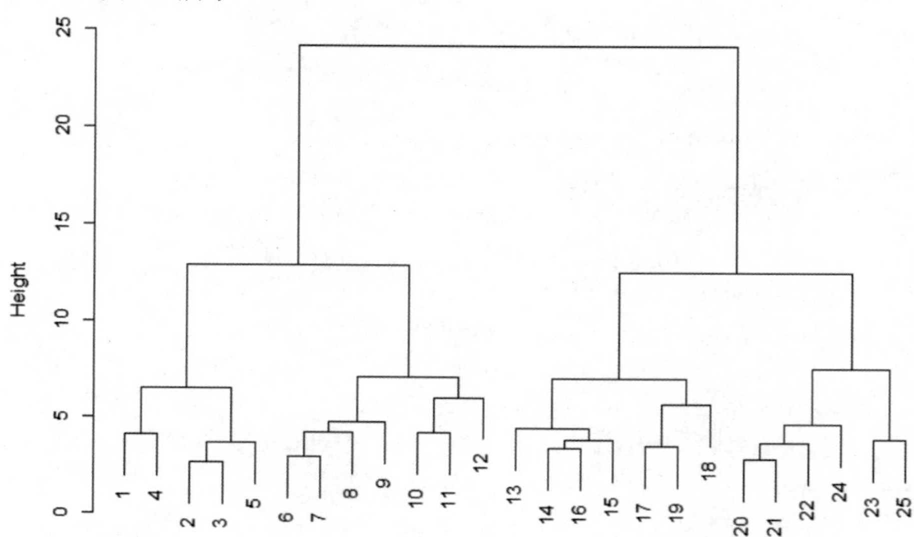

图4-10　欧洲人蛋白质数据聚类树形图

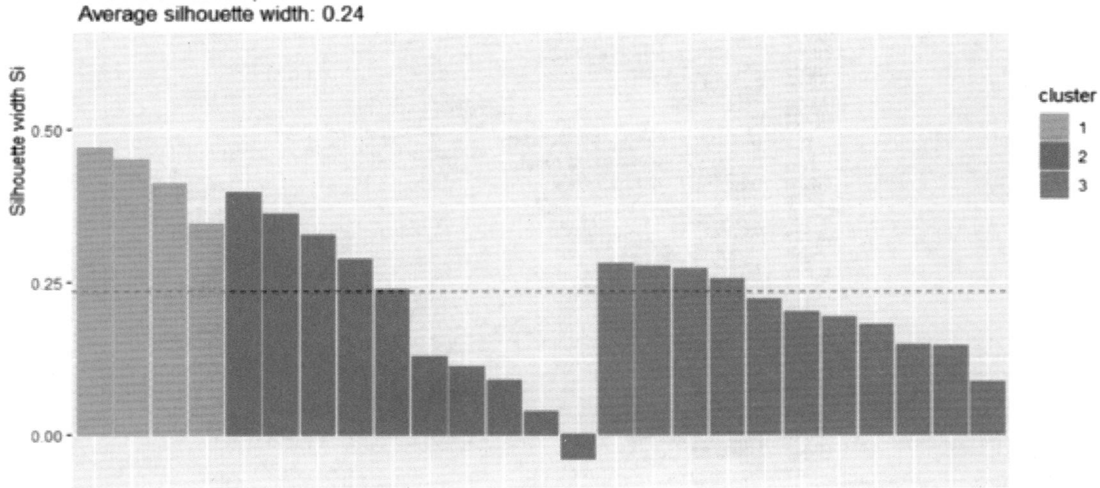

图4-11 剪影图

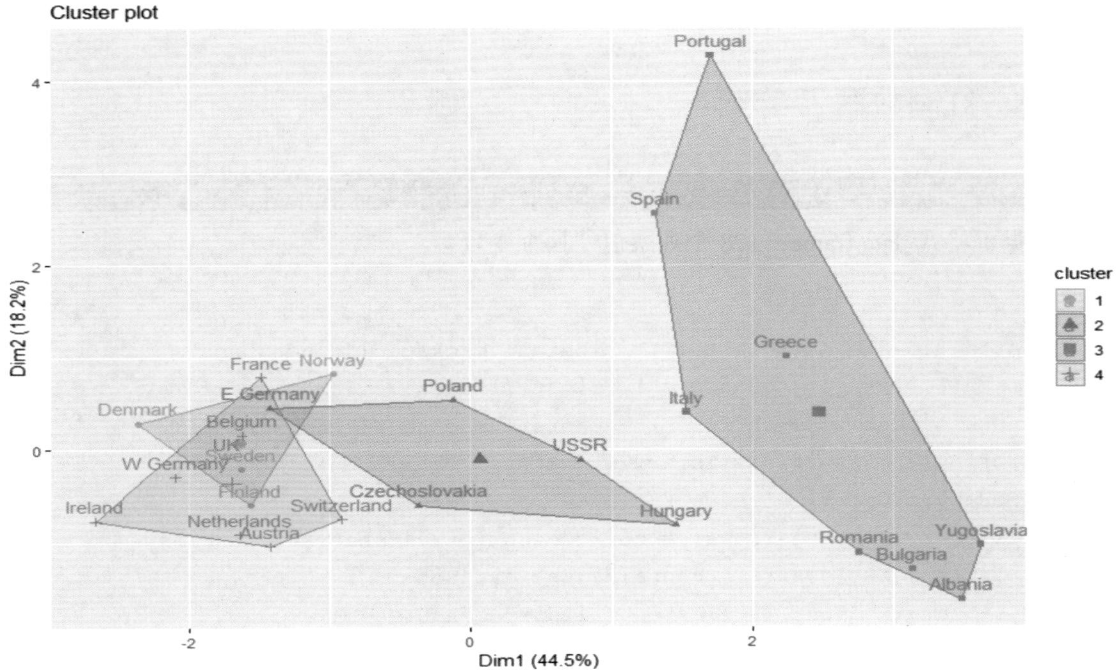

图4-12 PAM中心图

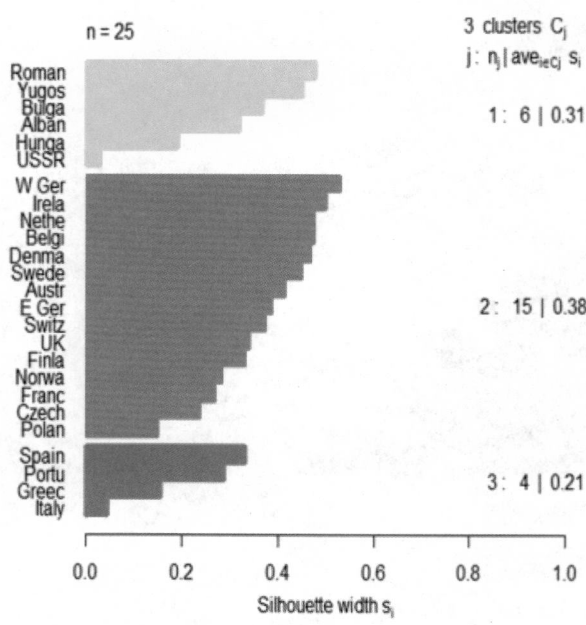

图4-13　剪影图

4.6.4　红酒数据

【R例4.11】红酒：数据wine.CSV，函数NbClust、kmeans

数据框格式 data.frame：178 个观察值　14个变量

```
> # R例4.11
> install.packages("cluster") ; install.packages("dendextend")
> install.packages("ggthemes") ; install.packages("HDclassif")
> install.packages("NbClust") ; install.packages("tidyverse")
> library(HDclassif) ; library(magrittr)
> library(cluster) # conduct cluster analysis
> # library(compareGroups) # build descriptive statistic tables
> # library(HDclassif) # contains the dataset
> # library(NbClust) # cluster validity measures
> # library(sparcl) # colored dendrogram
> options(scipen=999)
> wine = read.csv("C:/R/wine.csv",header=T)
> data(wine) ; str(wine)
> colnames(wine) <- c("Class","Alcohol","MalicAcid","Ash","Alk_ash",
+ "magnesium","T_phenols","Flavanoids","Non_flav","Proantho",
+  "C_Intensity","Hue","OD280_315","Proline")
```

```
> wine_df <- as.data.frame(scale(wine[, -1]))
> table(wine$Class)
> numComplete <- NbClust::NbClust(wine_df, distance = "euclidean",
+  min.nc = 2, max.nc = 6, method = "complete", index = "all" )
> euc_dist <- dist(wine_df, method = "euclidean")
> hc_complete <- hclust(euc_dist, method = "complete")
> dend_complete <- as.dendrogram(hc_complete)
> dend1 <- dendextend::color_branches(dend_complete, k = 3)
> plot(dend1, main = "Complete-Linkage")
> complete_clusters <- cutree(hc_complete, 3)
> table(complete_clusters)
> table(complete_clusters, wine$Class)
+  numWard <- NbClust::NbClust(wine_df,  distance = "euclidean",
+  min.nc = 2, max.nc = 6, method = "ward.D2", index = "all" )
> hc_ward <- hclust(euc_dist, method = "ward.D2")
> dend_ward <- as.dendrogram(hc_ward)
> dend2 <- dendextend::color_branches(dend_ward, k = 3)
> plot(dend2, main = "Ward Method")
```

树形图如图4-14所示。

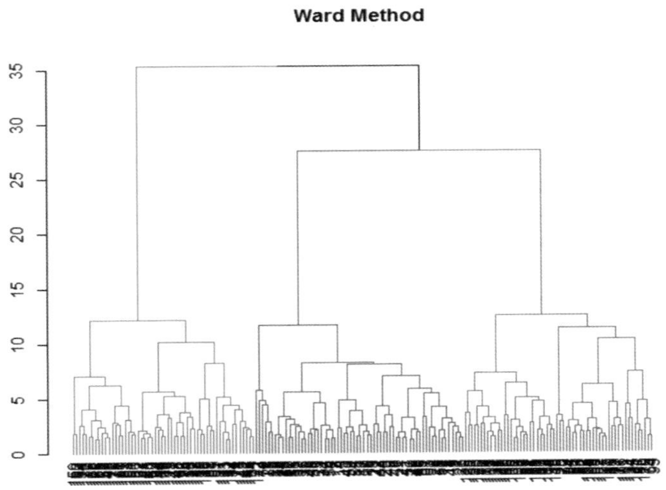

Ward Method

图4-14　红酒数据聚类树形图

```
> ward_clusters <- cutree(hc_ward, 3)
> table(ward_clusters, wine$Class)
> table(complete_clusters, ward_clusters)
> ward_df <- wine_df %>% dplyr::mutate(cluster = ward_clusters)
+ ward_df %>% dplyr::group_by(cluster) %>%
+ dplyr::summarise_all(dplyr::funs(mean)) -> ward_results
> ggplot2::ggplot(ward_results, ggplot2::aes(cluster, Alcohol))
```

```
+ ggplot2::geom_bar(stat = "identity")
+ ggthemes::theme_stata()
+ numKMeans <- NbClust::NbClust(wine_df, min.nc = 2, max.nc = 15,
+ method = "kmeans")
> set.seed(100)
> km <- kmeans(wine_df, 3, nstart = 25)
> table(km$cluster)
> par(mfrow = c(1, 2))
> boxplot(wine$Alcohol ~ km$cluster, data = wine,
+  main = "Alcohol Content, K-Means")
> boxplot(wine$Alcohol ~ ward_clusters, data = wine,
+  main = "Alcohol Content, Ward's")
> table(km$cluster, wine$Class)
> wine$Alcohol <- as.factor(ifelse(wine_df$Alcohol > 0,
+ "High", "Low"))
> gower_dist <- cluster::daisy(wine[, -1], metric = "gower")
> set.seed(100) ; pam_cluster <- cluster::pam(gower_dist, k = 3)
> table(pam_cluster$clustering)
> table(pam_cluster$clustering, wine$Class)
> table(pam_cluster$clustering, wine$Alcohol)
> par(mfrow = c(1,1)); pam_cluster$medoids
> plot(pam_cluster, which.plots=2, main="") ; set.seed(2019)
> rf <- randomForest::randomForest(x = wine[, -1], ntree = 2000,
+ proximity = T)
> rf ; dim(rf$proximity) ; rf$proximity[1:5, 1:5]
> randomForest::importance(rf)
> rf_dist <- sqrt(1 - rf$proximity)
> rf_dist[1:2, 1:2] ; set.seed(100)
> pam_rf <- cluster::pam(rf_dist, k = 3)
> table(pam_rf$clustering)
> table(pam_rf$clustering, wine$Class)
```

4.6.5 汽车数据

本例取自1978—1979年汽车数据。

【R例4.12】汽车数据：数据cars.CSV，函数NbClust、kmeans

数据框格式 data.frame：38 个观察值 8个变量

```
> # R例4.12
> library(cluster)
> cars = read.delim("C:/R/cars.tab",stringsAsFactors=FALSE)
```

```
> head(cars) ; cars.use = cars[,-c(1,2)]
> medians = apply(cars.use,2,median) ; mads = apply(cars.use,2,mad)
> cars.use = scale(cars.use, center=medians, scale=mads)
> cars.dist = dist(cars.use) ; cars.hclust = hclust(cars.dist)
> plot(cars.hclust,labels=cars$Car,main='Default from hclust')
> groups.3 = cutree(cars.hclust,3) ; table(groups.3)
> counts = sapply(2:6,function(ncl)table(cutree(cars.hclust,ncl)))
> names(counts) = 2:6 ; counts
> cars$Car[groups.3 == 1]
> sapply(unique(groups.3),function(g)cars$Car[groups.3==g])
> # four cluster solution
> groups.4 =cutree(cars.hclust,4)
> sapply(unique(groups.4),function(g)cars$Car[groups.4 == g])
> table(groups.3,cars$Country)
> aggregate(cars.use,list(groups.3),median)
> aggregate(cars[,-c(1,2)],list(groups.3),median)
> a3 =aggregate(cars[,-c(1,2)],list(groups.3),median)
> data.frame(Cluster=a3[,1],Freq=as.vector(table(groups.3)),a3[,-1])
> a4=aggregate(cars[,-c(1,2)],list(groups.4),median)
> data.frame(Cluster=a4[,1],Freq=as.vector(table(groups.4)),a4[,-1])
> cars.pam = pam(cars.dist,3)   #PAM
> names(cars.pam)
> table(groups.3,cars.pam$clustering)
> cars$Car[groups.3!= cars.pam$clustering]
> cars$Car[cars.pam$id.med]
> plot(cars.pam)
```

树形图如图4-15所示。

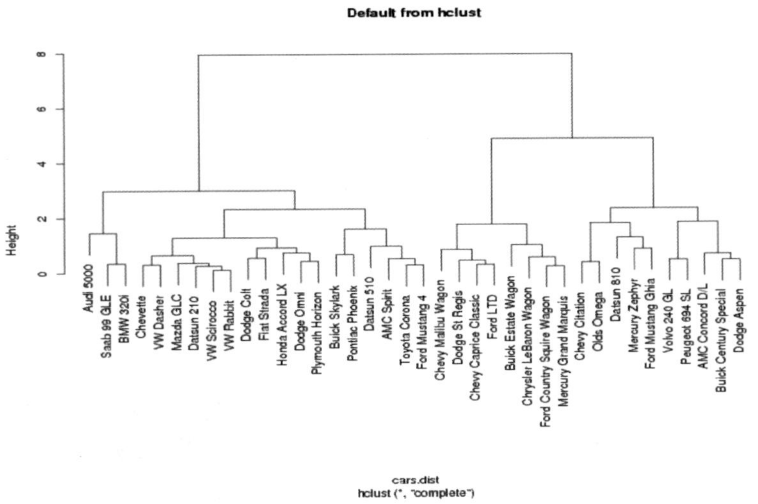

图4-14　汽车数据聚类树形图

4.7 本章思维导图

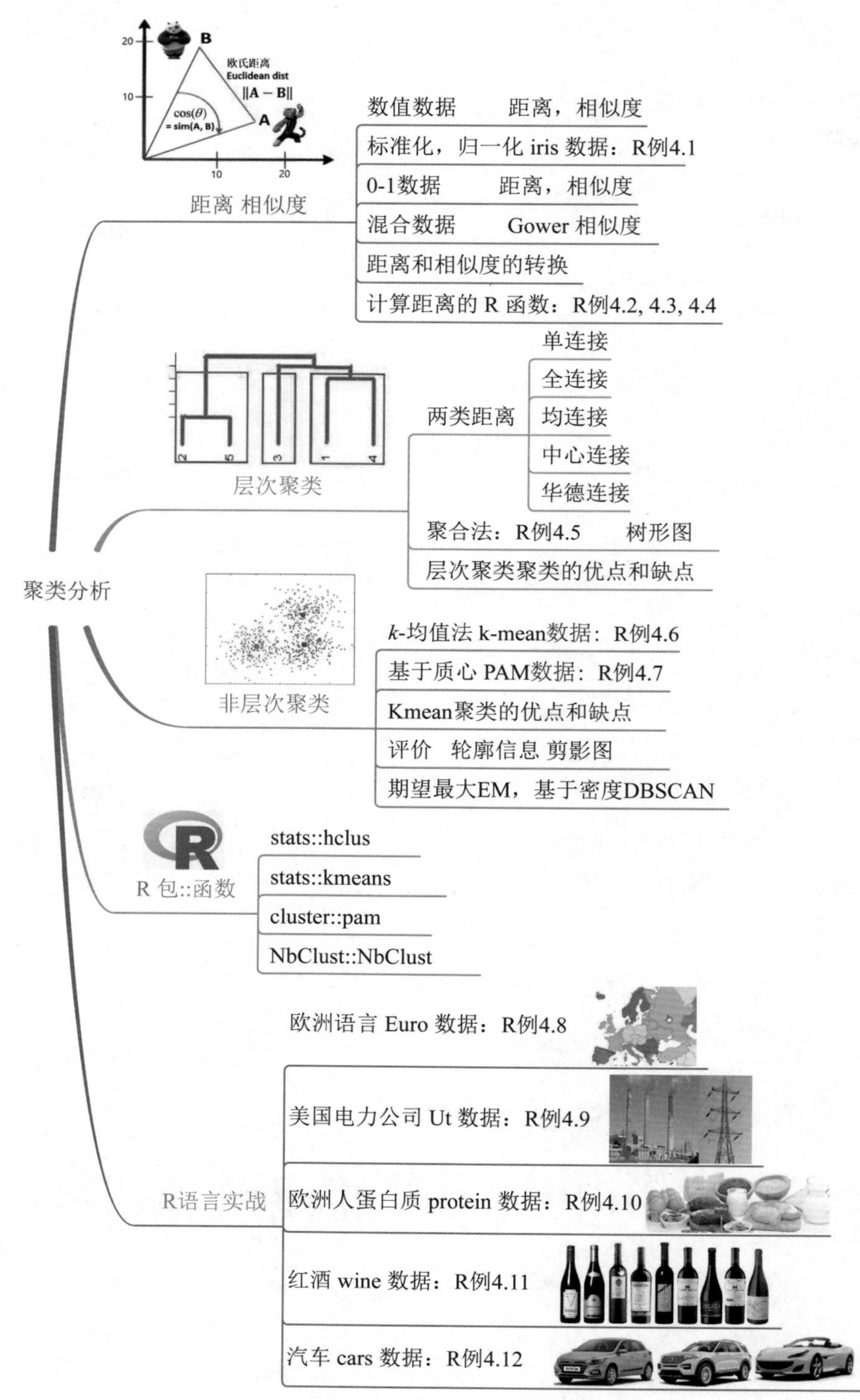
20
10
10
20
B
A
欧氏距离
Euclidean dist
||A − B||
cos(θ)
= sim(A, B)
距离 相似度
数值数据 距离，相似度
标准化，归一化 iris 数据：R例4.1
0-1数据 距离，相似度
混合数据 Gower 相似度
距离和相似度的转换
计算距离的 R 函数：R例4.2, 4.3, 4.4
层次聚类
两类距离
单连接
全连接
均连接
中心连接
华德连接
聚合法：R例4.5 树形图
层次聚类聚类的优点和缺点
聚类分析
非层次聚类
k-均值法 k-mean数据：R例4.6
基于质心 PAM数据：R例4.7
Kmean聚类的优点和缺点
评价 轮廓信息 剪影图
期望最大EM，基于密度DBSCAN
R 包::函数
stats::hclus
stats::kmeans
cluster::pam
NbClust::NbClust
R语言实战
欧洲语言 Euro 数据：R例4.8
美国电力公司 Ut 数据：R例4.9
欧洲人蛋白质 protein 数据：R例4.10
红酒 wine 数据：R例4.11
汽车 cars 数据：R例4.12

第5章
降维分析

我们面对有意义的问题，是不能用产生这个问题的“相同”思考水平去解决它。

——爱因斯坦　Albert Einstein（1879—1955）

5.1 降维分析介绍

大数据的特点是样本的数量大，变量的数目多。维度（dimension）就是样本的数量和变量的数目，矩阵、数据框的行与列的数目，数组的维度不只是行与列，还可能有更多的维度。行的数目是记录、实例或样本点的数目，聚类分析是合并样本点的数目，将样本数量加以缩减，用层次聚类做成树形图。列的数目是变量、属性、特征、维的数目，降维分析是合并变量的数目，或者说是减少变量的数目。

聚类分析是样本实例的相似性组合。

降维分析的主成分分析是变量特征的线性组合。

维度灾难

降维分析（dimension reduction）主要是降低变量的维度。因为变量数目增加，会造成计算的复杂性，这种计算的复杂性增加，不只是多项式的增加，还是指数函数的增加。维度灾难（curse of dimensionality，维度的诅咒）即是说维度变量的增加，使得模型的计算，呈现指数函数的增加。

有些变量是重复的，因为和其他变量有高度的相关性，这些变量就是多余的，只是增加维度灾难。

关于样本数量大，统计学的做法是利用抽样，来降低样本的数量，进行总体的估计或检验，从而维持相当的准确度或误差。变量数目多，统计学的做法是利用逐步增加变量，例如前进法的逐步回归，找到自变量的数目，使回归模型有最适解释能力。因为每增加一个特征，就会增加模型的解释能力（R方，R^2），模型最适解释能力是，如果增加新的特征，而增加的解释能力很小很有限，那么原来的模型就是最适模型。主成分分析的碎石图（screeplot）或手肘点（elbow），找最适主成分的数目是相同的概念。

自变量（特征）的选择，在机器学习中称为特征工程，在人工智能中称为因子选择或特征萃取。

那么，有没有可能对变量加以抽样？答案有的！本书的第12章集成学习的随机森林，就是对变量抽样，每次抽样的变量做一棵树，要做成百上千棵树。但是，这并不是降维分析，随机森林对变量的抽样是为了让模型增加分类或预测的准确性。

降维分析的变量主要是连续型变量，没有目标变量，所以属于非监督式学习。但是降维分析的结果，用在其他机器学习的模型，包括监督式学习和非监督式学习。将降维分析的主成分分析和回归分析加在一起就是主成分回归，如表5-1所示。

表5-1 降维分析的应用

<table>
<tr><td colspan="2" rowspan="2">监督式学习</td><td colspan="2">目标变量</td></tr>
<tr><td>定类 离散</td><td>定距 连续</td></tr>
<tr><td>自变量</td><td>连续</td><td>Logistic回归
K-近邻法
SVM支持向量机</td><td>线性回归
神经网络</td></tr>
<tr><td colspan="2">非监督式学习</td><td>基于实例</td><td>基于变量</td></tr>
<tr><td>变量</td><td>连续</td><td>聚类分析
层次聚类，k-均值法</td><td>降维分析
主成分分析</td></tr>
</table>

5.2 主成分分析

主成分分析（Principal Components Analysis，PCA）是分析和简化数据集的技术。主成分分析用于减少数据集的维数，同时保持数据集对于“方差”贡献最大的特征。方差贡献可以说是特征变量的解释能力，统计学的方差分析也是这个概念。

《大话统计学》引用赵民德（1999）：“（统计学）方法的一个最大特点是：统计学家深切地体认到误差的存在，并积极地面对可能的误差，而使得经过这套方法所导出的结论，其因误差而产生的暧昧减少。统计学的方法并不能无中生有，但它的确致力于尽量滤去误差，而得到传统方法所不能得到的结论。误差如水，真象若石。水落，所以石出。如果水中原本无石，水落当然也仍然无石。统计的方法之所以大行其道，是因为误差的是近代生活的一部分。一切人类所搜集的数量数据中，其不包含误差者百不得一。社会愈进步，则所需要搜集与分析的(包含着误差的)数据也愈多。而我们愈尝试的以无误差的概念去推演结论，所得的结论里便愈充满误差。而统计方法，因为能正视误差的存在，反而可以得到更合理的结论。统计方法：围绕着包含了误差的数字，所做的种种精巧的努力。”

> 在第6章模型评价，考虑模型的偏差与方差。

主成分分析是Pearson于1901年提出的一种多变量统计方法，用于分析数据及建立变量维度的模型，其方法主要是通过对协方差矩阵进行特征分解，以得出数据的主成分（特征向量）及其权值（特征值）。PCA是基于方差的降维分析方法，其结果可以理解为对原数据中的方差做出解释：哪一个方向的数据值对方差的影响最大？PCA提供了一种降低数据维度的有效办法：如果在原数据中除掉方差贡献最小的特征值所对应的成分，这样降低这些维度的成分，是失去信息最少的方法。因此，主成分分析顾名思义，是找到重要成分的特征变量。

PCA能够为高维数据提供一个低维度的投影基变换，这样就可以利用少量的主成分，使得数据的维度降低，而且保留原来数据的结构。PCA对原始变量进行线性组合，得到优化的指标：把原先多个指标的计算降维为少量几个经过优化指标的计算（占去绝大部分方差的份额），这些主成分能够反映原始变量的大部分信息。

各因素之间进行协方差分析，并且可能这些变量中存在一些冗余。在这种情况下，冗余意味着某些变量彼此关联。这种冗余，PCA可用于将观察到的变量减少为较少数量的主成分，这些成分将考虑到观察到的变量中的大部分方差。

PCA是一种数学方法，将多数目的（可能）相关的变量，转换成较少数目的不相关（正交）的变量称为主成分，如图5-1所示。

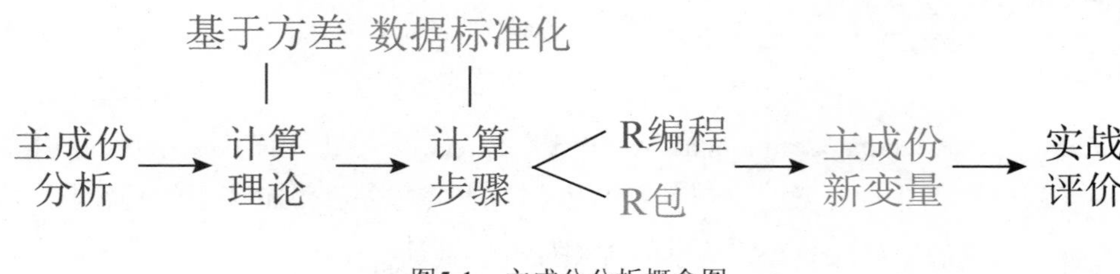

图5-1　主成分分析概念图

5.2.1　主成分分析的计算理论

主成分分析是降维分析的方法，在数据信息丢失最少的原则下，从高维的特征变量中找出低维的变量称为主成分，每一个主成分是原始变量的线性组合，尽可能保留原始特征变异的大多数变异信息。

主成分分析是基于数学变换方法，将给定的特征变量X利用线性变换，转换为一组互不相关的变量Z。在这种变换中，保持变量的总方差不变，使第一主成分具有最大方差，第二主成分具有次大方差，依此类推。主成分分析的计算理论是基于协方差矩阵的特征值和特征向量，如图5-2所示。

若原始数据 X有p 个特征（维列），n 个样本（列），要降维到 m 个特征。

定义：原始矩阵 $X(n\times p)$ 矩阵，**主成分载荷**（PCA loading） $W(p\times m)$ 矩阵，是主成分线性组合的加权，转换为主成分数据矩阵Z（$n\times m$）矩阵。

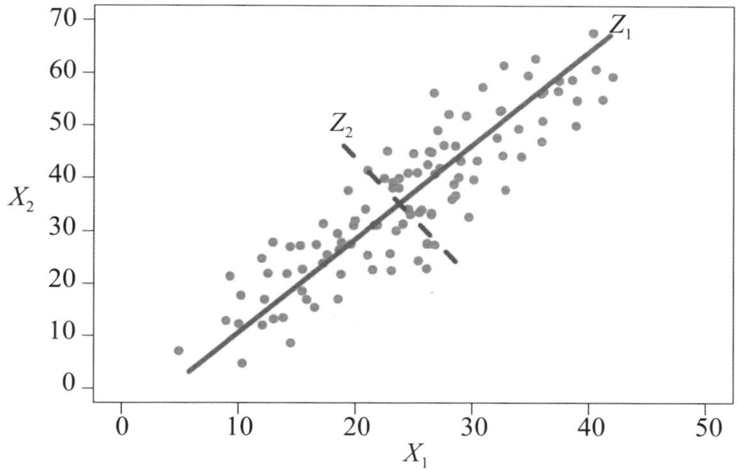

图5-2　主成分分析

$$\underset{(n\times p)}{X}=\begin{matrix} & X_1 & X_2 & \cdots & X_p \\ 1 & x_{11} & x_{12} & \cdots & x_{1p} \\ 2 & x_{21} & x_{22} & \cdots & x_{2p} \\ \vdots & \vdots & \vdots & \ddots & \vdots \\ n & x_{n1} & x_{n2} & \cdots & x_{np}\end{matrix}\qquad \underset{(p\times m)}{X}=\begin{matrix} & W_1 & W_2 & \cdots & W_m \\ 1 & w_{11} & w_{12} & \cdots & w_{1m} \\ 2 & w_{21} & w_{22} & \cdots & w_{2m} \\ \vdots & \vdots & \vdots & \ddots & \vdots \\ p & w_{p1} & w_{p2} & \cdots & w_{pm}\end{matrix}$$

$$\underset{(n\times m)}{Z}=\begin{matrix} & Z_1 & Z_2 & \cdots & Z_m \\ 1 & z_{11} & z_{12} & \cdots & z_{1m} \\ 2 & z_{21} & z_{22} & \cdots & z_{2m} \\ \vdots & \vdots & \vdots & \ddots & \vdots \\ n & z_{n1} & z_{n2} & \cdots & z_{nm}\end{matrix}\qquad Z=XW$$

主成分分析的计算理论。

（1）第一个主成分 Z_1 的计算：

求 $w_{i1},i=1,\cdots,p$，使第一个主成分 $Z_1=w_{11}X_1+\cdots+w_{p1}X_p$ 是 X_i 的线性组合。

计算 w_{i1} 使：$\max\left\{\sum_{i=1}^{n}\left(\sum_{j=1}^{p}w_{j1}x_{ij}\right)^2\right\}$　　s.t. $\sum_{j=1}^{p}w_{j1}^2=1$

$$\arg\max_{\|W_1\|=1}Var\left(XW_1\right)=\arg\max_{\|W_1\|=1}E\left\{\left(XW_1\right)^2\right\}=\arg\max_{\|W_1\|=1}\left\{\frac{W_1^TX^TXW_1}{W_1^TW_1}\right\}$$

（2）如果已经有 $k-1$ 个主成分 $Z_i,i=1,\cdots,k-1$：

$$\widehat{X}_k=X-\sum_{s=1}^{k-1}Z_s,$$

计算 W_k 使：$\arg\max_{\|W_1\|=1}Var\left(\widehat{X}_kW_k\right)=\arg\max_{\|W_1\|=1}E\left\{\left(\widehat{X}_kW_k\right)^2\right\}$

（3）上述优化目标的 W_i 求解，使用拉格朗日乘子法：

$$X^TXW_i=\lambda_iW_i$$

式中：$X^T X$是协方差矩阵；λ_i是其特征值；W_i是其特征向量。

将特征值排序$\lambda_1 \geqslant \lambda_2 \geqslant \cdots \geqslant \lambda_m$取前$m$个特征值对应的特征向量$W = \{W_1, W_2, \cdots W_m\}$，主成分分析的解，称为主成分载荷（loading）。

$\lambda_k / \left(\sum_{i=1}^{p} \lambda_i \right)$是第$k$个主成分的**方差贡献率**（contribution）。

$\sum_{i=1}^{m} \lambda_i$是m个主成分的方差累积贡献率。

（4）主成分载荷（PCA loading）W是两两垂直，$W_i \perp W_j$，$W_i^T W_j = 0, i \neq j$。

（5）最后，计算主成分数据矩阵：

$$Z = XW$$

5.2.2 主成分分析的计算步骤

主成分分析步骤。

（1）对原始数据X**标准化处理**，即每一位特征减去各自的平均值$Y_i = X_i - \overline{X}_i$；或原始数据$X$标准化处理，$Y_i = \left(X_i - \overline{X}_i \right) / \sigma_{X_i}$。

（2）计算样本**相关系数矩阵**或**协方差矩阵** C = cor(Y)，C = cov(Y)。

（3）计算协方差矩阵的**特征值**和**特征向量**

```
> e <- eigen(C)# R语言函数
```

对特征值从大到小排序，保留最大的m个特征向量。

计算特征值：> a <- e$value，计算贡献率：

计算特征向量：> W <- e$vector

（4）选择**重要的主成分**，主成分将数据转换为m个特征向量Z_i，新空间$Z = YW$。

选择多少个主成分，主要是依据方差累积贡献率来进行的。一般情况上，只选择累积贡献率大于85%的部分。

5.2.3 主成分分析的优点和缺点

1 主成分分析的优点

（1）可消除评估特征之间的相关影响。因为主成分分析法在对原始数据特征变量进行变换后形成了彼此相互独立的主成分，而且实践证明特征间相关程度越高，主成分分析效果越好，降维效果越好。

（2）可减少特征选择的工作量，对于其他评估方法，由于难以消除评估特征间的相关影响，所以选择特征时要花费不少精力，而主成分分析法由于可以消除这种相关影响，所以在特征选择上相对容易些。主成分分析可以消除各变量之间的共线性，减少变量的个数，有利于后续的分析。

（3）主成分分析中各主成分是按方差大小依次排列顺序的，在分析问题时，可以舍弃一部分主成分，只取前面方差较大的几个主成分来代表原变量，从而减少计算工作量。用主成分分析法做综合评估时，由于选择的原则是累计贡献率≥85%，不至于因为节省了工作量把关键特征漏掉而影响评估结果。

2 主成分分析的缺点

（1）在主成分分析中，首先应保证所提取的前几个主成分的累计贡献率达到一个较高的水平，即变量降维后的信息量须保持在一个水平。其次对这些被提取的主成分必须都能够给出符合实际背景和意义的解释，否则主成分将空有信息量而无实际含义。

（2）主成分的解释其含义一般多少带有点模糊性，不像原始变量的含义那么清楚确切，这是变量降维过程中不得不付出的代价。因此，提取的主成分个数m通常应明显小于原始变量个数p，否则维数降低的“利”可能抵不过主成分含义不如原始变量清楚的“弊”。

（3）当主成分的因子负荷的符号有正有负时，综合评价函数意义就不明确。

5.3 R语言程序

将5.2.2小节的步骤编程为R语言，再和R语言的主成分分析包的结果比较。

【R例5.1】主成分分析数据：X.csv，函数princomp{stats}

数据框格式 data.frame：30个观察值　4个变量

```
> # R例5.1
>  X <-data.frame(
+ X1 =c(148, 139, 160, 149, 159, 142, 153, 150, 151, 139, 140, 161,
+ 158, 140, 137, 152, 149, 145, 160, 156, 151, 147, 157, 147, 157,
+ 151, 144, 141, 139, 148),
+ X2=c(41, 34, 49, 36, 45, 31, 43, 43, 42, 31, 29, 47, 49, 33, 31,
+ 35, 47, 35, 47, 44, 42, 38, 39, 30, 48, 36, 36, 30, 32, 38),
+ X3=c(72, 71, 77, 67, 80, 66, 76, 77, 77, 68, 64, 78, 78, 67, 66,
+ 73, 82, 70, 74, 78, 73, 73, 68, 65, 80, 74, 68, 67, 68, 70),
+ X4=c(78, 76, 86, 79, 86, 76, 83, 79, 80, 74, 74, 84, 83, 77, 73,
+ 79, 79, 77, 87, 85, 82, 78, 80, 75, 88, 80, 76, 76, 73, 78))
> write.csv(X, file = "C:/R/X.csv")
> X <- read.csv("C:/R/X.csv", head=T)
```

```
> str(X)
> X <- read.csv("C:/R/X.csv", head=F)
> X <- as.matrix(X)
> Y <- scale(X, scale=TRUE)    # X 标准化处理
> Y
>  # 协方差矩阵
> (Cor <- cor(Y))    # Cor = X相关系数矩阵
> (Cov <- cov(Y))    # Cov = X协方差矩阵
> (e <- eigen(Cov))
>  # 特征值
>  (a <- as.matrix(e$values))  # a = 特征值
          [,1]
    [1,] 3.5411
    [2,] 0.3134
    [3,] 0.0794
    [4,] 0.0661
>  # 主成分的方差贡献率
> (b <- a / sum(a))  # b = 主成分的方差贡献率
          [,1]
    [1,] 0.8853
    [2,] 0.0783
    [3,] 0.0199
    [4,] 0.0165
>  # 特征向量
>  (W <- as.matrix(e$vectors)) # W = 特征向量
          [,1]   [,2]   [,3]   [,4]
    [1,] -0.497  0.543 -0.450  0.506
    [2,] -0.515 -0.210 -0.462 -0.691
    [3,] -0.481 -0.725  0.175  0.461
    [4,] -0.507  0.368  0.744 -0.232
>  # 主成分
>  (d <- Y %*% W) ;  (f <- X %*% W)
> # 直接用 R 语言的主成分分析包 "princomp"
> G <- princomp(Y, cor=TRUE)
> summary(G, loadings=TRUE)
Importance of components:
                       Comp.1 Comp.2 Comp.3 Comp.4
Standard deviation      1.882 0.5598 0.2818 0.2571
Proportion of Variance  0.885 0.0783 0.0199 0.0165
Cumulative Proportion   0.885 0.9636 0.9835 1.0000
```

```
Loadings:
   Comp.1 Comp.2 Comp.3 Comp.4
X1  0.497  0.543  0.450  0.506
X2  0.515 -0.210  0.462 -0.691
X3  0.481 -0.725 -0.175  0.461
X4  0.507  0.368 -0.744 -0.232
> screeplot(G, type="lines") # 碎石图如图5-3所示
```

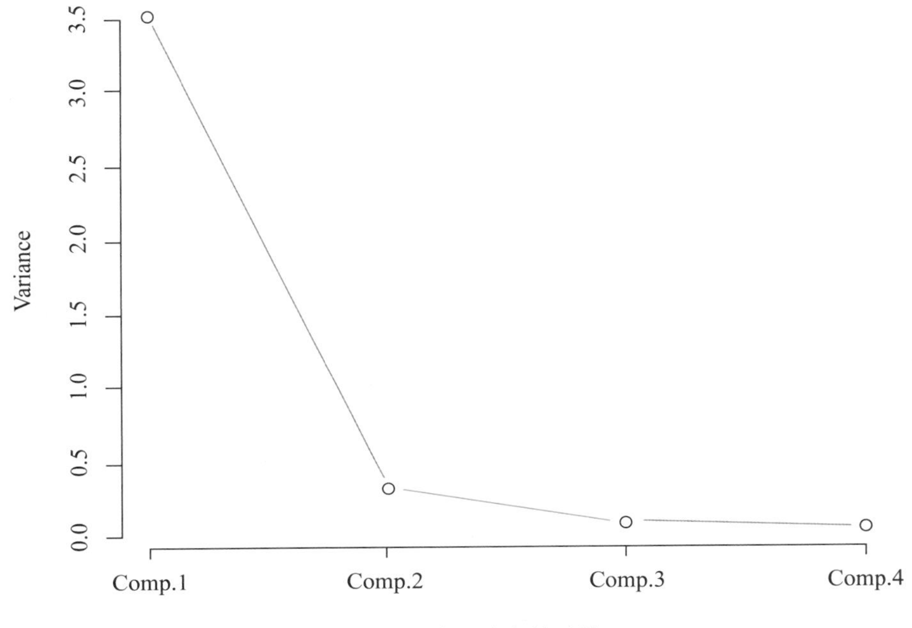

图5-3　主成分方差贡献

结果中的Comp.1、Comp.2、Comp.3和Comp.4是计算出来的主成分，Standard deviation代表每个主成分的标准差，Proportion of Variance代表每个主成分方差的贡献率，Cumulative Proportion代表各个主成分的累积贡献率。第一主成分、第二主成分、第三主成分和第四主成分都是*X*1、*X*2、*X*3和*X*4的线性组合。

数据的成分经过线性变换得到了各个主成分。然而并不是每个主成分的作用都非常关键，因此，只选择作用比较关键的几个，即选择累积贡献率达到80%的前几个主成分即可，这R例5.1中选择前两个，毕竟第二主成分的贡献率也比较大。

在得到主成分的基础上进行回归也好进行聚类也好，就不再使用原始的*X*1、*X*2、*X*3和*X*4 了，而是使用主成分的数据。

5.4 R语言实战

5.4.1 鸢尾花数据

【R例5.2】主成分分析：数据 iris.csv，函数princomp{stats}、psych{principal}

数据框格式 data.frame：150 个观察值　5个变量

```
> # R例5.2
> install.packages("psych")
> library(psych)
> irispca <- princomp(iris[-5])
> summary(irispca)
Importance of components:
                          Comp.1     Comp.2     Comp.3      Comp.4
Standard deviation     2.0494032 0.49097143 0.27872586 0.153870700
Proportion of Variance 0.9246187 0.05306648 0.01710261 0.005212184
Cumulative Proportion  0.9246187 0.97768521 0.99478782 1.000000000
> irispc1 <- principal(iris[1:4],2,rotate="varimax",
+ normalize=FALSE, eps=1e-14 )
> print(irispc1, digits=3)
Principal Components Analysis
Call: principal(r = iris[1:4], nfactors = 2, rotate = "varimax",
    normalize = FALSE, eps = 1e-14)
Standardized loadings (pattern matrix) based upon correlation matrix
                RC1    RC2    h2      u2  com
Sepal.Length  0.959  0.048 0.923 0.07740 1.01
Sepal.Width  -0.144  0.985 0.991 0.00908 1.04
Petal.Length  0.944 -0.304 0.984 0.01627 1.21
Petal.Width   0.932 -0.257 0.935 0.06472 1.15

                        RC1   RC2
SS loadings           2.702 1.131
Proportion Var        0.675 0.283
Cumulative Var        0.675 0.958
Proportion Explained  0.705 0.295
Cumulative Proportion 0.705 1.000
```

5.4.2 美国罪犯数据

美国罪犯数据USArrests 是1973年美国50个州中每10万人，逮捕到谋杀罪、殴击罪、强奸罪的犯人数，以及占城市人口的比例。数据是数据框格式，有 50 个州记录和 4 个变量。

（1）Murder 逮捕到谋杀罪犯人数（每10万人）。

（2）Assault 逮捕到殴击罪犯人数（每10万人）。

（3）UrbanPop 城市人口的比例。

（4）Rape 逮捕到强奸罪犯人数（每10万人）

【R例5.3】美国罪犯数据：USArrests{datasets}，函数prcomp{stats}、PCA（FactoMineR）

数据框格式data.frame：50 州观察值　4个变量

```
> # R例5.3
> if(!require(pheatmap)) install.packages("pheatmap")
> library(pheatmap) ; library(FactoMineR) ; library(factoextra)
> data(USArrests) ; USArrests ; dim(USArrests)
> St <- c("AL", "AK", "AZ", "AR", "CA", "CO", "CT", "DE", "FL", "GA",
+ "HI", "ID", "IL", "IN", "IA", "KS", "KY", "LA", "ME", "MD", "MA",
+ "MI", "MN", "MS", "MO", "MT", "NE", "NV", "NH", "NJ", "NM", "NY",
+ "NC", "ND", "OH", "OK", "OR", "PA", "RI", "SC", "SD", "TN", "TX",
+ "UT", "VT", "VA", "WA", "WV", "WI", "WY")
> row.names(USArrests) <- St              # 州名改缩写
> pca <- prcomp(USArrests, scale =TRUE)  # 主成分分析，数据标准化
> str(pca) ; names(pca)                   # pca 结构是列表，有5个成分
> pca
  Standard deviations (1, .., p=4):
  [1] 1.5748783 0.9948694 0.5971291 0.4164494

  Rotation (n x k) = (4 x 4):
                  PC1        PC2        PC3         PC4
  Murder   -0.5358995  0.4181809 -0.3412327  0.64922780
  Assault  -0.5831836  0.1879856 -0.2681484 -0.74340748
  UrbanPop -0.2781909 -0.8728062 -0.3780158  0.13387773
  Rape     -0.5434321 -0.1673186  0.8177779  0.08902432
> # 第一个主成分是谋杀罪犯、殴击罪犯、强奸罪犯人数
> # 第二个主成分是占城市人口的比例
> pca$rotation = - pca$rotation
> # pca 改为负号，不影响主成分分析，只是换个方向
> pca$x = - pca$x ; biplot(pca, scale=0)
> pca$x ; pca$sdev ; (pca.var=pca$sdev^2)
> (pve = pca.var/sum(pca.var))
> plot(pve, xlab="Principal Component", ylab="Proportion of Variance
+ Explained", ylim=c(0, 1), type="b")
```

结果如图5-4所示。

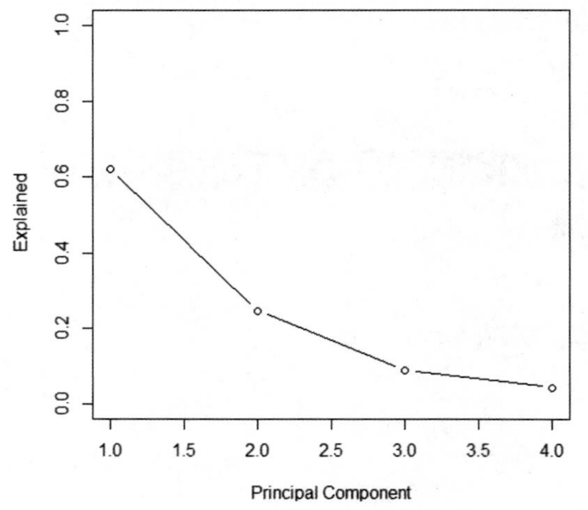

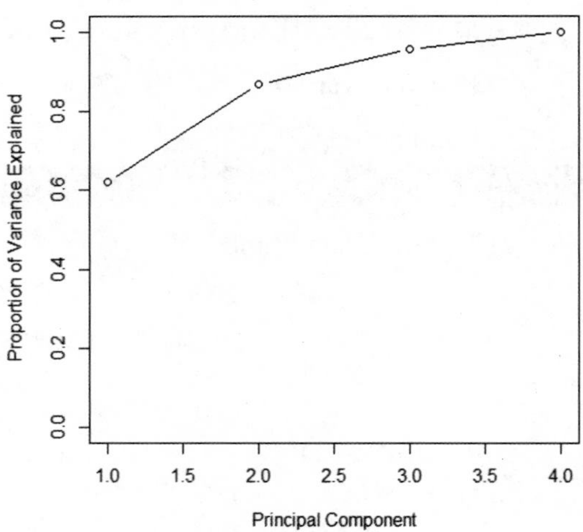

图5-4　主成份特征值，方差贡献率与方差累积贡献率

```
> plot(cumsum(pve), xlab="Principal Component", ylab="Cumulative
+ Proportion of Variance Explained", ylim=c(0,1), type="b")
> SX <- scale(USArrests)
> SX %*% pca$rotation   # SX %*% pca$rotation = pca$x
> prcomp(~ Murder + Assault + Rape, data = USArrests, scale = TRUE)
> # R中作为主成分分析的函数是princomp()函数
> # princomp() 主成分分析，可以从相关阵或者从协方差阵做主成分分析
> # summary() 提取主成分信息
> # loadings() 显示主成分分析或因子分析中载荷的内容
> loadings(pc.cr) # 特征向量的矩阵，对应rotation in prcomp
> # predict() 预测主成分的值
> # screeplot() 画出主成分的碎石图
> # biplot()  画出资料关于主成分的散点图和原坐标在主成分下的方向
> (pc.cr <- princomp(USArrests))  # 变量没有标准化
> princomp(USArrests, cor = TRUE)
> # 比较结果 prcomp(USArrests, scale=TRUE)
> # 标准差相差sqrt(49/50)
> summary(pc.cr <- princomp(USArrests, cor = TRUE))
> loadings(pc.cr)  # note that blank entries are small but not zero
> ## The signs of the columns of the loadings are arbitrary
> plot(pc.cr) ; biplot(pc.cr)
```

结果如图5-5所示。

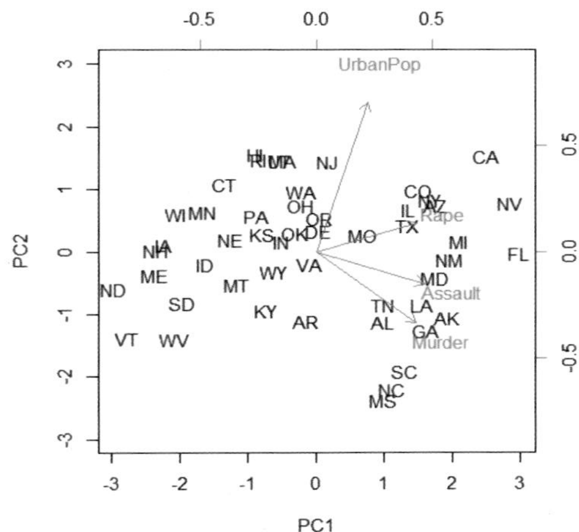

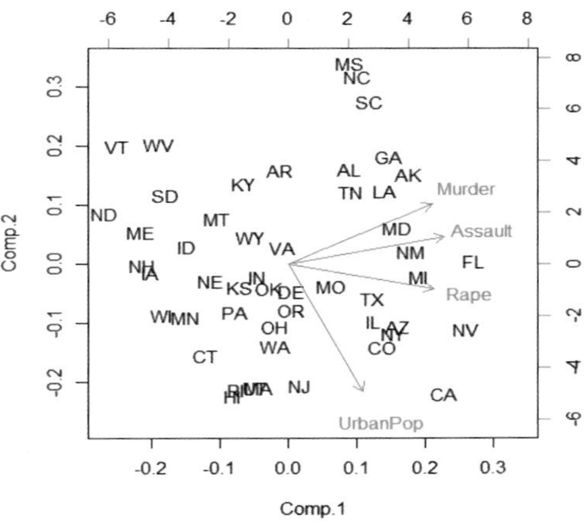

图5-5　主成分分析

```
> pca <- PCA(USArrests, graph = FALSE)
> fviz_eig(pca)    # 图5-6
> fviz_pca_ind(pca, repel = TRUE) ; fviz_pca_var(pca)
> fviz_pca_biplot(pca, repel = TRUE)  # 图5-7
> pca$eig          # 特征值
> var <- pca$var   # 方差
> var$coord        # 主成份坐标
> var$contrib      # 主成份贡献
> var$cos2         # 主成份贡献百分比
> ibrary(cluster) ; library(factoextra) ; library("factoextra")
> sca_data <- scale(USArrests)
> fviz_nbclust(sca_data, kmeans, method = "gap_stat")  # 图5-8
> km <- kmeans(sca_data, 4, nstart = 25)  # k-means
> fviz_cluster(km, data = sca_data, palette = "jco", ggtheme = theme_
+ minimal() ) # 图5-9
> pam <- pam(sca_data, 3) ;  fviz_cluster(pam) # 图5-10
> # Compute hierarchical clustering and cut into 4 clusters
> hc <- hclust(dist(USArrests),  method = "ward.D2")  # 层次聚类
> fviz_dend(hc, cex = 0.5, k = 4, palette = "jco")
> res <- hcut(USArrests, k = 4, stand = TRUE)  # 层次聚类
> fviz_dend(res, rect = TRUE, cex = 0.5,
+  k_colors = c("#00AFBB","#2E9FDF", "#E7B800", "#FC4E07")) # 图5-11
> pheatmap(t(sca_data), cutree_cols = 4)  # 图5-12
```

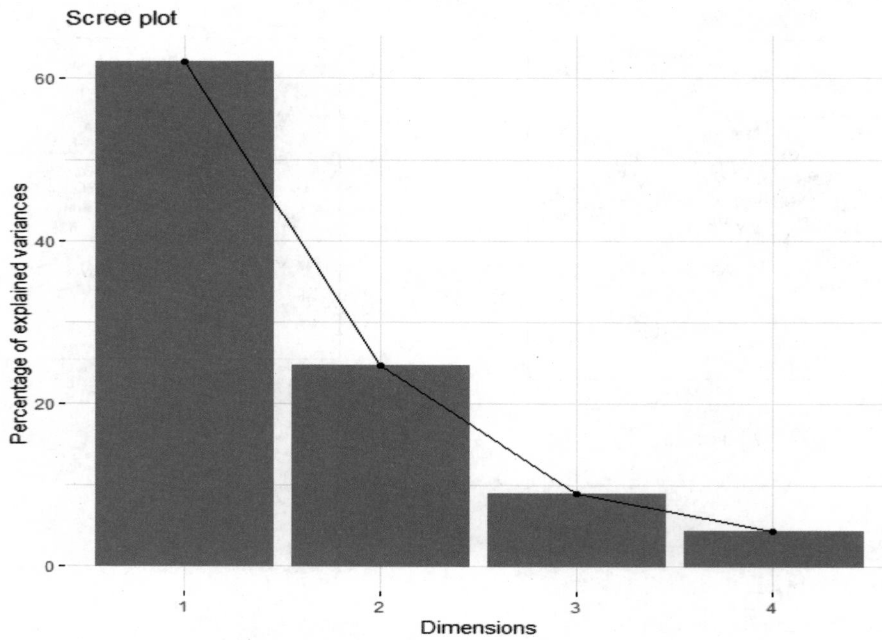

图5-6　主成分的碎石图（手肘图）

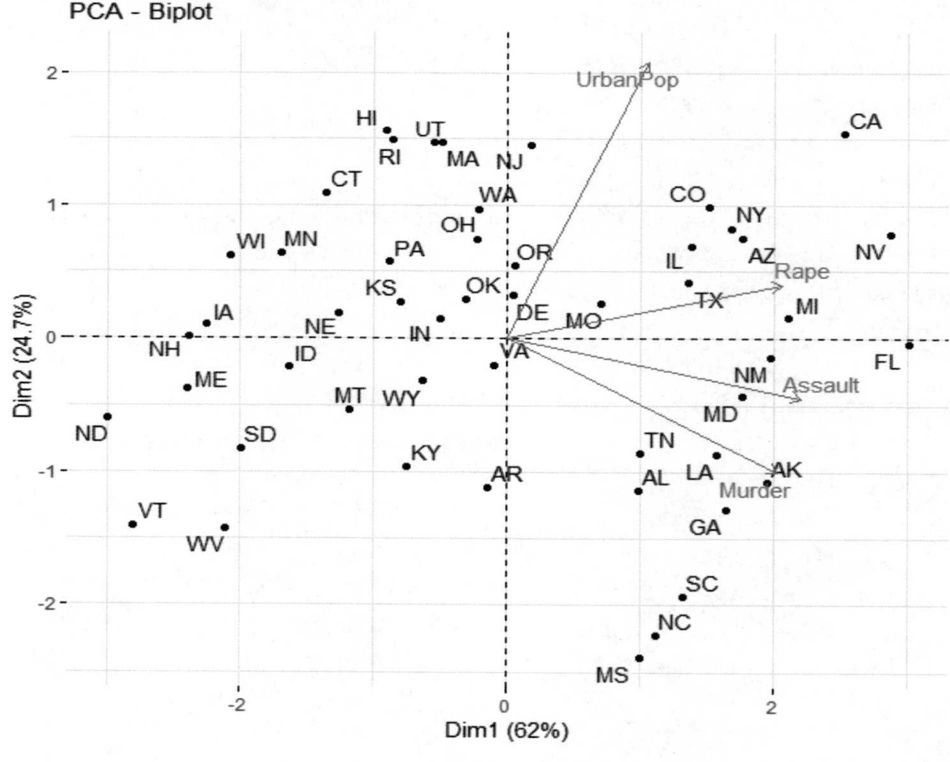

图5-7　主成分

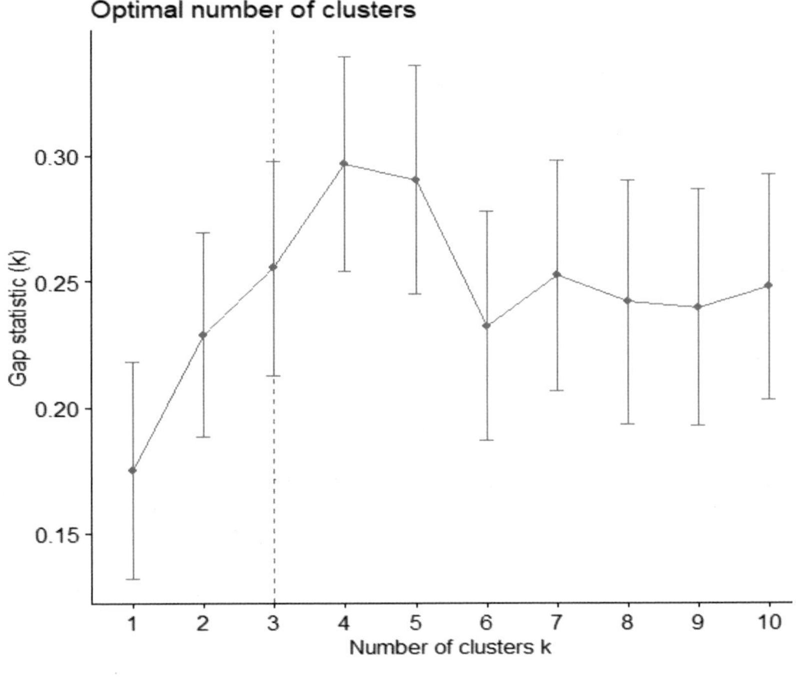

图5-8　k-mean的gap stat

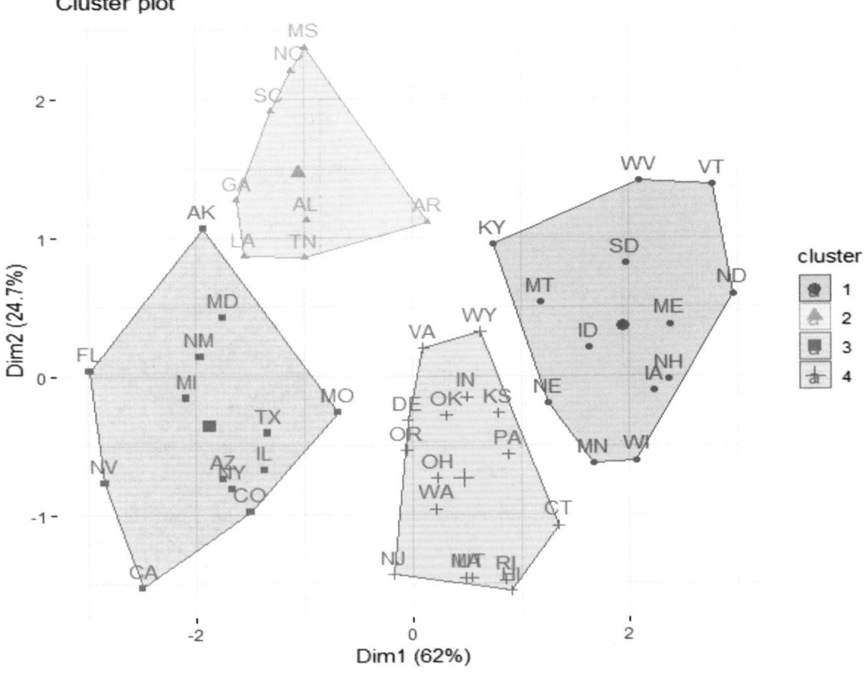

图5-9　*K*-mean法4类

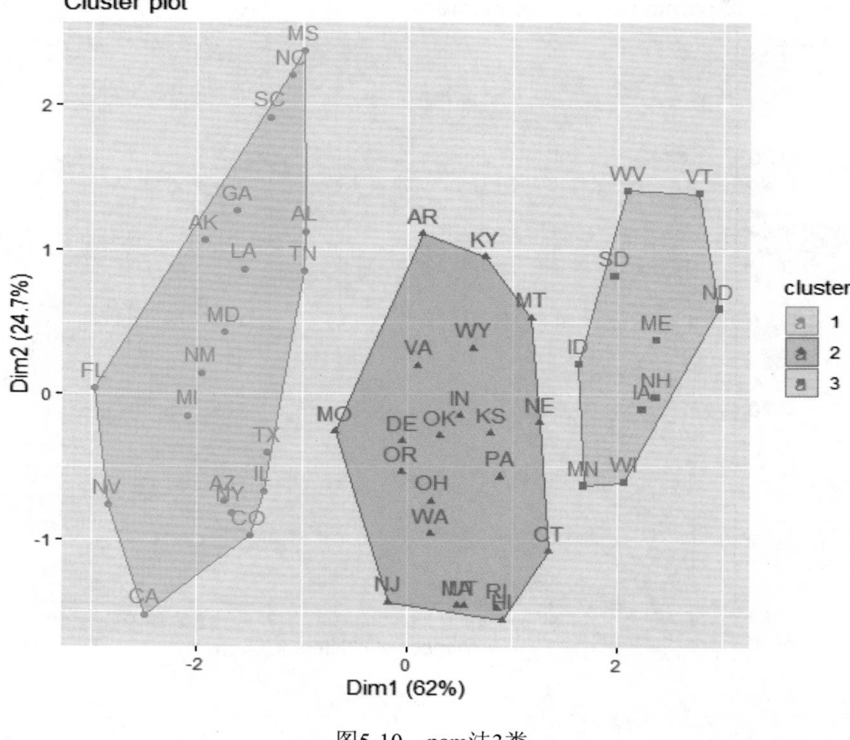

图5-10 pam法3类

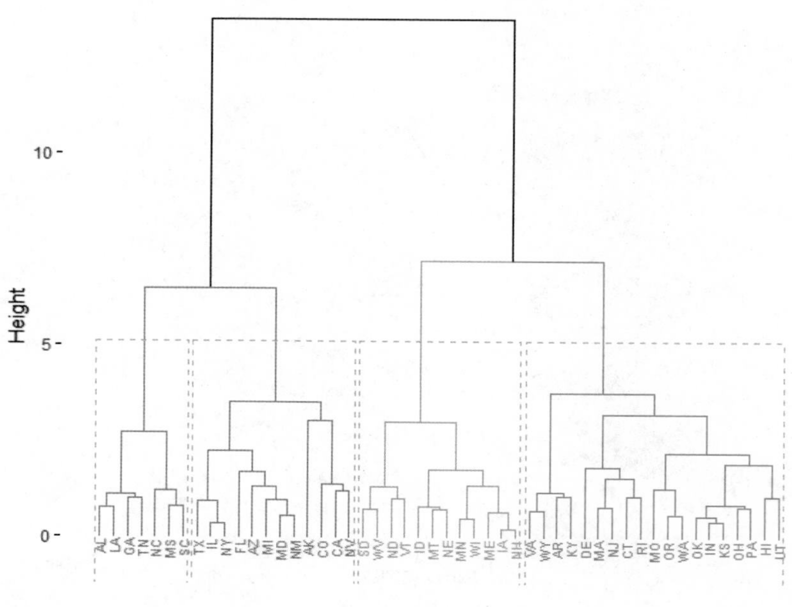

图5-11 层次聚类

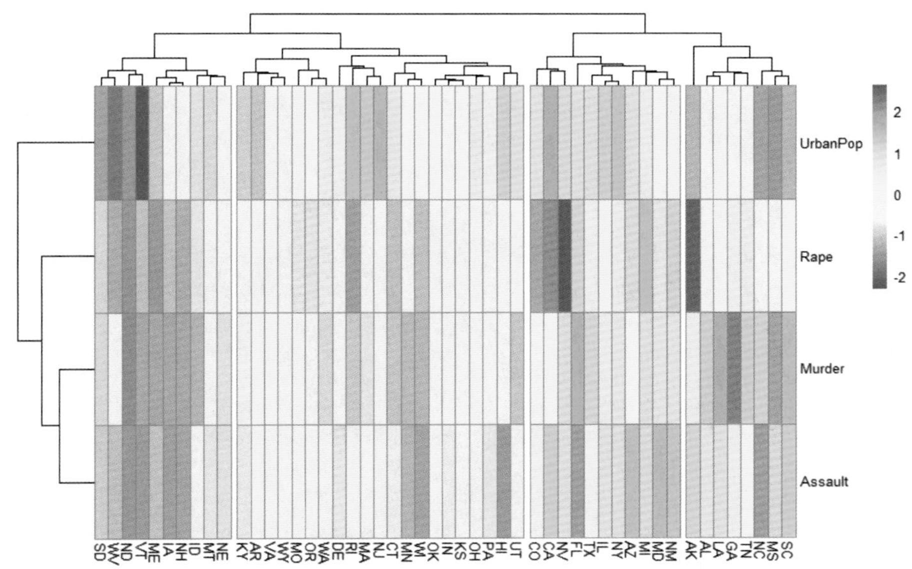

图5-12　热图

5.4.3　美国法官数据

【R例5.4】美国法官数据：USJudgeRatings{datasets}，函数prcomp{stats}

美国律师对高等法院法官评分数据框格式data.frame：43 法官观察值　12个变量

```
> # R例5.4
> library(ggplot2)
> data(USJudgeRatings) ; str(USJudgeRatings)
> pca <- prcomp(USJudgeRatings, scale. = T,rank=2,retx=T)
> xlab <- paste("PC1","(",round((summary(pca))$importance[2,1]*100,1),
+ "%)",sep="")
> ylab <- paste("PC2","(",round((summary(pca))$importance[2,2]*100,1),
+ "%)", sep="")
> x<-"PC1" ; y<-"PC2"
> data_x <- data.frame(varnames=rownames(pca$x), pca$x)
> plot1 <- ggplot(data_x,aes(PC1,PC2))+ geom_point
+ (aes(color=varnames), size=3) + coord_equal(ratio=1)
+ xlab(xlab)+ylab(ylab)
> data_rotation <- data.frame(obsnames=row.names(pca$rotation),
+ pca$rotation)
> mult <- min( (max(data_x[,y]) - min(data_x[,y])
+ /(max(data_rotation[,y])-min(data_rotation[,y]))),(max(data_x[,x])-
+ min(data_x[,x])/(max(data_rotation[,x])-min(data_rotation[,x]))) )
```

```
> data2 <- transform(data_rotation,v1 = mult*(get(x)),
+ v2 = mult * (get(y)) )
> plot1<-plot1+ geom_segment(data=data2,aes(x=0,y=0,xend=v1,yend=v2),
+ arrow=arrow(length=unit(0.2,"cm")), alpha=0.75)
> plot1<-plot1+geom_text(data=data2, aes(v1,v2,label=obsnames),
+ size=3, nudge_x=-0.05, nudge_y=-0.01)
> plot1 <- plot1+scale_color_discrete(guide=guide_legend(title=
+ "stage type")) + theme_bw() theme(plot.background = element_blank(),
+ panel.background=element_blank(), panel.grid.minor=element_blank(),
+ panel.grid.major=element_blank(), axis.title =
+ element_text(color="black",size=15),
+ axis.text=element_text(size=15)) +guides(color=F)
> plot1
```

结果如图5-13所示。

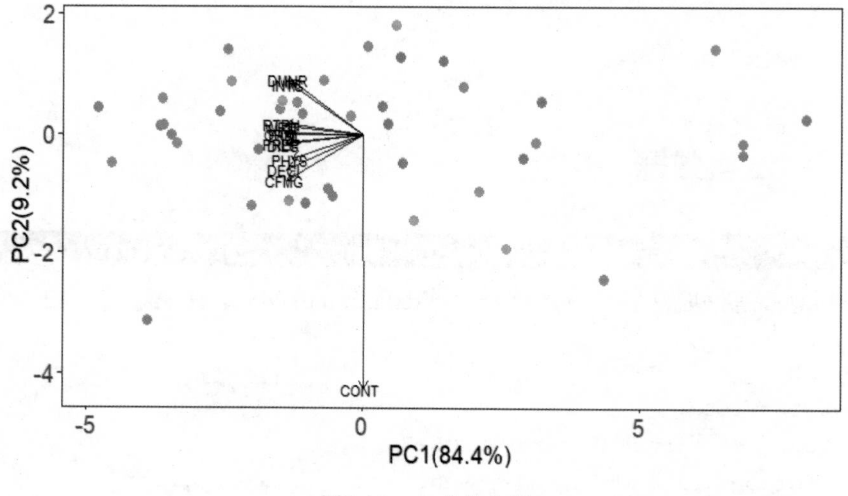

图5-13　主成分分析

5.4.4　国家冰球联盟资料

【R例5.5】国家冰球联盟：数据NHLtrain.csv，函数principal{psych}

数据框格式data.frame：30个球队观察值　15个变量

① Team；②ppg；③Goals_For；④Goals_Against；⑤Shots_For；⑥Shots_Against；⑦PP_perc；⑧PK_perc；⑨CF60_pp；⑩CA60_sh；⑪OZFOperc_pp；⑫Give；⑬Take；⑭ hits；⑮blks

```
> # R例5.5
> library(ggplot2) ; library(psych)
```

```
> train <- read.csv("C://R/NHLtrain.csv")
> str(train) ; names(train)
> train.scale <- scale(train[, -1:-2])
> nhl.cor = cor(train.scale)
> cor.plot(nhl.cor)  图5-14
```

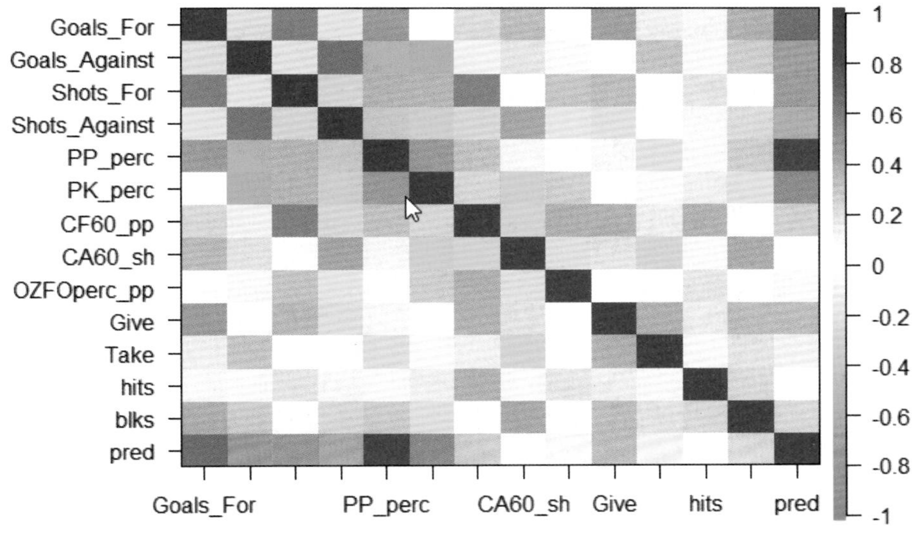

图5-14　相关系数图

```
> pca <- principal(train.scale, rotate="none")
> plot(pca$values, type="b", ylab="Eigenvalues", xlab="Component")
>  图5-15
```

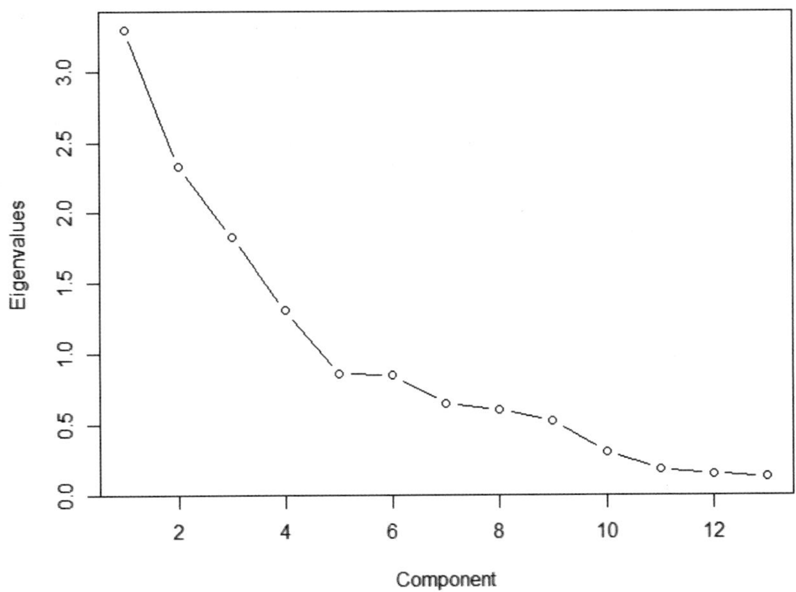

图5-15　主成份分析特征值

```
> pca.rotate <- principal(train.scale, nfactors = 5,
+  rotate = "varimax")
> pca.rotate
> pca.scores <- data.frame(pca.rotate$scores)
> head(pca.scores)
> pca.scores$ppg <- train$ppg
> # 主成分回归，用主成分变量对因变量 ppg作回归，回归分析详见第7章
> nhl.lm <- lm(ppg ~ ., data = pca.scores)
> summary(nhl.lm)
> nhl.lm2 <- lm(ppg ~ RC1 + RC2, data = pca.scores)
> summary(nhl.lm2)
> plot(nhl.lm2$fitted.values, train$ppg, main="Predicted versus
+  Actual", xlab="Predicted", ylab="Actual")
> train$pred <- round(nhl.lm2$fitted.values, digits = 2)
> p <- ggplot(train, aes(x = pred, y = ppg, label = Team))
> p + geom_point() + geom_text(size=3.5, hjust=0.1, vjust=-0.5,
+ angle=0)+ xlim(0.8, 1.4)+ ylim(0.8, 1.5)+ stat_smooth(method="lm",
+ se=FALSE) 图5-16
```

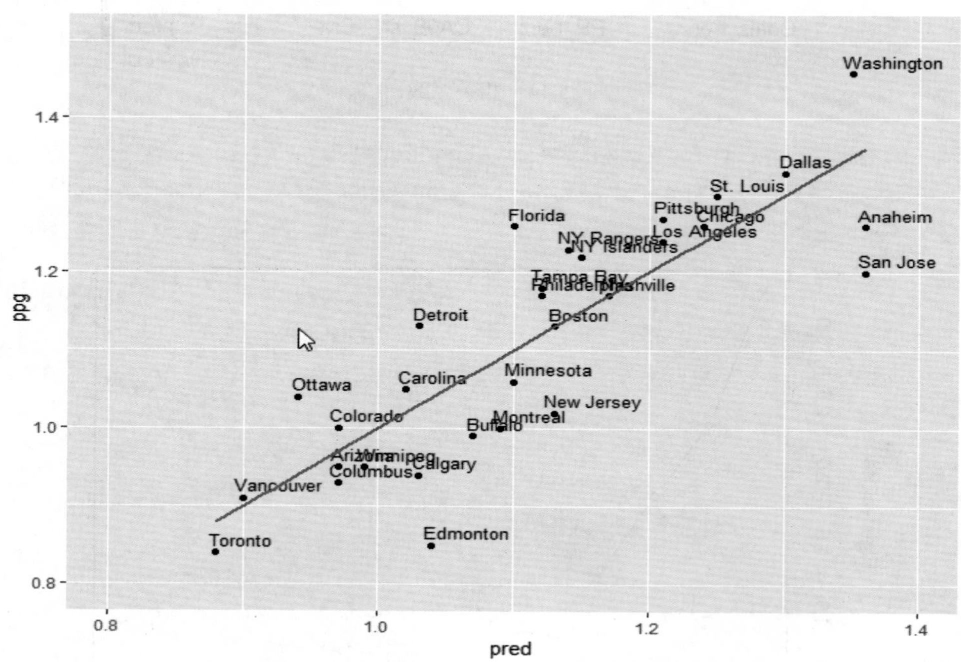

图5-16　主成分回归

```
> pca.scores$Team <- train$Team
> p2 <- ggplot(pca.scores, aes(x = RC1, y = RC2, label = Team))
> p2 + geom_point() + geom_text(size = 2.75, hjust = .2, vjust =
+ - 0.75, angle = 0) + xlim(-2.5, 2.5) + ylim(-3.0, 2.5)  图5-17
```

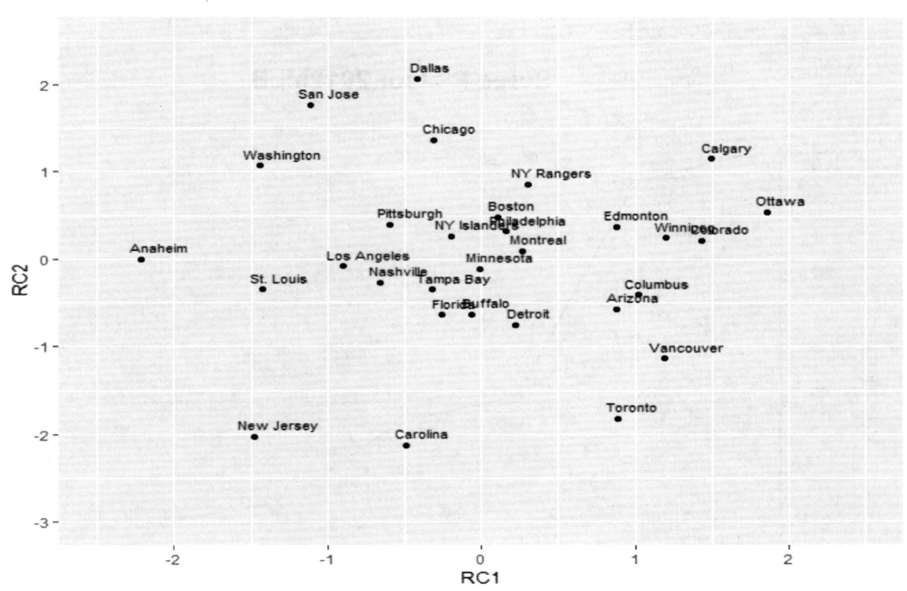

图5-17 主成份新空间分布

```
> sqrt(mean(nhl.lm2$residuals^2))
> test <- read.csv("C://R/NHLtest.csv")
> test.scores <- data.frame(predict(pca.rotate, test[, c(-1:-2)]))
> test.scores$pred <- predict(nhl.lm2, test.scores)
> test.scores$ppg <- test$ppg
> test.scores$Team <- test$Team
> p <- ggplot(test.scores, aes(x = pred, y = ppg, label = Team))
> p + geom_point() + geom_text(size=3.5, hjust=0.4, vjust = -0.9,
+  angle = 35) + xlim(0.75, 1.5) + ylim(0.5, 1.6) +
+  stat_smooth(method="lm", se=FALSE)
> resid <- test.scores$ppg - test.scores$pred
> sqrt(mean(resid^2))
```

5.4.5 美国职业棒球数据

【R例5.6】美国职业棒球MLB：数据2012MLB.csv，函数prcomp

2012年美国职业棒球MLB的数据框：30个球队观察值　14个变量

```
> # R例5.6
> data <- read.csv("C://R/2012MLB.csv", header=T, sep=",")
> str(data) ; head(data)
> pca <- prcomp(formula=~H1B+H2B+H3B+HR+RBI+SB+BB,data=data,scale = TRUE)
> pca ; plot(pca, type="line", main="Scree Plot for 2012MLB")
```

```
> abline(h=1, col="blue")  图5-18
```

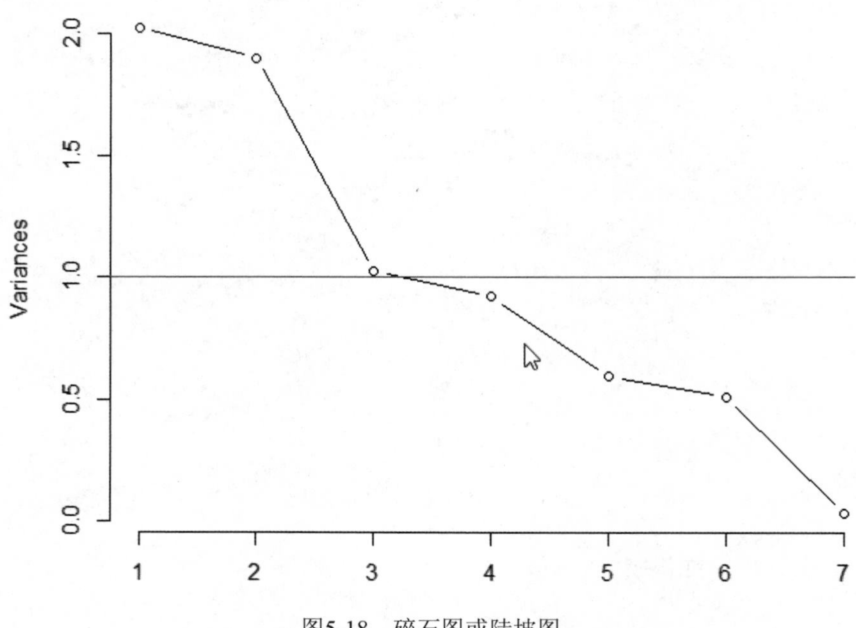

图5-18　碎石图或陡坡图

```
> vars <- (pca$sdev)^2
> # 从pca中取出标准差(pca$sdev)后再平方，计算variance(特征值)
> vars    # 求出每个主成分的特征值(也就是variance = std^2)
> # 计算每个主成分的解释比例 = 各个主成分的特征值/总特征值
> (props <- vars / sum(vars))
> cumulative.props <- cumsum(props)   # 累加前n个元素的值
> cumulative.props
> cumulative.props[3]   # 取前三个主成分，可以解释 70.64% 的变异
> # 累积解释比例图
> plot(cumulative.props)
> # pca$rotation
> (top3_pca.data <- pca$x[, 1:3])
> # 特征向量(原变量的线性组合)
> pca$rotation
> top3.pca.eigenvector <- pca$rotation[, 1:3]
> top3.pca.eigenvector
> first.pca <- top3.pca.eigenvector[, 1]     #  第一主成分
> second.pca <- top3.pca.eigenvector[, 2]  #  第二主成分
> third.pca <- top3.pca.eigenvector[, 3]   #  第三主成分
> first.pca[order(first.pca, decreasing=FALSE)]
> dotchart(first.pca[order(first.pca, decreasing=FALSE)] ,
```

```
+  main="Loading Plot for PC1", xlab="Variable Loadings", col="red")
> biplot(pca, choices=1:2) # 主成分负荷图，图5-19
```

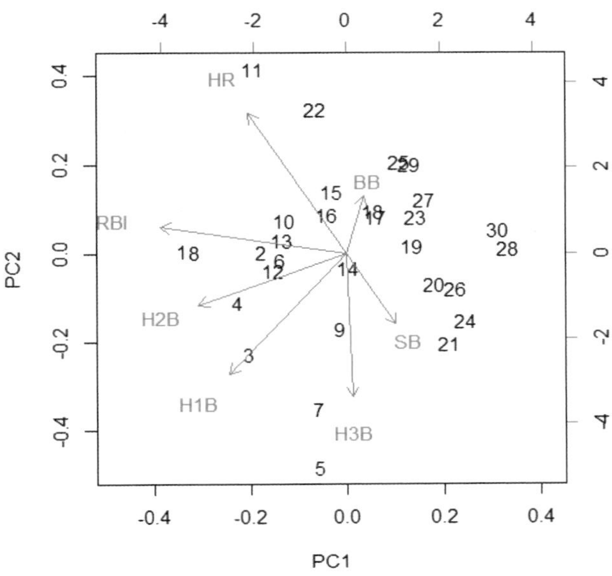

图5-19　主成分负荷图

5.4.6 早餐麦片数据

【R例5.7】早餐麦片：数据UScereal.csv，函数prcomp

数据框格式data.frame：65个品牌观察值　11个变量

```
> # R例5.7
> library(MASS) ; data(UScereal) ; (UScereal) ; str(UScereal)
> cereal <- UScereal [, -c(1,11)]
> cer <- as.data.frame(cereal)
> (pcs <- prcomp(cer, scale=TRUE)) ; summary(pcs)
```

5.4.7 红酒数据

【R例5.8】红酒数据：wine.csv，函数prcomp

数据框格式data.frame：178个观察值　14个变量

```
> # R例5.8
> wine <- read.csv("C://R//wine.csv") ; str(wine)
> psb <- prcomp(wine[,-1]) # 没有标准化
> summary(psb)
```

```
> (psc <- psb$rot[,1:4])
```

5.4.8 心理学数据

【R例5.9】心理学数据 Harman.csv，函数 principal

美国芝加哥郊区七年级和八年级学生145个学生 24个测验的相关矩阵，列表List格式

```
> # R例5.9
> if(!require(psych)){install.packages("psych")}
> library(psych) ; str(Harman74.cor)
> pc <- principal(Harman74.cor$cov,4,rotate="varimax")
> mr <- fa(Harman74.cor$cov,4,rotate="varimax")  # minres factor analysis
> pa <- fa(Harman74.cor$cov,4,rotate="varimax",fm="pa")
> # principal axis factor analysis
> round(factor.congruence(list(pc,mr,pa)),2)
> str(Harman.5)
> pc2 <- principal(Harman.5, 2, rotate="varimax")
> round(cor(Harman.5, pc2$scores),2)
> # 比较相关矩阵和共变量矩阵的主成分分析
>  pc2o <- principal(Harman.5,2,rotate="promax",covar=TRUE)
> round(cov(Harman.5,pc2o$scores),2)
> pc2o$Structure
> biplot(pc2,main="Biplot of the Harman.5 socio-economic variables",
+  labels=paste0(1:12))  图5-20
```

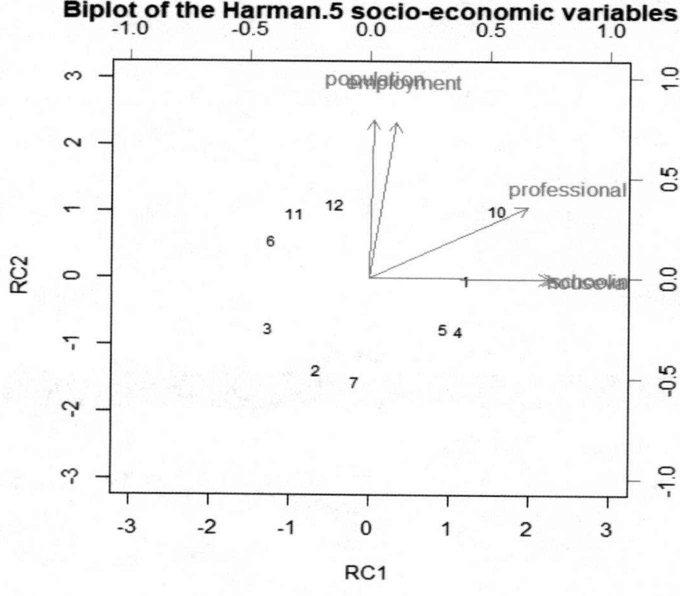

图5-20 主成分负荷图

```
> plot(pa) # 因子分析 Factor analysis，图5-21
```

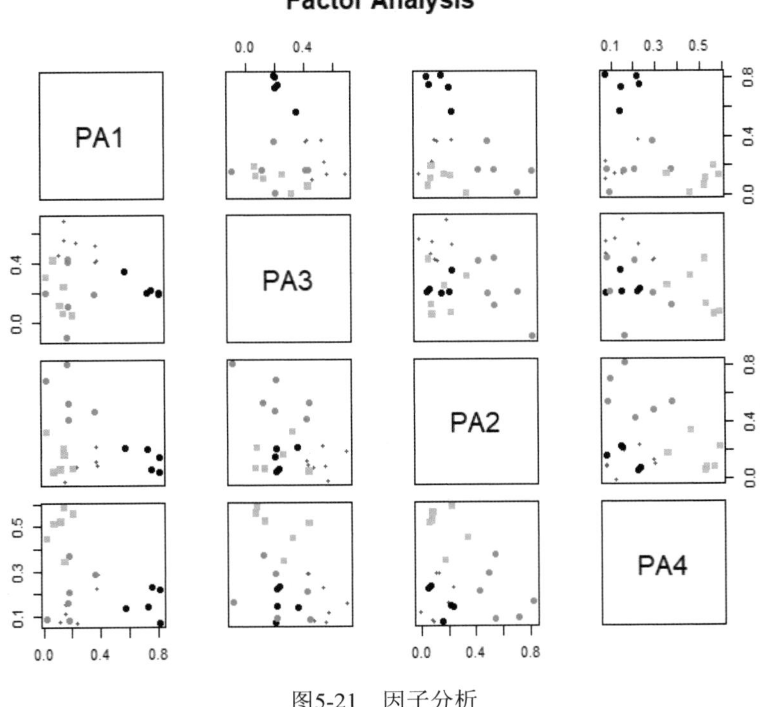

图5-21 因子分析

```
> plot(pc) # 主成分分析 Principal component analysis，图5-22
```

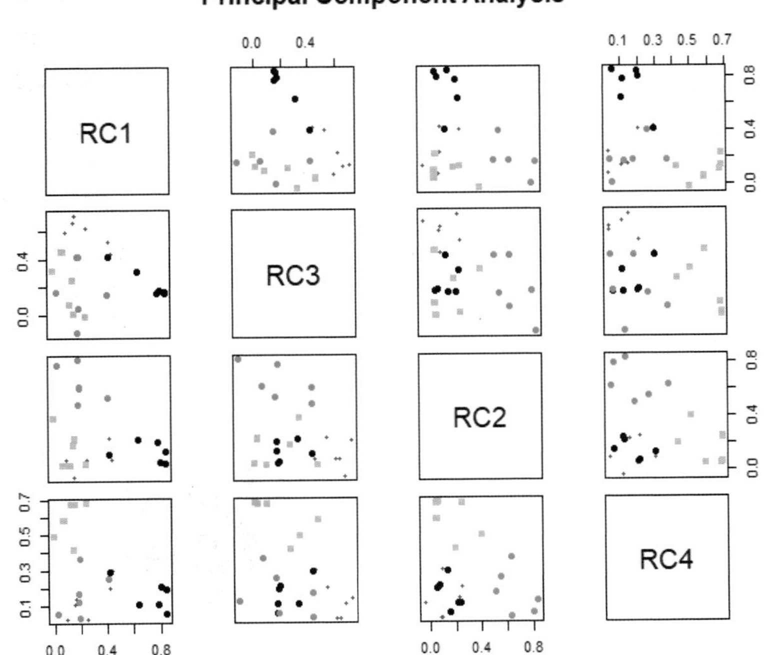

图5-22 主成分分析

5.5 本章思维导图

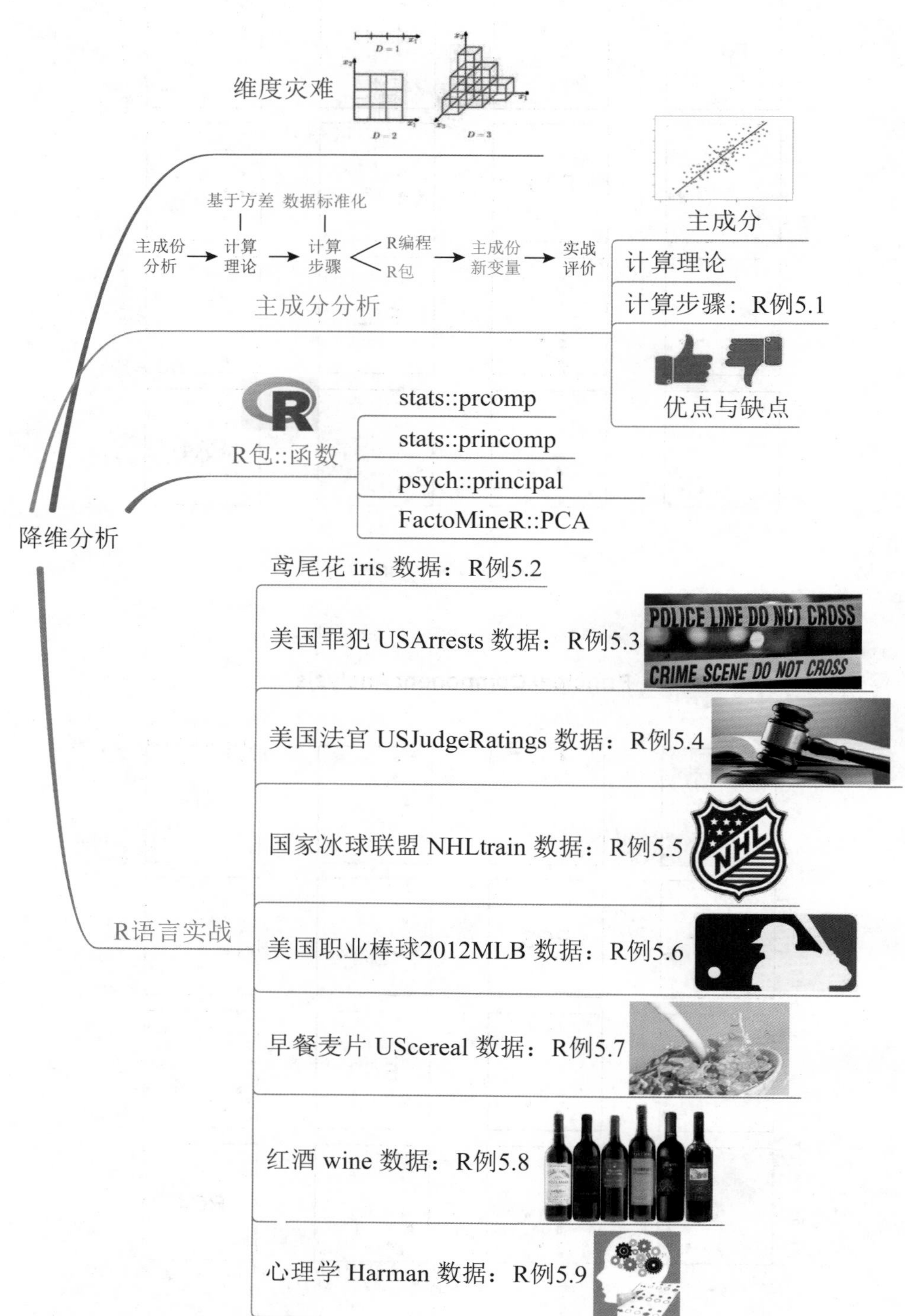
维度灾难
D = 1
D = 2
D = 3
主成分
基于方差
数据标准化
主成份分析
计算理论
计算步骤
R编程
R包
主成份新变量
实战评价
主成分分析
计算理论
计算步骤：R例5.1
优点与缺点
R包::函数
stats::prcomp
stats::princomp
psych::principal
FactoMineR::PCA
降维分析
R语言实战
鸢尾花 iris 数据：R例5.2
美国罪犯 USArrests 数据：R例5.3
POLICE LINE DO NOT CROSS
CRIME SCENE DO NOT CROSS
美国法官 USJudgeRatings 数据：R例5.4
国家冰球联盟 NHLtrain 数据：R例5.5
NHL
美国职业棒球2012MLB 数据：R例5.6
早餐麦片 UScereal 数据：R例5.7
红酒 wine 数据：R例5.8
心理学 Harman 数据：R例5.9

第三篇　监督式学习

监督式学习（Supervised learning），是机器学习的一种算法，可以由训练资料中学到或建立一个模式，并依此模式推测新的案例。本篇内容涵盖各种监督式学习算法和案例。

第6章 模型选择与评价

凡喜爱的都必考察。

——《圣经·诗篇》

凡我所疼爱的，我就责备管教他；
所以你要发热心，也要悔改。

——《启示录》

6.1 模型选择与评价步骤

本书前面几章是非监督式学习模型，就是没有因变量或目标变量，没有目标分类的标签值，或目标预测的实数值。从本章开始是监督式学习模型，所以有因变量或目标变量。

非监督式学习是没有“老师”（目标变量），所以“学生”（记录实例或自变量）要自求多福自己修习，例如聚类分析（实例组成小组分群）、降维因子分析（自变量线性组合）、项目关联分析（自己找关系）、网络关系分析（相互关联）、序列分析（自己排队）等。

序列分析有时间观察值的序列分析、项目关联的序列分析、文本字符串的序列分析、网页的序列分析（PageRank）、财务股票数据的序列分析等。本书暂时不介绍序列分析。

监督式学习是有“老师”（目标变量），作为训练、验证和测试。测试有是非题（0-1分类）、选择题（多元分类）、计算题（数值回归）、老师评分（评价），是非题和选择题用混淆矩阵的正确率评价，计算题用误差均方和评价。

半监督式学习是先训练一些学生变成老师，再作监督式学习。

第13章推荐系统也没有目标变量，本来应该属于非监督式学习，但是因为运用近邻法的观念和评价方法，所以放在本书最后介绍。

监督式模型的选择与评价的步骤，如图6-1所示。

（1）**抽样**（sampling）：将数据分为训练数据（train data）、验证数据（validate data）、测试数据（test data），抽样方法有保留方法抽样、分层抽样、过采样、自助法抽样、袋外抽样。

（2）**交叉验证**（cross-validation）：交叉验证是将数据分成*k*等份，每次将取出*k*-1 部分作训练数据，另为一部分作验证数据。这样可以选择更正确的模型。

（3）**模型选择**：模型的复杂度、偏差与方差、模型调参。

（4）**测试数据预测**：模型选择出来，要利用测试数据预测结果。

（5）**模型评价**：将预测结果和测试数据的目标变量值做比较，目标变量是分类因子，评价用混淆矩阵。目标变量是数值，评价用误差均方和。

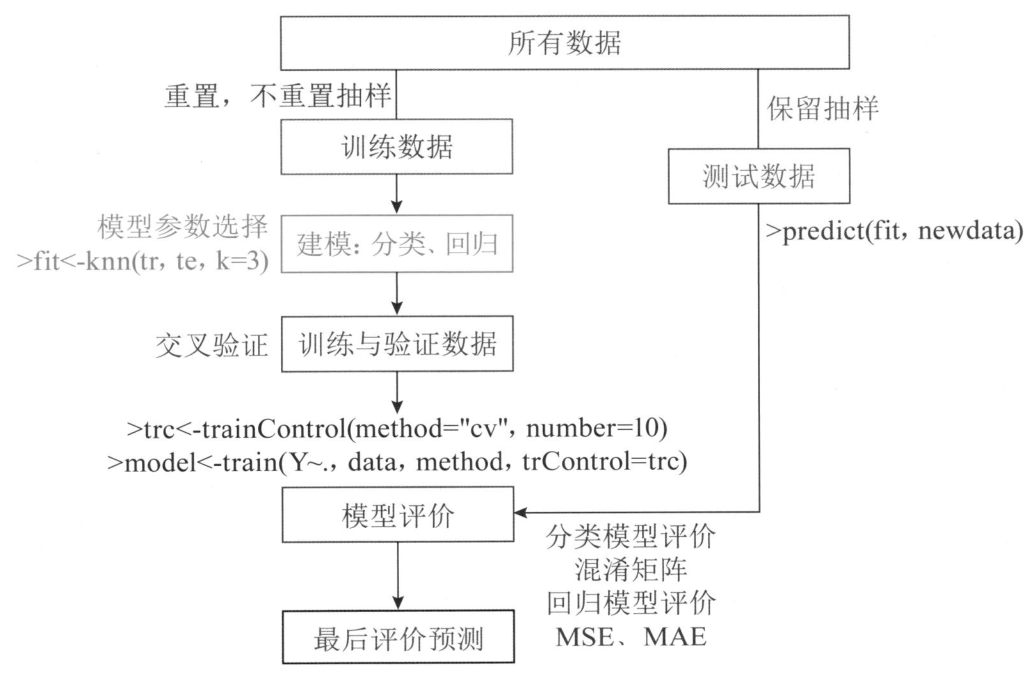

图6-1 模型选择与评价步骤

6.2 大数据的抽样方法

大数据的抽样方法如图6-2所示。

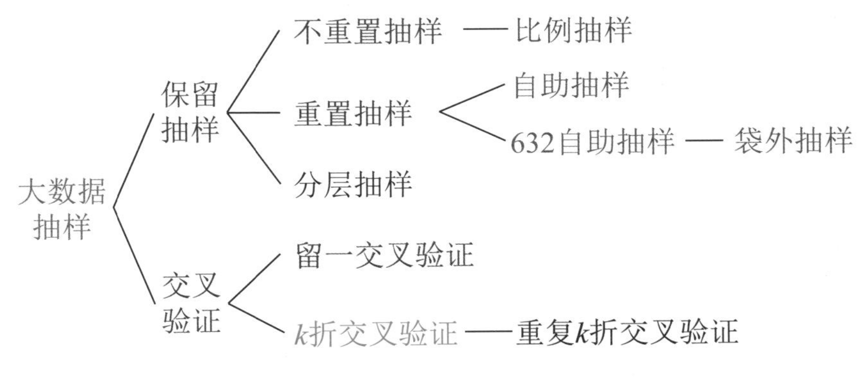

图6-2 大数据的抽样方法

R语言抽样方法的名称和参数见表6-1所示。

表6-1　R 语言抽样方法的名称和参数

抽样方法	方法名称	参数
保留抽样 Holdout sampling	LGOCV	p = 0.75（训练数据比例）
k折交叉验证 k-fold cross-validation	CV	k=5（k折，默认值5）
重复k折交叉验证 Repeated k-fold cross-validation	repeatedcv	k=5 rep = 1
自助手由样 Bootstrap sampling	boot	R=10（自助抽样，重复次数）
632自助法 0.632 Bootstrap	boot632	R=10（自助抽样，重复次数）
留一交叉验证 Leave-one-out cross-validation	LOOCV	无

例如：

```
> ctrl <- trainControl(method = "repeatedcv", number = 10, repeats = 10)
```

6.2.1　保留方法抽样

保留方法（holdout method）是从数据抽样中保留一部分作训练数据，一部分作验证数据，一部分作测试数据，按比例抽样，如图6-3所示。

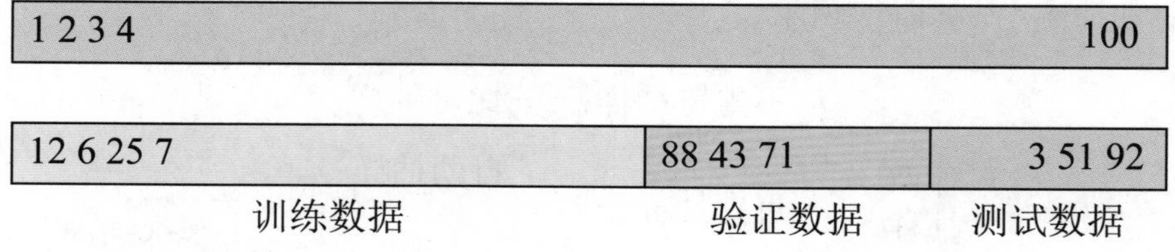

图6-3　保留抽样不重置抽样

有的分析只有训练数据和测试数据，如图6.4和【R例6.2】。

R 语言抽样会设定一个种子，通常是为了下次执行这个程序，有相同的结果。

```
> set.seed(2019)
> set.seed(123)
```

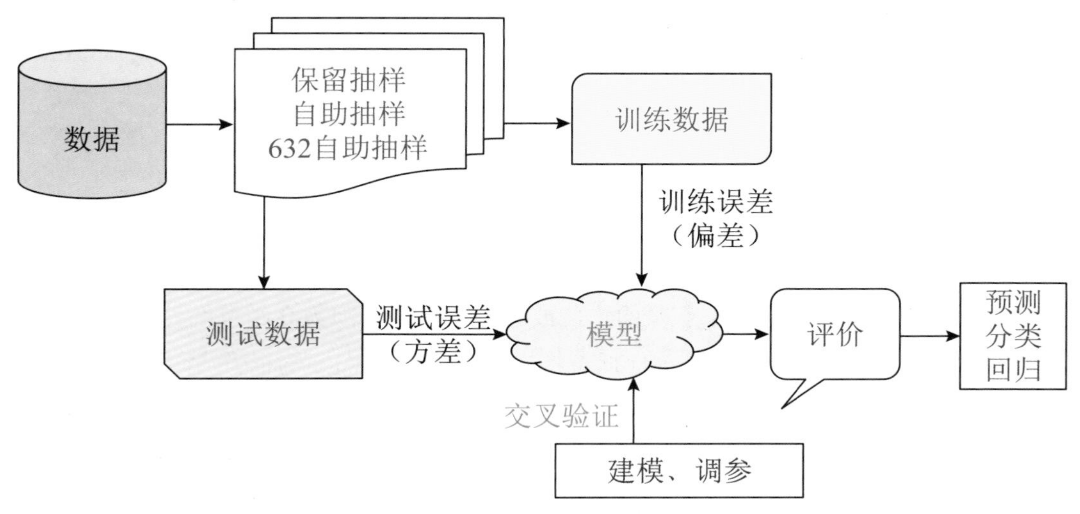

图6-4 抽样与训练测试数据

【R例6.1】保留抽样：数据credit.csv，函数order{base}

数据框格式 data.frame：1000 个观察值 17个变量

```
> # R例6.1
> credit <- read.csv("C:/R/credit.csv")
> str(credit)                         # 1000 个观察值，17个变量
> set.seed(100)
> rand <- order(runif(1000))          # 1 到 1000 不重置随机抽样
> train <- credit[rand[1:650],]       # 650个训练数据
> validate <- credit[rand[651:850],] # 200个验证数据
> test <- credit[rand[851:1000],]     # 150个测试数据
> str(train) ; str(validate) ; str(test)
> table(credit$default)
> # train = sample(1:1000, size=500) # 抽样半数当训练数据
> # test = (-train)                   # 另外半数当测试数据
```

```
 no yes
700 300
```

【R例6.2】分层抽样：数据credit.csv，函数createDataPartition{caret}

数据框格式 data.frame：1000 个观察值 17个变量

```
> # R例6.2
> if(!require(caret)){install.packages("caret")}
> library(caret)
> trval <- createDataPartition(credit$default, p = 0.75, list = FALSE)
> # 根据变量default (700 no, 300 yes) 分层抽样 75% 为 train 训练集
> train <- credit[trval, ]
> test <- credit[-trval, ]
> str(train)
```

```
 no yes
525 225
```

```
> table(train$default)
> table(test$default)
```

```
 no yes
175  75
```

6.2.2 自助抽样法

自助估计法（Bootstrap confidence interval）是统计学的估计，而不是大数据/数据科学的方法，自助估计法是只有一个变量的均值或方差的估计。因为介绍自助抽样方法，自助抽样是重置抽样或返回抽样，就是抽样后再将样本放回去，可以再抽下一个样本。

自助估计法是利用原样本数据，当作总体再重置抽样多次，根据其统计值，做直方图，找出置信区间。“bootstrap”原意是长统靴带，“Pull oneself by one’s own bootstrap”意思是“靠自己力量而成功”，所以称为自助抽样（bootstrap sampling）。自助置信区间法适用于非正态分配的总体，或者是较复杂的参数估计。对于小数据集，自助抽样效果很好。

以下是一个变量均值的自助估计法的步骤。

（1）已经抽出 n 个样本，将这 n 个样本编号，令 $i=1$。

（2）n 个样本当作总体，随机抽样 m 个出来。随机抽样是返回式重置抽样，所以抽出的 m 个值可能有重复。

（3）抽出的 n 个样本计算估计量（如 $\bar{x}$），得到（如 $\bar{x}_i$）。

（4）$i=i+1$ 重复第 2，3步 k 次。

（5）将 θ_i，$i=1$，2，…，k 画出直方图，在直方图上找出$1-\alpha$置信区间。

【例题】下列 10 个样本数据，计算平均数 μ 的 95% 自力置信区间。

16，12，14，6，43，7，0，54，25，13

解答：10 个样本数据编号 1，2，3，…，9，0。从随机数表中，抽出 10个随机数资料：3，9，6，5，7，6，4，5，4，5。得到 10 个样本数据：14，25，7，43，0，7，6，43，6，43。所以 $X_1=19.4$。

重复上述步骤，再抽出10个随机数，计算平均数，重复 K= 1000次。得到 $\bar{x}_i$，i = 1，…，1000，画出直方图。

平均数的 95 % 自力置信区间 $10\leqslant\mu\leqslant31$

【R例6.3】自助估计：数据x10.csv，函数boot、boot.ci{boot}

向量格式 vector：10 个观察值　1个变量

```
> # R例6.3
> require("boot") # library(boot)
> mymean <- function(x,indices) mean(x[indices])
> x10 <- c(16, 12, 14, 6, 43, 7, 0, 54, 25, 13)
```

```
> boots <-boot(x10, mymean, R=999, stype="i", sim="ordinary")
> boot.ci(boots, conf=0.95, type = c("norm", "basic","perc", "bca"))
    BOOTSTRAP CONFIDENCE INTERVAL CALCULATIONS
    Based on 999 bootstrap replicates

    CALL :
    boot.ci(boot.out = boots, conf = 0.95, type = c("norm", "basic",
        "perc", "bca"))

    Intervals :
    Level      Normal              Basic
    95%   ( 9.13, 29.48 )   ( 8.40, 28.50 )
```

6.2.3 632自助法

632自助法，假设给定的数据集包含*d*个样本，该数据集有放回地抽样*d*次，产生*d*个样本的训练集。这样原数据样本中的某些样本很可能在该样本集中出现多次。没有进入该训练集的样本最终形成检验集（测试集）。每个样本被选中的概率是1/*d*，因此未被选中的概率就是（1−1/*d*），这样一个样本在训练集中没出现的概率就是*d*次都未被选中的概率，即$(1-1/d)^d$。当*d*趋于无穷大时，这一概率就将趋近于$\mathrm{e}^{-1}=1/\mathrm{e}=0.368$，所以留在训练集中的样本大概就占原来数据集的63.2%。

袋外抽样（out of bag，OOB）是在训练集中没出现的样本当作测试样本。

【R例6.4】632自助抽样估计：模拟（仿真）数据x10.csv，函数boot、boot.ci

模拟（仿真）632自助抽样 向量格式 vector：10 个观察值　1个变量

```
> # R例6.4
> N <- 11:100   # 90 次抽样每次总体11个到100个
> B <- 1e4   # 每次放回样本抽样1000个，可加到 1e5，计算时间很久，但更接近 0.368
> Prob <- NULL ; set.seed(123)
> for(i in N){set <- 1:i   leftout <- 0
+ for(j in 1: B){ s1 <- sample(set, i, replace=TRUE)
+ leftout <- leftout+(i-length(unique(s1)))/i } # 计算没被选中的样本数目
+ Prob[i-10] <- leftout/B }
> Prob   # 90 次放回抽样没被选中的概率
 [1] 0.3508818 0.3514000 0.3530846 0.3552214 0.3547533 0.3561563 0.3562588 0.3572389
 [9] 0.3587947 0.3592000 0.3580476 0.3597545 0.3590522 0.3596792 0.3605160 0.3602808
[17] 0.3602037 0.3606786 0.3608345 0.3620367 0.3615387 0.3629906 0.3630152 0.3620559
[25] 0.3608143 0.3626083 0.3630865 0.3633158 0.3631692 0.3627525 0.3623220 0.3625619
[33] 0.3638372 0.3632023 0.3637711 0.3640543 0.3643170 0.3644104 0.3647000 0.3640260
[41] 0.3633118 0.3641192 0.3642962 0.3645926 0.3645545 0.3647268 0.3643298 0.3647724
[49] 0.3644000 0.3651950 0.3646230 0.3641887 0.3643222 0.3653625 0.3655600 0.3644197
[57] 0.3652851 0.3643250 0.3648768 0.3648114 0.3653958 0.3657083 0.3651027 0.3653149
[65] 0.3657000 0.3655921 0.3647883 0.3656423 0.3662835 0.3654375 0.3651259 0.3657073
[73] 0.3658807 0.3657190 0.3660318 0.3657756 0.3656011 0.3657625 0.3657719 0.3654300
[81] 0.3658615 0.3655946 0.3664742 0.3661436 0.3655758 0.3661719 0.3660433 0.3662184
[89] 0.3660525 0.3662850
```

6.2.4 过采样

过采样，又称过抽样（oversample）是当有“不平衡数据”，数据的因变量的因子有的是有很多样本，有的样本数很小。例如，检验结果良性的人数很多，恶性的人很少；回答的人数中不表达意见的人比回答赞成或反对的人多很多。

【R例6.5】过采样数据hacide.CSV，函数ovun.sample{ROSE}

数据框格式 data.frame：1000 个观察值　3个变量

```
> # R例6.5
> install.packages("ROSE")
> library(ROSE) ; library(rpart) ; data(hacide)
> str(hacide.train) # 1000 行, 3 列:cls, x1, x2, 其中 cls=1 只有 20 行
> str(hacide.test)  # 250 行, 3 列:cls, x1, x2, 其中 cls=1 只有 5 行
> table(hacide.train$cls) ; table(hacide.test$cls)
> data_over <- ovun.sample(cls ~ ., data = hacide.train, method =
+ "over",N = 1960)$data
> str(data_over) # 过采样
> table(data_over$cls)
> data_under <- ovun.sample(cls ~ ., data = hacide.train, method =
+ "under", N = 40, seed = 1)$data
> table(data_under$cls) # 低采样
> data_both <- ovun.sample(cls ~ ., data = hacide.train, method = "both",
+ p=0.5, N=1000, seed = 1)$data
> table(data_both$cls) # 都采样
> data.rose <- ROSE(cls ~ ., data = hacide.train, seed = 1)$data
> table(data.rose$cls) # ROSE采样
> # 以下是决策树对原训练数据、过采样、低采样、都采样、ROSE采样的模型与预测评价
> # 过采样、低采样、都采样、ROSE采样的模型评价都比hacide.train的 AUC 好
> treeimb <- rpart(cls ~ ., data = hacide.train)
> pred.treeimb <- predict(treeimb, newdata = hacide.test)
> accuracy.meas(hacide.test$cls, pred.treeimb[,2])
> roc.curve(hacide.test$cls, pred.treeimb[,2], plotit = F)
> tree.rose <- rpart(cls ~ ., data = data.rose)
> tree.over <- rpart(cls ~ ., data = data_over)
> tree.under <- rpart(cls ~ ., data = data_under)
> tree.both <- rpart(cls ~ ., data = data_both)
> pred.rose <- predict(tree.rose, newdata = hacide.test)
> pred.over <- predict(tree.over, newdata = hacide.test)
> pred.under <- predict(tree.under, newdata = hacide.test)
> pred.both <- predict(tree.both, newdata = hacide.test)
> roc.curve(hacide.test$cls, pred.rose[,2])
```

```
> roc.curve(hacide.test$cls, pred.over[,2])
> roc.curve(hacide.test$cls, pred.under[,2])
> roc.curve(hacide.test$cls, pred.both[,2])
```

6.3 交叉验证

6.3.1 *k*–折交叉验证

k-折交叉验证（k-fold cross-validation，cv）是将数据分成*k*等份，每次将取出*k*-1 部分做训练数据，另为一部分做验证数据。

10-折交叉验证是将数据随机抽样成为10份，将第1份留做验证数据V1，其他9份做训练数据T1，建立模型M1（参数P），再将V1用M1预测，得到预测值与误差值（分类正确性或回归误差MSE1）。然后第2份留作验证数据V2，其他9份做训练数据T2，建立模型M2（参数P），得到误差值MSE2。这样进行10次验证，将10个MSE取均值，就可以得到模型（参数P）的训练误差，如图6-5所示。再用其他参数P’进行10-折交叉验证，比较训练误差就可以选择较优参数，这就是调参。R语言包 caret函数train是较被常用的调参工具。

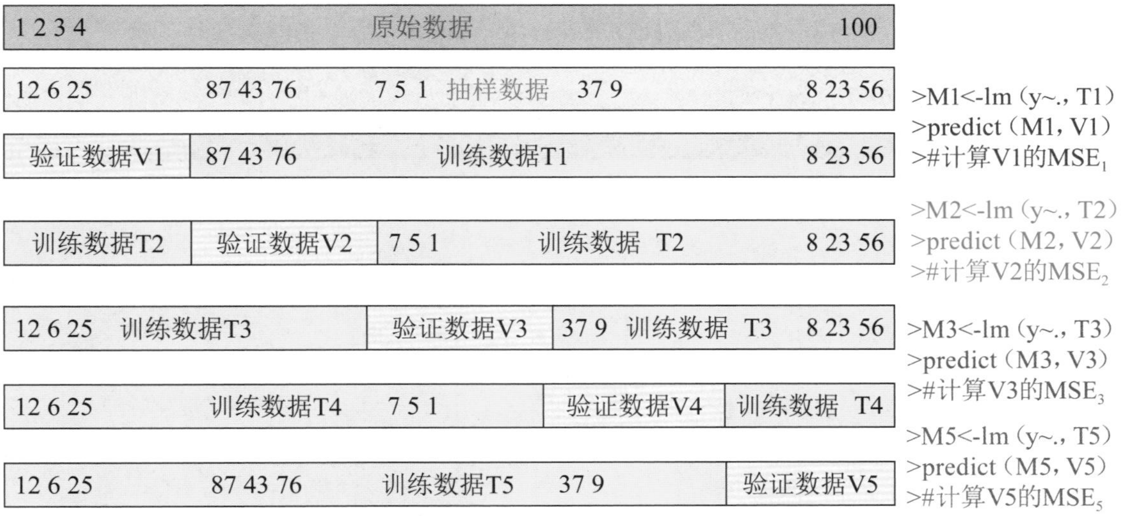

1 2 3 4　原始数据　100

12 6 25　87 43 76　7 5 1　抽样数据　37 9　8 23 56

验证数据V1 | 87 43 76　训练数据T1　8 23 56　　>M1<-lm（y~., T1） >predict（M1, V1） >#计算V1的MSE_1

训练数据T2 | 验证数据V2 | 7 5 1　训练数据 T2　8 23 56　　>M2<-lm（y~., T2） >predict（M2, V2） >#计算V2的MSE_2

12 6 25　训练数据T3 | 验证数据V3 | 37 9　训练数据 T3　8 23 56　　>M3<-lm（y~., T3） >predict（M3, V3） >#计算V3的MSE_3

12 6 25　训练数据T4　7 5 1 | 验证数据V4 | 训练数据 T4

12 6 25　87 43 76　训练数据T5　37 9 | 验证数据V5　　>M5<-lm（y~., T5） >predict（M5, V5） >#计算V5的MSE_5

图6-5 *k*-折交叉验证

R语言包函数的方法 method = “cv” 表示交叉验证，默认值是10-折交叉验证。

基本上R语言的调参函数 tune，tune.svm，tune.rpart 都已经包括10-折交叉验证。

k 折CV的均方差：

$$MSE(k-CV)=\frac{1}{k}\sum_{i=1}^{k}MSE_i$$

6.3.2 留一交叉验证

留一交叉验证（leave-one-out cross-validation，LOOCV）只保留一个样本做验证数据，如图6-6所示。

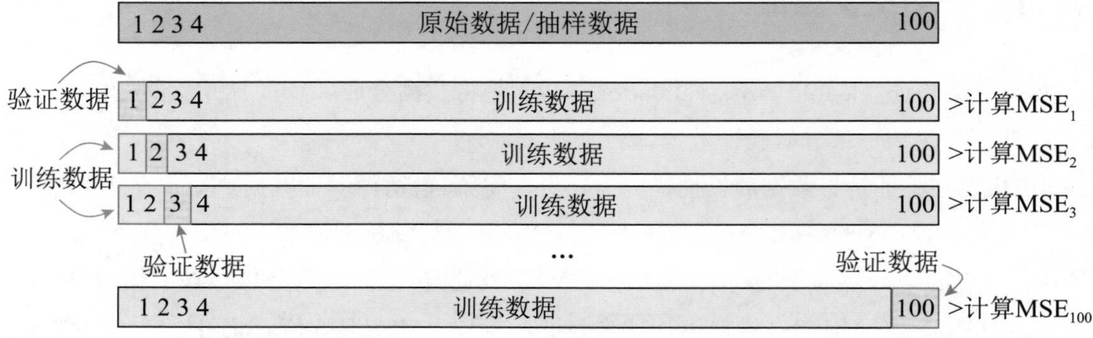

图6-6　留一交叉验证

留一交叉验证的均方差：

$$MSE(\text{LOOCV})=\frac{1}{n}\sum_{i=1}^{n}MSE_i$$

交叉验证如图6-7所示。

【R例6.6】10-折交叉验证：数据credit.csv，函数createFolds、C5.0、lapply

数据框格式 data.frame：1000 个观察值　17个变量

```
> # R例6.6
> library(caret) ; library(C50) ;  library(irr)
> credit <- read.csv("C:/R/credit.csv") ;  set.seed(100)
> folds <- createFolds(credit$default, k = 10)  # 10 折
> cv_results <- lapply(folds, function(x) {
+ credit_train <- credit[-x, ]
+ credit_test <- credit[x, ]
+ credit_model <- C5.0(default ~ ., data = credit_train)# 决策树 C5.0
+ credit_pred <- predict(credit_model, credit_test)
+ credit_actual <- credit_test$default
+ kappa <- kappa2(data.frame(credit_actual, credit_pred))$value
+ return(kappa) })  # kappa 值
> str(cv_results)
```

```
> mean(unlist(cv_results))
 [1] 0.3272764
```

```
List of 10
 $ Fold01: num 0.293
 $ Fold02: num 0.505
 $ Fold03: num 0.234
 $ Fold04: num 0.175
 $ Fold05: num 0.282
 $ Fold06: num 0.301
 $ Fold07: num 0.453
 $ Fold08: num 0.362
 $ Fold09: num 0.275
 $ Fold10: num 0.393
```

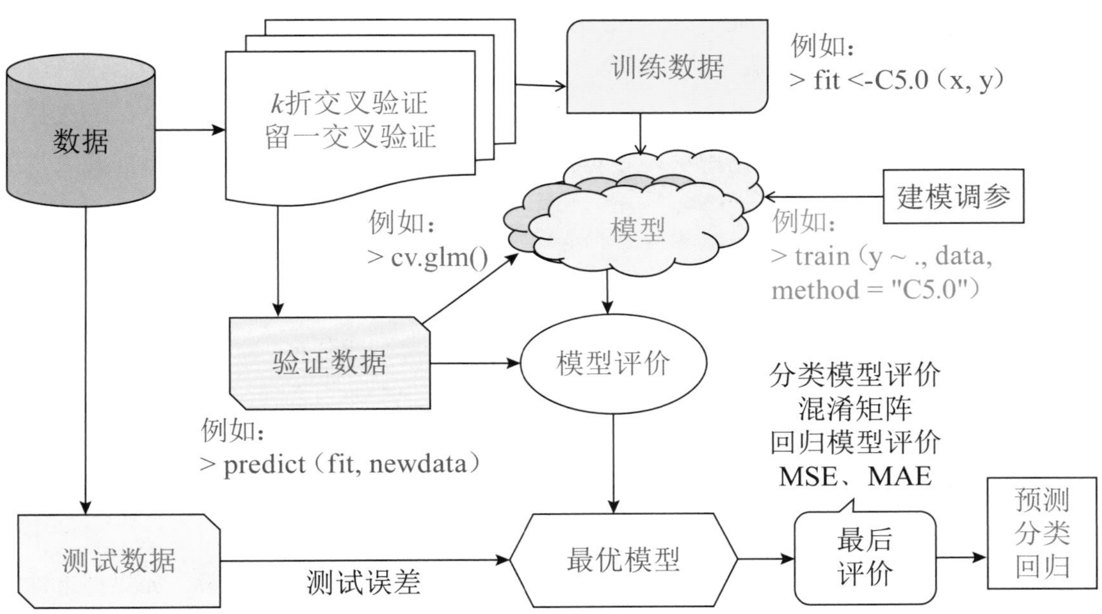

图6-7　交叉验证

6.4 模型选择

机器学习可以总结为学习一个函数 f，称为学习器将输入变量*X*映射为输出变量*Y*。

模型model = 函数function（公式formula，数据data，参数或超参数，方法）。

用 R语言表示：Model <- f(y~X，data=(X，y)，k，method)

模型的选择最主要是模型的复杂度，模型的复杂度有以下几种。

（1）函数的类型：回归、近邻、决策树、支持向量机、神经网络、深度学习等。

（2）算法容易解释的能力：黑箱算法、白箱算法或玻璃箱算法（透明）。

（3）变量的数目是否增加或减少：正则化、剪枝。

（4）参数学习与非参数学习，超参数的选择：平滑程度。

（5）训练与验证的努力：认真学习与懒惰学习。

（6）偏差与方差的考虑：过拟合或欠拟合。

6.4.1 参数和非参数学习

机器学习分为参数学习与非参数学习。

❶ 参数学习（parametric machine learning）

统计学的参数统计是：假定估计和检验的变量是独立正态（高斯）分布而且有参数。

机器学习的参数学习要求变量的假定条件和模型参数。算法包括两部分：①选择目标函数的形式；②从训练数据中学习目标函数的系数。参数学习模型可以不需要大量的数据。

参数学习器包括以下几个。

（1）逻辑回归Logistic Regression：模型有回归系数（参数）。

（2）线性判别分析Linear Discriminant Analysis：假定高斯分布。

（3）朴素贝叶斯：自变量（特征）是独立的连续变量假定高斯分布且有参数（估计）。

❷ 非参数学习（nonparametric machine learning）

非参数学习对目标函数不作过多的假定的算法，称为非参数机器学习算法。通过不作假设（如独立正态），算法可以自由地从训练数据中学习任意形式的函数。如果拥有许多数据而先验知识很少时，非参数学习通常很有用，此时不需要关注参数的选取。

非参数学习器在构造目标函数的过程中，对训练数据做最好的拟合，同时维持一些泛化到未知数据的能力。同样的，它们可以拟合各自形式的函数。

非参数学习器的一个很好的例子是*k*近邻算法，其目标是基于*k*个最相近的模式对新的数据做预测。这种方法对于目标函数（输出变量）的形式，不作任何假设。

非参数学习器的例子有以下几个。

（1）*k*-近邻法（k-Nearest Neighbors）：*k* 是超参数。

（2）决策树（Decision Trees）：CART和C4.5。

（3）支持向量机（Support Vector Machines）。

参数学习与非参数学习，简单的说，参数学习是固定的O 参数（参数数目不因样本量而变动），非参数学习是变动的P 参数。

有关参数学习器与非参数学习器更多说明，详见第8.1.3节。

6.4.2 偏差和方差

学习器模型预测结果有偏差和方差。

- 偏差（bias）：预测结果与真实结果的误差，模型选择的误差。偏差越小表示模型越是过拟合，模型越复杂。偏差越大，模型越简单。增加训练数据，也不能降低偏差。
- 方差（variance）：对不同的训练集产生的方差，所谓泛化误差。模型越复杂，方差越大。因为模型钻得越深，泛化能力越差。

偏差与方差是模型选择的一种交换，降低偏差就增加方差。交叉验证可以处理偏差与方差的交换。在支持向量机理论，偏差称为经验风险，方差称为置信风险。

定义：数据 $(X,Y)\in R^{n\times p}\times R^{n\times 1}$，$X$是自变量，$Y$是因变量、目标变量、响应变量。

$f(x)=E(Y\mid X=x)=(X=x)$ 的目标值的期望值

$\hat{f}(x)=$ 模型f对 $(X=x)$ 的预测值

$E\left[\hat{f}(x)\right]=$ 模型f对 $(X=x)$ 预测值的期望值

$\left(f(x)-E\left[\hat{f}(x)\right]\right)=bias^2\left(\hat{f}(x)\right)=(\text{模型预测的偏差})^2$

$E\left[\left(\hat{f}(x)-E\left[\hat{f}(x)\right]\right)^2\right]=Var\left(\hat{f}(x)\right)=$ 模型预测的方差

$MSE\left(f(x),\hat{f}(x)\right)=$ 预测均方差mean square error$=(\text{偏差})^2+$方差=可降低的误差

$EPE\left(Y,\hat{f}(x)\right)=$ 期望预测误差Expected prediction error

$Var(Y)=\sigma^2=Y$ 的方差，噪声（noise）= 不能降低的误差

$$MSE\left(f(x),\hat{f}(x)\right)=\left(f(x)-E\left[\hat{f}(x)\right]\right)^2+E\left[\left(\hat{f}(x)-E\left[\hat{f}(x)\right]\right)^2\right]$$

$$EPE\left(Y,\hat{f}(x)\right)=\underbrace{\underbrace{\left(f(x)-E\left[\hat{f}(x)\right]\right)^2}_{(\text{偏差})^2}+\underbrace{E\left[\left(\hat{f}(x)-E\left[\hat{f}(x)\right]\right)^2\right]}_{\text{方差}}}_{\text{可降低的误差}}+\underbrace{\sigma^2}_{\text{噪声}}$$

预测均方差 MSE 是可以用模型降低的误差，例如交叉验证、超参数的选择、集成。但是偏差和方差通常是不能同时降低的。降低了偏差，模型的复杂度增加，方差也增大。降低了方差，模型的复杂度降低，偏差就增加。这就是偏差—方差的取舍（bias-variance tradeoff）。

1 高偏差学习器

（1）参数学习器：模型简单，自变量太少。

（2）非参数学习器：模型平滑，层级太少。

2 高方差学习器

（1）参数学习器：模型太多自变量、O参数（不是超参数）太多。

（2）非参数学习器：模型过多波浪摆动，决策树太多树枝。

6.4.3 模型的复杂度

模型的复杂度和训练误差（偏差）与测试误差（方差）有关，如图6-8、图6-9所示。模型复杂度越高，训练误差（偏差）越小，测试误差（方差）越大。模型复杂度越低，训练误差（偏差）越大，测试误差（方差）越小。

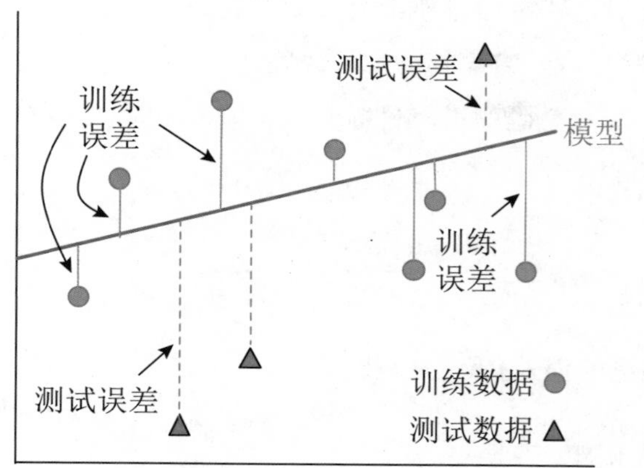

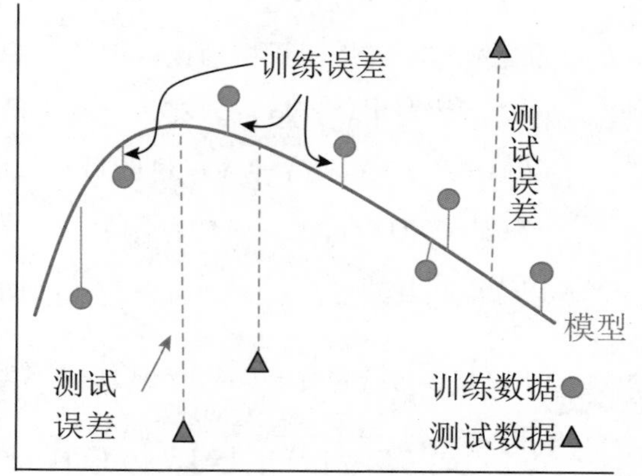

图6-8　训练误差与测试误差

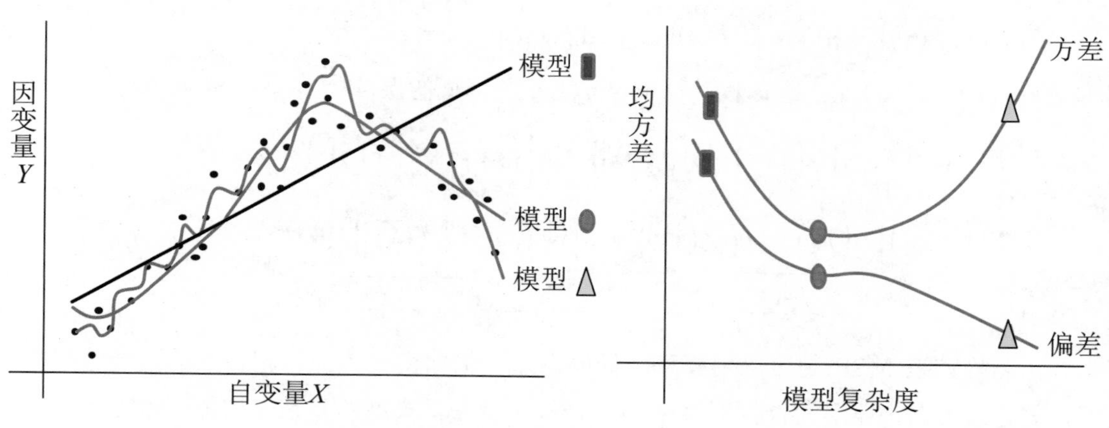

图6-9　偏差与方差

模型选择的复杂度与误差如图6-10所示。

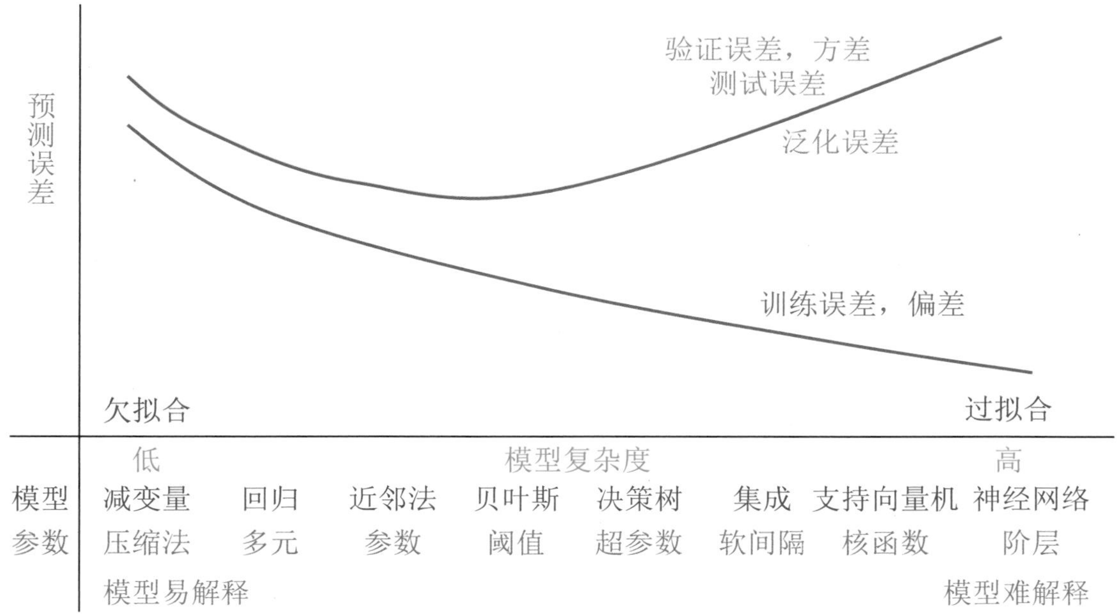

图6-10 模型选择的复杂度与误差

6.4.4 正则化

正则化（regularization）又称正规化是一种压缩变量的方法，在目标函数加上一个损失成本函数（loss function）和参数 λ。控制参数 λ 和成本函数来惩罚模型的复杂性，避免模型的过拟合。第7章回归分析的正则化压缩变量的方法有 Lasso 和Ridge 回归。

6.4.5 认真学习和懒惰学习

贝叶斯分类、决策树、支持向量机、类神经网络等监督学习，称为热切或**认真学习器**（eager learner），因为这些学习器是认真学习的好榜样。

与认真学习器相反的当然是**懒惰学习器**（lazy learner），懒惰学习是没有利用训练数据集来创建模型，而是测试集和训练集共同建模和预测。例如第8章的k最近邻法。但是并非懒惰学习去就是不好，有时近邻法也有很好的预测结果。

6.5 模型评价

模型评价是比较两个以上模型的优劣，模型有分类模型和回归模型。分类模型的评价有二元分类器和多元（标签）分类器。回归模型的评价是连续型目标数值。

6.5.1 二元0-1分类器的评价——混淆矩阵

混淆矩阵（confusion matrix）是分类学习其目标变量为0-1二分类变量的评价方法。

二分类有正类（真）、负类（假）。另外，有实际、预测两个数值。

定义下列符号及名词。

（1）P = 实际值为正类的个数。

（2）N = 实际值为负类的个数。

（3）P* = 预测值为正类的个数。

（4）N* = 预测值为负类的个数。

（5）SN = 训练（或验证）数据（或验证数据）的总个数。

（6）真正类（True positive，TP），正确肯定：预测为真，实际为真

TP = 实际值为正类，预测值为正类的个数。

（7）假正类（False positive，FP），错误肯定：预测为真，实际为假

FP = 实际值为负类，预测值为正类的个数。

（8）真负类（True negative，TN），正确否定：预测为假，实际为假

TN = 实际值为负类，预测值为负类的个数。

（9）假负类（False negative，FN），错误否定：预测为假，实际为真

FN = 实际值为正类，预测值为负类的个数正确率ACC。

混淆矩阵的评价指标：

（1）正确率、精度（accuracy）

$$ACC =(TP+TN)/ SN =(TP+TN)/(P+N)$$

（2）召回率（recall）、灵敏度（sensitivity）、命中率（hit rate）、真正类率（true positive rate）

$$\text{查全率 } TPR = TP / P = 1\text{-第二类错误}$$

（3）特异度（specificity）、真负类率（true negative rate）

$$TNR = TN / N = 1\text{-第一类错误} = 1- FPR$$

（4）精确度（precision）、正类预测值（positive predict value）

$$\text{查准率 } PPV = PR= TP / P^*$$

（5）负类预测值（negative predict value）= TN / N^*

（6）平衡正确率（balanced accuracy）=（特异度 + 灵敏度）/ 2

表6-2　目标变量为0-1的混淆矩阵

类别标签		实际（目标）值		总和	评价准则
		1（+）正类	0（—）负类		
预测值	1（+）正类	TP真正类 功效power	FP假正类 第一类错误	P* = TP+FP 预测为正	TP/P*精确度，查准率（precision）正类预测值
	0（-）负类	FN假负类 第+类错误	TN真负类	N*= FN+TN 预测为负	TN/N*负类预测值 negative predict value
总和		P = TP+FN 实际为正	N = NP+TN 实际为负	SN = TP+FN +FP+TN	N/SN无信息比率 No Information Rate
评价准则 F评分 F1 =2TP/ （2TP+FP+FN）		TPR = TP / P 召回率（recall） 查全率，灵敏度 （sensitivity）	TNR=TN/N 特异度 （specificity） FPR = FP/N	P/SN 流行率 （盛行率） prevalence	正确率（accuracy） ACC = （TP+TN）/ SN ERR = （FP+FN）/ SN 错误率（error rate）

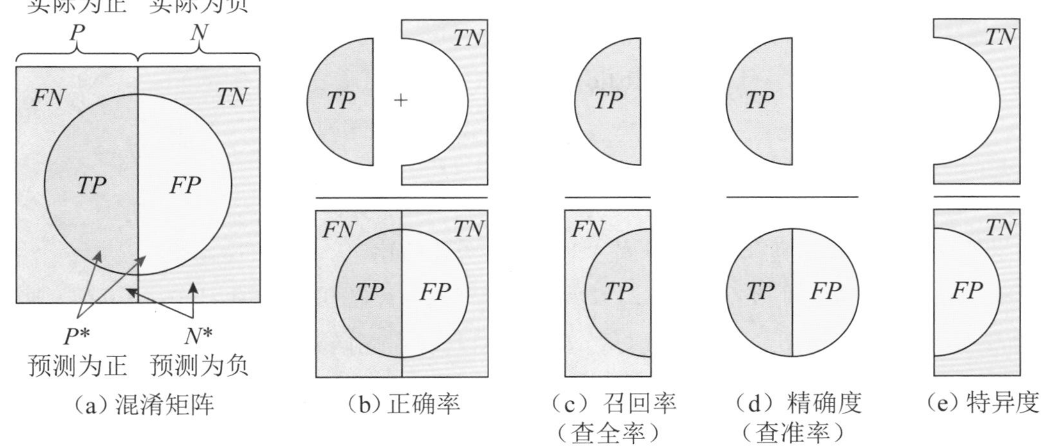

图6-11　二元标签分类器评价指标

（7）流行（盛行）率（prevalence）= P / SN

（8）检测率（detection rate）= TP / SN

（9）检测流行率（detection prevalence）= P^* / SN

以下指标是越小越好，无信息比率越高可以说是不平衡数据集。

（10）无信息比率（No Information Rate）

$$NIR = \max\{P / SN,\ N / SN\}$$

正确率ACC 应该大于 NIR。若 $NIR > ACC$，则全部预测一个分类，会比这个正确率还高。

P-Value [$ACC > NIR$] 是正确率ACC 大于 NIR 的 p-值。

P-Value [$ACC > NIR$] 越小，正确率ACC越好。

（11）错误率（error rate）

$$ERR = (FP+FN) / SN = 1 - \text{正确率}$$

（12）第一类错误率、假正类率（false positive rate）

$$FPR = 1 - \text{特异度} = FP / N = P\text{（预测为正类 | 实际为负类）}$$

（13）第二类错误率、假负类率（false negative rate）

$$FNR = 1 - \text{召回率} = FN / P = P\text{（预测为负类 | 实际为正类）}$$

[以上的评价测量找一个综合指标F值（分数）（F score）]

（14）F值（分数）= 召回率和精确度的调和平均

$$F = \frac{2}{1/\text{召回率} + 1/\text{精确度}} = \frac{2 \times \text{召回率} \times \text{精确度}}{\text{召回率} + \text{精确度}} = \frac{2TP}{2TP + FP + FN} = \frac{2TP}{SN + TP - TN}$$

$$F_\beta = \frac{(1+\beta^2) \times \text{召回率} \times \text{精确度}}{\beta^2 \times \text{召回率} + \text{精确度}} = \frac{(1+\beta^2) \times TP}{(1+\beta^2) \times TP + \beta^2 \times FP + FN}$$

（15）F_β是召回率和精确度的加权调和平均，β是对查全率或查准率的不同偏好。$F_1 = F$，F_2 = 召回率是精确度的两倍权重，$F_{0.5}$ = 精确度是召回率的两倍权重。

（16）**Kappa** 统计值（kappa statistic）测度二分类的同意度（正确率）

$$k = Kappa = \frac{Pa - Pe}{1 - Pe}$$

式中：Pa为模型预测的正确率（accuracy）=$(TP+TN)/SN$；

Pe为随机预测的正确性 = $[(P \times P^*)+(N \times N^*)] /(SN)^2$。

若$k \leqslant 0.2$，则同意度很差；若$0.21 \leqslant k \leqslant 0.4$，则同意度尚可；若 $0.41 \leqslant k \leqslant 0.6$，则同意度中等；若 $0.61 \leqslant k \leqslant 0.8$，则同意度好；若 $0.81 \leqslant k \leqslant 1$，则同意度很好。若$k = 0$，则等于随机猜测。

（17）**Matthews**相关系数（MCC）

$$MCC = \frac{TP \times TN - FP \times FN}{\sqrt{(TP+FP)(TP+FN)(TN+FP)(TN+FN)}}$$

$-1 \leqslant MCC \leqslant +1$

$MCC = +1$ 是完全正确预测；$MCC = 0$ 是随机预测；$MCC = -1$ 是完全错误预测。

6.5.2 混淆矩阵的举例说明

假定有1000个病人（训练集实例），其中有5个病人“实际”是癌症恶性肿瘤（正类）。现在要检验“预测”病人的癌症是否是恶性肿瘤（正类）。我们有两个算法，算法A是将所有病人都预测为良性肿瘤（正类），这是一个特例，基本上不是一个模型算法。

算法B是一个分类器（例如近邻法、决策树或逻辑回归），其混淆矩阵如表6-3所示。

表6-3 混淆矩阵的查准率、查全率与正确率

算法A 混淆矩阵		实际值恶性肿瘤为正类+			
		+	−	Σ	
预测值	+	0	0	0	查准率0
	−	5	995	1000	
	Σ	5	995	1000	
查全率0					正确率.995

（a）

算法B 混淆矩阵		实际值恶性肿瘤为正类+			
		+	−	Σ	
预测值	+	3	15	18	查准率0.17
		2	980	982	
	Σ	5	995	1000	
查全率0.6					正确率.983

（b）

算法A 混淆矩阵		实际值良性肿瘤为正类+			
		+	−		
预测值	+	995	5	1000	查准率.995
	−	0	0	0	
		995	5	1000	
查全率1					正确率.995

（c）

算法B 混淆矩阵		实际值良性肿瘤为正类+			
		+	−	Σ	
预测值	+	980	2	982	查准率.998
	−	15	3	18	
	Σ	995	5	1000	
查全率.985					正确率.983

（d）

查准率为所有成功预测有恶性肿瘤的病人中，实际上有恶性肿瘤的病人的百分比。

查全率为所有实际有恶性肿瘤的病人中，成功预测有恶性肿瘤的病人的百分比。

表6-3（a）、（b）是一个不平衡数据集（imbalanced data），无信息比率为0.995，实际正类的数据太少，无信息比率为0.995。算法 A的正确率为0.995，但这是一个没有学习、没有意义的算法，查准率和查全率都是 0。

表6-3（c）、（d）的混淆矩阵，查准率和查全率都很高，这也是没有意义的，因为应该将要检测的分类（恶性肿瘤），当作“正类”。

如果希望只在非常确信的情况下预测为真（肿瘤为恶性），即希望更高的查准率，可以使用比0.5更大的阈值，如0.7、0.9。这样做会减少错误预测病人为恶性肿瘤的情况，同时却会增加未能成功预测肿瘤为恶性的情况。

如果希望提高查全率，尽可能地让所有有可能是恶性肿瘤的病人都得到进一步的检查、诊断，可以使用比0.5更小的阈值，如0.3。

6.5.3 二元分类器的成本计算

成本不仅要猜得准、猜得全，还需要考虑，如果猜错了，会因此付出一定代价，所以就有了代价敏感错误率，此处FN和FP都对应一定的cost。例题说明如表6-4所示。

表6-4　二元分类器的成本计算

成本		实际值	
		+	−
预测值	+	−1	1
	−	100	0

（a）

混淆矩阵C1		实际值		
		+	−	Σ
预测值	+	150	60	210
	−	40	250	290
	Σ	190	310	500

（b）

混淆矩阵C2		实际值		
		+	−	Σ
预测值	+	250	5	255
	−	45	200	245
	Σ	295	205	500

（c）

模型分类器C1的正确率 $ACC = 0.8$，总成本 = 3910。

模型分类器C2的正确率 $ACC = 0.9$，总成本 = 4255。

所以模型分类器C1优于模型分类器C2。

6.5.4 二元分类器例题数据R语言

【R例6.7】二分类混淆矩阵：数据ConfusionMatrix.csv，函数confusionMatrix

数据框格式 data.frame：1390个观察值　4个变量

```
> # R例6.7
> CM <- read.csv("C:/R/ConfusionMatrix.csv")
> library(gmodels)
> str(CM)
'data.frame':   1390 obs. of  4 variables:
 $ Actual  : Factor w/ 2 levels "No","Yes": 1 1 1 1 2 1 1 1 1 2 ...
 $ Predict : Factor w/ 2 levels "No","Yes": 1 1 1 1 2 1 1 1 1 2 ...
 $ prob_Yes: num  0 0 0.00016 0.00004 1 0.0002 0.00325 0.00001 0.00001 1 ...
 $ prob_No : num  1 1 1 1 0 ...
> head(CM)
  Actual Predict prob_Yes prob_No
1     No      No  0.00000 1.00000
2     No      No  0.00000 1.00000
3     No      No  0.00016 0.99984
4     No      No  0.00004 0.99996
5    Yes     Yes  1.00000 0.00000
6     No      No  0.00020 0.99980
> CrossTable(CM$Predict, CM$Actual)

   Cell Contents
|-------------------------|
|                       N |
| Chi-square contribution |
|           N / Row Total |
|           N / Col Total |
|         N / Table Total |
|-------------------------|


Total Observations in Table:  1390


             | CM$Actual
  CM$Predict |        No |       Yes | Row Total |
-------------|-----------|-----------|-----------|
          No |      1203 |        31 |      1234 |
             |    16.128 |   106.377 |           |
             |     0.975 |     0.025 |     0.888 |
             |     0.997 |     0.169 |           |
             |     0.865 |     0.022 |           |
-------------|-----------|-----------|-----------|
         Yes |         4 |       152 |       156 |
             |   127.580 |   841.470 |           |
             |     0.026 |     0.974 |     0.112 |
             |     0.003 |     0.831 |           |
             |     0.003 |     0.109 |           |
-------------|-----------|-----------|-----------|
Column Total |      1207 |       183 |      1390 |
             |     0.868 |     0.132 |           |
-------------|-----------|-----------|-----------|

> library(caret)
> confusionMatrix(CM$Predict, CM$Actual, positive="Yes")
```

```
Confusion Matrix and Statistics

          Reference
Prediction   No  Yes
       No  1203   31
       Yes    4  152

               Accuracy : 0.9748
                 95% CI : (0.9652, 0.9824)
    No Information Rate : 0.8683
    P-Value [Acc > NIR] : < 2.2e-16

                  Kappa : 0.8825
 Mcnemar's Test P-Value : 1.109e-05

            Sensitivity : 0.8306
            Specificity : 0.9967
         Pos Pred Value : 0.9744
         Neg Pred Value : 0.9749
             Prevalence : 0.1317
         Detection Rate : 0.1094
   Detection Prevalence : 0.1122
      Balanced Accuracy : 0.9136

       'Positive' Class : Yes
```

【例6.8】二分类混淆矩阵：数据ConfusionMatrix.csv，函数confusionMatrix

truth 因子格式 factor：100个值　70个－　30个＋

pred 因子格式 factor：58 个－　12个＋　4 个－　26个＋

```
> # 例6.8
> library(caret)
> lvs <- c("-", "+")
> truth <- factor(rep(lvs, times = c(70,30)), levels = rev(lvs) )
  [1] - - - - - - - - - - - - - - - - - - - - - - - - - - - - - - -
 [32] - - - - - - - - - - - - - - - - - - - - - - - - - - - - - - -
 [63] - - - - - - - - + + + + + + + + + + + + + + + + + + + + + + +
 [94] + + + + + + +
Levels: + -
> truth  # 真实值 70 个-, 30 个+
> pred <- factor(c(rep(lvs, times = c(58,12)), rep(lvs, times =
+ c(4, 26))), levels = rev(lvs))
  [1] - - - - - - - - - - - - - - - - - - - - - - - - - - - - - - -
 [32] - - - - - - - - - - - - - - - - - - - - - - - - - - - + + + +
 [63] + + + + + + + + - - - - + + + + + + + + + + + + + + + + + + +
 [94] + + + + + + +
Levels: + -
> pred  # 预测值 58 个-, 12 个+, 4 个-, 26 个+
> tab <- table(pred, truth)
> confusionMatrix(tab)
> confusionMatrix(pred, truth)  # 结果同上
```

```
Confusion Matrix and Statistics

      truth
pred  +  -
   +  26 12
   -   4 58

               Accuracy : 0.84
                 95% CI : (0.7532, 0.9057)
    No Information Rate : 0.7
    P-Value [Acc > NIR] : 0.0009689

                  Kappa : 0.646
 Mcnemar's Test P-Value : 0.0801183

            Sensitivity : 0.8667
            Specificity : 0.8286
         Pos Pred Value : 0.6842
         Neg Pred Value : 0.9355
             Prevalence : 0.3000
         Detection Rate : 0.2600
   Detection Prevalence : 0.3800
      Balanced Accuracy : 0.8476

       'Positive' Class : +
```

6.5.5 多标签分类器的评价

分类学习的目标变量类别为两个以上，其混淆矩阵如表6-5所示。

表6-5 多标签分类器的混淆矩阵

标签		实际值					
		1	2	3	4	Σ	精确度
预测值	1	$X_{11}=TP_1$	X_{12}	X_{13} FP_1	X_{14} TN_1	P_1*	$PR_1=TP_1/P*_1$
	2	X_{21}	$X_{22}=TP_2$	X_{23}	X_{24}	P_2*	$PR_2=TP_2/P*_2$
	3	X_{31} FN_1	X_{32}	$X_{33}=TP_3$	X_{34}	P_3*	$PR_3=TP_3/P*_3$
	4	X_{41}	X_{42}	X_{43}	$X_{44}=TR_4$	P_4*	$PR_4=TP_4/P*_4$
	Σ	P_1	P_2	P_3	P_4	SN	
	灵敏度	SE_1TP_1/P_1	SE_2	SE_3	SE_4		

定义：

$TP_i = X_{ii}$ = 第i类别实际值被正确预测的数目。

$FN_i = \sum_{j\neq i} X_{ij}$ = 第i类别实际值被错误预测的数目：$FN_2 = X_{21} + X_{23} + X_{24}$

$FP_i = \sum_{j\neq i} X_{ji}$ = 第i类别预测值错误预测的数目：$FP_2 = X_{12} + X_{32} + X_{42}$

$TN_i = SN - TP_i - FN_i - FP_i$， $TN_2 = X_{11} + X_{13} + X_{14} + X_{31} + X_{33} + X_{34} + X_{41} + X_{43} + X_{44}$

TN_i是X_{ii}将第 i 行和第 i 列，删除后的X_{jk}的加总。

（1）正确率：

$$ACC = \frac{\sum_{i=1}^{p} TP_i}{SN}$$

（2）第i类别的召回率，灵敏度：

$$SE_i = \frac{X_{ii} = TP_i}{\sum_{i=1}^{p} X_{ij}} = \frac{TP_i}{P_i}，\ SE_1 = \frac{TP_i}{TP_1 + X_{21} + X_{31} + X_{41}}$$

（3）第i类的精确度：

$$PR_i = \frac{X_{ii} = TP_i}{\sum_{j=1}^{p} X_{ji}} = \frac{TP_i}{P_i^*}，\ PR_1 = \frac{TP_1}{TP_1 + X_{12} + X_{13} + X_{14}}$$

（4）第i类的特异度：

$$SP_i = \frac{TN_i}{SN - P_i}，\ PR_1 = \frac{TP_1}{P_2 + P_3 + P_4}$$

（5）第i类的F值：

$$F^i = \frac{2 \times SE_i \times PR_i}{SE_i + PR_i}，\ F^1 = \frac{2 \times SE_1 \times PR_1}{SE_1 + PR_1}$$

（6）*Kappa*统计值（kappa statistic）测度分类的同意度（正确率）：

$$k = Kappa = \frac{Pa - Pe}{1 - Pe}$$

式中：Pa为模型预测的正确率（accuracy）$= ACC = \sum_{i=1}^{p} TP_i / SN$。

Pe为随机预测的正确性$= \sum_{i=1}^{p}\left(P_i \times P_i^*\right) / \left(SN^2\right)$

$$= \left(P_1 \times P_1^* + P_2 \times P_2^* + P_3 \times P_3^* + P_4 \times P_4^*\right) / \left(SN^2\right)$$

若k≤0.2，则同意度很差；若0.21≤k≤0.4，则同意度尚可；若0.41≤k≤0.6，则同意度中等；若 0.61≤k≤0.8，则同意度好；若 0.81≤k≤1，则同意度很好。若k= 0，则等于随机猜测。

（7）宏平均（macro average）召回率 RE_{ma}，macroRec：

$$RE_{ma} = \frac{1}{p}\sum_{i=1}^{p} RE_i，\ RE_{ma} = \frac{PE_1 + RE_2 + RE_3 + RE_4}{4}$$

（8）宏平均精确度 PR_{ma}，macroPrec：

$$PR_{ma} = \frac{1}{p}\sum_{i=1}^{p} PR_i，\ PR_{ma} = \frac{PR_1 + PR_2 + PR_3 + PR_4}{4}$$

（9）宏平均 F 值 F_{ma}（不是RE_{ma}和PR_{ma}的调和平均），macro_F：

$$macro\_F_1 = F_{ma} = \frac{1}{p}\sum_{i=1}^{p} F^i，\ F_{ma} = \frac{F^1 + F^2 + F^3 + F^4}{4}$$

（10）微平均（micro average）召回率 RE_{mi}：

$$RE_{mi} = \frac{\sum_{i=1}^{p} TP_i}{\sum_{i=1}^{p} TP_i + \sum_{i=1}^{p} FN_i}$$

（11）微平均精确度 PR_{mi}：

$$PR_{mi} = \frac{\sum_{i=1}^{p} TP_i}{\sum_{i=1}^{p} TP_i + \sum_{i=1}^{p} FP_i}$$

（12）微平均 F 值 F_{mi}，microRec：

$$micro\_F_1 = F_{mi} = \frac{2\sum_{i=1}^{p} TP_i}{2\sum_{i=1}^{p} TP_i + \sum_{i=1}^{p} FP_i + \sum_{i=1}^{p} FN_i} = \frac{2 \times RE_{mi} \times PR_{mi}}{RE_{mi} + PR_{mi}}$$

若表6-5的行总和等于列总和 $\sum_{i=1}^{p} FN_i = \sum_{i=1}^{p} FP_i$

则：$\sum_{i=1}^{p} TP_i + \sum_{i=1}^{p} FN_i = \sum_{i=1}^{p} TP_i + \sum_{i=1}^{p} FP_i$

$RE_{mi} = PR_{mi} = micro\_F_1 = F_{mi}$

6.5.6 多标签分类器评价R 语言

【R例6.9】计算 Kappa，函数Kappa()

```
> # R例6.9
> install.packages("asbio")
> library(asbio)
> reference<-
+ c("hi","low","low","hi","low","med","med")
> class1<-
+ c("hi","hi","low","hi","med","med","med")
> table(class1,reference)
       reference
class1 hi low med
   hi   2   1   0
   low  0   1   0
   med  0   1   2

> Kappa(class1,reference)
```

```
$`ttl_agreement`
[1] 71.43

$user_accuracy
   hi   low   med
100.0  33.3 100.0

$producer_accuracy
   hi   low   med
 66.7 100.0  66.7

$khat
[1] 58.8
```

计算Kappa 统计值（kappa statistic）

$$k = \text{kappa} = \frac{Pa - Pe}{1 - Pe}$$

$$Pa = \sum_{i=1}^{p} TP_i / SN = 5/7 = 0.7143$$

$$Pe = \sum_{i=1}^{p} \left(P_i \times P_i^*\right) / \left(SN^2\right) = (6+3+6)/49 = 0.5882$$

【R例6.10】多分类混淆矩阵：数据iris.csv，函数confusionMatrix，函数classificationMetrics

数据框格式 data.frame：150个观察值　5个变量

```
> # R例6.10
> install.packages("DMwR") ; library(DMwR)
> install.packages("performanceEstimation")
> library(performanceEstimation) ; library(caret)
> data(iris) ; set.seed = (100)  # 设定随机种子，下次计算结果会一样
> idx <- sample(1:nrow(iris),100)
> train <- iris[idx,] ; test <- iris[-idx,]
> tree <- rpartXse(Species ~ .,train)
> preds <- predict(tree,test,type=' class' )
> (table <- table(preds, test$Species))
> (conm <- confusionMatrix(table))
>  classificationMetrics(test$Species,preds)
```

```
Confusion Matrix and Statistics

            Reference
Prediction   setosa versicolor virginica
  setosa         13         20        17
  versicolor     16         16        18
  virginica      21         14        15

Overall Statistics

               Accuracy : 0.2933
                 95% CI : (0.2219, 0.3731)
    No Information Rate : 0.3333
    P-Value [Acc > NIR] : 0.8705

                  Kappa : -0.06
 Mcnemar's Test P-Value : 0.7136

Statistics by Class:

                     Class: setosa Class: versicolor Class: virginica
Sensitivity                0.26000            0.3200           0.3000
Specificity                0.63000            0.6600           0.6500
Pos Pred Value             0.26000            0.3200           0.3000
Neg Pred Value             0.63000            0.6600           0.6500
Prevalence                 0.33333            0.3333           0.3333
Detection Rate             0.08667            0.1067           0.1000
Detection Prevalence       0.33333            0.3333           0.3333
Balanced Accuracy          0.44500            0.4900           0.4750
```

【R例6.11】多分类混淆矩阵：函数confusionMatrix，lassificationMetrics

```
> # R例6.11
> library(caret)
> levels <- c("A", "B", "C")
> actual <- factor(c("A","A","A","C","B","C","A","B","B","C"))
> pred <- factor(c("A","A","C","B","A","C","A","C","B","C"))
> actual
 [1] A A A C B C A B B C
Levels: A B C
> pred
 [1] A A C B A C A C B C
Levels: A B C
> table <- table(pred, actual)
> conm <- confusionMatrix(table) ;conm
> classificationMetrics(pred, actual)
      acc       err    microF    macroF  macroRec macroPrec
0.6000000 0.4000000 0.6000000 0.5738095 0.5833333 0.5833333
```

6.5.7 交叉验证分类的评价

k-折交叉验证：k组测试数据计算 k 个混淆矩阵。

TP_i 为第 i 折测试数据的真正类TP；

FP_i 为第 i 折测试数据的假正类FP；

FN_i为第 i 折测试数据的真正类FN。

k- 折交叉验证的微平均 F 值：

$$micro\_F_1 = F_{mi} = \frac{2\sum_{i=1}^{k} TP_i}{2\sum_{i=1}^{k} TP_i + \sum_{i=1}^{k} FP_i + \sum_{i=1}^{k} FN_i}$$

k- 折交叉验证的宏平均 F 值：

$$macro\_F_1 = F_{ma} = \frac{1}{k}\sum_{i=1}^{k} \frac{2TP_i}{2TP_i + FP_i + FN_i}$$

6.5.8 分类学习的ROC曲线

ROC曲线全名“接收者操作特征曲线”（Receiver Operation Characteristic，ROC）是由“二战”中的电子工程师和雷达工程师发明的，用来侦测战场上的敌军载具（飞机、船舰），就是信号检测理论。之后很快就被引入了心理学来进行信号的知觉检测。数十年来，ROC分析被用于医学、无线电、生物学、犯罪心理学领域中，而且最近在机器学习和数据挖掘领域也得到了很好的发展。

1 统计学的操作特征曲线 OC 曲线

统计学假设检验的第一类错误α 和第二类错误β，两者之间是负相关，降低 α 会增加 β。

统计学假设检验的作业特性曲线或称操作特征曲线（operating characteristic curve，OC曲线）是在各种不同参数值之下，接受H_0的概率。

作业特性曲线请见《大话统计学》第10.2节。

2 分类器的ROC曲线

分类器的第一类错误*FPR*和第二类错误 *FNR*，两者之间是负相关，降低 *FPR* 会增加 *FNR*。用类似统计学假设检验。

H_0：目标值为负类；H_1：目标值为正类

第一类错误 *FPR* = P（预测为正类 | 实际为负类）

第二类错误 *FNR* = P（预测为负类 | 实际为正类）

ROC曲线就是召回率与特异度以统计学的假设检验的观念来解释。

3 ROC曲线的计算

ROC曲线的横坐标是假正类率，即第一类错误 *FPR*，纵坐标是召回率，即第二类错误 *FNR*。将同一模型每个阈值的（*FPR*，*TPR*）坐标都画在ROC空间里，就成为这个模型的ROC曲线。

如表6-6所示，将数据的预测值的概率由大到小排序，从图6-11的左下角开始，实际分类 2Y，折线往上两格（*TPR*+2）；实际分类 1N，折线往右一格（*FPR*+1）；实际分类 2Y，折线再往上两格（*TPR*+2）；实际分类 2N，折线往右两格（*FPR*+2）；实际分类 3Y，折线再往上三格（*TPR*+3）。在不同的阈值，判定实例分类的概率，可以得到（*FPR*，*TPR*）即为ROC曲线。如图6-12所示。

表6-6 计算ROC曲线的数据

排序	预测概率	实际概率
1	0.96	Y
2	0.95	Y
3	0.94	N
4	0.94	Y
5	0.93	Y
6	0.92	N
7	0.91	N
8	0.88	Y

续表

排序	预测概率	实际概率
9	0.87	Y
10	0.86	Y
11	0.85	N
12	0.82	N
13	0.80	Y
14	0.78	Y
15	0.77	Y
16	0.76	Y
17	0.75	N
18	0.72	N
19	0.68	N
20	0.65	Y

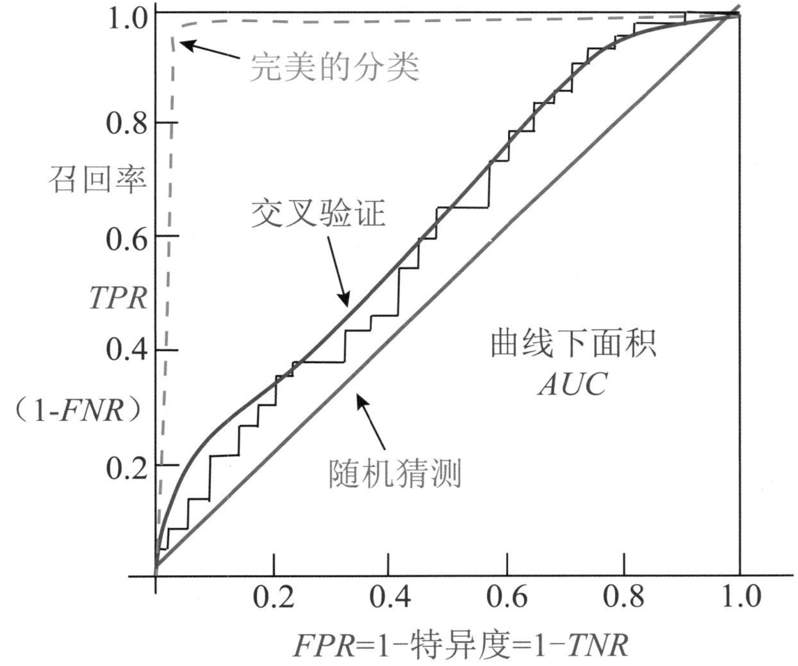

图6-11 ROC曲线

ROC曲线越往左上角越好，预测正确率越高。ROC曲线的一半对角线是随机猜测，会有一半猜对一半猜错。ROC曲线完全在左上角，分类器是完美的预测。

如果用交叉验证，取重复抽样的平均值，则ROC曲线会是平滑的曲线。

ROC曲线可以用来评价两个分类器的优劣。如果C1学习器的ROC曲线包住C2学习器的

ROC曲线，则C1学习器优于C2学习器，如图6-12所示。

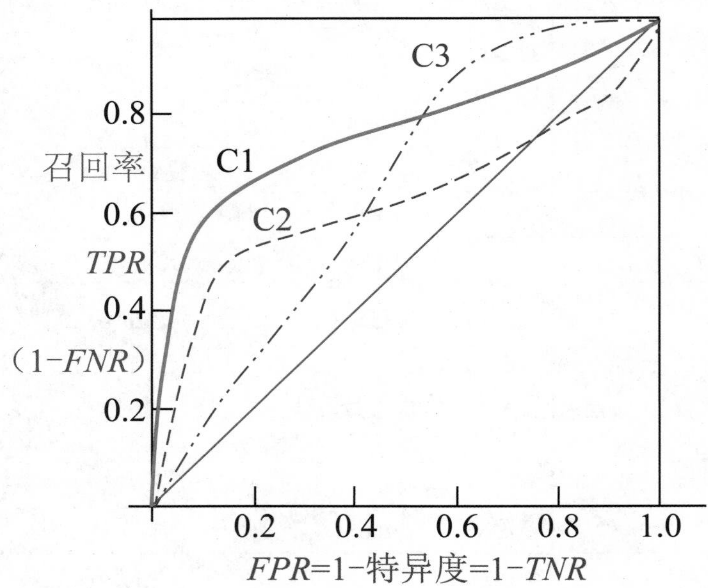

图6-12　评价三个分类器

④ AUC

AUC（Area under the Curve of ROC）是ROC曲线下方的面积。

AUC值越大的分类器，正确率越高。依据AUC判断分类器（预测模型）优劣的标准：

AUC = 1，是完美分类器，采用这个预测模型时，存在至少一个阈值能得出完美预测。绝大多数预测的场合，不存在完美分类器。

0.5 < AUC < 1，优于随机猜测。这个分类器（模型）妥善设定阈值的话，能有预测价值。

AUC = 0.5，跟随机猜测一样，模型没有预测价值。

AUC < 0.5，比随机猜测还差；但只要总是反预测而行，即分类器预测为正，就改为负，于是结果的分类器就会优于随机猜测。

【R例6.12】二分类混淆矩阵：数据ConfusionMatrix.csv，函数performance

```
> # R例6.12
> library(ROCR) ; CM <- read.csv("C:/R/ConfusionMatrix.csv")
> pred <- prediction(predictions = CM$prob_Yes, labels =CM$Actual)
> perf <- performance(pred, measure ="tpr", x.measure = "fpr")
> plot(perf, main = "ROC", col = "blue", lwd=3)
> abline(a=0,b=1, lwd=2, lty =2)
> auc <- performance(pred, measure ="auc")
> unlist(auc@y.values)   # 计算 AUC
```

```
[1] 0.9835862
```

6.5.9 连续型目标变量回归模型的评价

连续型目标变量的模型，包括回归模型、支持向量机模型、神经网络模型，其自变量数值是连续型变量。

假设有 n 个测试数据，有 k自变量（属性），模型预测目标变量值为$p_1,p_2,\cdots p_n$，而实际数值为$a_1,a_2,\cdots a_n$有下列评价指标

（1）均误差 ME（Mean error）：

$$ME=\frac{(p_n-a_n)+\cdots+(p_n-a_n)}{n}$$

（2）均方误差 MSE（Mean squared error）：

$$MSE=\frac{(p_1-a_1)^2+\cdots+(p_n-a_n)^2}{n}$$

（3）根均方误差（或均方根误差）RMSE（Root mean squared error）：

$$RMSE=\sqrt{\frac{(p_1-a_1)^2+\cdots+(p_n-a_n)^2}{n}}$$

（4）平均绝对误差 MAE（Mean absolute error）：

$$MAE=\frac{|p_1-a_1|+\cdots+|p_n-a_n|}{n}$$

（5）平均百分误差 MPE（Mean percentage error）：

$$MPE=\frac{100\%}{n}\left(\frac{(p_1-a_1)}{a_i}+\cdots+\frac{(p_n-a_n)}{a_n}\right)$$

（6）平均绝对百分误差 MAPE（Mean absolute percentage error）：

$$MAPE=\frac{100\%}{n}\left(\frac{|p_1-a_1|}{a_i}+\cdots+\frac{|p_n-a_n|}{a_n}\right)$$

（7）相对方误差 RSE（Relative squared error）：

$$RSE=\frac{(p_1-a_1)^2+\cdots+(p_n-a_n)^2}{(a_1-\bar{a})^2+\cdots+(a_n-\bar{a})^2}$$

$$\bar{a}=(a_1+\cdots+a_n)/n$$

（8）根相对方误差 RRSE（Root relative squared error）：

$$RRSE=\sqrt{\frac{(p_1-a_1)^2+\cdots+(p_n-a_n)^2}{(a_1-\bar{a})^2+\cdots+(a_n-\bar{a})^2}}$$

（9）相对绝对方误差 RAE（Relative absolute error）：

$$RAE = \frac{|p_1 - a_1| + \cdots + |p_n - a_n|}{|a_1 - \bar{a}| + \cdots + |a_n - \bar{a}|}$$

在其他变量不变的情况下，引入新的变量，总能提高模型的R^2。修正R^2就是相当于给变量的个数加惩罚项。如果两个模型，样本数一样，R^2一样，那么从修正R^2的角度看，使用变量个数少的那个模型更优。使用修正R^2也算一种奥卡姆剃刀的实例。

R^2可以用来评价模型的拟合程度。当评价拟合程度的同时，也考虑到模型的复杂程度，那么就是修正R^2。

增加自由参数的数目提高了拟合的优良性，AIC鼓励数据拟合的优良性但是尽量避免出现过拟合的情况。所以优先考虑的模型应是AIC值最小的那一个。赤池信息量准则的方法是寻找可以最好地解释数据但包含最少自由参数的模型。

（10）赤池信息量准则 AIC（Akaike information criterion）：

$$AIC = n \times \log\left(\frac{RSS}{n}\right) + 2 \times k$$

（11）贝叶斯信息量准则 BIC（Bayesian information criterion）：

$$BIC = n \times \log\left(\frac{RSS}{n}\right) + k \times \log(n)$$

（12）修正R方（Adjusted R^2）：

$$\text{adjusted } R^2 = 1 - \left(\frac{n-1}{n-k-1}\right)(1 - R^2)$$

$$R^2 = \frac{RSS}{TSS},\ RSS = \sum_{i=1}^{n}(p_i - \bar{a})^2,\ TSS = \sum_{i=1}^{n}(a_i - \bar{a})^2$$

（13）马洛斯 Cp（Mallow’s Cp）：

$$Cp = \frac{SSE_p}{MSE_f} - n + 2 \times p,\quad Cp = \frac{1}{n}\left(SSE + 2p\hat{\sigma}^2\right)$$

【R例6.13】回归模型交叉验证：数据Auto.csv，函数glm、cv.glm

数据框格式 data.frame：392 个观察值　10个变量

```
> # R例6.13
> library(boot)
> Auto <- read.csv("C:/R/Auto.csv")
> glmodel <- glm(mpg ~ horsepower, data = Auto)
> cv1.error <- cv.glm(Auto,glmodel)$delta[1]   # LOOCV均方误差
> cv1.error    [1] 24.23151
> set.seed(100)
> glmodel <- glm(mpg ~ horsepower, data = Auto)
> cv10.error <- cv.glm(Auto,glmodel, K=10)$delta[1] # 10 折交叉验证均方误差
> cv10.error [1] 24.23566
```

6.6 R语言实战

6.6.1 R语言自动调模与调参

在R语言的 caret 包，可以用函数modelLookup 访问模型的参数，用函数 train 训练模型，用函数 trainControl 调整模型，用函数 expand.grid 调整模型参数，用函数 predict 预测测试数据，caret 包在本书适用的模型如表6-7所示。

表6-7 caret 包训练与调参的模型

模型	类型	包package	函数function	参数
决策树C5.0	分类	C50，plyr	C5.0	trials，model，winnow
决策树CART	分类/回归	rpart	rpart	cp
贝叶斯NB	分类	naivebayes	naivebayes	laplace，usekemel，adjust
贝叶斯NB	分类	klaR	nb	fL，usekemel，adjust
	分类	pamr	pam	threshold
线性回归	回归	base	lm	intercept
广义线性回归	回归	base	glm	无
近邻法kNN	分类/回归	kknn	kknn	kmax，distance，kernel
近邻法kNN	分类/回归	base	knn	k
神经网络	分类/回归	nnet	nnet	size，decay
随机森林	分类/回归	randomForest	rf	Mtry
主成分分析	回归	pis	per	ncomp
支持向量机	分类/回归	svmLinear	kemlab	C
支持向量机	分类/回归	svmLinear2	el071	cost

【R例6.14】训练与调参：数据credit.csv，函数modelLookup、train

数据框格式 data.frame：1000 个观察值 17个变量

```
> # R例6.14
> library(caret) ; modelLookup("knn") ; modelLookup("C5.0")
> credit <- read.csv("C:/R/credit.csv") ; set.seed(100)
> model <- train(default ~ ., data = credit, method = "knn")
> model
> model <- train(default ~ ., data = credit, method = "C5.0")
> model
```

6.6.2 汽车数据

【R例6.15】数据Auto.CSV，函数lm

数据框格式 data.frame：392 个观察值　10个变量

```
> # R例6.15
> library(ISLR) ; set.seed(100) ; str(Auto)
> train <- sample(392,294)
> lmodel <- lm(mpg~horsepower, data=Auto, subset=train)
> attach(Auto)
> mean((mpg-predict(lmodel,Auto))[-train]^2)
> lmodel2 <- lm(mpg~poly(horsepower,2), data=Auto, subset=train)
> mean((mpg-predict(lmodel2,Auto))[-train]^2)
> lmodel3 <- lm(mpg~poly(horsepower,3), data=Auto, subset=train)
> mean((mpg-predict(lmodel3,Auto))[-train]^2)
> train <- sample(392,294)
> lmodel <- lm(mpg~horsepower, data=Auto, subset=train)
> attach(Auto)
> mean((mpg-predict(lmodel,Auto))[-train]^2)
> lmodel2 <- lm(mpg~poly(horsepower,2), data=Auto, subset=train)
> mean((mpg-predict(lmodel2,Auto))[-train]^2)
> lmodel3 <- lm(mpg~poly(horsepower,3), data=Auto, subset=train)
> mean((mpg-predict(lmodel3,Auto))[-train]^2)
```

6.6.3 乳腺癌诊断数据

【R例6.16】乳腺癌诊断数据：数据wdbc.txt，函数Prcomp

乳腺癌诊断数据wdbc.txt是乳腺癌（Breast Cancer Diagnostic）的诊断数据，是Wisconsin大学临床研究中心于1995年收集569例乳腺癌症的病患实际诊断数据，收集数字化图像并加以计算，有 569 个观察值，31 变量：

第1栏：识别号码（ID number）：识别号码

第2栏：诊断结果（Diagnosis）：恶性（M = malignant）、良性（B = benign）

第3～32栏：C1 、C2…C30这30项数据全部都是计算每一个细胞核的真实数据测量值，包含半径、纹理、周长、范围、平滑度、紧密度、凹陷程度、凹陷部分数量、对称度、碎型维度等。

```
> # R例6.16
> install.packages("kdevine") ; install.packages("tree")
```

```
> library(tree) ; library(kdevine) ; data(wdbc)
> wdbc <- read.csv("C:/R/wdbc.csv", header=T, sep=",") ; str(wdbc)
> wdbc = na.exclude(wdbc) ; dim(wdbc)
> wdbc=wdbc[,-1] ; n = 0.3*nrow(wdbc)
> test.index=sample(1:nrow(wdbc),n)
> wdbc.train=wdbc[-test.index,]
> wdbc.test=wdbc[test.index,]
> wdbc.tree=tree(diagnosis~ . , data=wdbc.train) ; wdbc.tree
> summary(wdbc.tree) ; plot(wdbc.tree) ; text(wdbc.tree)
> diagnosis.train=wdbc$diagnosis[-test.index]
> train.pred=predict(wdbc.tree,newdata= wdbc.train, type='class')
> (table.train=table(diagnosis.train,train.pred))
> cat("Total records(train)=",nrow(wdbc.train), "\n")
> cat("Correct Classification Ratio(train)=",
+ sum(diag(table.train))/sum(table.train)*100,"%\n")
> diagnosis.test=wdbc$diagnosis[test.index]
> test.pred=predict(wdbc.tree,newdata=wdbc.test, type='class')
> (table.test=table(diagnosis.test,test.pred))
> cat("Total records(test)=",nrow(wdbc.test),"\n")
> cat("Correct Classification Ratio(test)=",
+ sum(diag(table.test))/sum(table.test)*100,"%\n")
```

6.7 本章思维导图

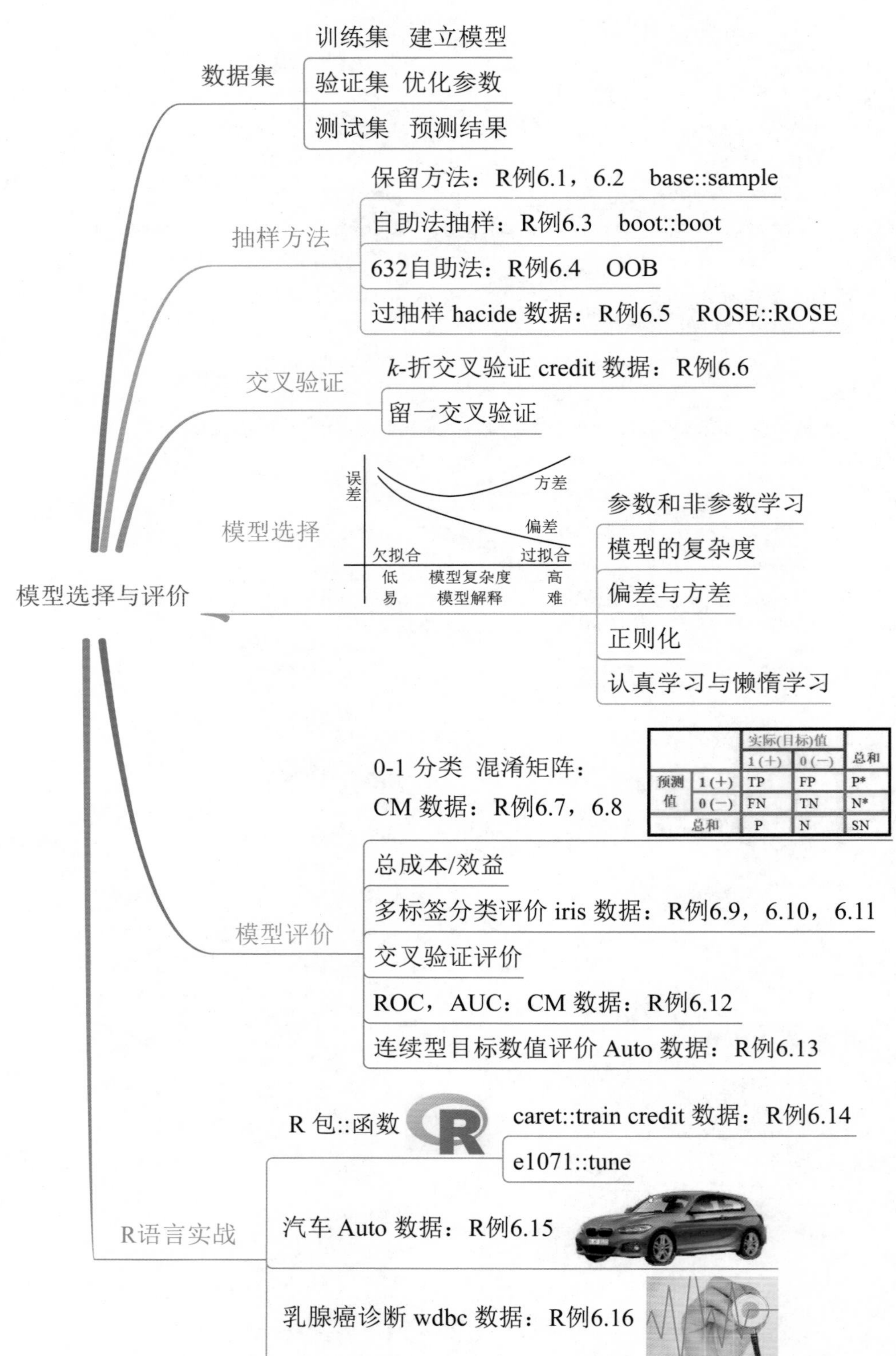
模型选择与评价
数据集
训练集 建立模型
验证集 优化参数
测试集 预测结果
抽样方法
保留方法：R例6.1，6.2 base::sample
自助法抽样：R例6.3 boot::boot
632自助法：R例6.4 OOB
过抽样 hacide 数据：R例6.5 ROSE::ROSE
交叉验证
k-折交叉验证 credit 数据：R例6.6
留一交叉验证
模型选择
误差
方差
偏差
欠拟合
过拟合
低
模型复杂度
高
易
模型解释
难
参数和非参数学习
模型的复杂度
偏差与方差
正则化
认真学习与懒惰学习
模型评价
0-1 分类 混淆矩阵：
CM 数据：R例6.7，6.8
实际(目标)值
1(+)
0(−)
总和
预测值
TP
FP
P*
FN
TN
N*
P
N
SN
总成本/效益
多标签分类评价 iris 数据：R例6.9，6.10，6.11
交叉验证评价
ROC，AUC：CM 数据：R例6.12
连续型目标数值评价 Auto 数据：R例6.13
R语言实战
R 包::函数
caret::train credit 数据：R例6.14
e1071::tune
汽车 Auto 数据：R例6.15
乳腺癌诊断 wdbc 数据：R例6.16

第7章

回归分析

夫礼者，所以定亲疏，决嫌疑，别同异，明是非也。

——《礼记·曲礼上》

7.1 多元线性回归

回归分析（Regression analysis）是有一个以上的自变量（特征、预测变量、解释变量）和一个因变量（目标变量、被解释变量）。一个的自变量和一个因变量，是简单线性回归，请见《大话统计学》第13章。多个的自变量和多个因变量，是计量经济的联立方程。

多元线性回归（multiple linear regression analysis）是分析两个以上自变量对一个因变量的直线相关关系。

7.1.1 多元线性回归模型

多元线性回归分析的数学模型如下：

$$Y_i = \beta_0 + \beta_1 x_{i1} + \beta_2 x_{i2} + \cdots + \beta_k x_{ik} + \varepsilon_i \qquad i = 1, \cdots, n$$

假定条件有以下几条。

（1）$\beta_0, \beta_1, \cdots, \beta_k$ 为未知参数（O参数）。（k 个控制变量）

（2）x_{ij} 是第j个控制变量（自变量，解释变量）的第i个样本数据值，没有误差。$(y_i, x_{i1}, x_{i2}, \cdots, x_{ik})$ 为一组样本数据。

（3）ε_i 是误差项，随机变量，独立，期望值为0，方差未知但相同。

$$E(\varepsilon_i) = 0, V(\varepsilon_i) = \sigma^2, Cov(\varepsilon_i, \varepsilon_j) = 0 \quad i \neq j$$

（4）Y_i 是随机变量（因变量，被解释变量），独立，方差未知但相同，期望值为：

$$\beta_0 + \beta_1 x_{i1} + \beta_2 x_{i2} + \cdots + \beta_k x_{ik}$$

$$E(Y_i) = \beta_0 + \beta_1 x_{i1} + \beta_2 x_{i2} + \beta_k x_{ik}, V(Y_i) = \sigma^2, Cov(Y_i, Y_j) = 0 \quad i \neq j$$

假定条件用文字来叙述：

（1）假定因变量（预测值）是自变量的线性函数，其系数为 $\beta_0, \beta_1, \cdots \beta_k$。

（2）残差或误差项（因变量的实际值与预测值之差）是独立的。

（3）残差之均值为零，残差之方差是常数（未知）。

（4）如果要对 $\beta_0, \beta_1, \cdots \beta_k$ 作区间估计和检验，假定残差是正态。

要对 $\beta_0, \beta_1, \cdots \beta_k$ 作点估计，不须假定残差是正态。数据最好不要有极值。

以上模型可以用矩阵来表示：Y＝Xβ+6ε

$$Y=\begin{pmatrix}Y_1\\Y_2\\\vdots\\Y_n\end{pmatrix}\quad X=\begin{pmatrix}1 & x_{11} & x_{12} & \cdots & x_{1k}\\1 & x_{21} & x_{22} & \cdots & x_{2k}\\\vdots & \vdots & \vdots & \ddots & \vdots\\1 & x_{n1} & x_{n2} & \cdots & x_{nk}\end{pmatrix}$$

$$\beta=\begin{pmatrix}\beta_0\\\beta_1\\\vdots\\\beta_k\end{pmatrix}\quad \varepsilon=\begin{pmatrix}\varepsilon_1\\\varepsilon_2\\\vdots\\\varepsilon_n\end{pmatrix}\quad X^{\mathrm{T}}=\begin{pmatrix}1 & 1 & \cdots & 1\\x_{11} & x_{21} & \cdots & x_{31}\\\vdots & \vdots & \ddots & \vdots\\x_{1k} & x_{2k} & \cdots & x_{nk}\end{pmatrix}$$

X^{T}是X的转置矩阵（transpose）。Y是 $n\times1$ 的矩阵，X是 $n\times(k+1)$的矩阵，β是$(k+1)\times1$的矩阵，ε是 $n\times1$ 的矩阵，X^{T}是$(k+1)\times$n 的矩阵。

β的估计量b是：$b=\begin{pmatrix}b_0\\b_1\\\vdots\\b_n\end{pmatrix}$

7.1.2 参数估计

参数β的点估计b，是利用最小二乘法（least squares method），这是使误差项的平方和最小的估计值。求得下列联立方程式：

$$X^T Xb = X^T Y$$

所以β的估计量b是：

$$b=\left(X^T X\right)^{-1} X^T Y$$

两个自变量的最小二乘法和多元回归如图7-1所示。

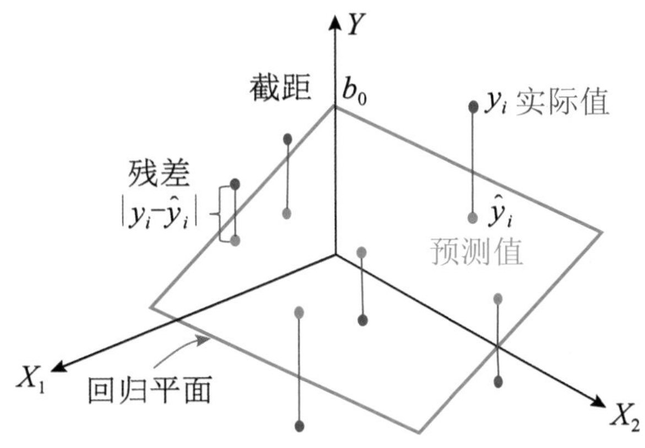

图7-1 最小二乘法和多元回归

计算方差分析的各项平方和如下：

（1）总离差平方和（Total Sum of Squares）：

$$SST=\sum_{i=1}^{n}\left(y_1-\bar{y}\right)^2=SSE+SSR=Y^TY-n\bar{Y}^2$$

（2）回归平方和（Regress Sum of Squares）：

$$SSR=\sum_{i=1}^{n}\left(\hat{y}_i-\bar{y}\right)^2=b'X'Y-n\bar{Y}^2$$

（3）残差平方和（Residual Sum of Squares，请注意：在有些书用RSS缩写）：

$$SSE=\sum_{i=1}^{n}\left(y_i-\hat{y}_i\right)^2=X'Y-b'X'Y$$

回归模型方差（未解释方差）σ^2 的估计量 $\hat{\sigma}^2$：

$$MSE=\frac{1}{n-k-1}\sum_{i=1}^{n}\left(y_i-\hat{y}_i\right)^2=\frac{SS_E}{n-k-1}$$

多元判定系数R^2（coefficient of multiple determination）是判定所有X_i变量对Y是否有（直线的）关系。修正判定系数 R_a^2（adjusted R^2）定义如下：

$$r^2=\frac{SSR}{SST}=1-\frac{SSE}{SST}\qquad r_a^2=1-\left(\frac{n-1}{n-k-1}\right)\frac{SSE}{SST}$$

回归系数估计量b的共变量矩阵（covariance matrix）是：

$$Cov(b)=\begin{pmatrix} V(b_0) & Cov(b_0,b_1) & \cdots & Cov(b_0,b_k) \\ Cov(b_1,b_0) & V(b_1) & \cdots & Cov(b_1,b_k) \\ \vdots & \vdots & \ddots & \vdots \\ Cov(b_k,b_0) & Cov(b_k,b_1) & \cdots & V(b_k) \end{pmatrix}=\sigma^2\left(X'X\right)^{-1}$$

$$Cov(b_i,b_i)=V(b_i)$$

共变数矩阵 $Cov(b)$的估计量：

$$S_b^2=\begin{pmatrix} S_{b_0}^2 & S_{b_0b_1} & \cdots & S_{b_0b_k} \\ S_{b_1b_0} & S_{b_1}^2 & \cdots & S_{b_1b_k} \\ \vdots & \vdots & \ddots & \vdots \\ S_{b_kb_0} & S_{b_kb_1} & \cdots & S_{b_k}^2 \end{pmatrix}=MSE\left(X'X\right)^{-1}$$

7.1.3 适合性检验

利用方差分析 F 分配检验回归方程的显著性：

H_0：$\beta_1=\beta_2=\cdots=\beta_k=0$

H_1：至少有一个$\beta_j\neq 0$

多元回归分析的方差分析如表7-1所示。

表7-1 多元回归分析的方差分析

方差来源	自由度	方差	均平方和	F值
回归模型 Regression	k	SSR	$MSR=\dfrac{SSR}{k}$	$F=\dfrac{MSR}{MSE}$
误差 Error	$n-k-1$	SSE	$MSE=\dfrac{SSE}{n-k-1}$	
总和 Total	n	SST		

注：$F=\dfrac{MSR}{MSE}=\dfrac{r^2/k}{\left(1-r^2\right)/\left(n-k-1\right)}$ 若 $F\geqslant F_{\alpha,k,n-k-1}$，则拒绝$H_0$。

模型评价指标：

（1）$AIC=n\times\log\left(\dfrac{SSE_p}{n}\right)+2\times p$

（2）$CP=\dfrac{SSE_p}{MSE_f}-n+2\times p$

或 $CP=\dfrac{1}{n}\left(SSE+2p\hat{\sigma}^2\right)$

（3）$BIC=n\times\log\left(\dfrac{SSE_p}{n}\right)+p\times\log(n)$

（4）Adjusted $R^2=R_a^2=1-\left(\dfrac{n-1}{n-p-1}\right)\left(1-R^2\right)$

n 是样本的数目，p 是自变量的数目，$SSE_p=p$ 个自变量回归的残差平方和 SSE。

MSE_f=全部自变量回归的残差均方 MSE，误差项的估计值 $\hat{\sigma}^2$。

模型的 AIC、CP、BIC 是越小越好，其中有自变量的数目 p，是惩罚项。

模型的 R^2、 R_a^2 是越大越好。

7.1.4 实例计算

食品公司抽样16个超级市场，比较广告与销售量的关系。自变量$X1$是DM信箱广告，自变量$X2$是销售点试吃广告，因变量Y是广告期间销售量。多元回归分析。

MLR.cvs 文件如下：

	A	B	C
1	X1	X2	Y
2	2	2	8.74
3	2	3	10.53
4	2	4	10.99
5	2	5	11.97
6	3	2	12.74
7	3	3	12.83
8	3	4	14.69
9	3	5	15.3
10	4	2	16.11
11	4	3	16.31
12	4	4	16.46
13	4	5	17.69
14	5	2	19.65
15	5	3	18.86
16	5	4	19.93
17	5	5	20.51

$$Y^{\mathrm{T}}=\begin{pmatrix}8.74\\10.53\\10.99\\11.97\\12.74\\12.83\\14.69\\15.30\\16.11\\16.31\\16.46\\17.69\\19.65\\18.86\\19.93\\20.51\end{pmatrix}\quad X=\begin{pmatrix}1&2&2\\1&2&3\\1&2&4\\1&2&5\\1&3&2\\1&3&3\\1&3&4\\1&3&5\\1&4&2\\1&4&3\\1&4&4\\1&4&5\\1&5&2\\1&5&3\\1&5&4\\1&5&5\end{pmatrix}$$

$$X^{\mathrm{T}}X=\begin{pmatrix}16&56&56\\56&216&196\\56&196&216\end{pmatrix}\quad \left(X^{\mathrm{T}}X\right)^{-1}=\begin{pmatrix}1.2875&-0.175&-0.175\\-0.175&0.05&0\\-0.175&0&0.05\end{pmatrix}$$

$$b=\left(X^{\mathrm{T}}X\right)^{-1}X^{\mathrm{T}}Y=\begin{pmatrix}1.2875&-0.175&-0.175\\-0.175&0.05&0\\-0.175&0&0.05\end{pmatrix}\begin{pmatrix}243.31\\912.17\\865.70\end{pmatrix}=\begin{pmatrix}2.13437\\3.02925\\0.70575\end{pmatrix}$$

回归方程为：

$$y=2.13437+3.02925X1+0.70575X2$$

$$SST=\sum_{i=1}^{n}\left(y_i-\overline{y}\right)^2=SSE+SSR=Y^{\mathrm{T}}Y-n\overline{Y}^2=197.25$$

$$SSR=\sum_{i=1}^{n}\left(\hat{y}_i-\overline{y}\right)^2=b^{\mathrm{T}}X^{\mathrm{T}}Y-n\overline{Y}^2=193.49$$

$$SSR=\sum_{i=1}^{n}\left(y_i-\hat{y}_i\right)^2=Y^{\mathrm{T}}Y-b^{\mathrm{T}}X^{\mathrm{T}}Y=3.76$$

回归模型方差（未解释方差），即σ^2的估计量：

$$MSE=\frac{SSE}{n-k-1}=0.289$$

判定系数r^2：

$$r^2=\frac{SSR}{SST}=1-\frac{SSE}{SST}=0.981$$

$$r_a^2=1-\left(\frac{n-1}{n-k-1}\right)\frac{SSE}{SST}=1-\left(\frac{15}{13}\right)\frac{3.76}{197.25}=0.978$$

所以这个回归模型的解释能力相当高。

利用方差分析 F检验 H_0：$\beta_1=\beta_2=0$的假设。

多元回归分析的方差分析如表7-2所示。

表7-2　多元回归分析的方差分析

变数来源 Source	自由度 *df*	平方和 *SS*	平均平方和 *MS*	F比值	
				F-ratio	$F_{0.05,2,13}$
回归模型	2	$SSR=193.49$	$MSR=96.745$	$F=334.75$	3.81
误差	13	$SSE=3.76$	$MSE=0.289$		
总和 Total	15	$SST=197.25$			

注：因为 $F=334.75 \geqslant F_{0.05,2,13}=3.81$，所以拒绝H0。

共变量矩阵$Cov(b)$的估计量：

$$S_b^2=0.289\begin{pmatrix}1.2875 & -0.175 & -0.175\\ -0.175 & 0.05 & 0\\ -0.175 & 0 & 0.05\end{pmatrix}$$

7.1.5　R语言的实例计算

7.1.4节实例的R 语言程序如下

【R例7.1】数据MRL.csv，函数reg{定义函数}

数据框格式data. frame：16个观察值　3个变量

```
> # R例7.1
> MRL <- read.csv("C:/R/MRL.csv")
> str(MRL) ; head(MRL) ;  edit(MRL) ;  options(digits=3)
> # 利用矩阵运算，定义 reg 函数
> reg <- function(y, x) { x <- as.matrix(x)
+ x <- cbind(Intercept = 1, x)  # X 矩阵
+ b <- solve(t(x) %*% x) %*% t(x) %*% y
+ colnames(b) <- "估计参数"
+ print(b)  # b = 回归参数
+ n <- nrow(x) + k <- nrow(b)-1
+ z <- mean(y) + y <- as.matrix(y)
+ b <- as.matrix(b) + SS1 <- n * z ^2
+ SS2 <- t(b) %*% t(x) %*% y
+ SS3 <- t(y) %*% y + S1 <- SS2 - SS1
+ S2 <- SS3 - SS2 + S3 <- SS3 - SS1
+ MSE <- S2 / (n-k-1)
+ Rsq <- S1 / S3
+ AdjRsq <- 1 - (n-1)*S2/((n-k-1)*S3)
```

	X1	X2	Y
1	2	2	8.74
2	2	3	10.53
3	2	4	10.99
4	2	5	11.97
5	3	2	12.74
6	3	3	12.83
7	3	4	14.69
8	3	5	15.3
9	4	2	16.11
10	4	3	16.31
11	4	4	16.46
12	4	5	17.69
13	5	2	19.65
14	5	3	18.86
15	5	4	19.93
16	5	5	20.51

```
+ cat(" " , "\n")
+ cat("SSR = " , S1, "\n")
+ cat("SSE = ", S2, "\n")
+ cat("SST = ", S3, "\n")
+ cat("MSE = ", MSE, "\n")
+ cat("Rsq = ", Rsq, "\n")
+ cat("AdjRsq = ", AdjRsq, "\n") }
> reg(y = MRL$Y, x = MRL[1])     # X1对Y回归
> reg(y = MRL$Y, x = MRL[1:2])   # X1, X2对Y回归
```

```
                  估计参数
Intercept           2.1344
X1                  3.0292
X2                  0.7058

SSR =  193.5
SSE =  3.762
SST =  197.3
MSE =  0.2894
Rsq =  0.9809
AdjRsq =  0.978
```

```
> re <- lm(Y~X1+X2, MRL) ; re
> # X1, X2对Y回归
> summary(re)
Coefficients:
             Estimate Std. Error t value Pr(>|t|)
(Intercept)    2.134      0.610    3.50   0.0039 **
X1             3.029      0.120   25.18  2.0e-12 ***
X2             0.706      0.120    5.87  5.5e-05 ***
> anova(re)  # X1, X2对Y回归的方差分析
Analysis of Variance Table

Response: Y
          Df Sum Sq Mean Sq F value  Pr(>F)
X1         1  183.5   183.5   634.3 2.0e-12 ***
X2         1   10.0    10.0    34.4 5.5e-05 ***
Residuals 13    3.8     0.3
---
Signif. codes:  0 '***' 0.001 '**' 0.01 '*' 0.05 '.' 0.1 ' ' 1
```

7.2 变量（特征）选择

7.2.1 偏相关系数

偏判定系数（partial determination coefficient）$\rho^2_{yk\cdot(all\ excepty,k)}$是当其他自变量“已经”对y作回归方程式，变量$x_k$再加入回归方程，则可以增加对 y 方差的解释程度。

偏相关系数（partial correlation coefficient）$\rho_{yk\cdot(all\ excepty,k)}$是当其他变量保持常数，变量$Y$与变量$X_k$的相关系数。换言之，$\rho_{y1\cdot 23}$是当变量$X_2$与$Y_3$保持常数，其他变量不考虑时，变量$Y$与变量$X_1$的相关系数。另外一种说法是，$X_1$对$X_2$与$X_3$回归的残差（residual），与$Y$对$X_2$与$X_3$回归的残差（residual），两者之间的相关系数。

$$\rho_{XY \cdot Z} = \frac{\rho_{XY} - \rho_{XY}\rho_{YZ}}{\sqrt{1-\rho_{XZ}^2}\sqrt{1-\rho_{YZ}^2}}$$

$$r_{XY \cdot Z} = \frac{r_{XY} - r_{XY}r_{YZ}}{\sqrt{1-r_{XZ}^2}\sqrt{1-r_{YZ}^2}}$$

【R例7.2】数据X，Y，Z，函数lm

数据框格式data. frame：4 观察值3 变量

```
> # R例7.2
> X = c(2,4,10,20) ;  Y = c(2,1,3,4)
> Z = c(0,1,1,1) ; options(digits = 3)
> mm1 = lm(X~Z) ; res1 = mm1$residuals
> mm2 = lm(Y~Z) ; res2 = mm2$residual
> cor(res1,res2) # = 0.945
> M = data.frame(X, Y, Z) ;  cor(M)
# r(XY.Z) = [r(XY) - r(XZ)*r(YZ)] / [sqr(1-r(XZ)^2)*sqr(1-r(YZ)^2)]
# = [0.894 - 0.577*0.258] / [sqr(1-0.577^2)*sqr(1-0.258^2)] = 0.944
```

```
      X     Y     Z
X 1.000 0.894 0.577
Y 0.894 1.000 0.258
Z 0.577 0.258 1.000
```

样本偏判定系数 $R^2_{yk\cdot(all\ except\ y,k)} = \hat{\rho}^2_{yk\cdot(all\ except\ y,k)}$ 是偏判定系数 $\rho^2_{yk\cdot(all\ except\ y,k)}$ 的估计量。样本偏相关系数 $R_{yk\cdot(all\ except\ y,k)} = \hat{\rho}_{yk\cdot(all\ except\ y,k)}$ 是偏相关系数 $\rho_{yk\cdot(all\ except\ y,k)}$ 的估计量。

令$SSR(X_1)$为Y对X_1回归的“已解释方差”平方和。$SSR(X_1，X_2，X_3)$为Y对X_1，X_2与X_3回归的“已解释方差”平方和。

令$SSR(X_1)$为Y对X_1回归的误差（残差，“未解释方差”）平方和。$SSE(X_1，X_2，X_3)$为Y对X_1，X_2与X_3回归的误差（残差，“未解释方差”）平方和。

$SST=SSR(X_1)+SSE(X_1)=SSR(X_1，X_2)+SSE(X_1，X_2)=\cdots=\sum\left(Y-\bar{Y}\right)^2$

$SSR(X_1)\leqslant SSR(X_1，X_2)\leqslant SSR(X_1，X_2，X_3)\leqslant\cdots\leqslant SSR(X_1，X_2，\cdots，X_p)$

自变量越多，SSR越大，SSE越小。

$SSE(X_1)\geqslant SSE(X_1，X_2)\geqslant SSE(X_1，X_2，X_3)\geqslant\cdots\geqslant SSE(X_1，X_2，\ldots，X_p)$

令$SSR(X_2 \mid X_1)$为“已有X_1对Y作回归，加入X_2当作回归自变量，可以增加回归的‘已解释方差’平方和”；$SSR(X_3 \mid X_1，X_2)$为“已有X_1，X_2对Y作回归，如果再加入X_3当作回归自变量，可以增加回归的‘已解释方差’平方和”。

$SSR(X_2 \mid X_1)=SSR(X_1，X_2)-SSR(X_1)=SSE(X_1)-SSE(X_1，X_2)$

$SSR(X_3 \mid X_1，X_2)=SSR(X_1，X_2，X_3)-SSR(X_1，X_2)=SSE(X_1，X_2)-SSE(X_1，X_2，X_3)$

因变量Y和其他自变数X_i的偏判定系数 $R^2_{y4\cdot123}$ 或记作 $R^2_{YX_4\cdot X_1X_2X_3}$ 的计算如下：

$$R^2_{y3\cdot124} = \frac{SSR\left(X_3 \mid X_1,X_2,X_4\right)}{SSE\left(X_1,X_2,X_4\right)} = \frac{SSE\left(X_1,X_2,X_4\right)-SSE\left(X_1,X_2,X_3,X_4\right)}{SSE\left(X_1,X_2,X_4\right)}$$

$$R^2_{y3\cdot124} = \frac{SSR\left(X_1,X_2,X_3,X_4\right)-SSR\left(X_1,X_2,X_4\right)}{SST-SSR\left(X_1,X_2,X_4\right)} \quad \left(1\leqslant R^2_{y3\cdot124}\leqslant 1\right)$$

当回归方程式已有X_1，X_2，…，X_{k-1}自变量，如果加入新增的自变量X_k，但是使$SSR(X_1,X_2,...,X_{k-1})$增加到$SSR(X_1,X_2,...,X_{k-1},X_k)$，增加很少，即$SSR(X_k \mid X_1,X_2,\cdots,X_{k-1})$很小，则自变数$X_k$不值得再加入回归方程式，如图7-2所示。

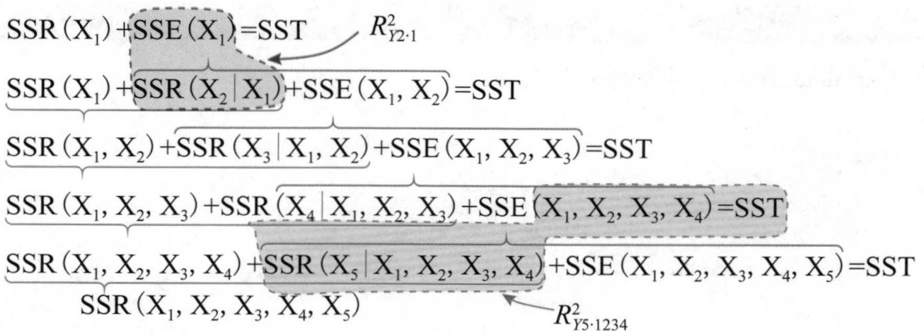

$\mathrm{SSR}(X_1)+\mathrm{SSE}(X_1)=\mathrm{SST}$　　$R^2_{Y2\cdot1}$

$\mathrm{SSR}(X_1)+\mathrm{SSR}(X_2 \mid X_1)+\mathrm{SSE}(X_1, X_2)=\mathrm{SST}$

$\mathrm{SSR}(X_1, X_2)+\mathrm{SSR}(X_3 \mid X_1, X_2)+\mathrm{SSE}(X_1, X_2, X_3)=\mathrm{SST}$

$\mathrm{SSR}(X_1, X_2, X_3)+\mathrm{SSR}(X_4 \mid X_1, X_2, X_3)+\mathrm{SSE}(X_1, X_2, X_3, X_4)=\mathrm{SST}$

$\mathrm{SSR}(X_1, X_2, X_3, X_4)+\mathrm{SSR}(X_5 \mid X_1, X_2, X_3, X_4)+\mathrm{SSE}(X_1, X_2, X_3, X_4, X_5)=\mathrm{SST}$

$\mathrm{SSR}(X_1, X_2, X_3, X_4, X_5)$　　$R^2_{Y5\cdot1234}$

图7-2　偏相关系数公式

偏相关系数检验：

H_0：已经有X_1对Y回归，则X_2不值得加入对Y的回归方程，即$\rho_{y2\cdot1}=0$。

H_1：已经有X_1对Y回归，则X_2值得加入对Y的回归方程，即$\rho_{y2\cdot1}\neq0$。

检验的统计量（n是样本数据的数目）：

$$t^*=\frac{R_{y2\cdot1}\sqrt{n-3}}{\sqrt{1-R^2_{y2\cdot1}}}$$

若$\left|t^*\right|>t_{\frac{\alpha}{2},(n-3)}$，则拒绝$H_0$。

前进式逐步回归检验：

H_0：有$X_1,\cdots,X_{k-1}$对Y回归，则X_k不值得加入对Y的回归方程，即$\rho_{yk\cdot1\cdots(k-1)}=0$。

H_1：有$X_1,\cdots,X_{k-1}$对Y回归，则X_k值得加入对Y的回归方程，即$\rho_{yk\cdot1\cdots(k-1)}\neq0$。

检验的统计量（n是样本数据的数目）：

$$t^*=\frac{R_{yk\cdot1\cdots(k-1)}\sqrt{n-k-1}}{\sqrt{1-R^2_{yk\cdot1\cdots(k-1)}}}$$

若$\left|t^*\right|>t_{\frac{\alpha}{2},(n-k-1)}$，则拒绝$H_0$。

【R例7.3】数据*X*1~*X*4，*Y*，函数lm

数据框格式data.frame：9个观察值　5个变量，*X*1，*X*2，*X*3，*X*4，*Y*

```
> # R例7.3
> if(!require(asbio)){install.packages("asbio")} ; library(asbio)
> X1 <-c(13,20,10,11,2,25,30,25,23)
> X2 <-c(1.2,2,1.5,1,0.3,2,3,2.7,2.5)
```

```
> X3 <-c(15,14,16,12,10,18,25,24,20)
> X4 <-c(45,120,100,56,5,20,5,15,15)
> Y<-as.vector(c(20,30,10,15,5,45,60,55,45))
> lm.with<-lm(Y~X1+X2+X3+X4)
> lm.without<-update(lm.with, ~. - X2)
> partial.R2(lm.without, lm.with)
   [1] 0.202
```

7.2.2 逐步回归

选择适当的多元回归模式，有两种方法：一种是后退消除法（Backward elimination procedure），另一种是逐步回归法（Stepwise Regression Procedure）。

（1）后退消除法（Backward elimination procedure）是将所有自变量放入多元回归模式，然后删除不适当的无关自变量，一直到找出最适当的多元回归模式，逐一移除变量直到移除任何一个变量时，模型都会损失过多的解释力。适合样本数n大于变量数p。

（2）前进选择法（Forward selection procedure）是先将一个自变量放入复回归模式，然后再加入适当的有关自变量，一直到找出最适当的回归模式，任何一个变量的额外贡献度（AIC值）已经没有统计意义了。适合于变量数p 大于样本数n。

（3）双向逐步回归法（Both Stepwise Regression Procedure）是以上两种方法的结合，同时考虑新增或移除变量对模型的影响，但是运算效率会比较慢。前进法在新增变量后就不会再取出，并以现状为基准，来衡量后续添加变量的贡献。因此有时候会因为添加顺序而产生问题，例如开始先选 $X1$，接下来就会选 $X2$；可是如果先选 $X2$，却不保证接下来一定会选 $X1$。后退也同理。

用R语言的几个包，做逐步回归，程序码没有数据：

```
> library(tidyverse) ; library(caret) ; library(leaps) ; library(MASS)
> # MASS 包建立一个完整的线性回归
> full.model <- lm(Y ~., data)
> # Stepwise regression model
> # direction = 双向 "both" , 前进 "forward", 后退 "backward"
> # AIC移除或增加变量，看移除或增加哪个变量后 AIC 下降或增加最多
> step.model <- stepAIC(full.model, direction = "both", trace = FALSE)
> summary(step.model)
> # leaps 包regsubsets 的 method =后退"backward", 前进"forward", 双向
+ "seqrep"
> models <- regsubsets(Y~., data , nvmax = 5, method = "seqrep")
> summary(models) ; set.seed(123)
> #  k- 折交叉验证
```

```
> train.control <- trainControl(method = "cv", number = 10)
> #  caret 包的训练函数 train 训练leaps 包
> #  method = 后退 "leapBackward", 前进 "leapForward", 双向 "leapSeq"
> step.model <- train(Y ~., data, method = "leapBackward",
> tuneGrid = data.frame(nvmax = 1:5), trControl = train.control )
> step.model$results ;  step.model$bestTune
> summary(step.model$finalModel)
> coef(step.model$finalModel, 4)
> # caret 包的训练函数 train，训练MASS 包
> step.model <- train(Y ~., data, method = "lmStepAIC", trControl =
+ train.control, trace = FALSE )
> step.model$results  # 模型正确性
> step.model$finalModel # 最后模型系数
> summary(step.model$finalModel)
```

7.2.3 部分子集回归

部分子集回归法（Subsets Regression）可选择限制回归变量的数目。

【R例7.4】数据swiss，函数regsubsets{leaps}

数据框格式 data.frame：47个观察值 6个变量

```
> # R例7.4
> install.packages("tidyverse")
> install.packages("caret") ; install.packages("leaps")
> library(tidyverse) ; library(caret) ; library(leaps)
> data(swiss) ; str(swiss)  # 'data.frame': 47 obs. of 6 variables
> models <- regsubsets(Fertility~., data = swiss, nvmax = 5)
> summary(models) ; res.sum <- summary(models)
> data.frame( Adj.R2 = which.max(res.sum$adjr2),
+ CP = which.min(res.sum$cp), BIC = which.min(res.sum$bic) )
> # Adj.R2 = Adj.R2 最大的变量数目
> # CP = CP 最小的变量数目 , # BIC = BIC 最小的变量数目)
> get_model_formula <- function(id, object, outcome){
+  models <- summary(object)$which[id,-1]
+  predictors <- names(which(models == TRUE))
+  predictors <- paste(predictors, collapse = "+")
+  as.formula(paste0(outcome, "~", predictors)) }
> get_model_formula(3, models, "Fertility") # 3 个变量的模型
> get_cv_error <- function(model.formula, data){set.seed(1)
+   train.control <- trainControl(method = "cv", number = 5)
+   cv <- train(model.formula, data = data, method = "lm",
+   trControl = train.control) + cv$results$RMSE }
```

```
> # 计算交叉验证误差
> model.ids <- 1:5
+  cv.errors <- map(model.ids, get_model_formula, models,
+ "Fertility") %>% + map(get_cv_error, data = swiss) %>% unlist()
> cv.errors ; which.min(cv.errors) ; coef(models, 4)
```

7.2.4 压缩方法

逐步回归是使用自变量子集法（subsets），将个别变量进行放入模型或移除，看模型的表现幅度怎么样。压缩方法（shrinkage）是用优化的手法，对系数和$\sum\beta_j$加以限制，使得自变量随着惩罚值λ增加时，其系数会有所收缩。压缩方法是压缩自变量，是正则化（regularization）的技巧，将回归的权重和给予限制，借此限制模型的复杂度，解决过拟合的问题。

压缩方法称为惩罚性回归，正则化回归，有三种回归模型：Ridge回归、Lasso回归和Elastic net回归，如图7-3所示，其数学公式跟几何意义表示如下：

❶ Ridge 回归：使用L2-norm进行正则

$$\min_{\beta}\left\{\sum_{i=1}^{n}\left(y_i-\beta_0-\sum_{j=1}^{p}\beta_j x_{ij}\right)^2\right\}\text{subject to}\sum_{j=1}^{p}\beta_j^2\leqslant s$$

写成拉格朗日方程：

$$\min_{\beta}\left\{\sum_{i=1}^{n}\left(y_i-\beta_0-\sum_{j=1}^{p}\beta_j x_{ij}\right)^2+\lambda\sum_{j=1}^{p}\beta_j^2\right\}$$

式中：λ是惩罚系数，不同的λ会有不同的Ridge回归估计$\widehat{\beta}_J$。

❷ Lasso 回归：使用L1-norm进行正则

$$\min_{\beta}\left\{\sum_{i=1}^{n}\left(y_i-\beta_0-\sum_{j=1}^{p}\beta_j x_{ij}\right)^2\right\}\text{subject to}\sum_{j=1}^{p}\left|\beta_j\right|\leqslant s$$

写成拉格朗日方程：

$$\min_{\beta}\left\{\sum_{i=1}^{n}\left(y_i-\beta_0-\sum_{j=1}^{p}\beta_j x_{ij}\right)^2+\lambda\sum_{j=1}^{p}\left|\beta_j\right|\right\}$$

式中：λ是惩罚系数，不同的λ会有不同的Lasso回归估计$\widehat{\beta}_J$。

❸ Elastic net 回归：结合使用L1-norm和L2-norm进行正则

$$\min_{\beta}\left\{\sum_{i=1}^{n}\left(y_i-\beta_0-\sum_{j=1}^{p}\beta_j x_{ij}\right)^2+\lambda\left(\rho\sum_{j=1}^{p}\left|\beta_j\right|+(1-\rho)\sum_{j=1}^{p}\beta_j^2\right)\right\}$$

Elastic net 回归结果是Ridge 回归和Lasso回归的组合。

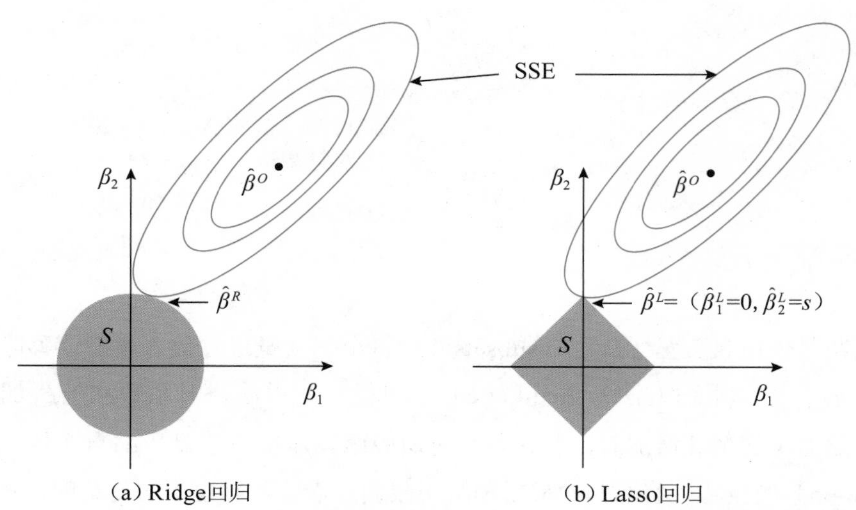

图7-3　Ridge回归与Lasso回归

系数和的限制，用 Lp范数：$\|c\|_p=\left(\sum_i |c_i|^p\right)^{1/p}$

Lasso 是L1范数是 β_j 的绝对值和给予限制，形成菱形的可行解域。

Ridge 是L2 范数是 β_j 的平方和给予限制，形成圆形的可行解域。

由于 L1 跟 L2形成的可行解域并不同，因此在收缩变量上面，Ridge 跟 Lasso的表现也不一样。

用R做图，X轴为 λ（惩罚值），Y轴为各变量的系数值。随着 λ 增加时，Lasso的变量系数会陆续变为 0；但Ridge却不一样，直到某个瞬间才会全部一起变成0。因为这样的特性，只要选取一个恰当的 λ，便可以在Lasso上找出系数尚未为0的变量，以此来进行变量挑选，如图7-4所示。

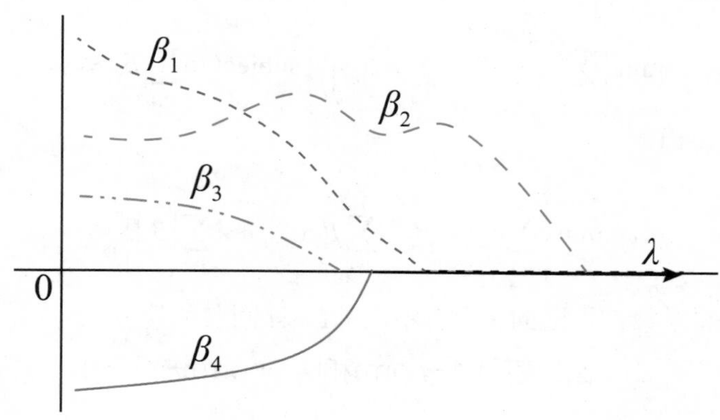

图7-4　λ 的收缩效果

不同的 λ 会产生不同的收缩效果，所以可以利用交叉验证的手法，验证在不同 λ 值下模型的表现如何，然后取残差最小的（表现最好）模型，其所对应的λ算是比较好的值。

【R例7.5】数据trees.SVC，函数glmnet{glmnet}

数据框格式 data.frame：31 个观察值　3个变量

```
> # R例7.5
> if(!require(glmnet)){install.packages("glmnet")}
> library(glmnet) ; data(trees) ; data <- trees ; str(data)
> Y = data[,3] ; x <- model.matrix(Y~., data)[,-1]
> lambda <- 10^seq(10, -2, length = 100) ; set.seed(100)
> train = sample(1:nrow(x), nrow(x)/2)  # 抽样半数当训练数据
> test = (-train)  # 另外半数当测试数据
> # 建立基本的 Ridge 模型 alpha = 0 是 ridge 回归
> ridge.mod <- glmnet(x[train,], y[train], alpha = 0, lambda = lambda)
> # 用交叉验证找最适 lambda最佳的惩罚值 lambda.min
> cv.out <- cv.glmnet(x[train,], y[train], alpha = 0)
>  bestlam <- cv.out$lambda.min
>  # 预测
>  ridge.pred <- predict(ridge.mod, s = bestlam, newx = x[test,])
>  mean((ridge.pred-ytest)^2) # 计算误差 MSE
>  # 建立基本的 Lasso 模型 alpha = 1 是lasso 回归
>  lasso.mod <- glmnet(x[train,], y[train], alpha = 1, lambda = lambda)
>  lasso.pred <- predict(lasso.mod, s = bestlam, newx = x[test,])
>  mean((lasso.pred-ytest)^2)
```

7.3 Logistic逻辑回归

Logistic回归（逻辑回归、对数概率回归）的因变量（目标变量、被解释变量、响应变量）是分类变量，基本上是二分类变量，也可以扩张到多分类变量。

Logistic回归的假定条件：

（1）因变量（预测值）是分类变量，自变量X是连续变量。$p=p(X)$是预测值的概率。

（2）logit(p)= log(p /(1 - p))是自变量的线性函数。

（3）自变量没有极值。

（4）自变量没有高度的内部相关（共线性）。

逻辑回归的自变量$X_1,X_2,\cdots,X_p$，因变量Y，自变量X_i是连续变量，Y是 0-1分类变量。假定：$X=\left(X_1,X_2,\cdots,X_p\right),x=\left(x_1,x_2,\cdots,x_p\right)$：

$p(Y=1|X=x)=p(X)$ 是当 $X=x$ 时预测 $Y=1$ 的概率。

如果用多元直线回归：

$$p(X)=\beta_0+\beta_1X_1+\beta_2X_2+\cdots+\beta_pX_p$$

$p(X)$ 是概率，但是它可能大于 1，也可能小于 1，这就不对，如图7-5（a）所示。

Y 是0-1二分类变量贝努里（Bernoulli）分布，这是二项binomial分布家族的成员，在 R 语言要设定 family=binomial。因此 $p(X)$ 转换为logistic函数，如图7-5（b）所示。

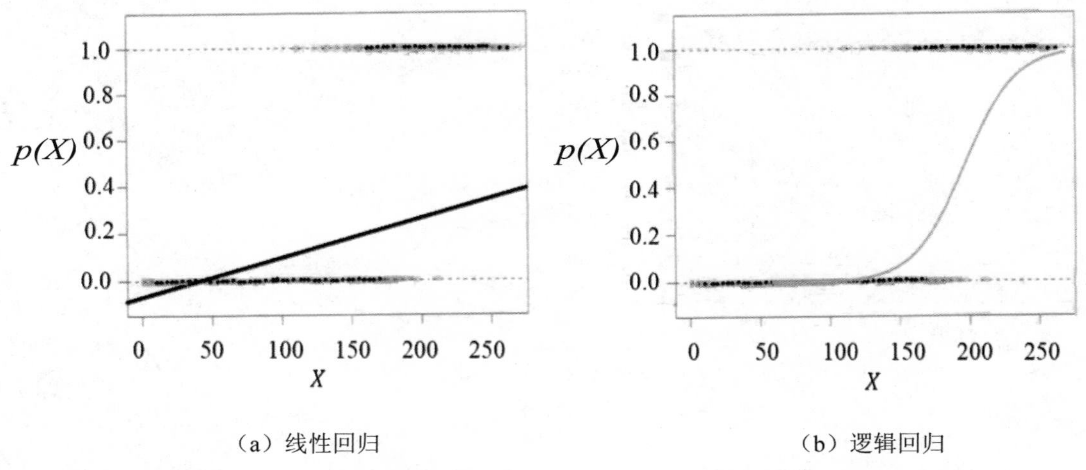

（a）线性回归　　（b）逻辑回归

图7-5　线性回归与逻辑回归

$$p(X)=\frac{e^{\beta_0+\beta_1X_1+\beta_2X_2+\cdots+\beta_pX_p}}{1+e^{\beta_0+\beta_1X_1+\beta_2X_2+\cdots+\beta_pX_p}}$$

经过简单数学运算：

$$p(X)/\left[1-p(X)\right]=e^{\beta_0+\beta_1X_1+\beta_2X_2+\cdots+\beta_pX_p}$$

两边加对数log函数：

$$\log\left(\frac{p(X)}{1-p(X)}\right)=\beta_0+\beta_1X_1+\beta_2X_2+\cdots++\beta_pX_p$$

估计参数 $\widehat{\beta}_0,\widehat{\beta}_1,\widehat{\beta}_2,\cdots\widehat{\beta}_p$ 使用最大似然估计，数值优化算法如梯度下降法、牛顿法，用迭代的方法求其最优解。

如果：

$$p(X=x)=\frac{e^{\widehat{\beta}_0+\widehat{\beta}_1x_1+\widehat{\beta}_2x_2+\cdots+\widehat{\beta}_px_p}}{1+e^{\widehat{\beta}_0+\widehat{\beta}_1x_1+\widehat{\beta}_2x_2+\cdots+\widehat{\beta}_px_p}}>0.5$$

则 $Y=1$ 。

【R例7.6】股票数据：Smarket {ISLR}，函数glm{stats}

数据框格式 data.frame：1250个观察值　9个变量

```
> # R例7.6
```

```
> library("ISLR") ; data(Smarket) ; options(digits=4)
> head(Smarket) # Y=Direction
> glm.fit = glm(Direction ~ Volume, family=binomial, data = Smarket)
> coef(glm.fit)  # Logistic 回归系数
```

```
(Intercept)      Volume
    -0.1151      0.1277
```

```
> glm.probs = predict(glm.fit, type="response")
> head(glm.probs)  # P(Direction=Up | Volume = 1.191)=0.5093
```

```
     1      2      3      4      5      6
0.5093 0.5126 0.5163 0.5120 0.5097 0.5143
```

验算

$$p(X=x)=\frac{e^{-0.115+0.1277\times1.191}}{1+e^{-0.115+0.1277\times1.191}}=0.5093$$

7.4 R语言实战

7.4.1 股票数据

【R例7.7】股票数据：Smarket {ISLR}，函数glm

股票数据 Smarket 是 S&P 股票指数，2001—2005年1250天的数据。

Smarket是一个数据框，有以下9个变量，1250个观测记录。

Year 为观察记录的年份；

Lag1 为观察记录当天和前1天涨跌的百分比；

Lag2 为观察记录当天和前2天涨跌的百分比；

Lag3为观察记录当天和前3天涨跌的百分比；

Lag4 为观察记录当天和前4天涨跌的百分比；

Lag5 为观察记录当天和前5天涨跌的百分比；

Volume 为观察记录当天的成交量；

Today 为观察记录当天涨跌的百分比；

Direction 为分类因子，观察记录当天上涨或下跌。

```
> # R例7.7
> if(!require(ISLR)){install.packages("ISLR")}
> library(ISLR)
```

```
> names(Smarket) ; dim(Smarket) ; options(digits = 3)
> pairs(Smarket) ; head(Smarket)
> cor(Smarket[,-9])
> lm(Today~Lag1+Lag2,data=Smarket) ; attach(Smarket)
> plot(Volume)
> glm.fit = glm(Direction ~ Lag1+Lag2+Lag3+Lag4+Lag5+Volume,
+ family=binomial, data = Smarket )
> summary(glm.fit) ; coef(glm.fit)
(Intercept)      Lag1      Lag2      Lag3      Lag4      Lag5    Volume
   -0.12600  -0.07307  -0.04230   0.01109   0.00936   0.01031   0.13544
> summary(glm.fit)$coef
> glm.probs = predict(glm.fit, type="response") ; glm.probs
> glm.pred = rep("Down",1250) ; glm.pred[glm.probs> .5] = "Up"
> table(glm.pred, Smarket$Direction)
> mean(glm.pred==Smarket$Direction)
> train <- Smarket$Year <2005 #train = (Year<2005)
> Smarket.2005 = Smarket[!train, ] ; dim(Smarket.2005)
> # Direction.2005 = Direction [!train]
> Direction.2005 = Smarket$Direction[!train]
> glm.fit = glm(Direction ~ Lag1+Lag2+Lag3+Lag4+Lag5+Volume,
+ family=binomial, data = Smarket, subset = train)
> glm.probs = predict(glm.fit, Smarket.2005, type="response")
> glm.pred = rep("Down", 252) ; glm.pred[glm.probs>.5]="Up"
> table(glm.pred, Direction.2005)
> mean(glm.pred!= Direction.2005) ; mean(glm.pred== Direction.2005)
> glm.fit = glm(Direction ~ Lag1+Lag2, family=binomial, data = Smarket,
+ subset = train)
> glm.probs = predict(glm.fit, Smarket.2005, type="response")
> glm.pred = rep("Down",252) ; glm.pred[glm.probs>0.5]="Up"
> table(glm.pred, Direction.2005)
> mean(glm.pred!= Direction.2005) ; mean(glm.pred== Direction.2005)
> 106/(106+76)
> predict(glm.fit, newdata=data.frame(Lag1=c(1.2,1.5), Lag2=c(1.1,-0.8)),
+ type="response")
```

7.4.2 乳腺癌病理数据

【R例7.8】乳腺癌病理数据：数据 biopsy.csv，函数glm

数据框格式：209 个样本观察值　11 个特征变量（不含 ID编号）

（1）ID编号；（2）V1 肿块厚度；（3）V2 细胞大小均匀性；（4）V3 细胞形状均匀性；（5）V4 边缘粘连；（6）V5 上皮细胞大小；（7）V6 裸核；（8）V7温和的染色质；

（9）V8 正常核；（10）V9有丝分裂；（11）class分类（“良性”=2 或“恶性”=4）

相关系数如图7-6所示。

```
> # R例7.8
> if(!require(MASS)){install.packages("MASS")}
> library(MASS) ; data(biopsy) ; str(biopsy) ; biopsy$ID = NULL
> names(biopsy) = c("thick", "u.size", "u.shape", "adhsn", "s.size",
+  "nucl", "chrom", "n.nuc", "mit", "class")
> names(biopsy) ; biopsy.v2 <- na.omit(biopsy)
> y <- ifelse(biopsy.v2$class == "malignant", 1, 0)
> library(reshape2) ; library(ggplot2)
> biop.m <- melt(biopsy.v2, id.var = "class")
+ ggplot(data = biop.m, aes(x = class, y = value)) + geom_boxplot()
> facet_wrap(~ variable, ncol = 3)
> if(!require(corrplot)){install.packages("corrplot")}
> library(corrplot)
> bc <- cor(biopsy.v2[ ,1:9])
> #create an object of the features
> corrplot.mixed(bc)
> set.seed(123)
> ind <- sample(2, nrow(biopsy.v2),
> replace = TRUE, prob = c(0.7, 0.3))
> train <- biopsy.v2[ind==1, ]
> test <- biopsy.v2[ind==2, ]
```

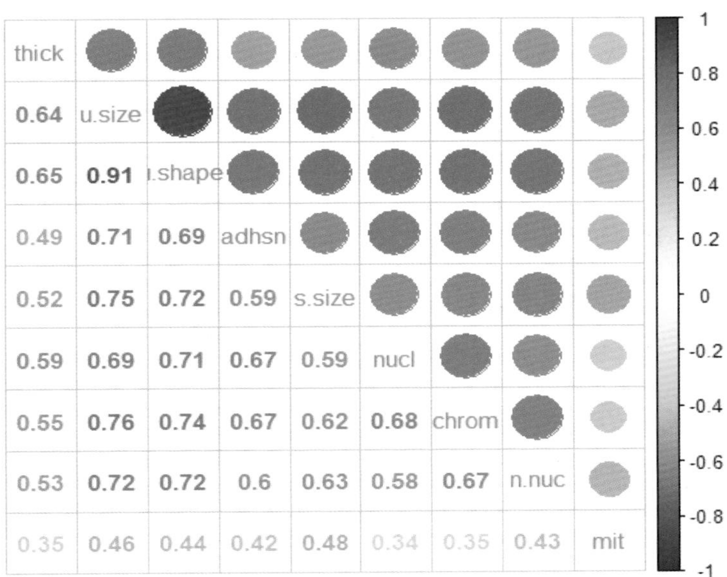

图7-6　相关系数图

```
> str(test)
> table(train$class)
> table(test$class)
> full.fit <- glm(class ~ ., family = binomial, data = train)
> summary(full.fit)
> coef(full.fit) # Ligist回归系数
(Intercept)      thick     u.size    u.shape      adhsn     s.size       nucl
     -9.429      0.525     -0.105      0.280      0.309      0.287      0.406
      chrom      n.nuc        mit
      0.274      0.224      0.430
> confint(full.fit) # Ligist回归系数置信区间
> exp(coef(full.fit)) ; library(car) ; vif(full.fit)
> train.probs <- predict(full.fit, type = "response")
> train.probs[1:5] #inspect the first 5 predicted probabilities
> contrasts(train$class)
> if(!require(InformationValue)){install.packages("InformationValue")}
> library(InformationValue)
> trainY <- y[ind==1] ; testY <- y[ind==2]
> confusionMatrix(trainY, train.probs)
> misClassError(trainY, train.probs)
> confusionMatrix(trainY, train.probs)
> test.probs <- predict(full.fit, newdata = test, type = "response")
> misClassError(testY, test.probs)
> confusionMatrix(testY, test.probs)
> if(!require(bestglm)){install.packages("bestglm")}
> library(bestglm)
> X <- train[, 1:9] ; Xy <- data.frame(cbind(X, trainY))
> bestglm(Xy = Xy, IC = "CV", CVArgs = list(Method = "HTF", K = 10,
+ REP = 1), family=binomial)
> reduce.fit <- glm(class ~ thick + u.size + nucl, family = binomial,
+ data = train)
> test.cv.probs = predict(reduce.fit, newdata = test, type = "response")
> misClassError(testY, test.cv.probs)
> confusionMatrix(testY, test.cv.probs)
> bestglm(Xy = Xy, IC = "BIC", family = binomial)
> bic.fit <- glm(class ~ thick + adhsn + nucl + n.nuc,
+ family = binomial, data = train)
> test.bic.probs = predict(bic.fit, newdata = test, type = "response")
> misClassError(testY, test.bic.probs)
> confusionMatrix(testY, test.bic.probs)
```

```
    0   1
0 139   5
1   3  62
```

```
    0   1
0 138   1
1   4  66
```

7.4.3 医疗保险数据

【R例7.9】医疗保险：数据 insurance.csv，函数lm{stats}

医疗保险 insurance.csv 数据框格式包含1338个观察数据（行）和7个变量（列）。该数据集包含4个数字特征（年龄、bmi、小孩数目和医疗费用）和3个标称特征（性别、吸烟和居住地区）。目标变量是医疗费用。

（1）age：年龄；（2）sex：性别“female =1”，“male = 2”；（3）bmi：身高体重指数；（4）children：小孩数目；（5）smoker：吸烟 Factor 2 levels “no”，“yes”；（6）region：居住地区Factor 4 levels；（7）expenses：医疗费用

相关系数图如图7-7所示，特征数目和CP值如图7-8所示。

```
> # R例7.9
> if(!require(MASS)){install.packages("MASS")}
> insu <- read.csv("C:/R/insurance.csv", stringsAsFactors = TRUE)
> dim(insu) ; str(insu) ; head(insu) ; summary(insu$expenses)
> hist(insu$expenses, breaks = 30) ; table(insu$region)
> cor(insu[c("age", "bmi", "children", "expenses")])
> pairs(insu[c("age", "bmi", "children", "expenses")])
> if(!require(psych)){install.packages("psych")}
> library(psych) ; library(leaps)
> pairs.panels(insu[c("age", "bmi", "children", "expenses")])
> ins_model <- lm(expenses ~ age + children + bmi + sex + smoker + region,
+                data = insu)
> ins_model <- lm(expenses ~ ., data = insu)  # 结果同上
> ins_model

Call:
lm(formula = expenses ~ ., data = insurance)

Coefficients:
    (Intercept)              age          sexmale              bmi
         -11942              257             -131              339
       children        smokeryes  regionnorthwest  regionsoutheast
            476            23847             -353            -1036

> summary(ins_model)
> insu$age2 <- insu$age^2
> insu$bmi30 <- ifelse(insu$bmi >= 30, 1, 0)
> head(insu)
> ins_model2 <- lm(expenses ~ age + age2 + children + bmi + sex +
+                  bmi30*smoker + region, data = insu)
> summary(ins_model2) ; pairs(~ ., data = insu)
> if(!require(leaps)){install.packages("leaps")}
```

```
> fit <- lm(expenses ~ ., data = insu) ; summary(fit)
> sub.fit <- regsubsets(expenses ~ ., data = insu, nbest=1,
+ nvmax=dim(insu)[2], method="exhaustive")
> sub.fit ; sub <- summary(sub.fit)
> sub$which ; sub$rsq ; sub$adjr2 ; sub$Cp
> best.summary <- summary(sub.fit) ; names(best.summary)
> which.min(best.summary$rss) ; par(mfrow = c(1,1))
> plot(best.summary$cp, xlab = "number of features", ylab = "Cp")
> plot(sub.fit, scale = "Cp") ; which.min(best.summary$bic)
> which.max(best.summary$adjr2)
> fit.step <- step(ins_model, direction="backward") ; summary(fit.step)
> set.seed(100) ; test=sample(seq(1338),100, replace=FALSE)
> test.df= insu[test,]
> pred.step <- predict(fit.step, test.df) ; pred.step
```

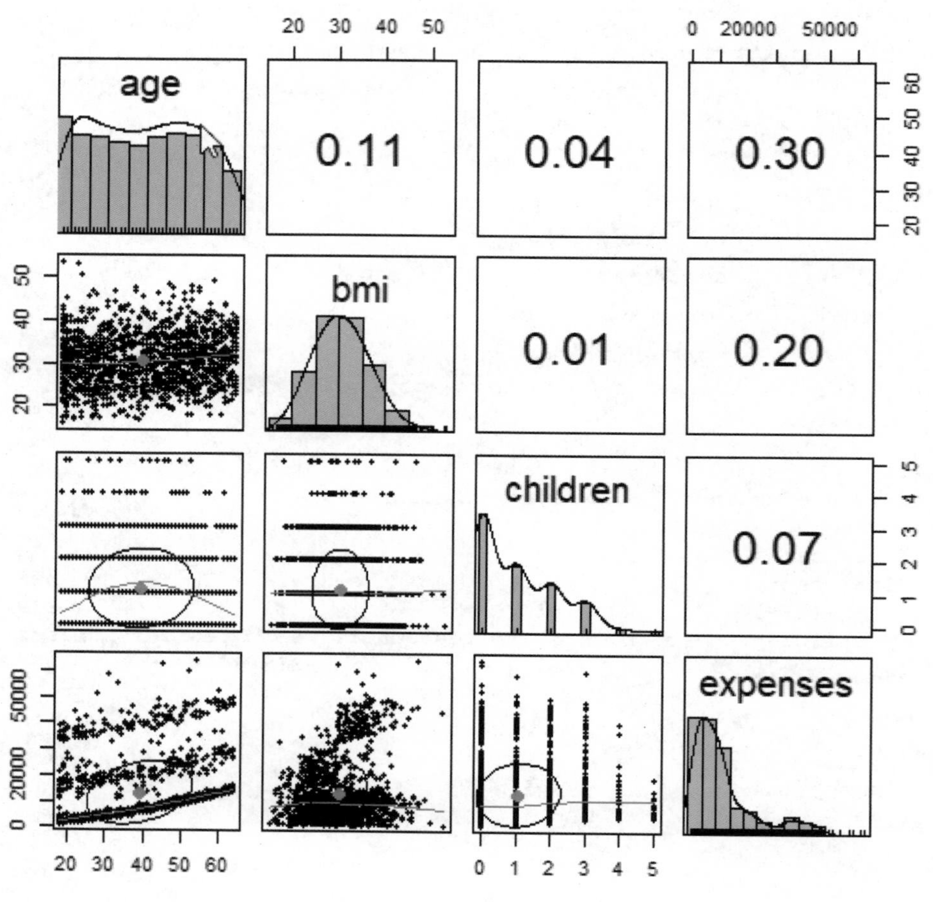

图7-7　相关系数图

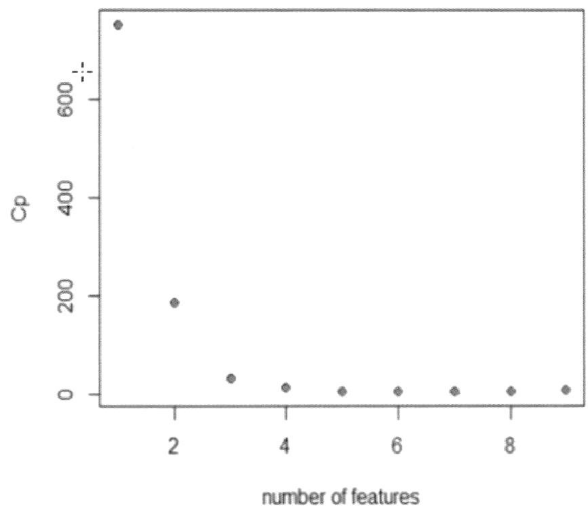

图7-8　特征数目和CP值

7.4.4　棒球数据

【R例7.10】棒球数据 Hitters csv，函数glm{stats}，glmnet{glmnet}

数据框格式：322个观察数据（行）20个变量（列）

（1）AtBat；（2）Hits；（3）HmRun；（4）Runs；（5）RBI；（6）Walks；（7）Years；（8）CatBat；（9）Chits；（10）ChmRun；（11）Cruns；（12）CRBI；（13）Cwalks；（14）League；（15）Division；（16）PutOuts；（17）Assists；（18）Errors；（19）Salary；（20）NewLeague

回归系数如图7-9、图7-10所示。

```
> # 例7.10
> if(!require(glmnet)){install.packages("glmnet")}
> if(!require(ISLR)){install.packages("ISLR")}
> if(!require(plotmo)){install.packages("plotmo")}
> library(glmnet) ; library(ISLR) ; library(plotmo)
> data(Hitters) ; str(Hitters) ; sum(is.na(Hitters))
> sum(is.na(Hitters$Salary))
> Hitters = na.omit(Hitters)   # 删除缺失值(遗失值)
> sum(is.na(Hitters)) ; names(Hitters) ;set.seed(1)
> train=sample(seq(263),180, replace=FALSE)
> X = model.matrix(Salary ~ ., Hitters)[, -1] ; y = Hitters$Salary
> fit = lm(Salary ~ ., Hitters)  #一般多元回归
> coef(fit) ; sum(abs(coef(fit)[-1])) ; sum(coef(fit)[-1] ^ 2)
> par(mfrow = c(1, 1)) ; fit_ridge = glmnet(X, y, alpha = 0)
> plot_glmnet(fit_ridge)
```

```
> plot_glmnet (fit_ridge, xvar = "lambda", label = 5)
> fit_ridge_cv = cv.glmnet(X, y, alpha = 0)
> plot(fit_ridge_cv) ; coef(fit_ridge_cv)  # 图7-11  Ridge 回归
> coef(fit_ridge_cv, s = "lambda.min")
> sum(coef(fit_ridge_cv, s = "lambda.min")[-1] ^ 2)
> predict(fit_ridge_cv, X, s = "lambda.min") ; predict(fit_ridge_cv, X)
> sqrt(fit_ridge_cv$cvm) ; sqrt(fit_ridge_cv$cvm[fit_ridge_cv$
> lambda == fit_ridge_cv$lambda.min]) ; fit_lasso=glmnet(X,y,alpha = 1)
> plot_glmnet(fit_lasso)
> plot_glmnet(fit_lasso, xvar="lambda", label = 5)
> fit_lasso_cv = cv.glmnet(X, y, alpha = 1)
> plot(fit_lasso_cv) ; coef(fit_lasso_cv)  # 图7-12  Lasso 回归
> coef(fit_lasso_cv, s = "lambda.min")
> sum(coef(fit_lasso_cv, s = "lambda.min")[-1] ^ 2)
> predict(fit_lasso_cv, X, s = "lambda.min")
> predict(fit_lasso_cv, X) ; mean((y - predict(fit_lasso_cv, X)) ^ 2)
> sqrt(fit_lasso_cv$cvm) ; set.seed(100)
> train=sample(seq(263),180,replace=FALSE)
> lasso.tr=glmnet(x[train,],y[train]) ; lasso.tr
> pred=predict(lasso.tr,x[-train,]) ; dim(pred)
> rmse= sqrt(apply((y[-train]-pred)^2,2,mean))
> plot(log(lasso.tr$lambda),rmse,type="b",xlab="Log(lambda)")
> lam.best=lasso.tr$lambda[order(rmse)[1]]
> lam.best ;  coef(lasso.tr,s=lam.best)
```

```
                    1
(Intercept) 115.377
AtBat             .
Hits          1.475
HmRun             .
Runs              .
RBI               .
Walks         1.657
Years             .
CAtBat            .
CHits             .
CHmRun            .
CRuns         0.166
CRBI          0.345
CWalks            .
LeagueN           .
DivisionW   -19.244
PutOuts       0.100
Assists           .
Errors            .
NewLeagueN        .
```

图7-9　Ridge回归系数

```
                      1
(Intercept)   199.41811
AtBat           0.09343
Hits            0.38977
HmRun           1.21288
Runs            0.62323
RBI             0.61855
Walks           0.81047
Years           2.54417
CAtBat          0.00790
CHits           0.03055
CHmRun          0.22655
CRuns           0.06127
CRBI            0.06338
CWalks          0.06072
LeagueN         3.74330
DivisionW     -23.54519
PutOuts         0.05620
Assists         0.00788
Errors         -0.16420
NewLeagueN      3.31377
```

图7-10　Lasso回归系数

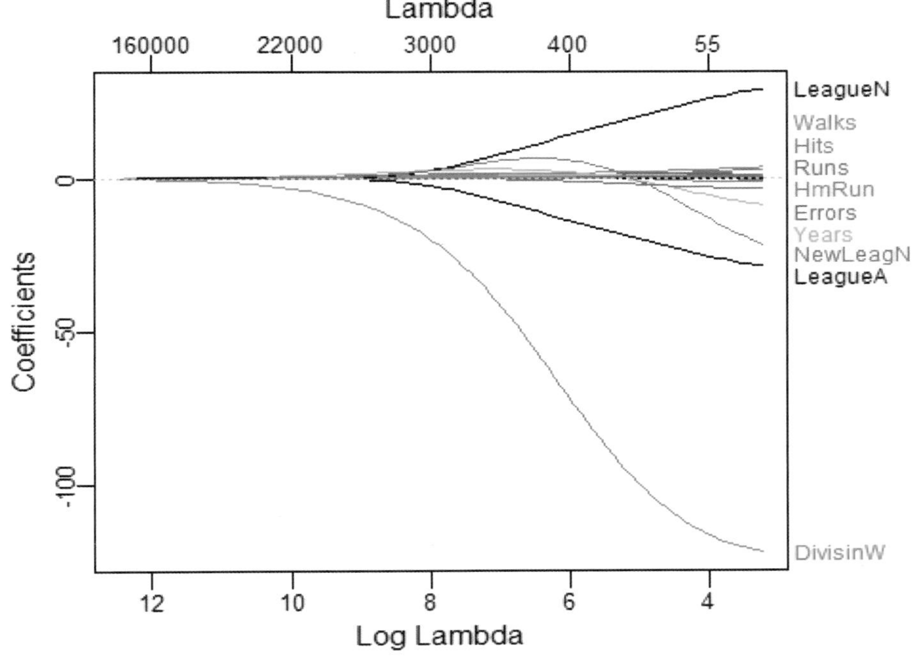

图7-11　Ridge回归

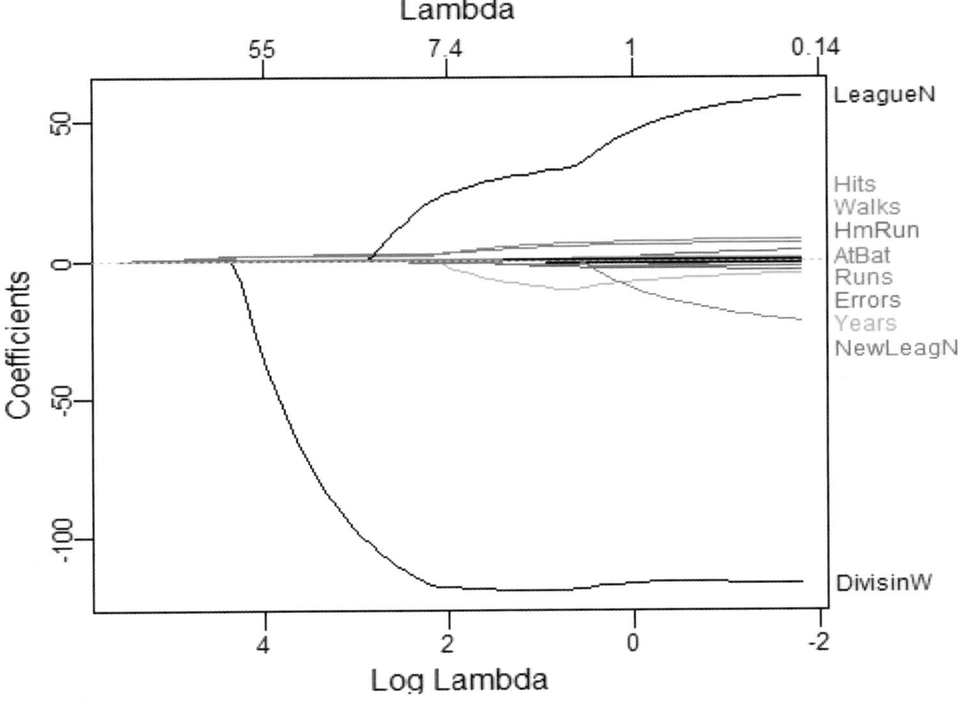

图7-12　Lasso回归

7.4.5 波士顿房价数据

【R例7.11】数据 Boston，函数包 glmnet，caret

美国波士顿地区的房价数据

数据框格式data.frame：506 个观察值　14 个变量

crim，zn，indus，chas，nox，rm，age，dis，rad，tax，ptratio，black，lstat，medv（因变量 房价中位数）

相关示意如图7-13～图7-15所示。

```
> # R例7.11
> library(tidyverse) ; library(caret) ; library(glmnet) ; library(plotmo)
> data("Boston", package = "MASS") ; set.seed(123)
> tr <- Boston$medv %>% createDataPartition(p = 0.8, list = FALSE)
> train <- Boston[tr, ] ; test <- Boston[-tr, ]
> x <- model.matrix(medv~., train)[,-1] ;
> y <- train$medv
> lasso = glmnet(x, y, alpha=0) ; plot_glmnet(lasso, main="LASSO")
> ridge = glmnet(x, y, alpha=1) ; plot_glmnet(fit_ridge, main="Ridge")
> elasticnet = glmnet(x, y, alpha = 0.3)
> plot_glmnet(elasticnet, main="Elastic Net")
```

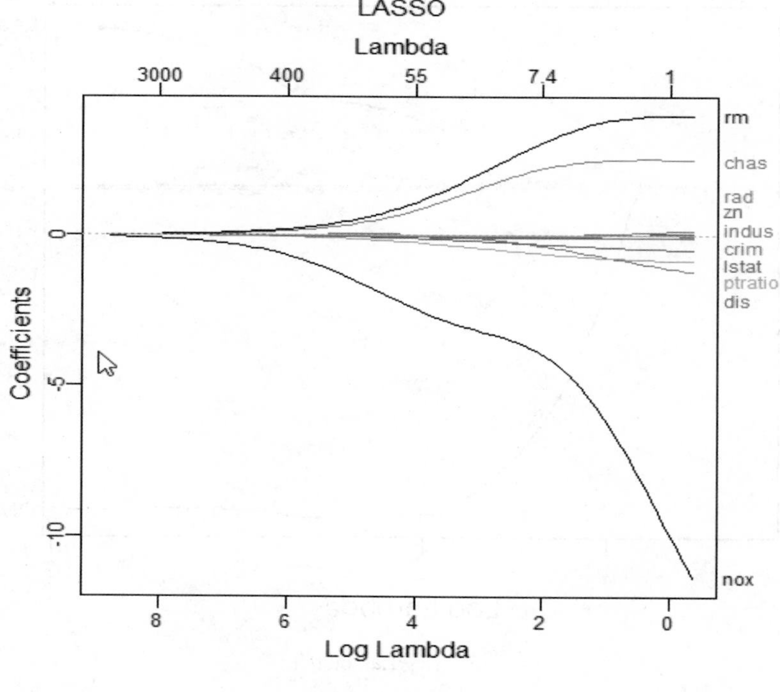

图7-13　Lasso

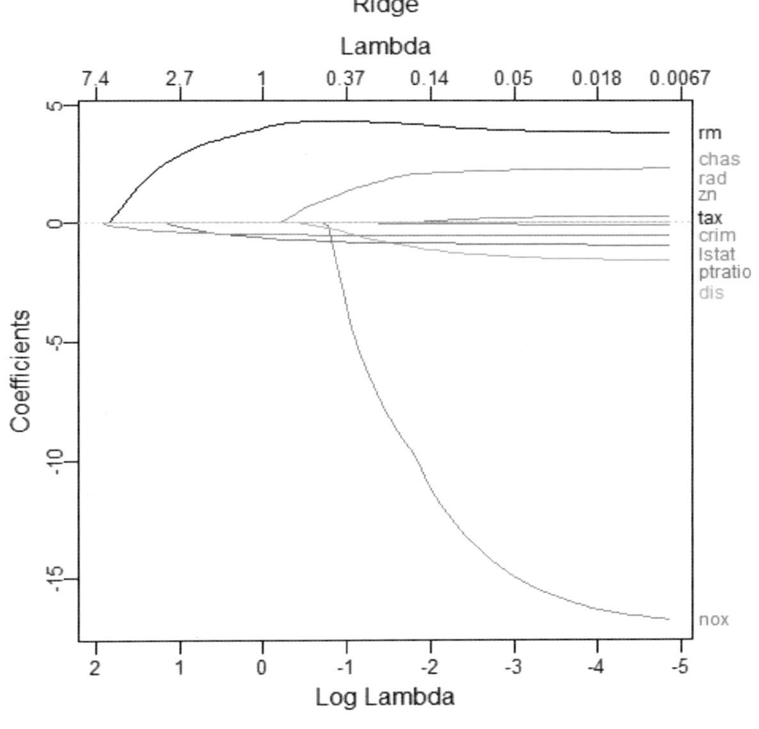

图7-14 Ridge

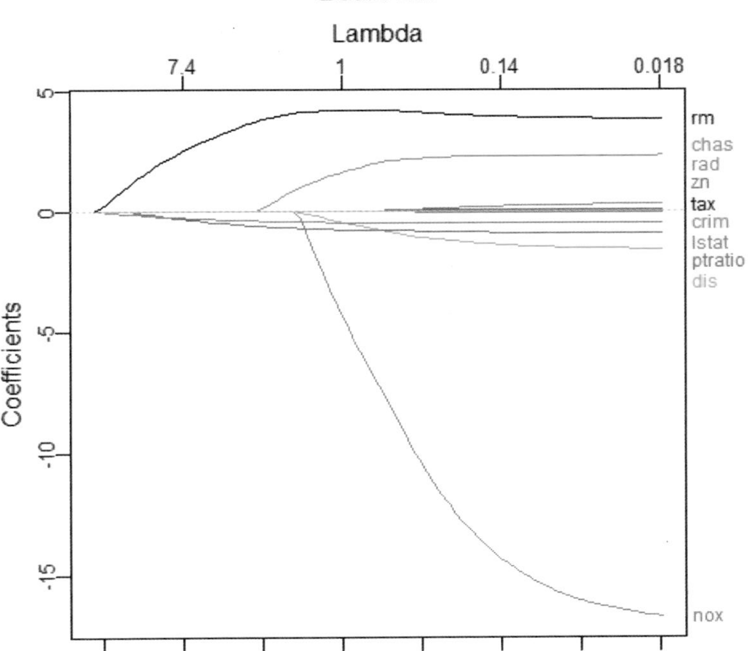

图7-15 Elastic Net

```
Call:  glmnet(x = x, y = y, alpha = 1)

       Df    %Dev   Lambda
  [1,]  0 0.00000 6.908000
  [2,]  1 0.09343 6.294000
  [3,]  2 0.18670 5.735000
  [4,]  2 0.26620 5.225000
  [5,]  2 0.33220 4.761000
> #  Df是自由度，非零的线性模型拟合系数的个数。
> #  %Dev模型解释的残差的比例，线性模型拟合的R^2（R-squred）。
> #  Lambda模型对应的 λ 值。
> set.seed(23) ;  cv <- cv.glmnet(x, y, alpha = 0) ;  cv$lambda.min
> model <- glmnet(x, y, alpha = 0, lambda = cv$lambda.min)
> plot(model, xvar="lambda", label=TRUE)
> coef(model) ; x.test <- model.matrix(medv ~., test)[,-1]
> predictions <- model %>% predict(x.test) %>% as.vector()
> data.frame(RMSE = RMSE(predictions, test$medv),
+ Rsquare = R2(predictions, test$medv) )
> # Lasso regression
> set.seed(123) ; cv <- cv.glmnet(x, y, alpha=1) ; cv$lambda.min
> model <- glmnet(x, y, alpha=1, lambda=cv$lambda.min) ; coef(model)
> x.test <- model.matrix(medv ~., test)[,-1]
> predictions <- model %>% predict(x.test) %>% as.vector()
> data.frame(RMSE = RMSE(predictions, test$medv),
+   Rsquare = R2(predictions, test$medv))
> # elastic net regression
> set.seed(123) ; model <- train(medv ~., data=train, method="glmnet",
+  trControl = trainControl("cv", number = 10), tuneLength = 10)
> model$bestTune ; coef(model$finalModel, model$bestTune$lambda)
> x.test <- model.matrix(medv ~., test)[,-1]
> predictions <- model %>% predict(x.test)
> data.frame(RMSE = RMSE(predictions, test$medv),
+  Rsquare = R2(predictions, test$medv) )
> # caret::train
> lambda <- 10^seq(-3, 3, length = 100)
> # ridge regression
> set.seed(123)
> ridge <- train(medv ~., data = train, method = "glmnet",
+  trControl = trainControl("cv", number = 10),
+  tuneGrid = expand.grid(alpha = 0, lambda = lambda) )
> coef(ridge$finalModel, ridge$bestTune$lambda)
> predictions <- ridge %>% predict(test)
> data.frame(RMSE = RMSE(predictions, test$medv),
+  Rsquare = R2(predictions, test$medv) )
```

```
> # lasso regression:
> set.seed(123)
> lasso <- train(medv ~., data = train, method = "glmnet",
+  trControl = trainControl("cv", number = 10),
+  tuneGrid = expand.grid(alpha = 1, lambda = lambda)    )
> coef(lasso$finalModel, lasso$bestTune$lambda)
> predictions <- lasso %>% predict(test)
> data.frame(RMSE = RMSE(predictions, test$medv),
+  Rsquare = R2(predictions, test$medv) )
> # Elastic net regression
> set.seed(123)
> elastic <- train(medv ~., data = train, method = "glmnet",
+  trControl = trainControl("cv", number = 10),
+  tuneLength = 10 )
> coef(elastic$finalModel, elastic$bestTune$lambda)
> predictions <- elastic %>% predict(test)
> data.frame(RMSE = RMSE(predictions, test$medv),
+  Rsquare = R2(predictions, test$medv) )
> models <- list(ridge = ridge, lasso = lasso, elastic = elastic)
> resamples(models) %>% summary( metric = "RMSE")
> # elastic net 的 RMSE 中位数最小
```

7.4.6 皮玛数据

【R例7.12】数据Pima2，函数chaid

本例对居住在美国亚利桑那州凤凰城附近的21岁以上的印地安皮玛（Pima）妇女进行糖尿病检测。这些数据源自美国国家糖尿病、消化和肾脏疾病研究所收集的血清胰岛素数据。

1. npreg，2. Glu，3. Bp，4. Skin，5. Bmi，6. Ped，7. Age，8. type（）

data.frame'：392 obs. of 9 variables：

pregnant，glucose，pressure，triceps，insulin，mass，pedigree，age，

目标变量 diabetes 因子两个水平“neg”” pos”

```
> # R例7.12
> library(tidyverse) ; library(caret) ; library(MASS)
> data("PimaIndiansDiabetes2", package = "mlbench")
> Pima2 <- na.omit(PimaIndiansDiabetes2) ; head(Pima2)
> set.seed(123)
> tr <- Pima2$diabetes %>% createDataPartition(p=0.8, list=FALSE)
> train <- Pima2[tr, ] ; > test <- Pima2[-tr, ]
```

```
> model <- glm( diabetes ~., data = train, family = binomial)
> summary(model)$coef ;  coef(model)
> prob <- model %>% predict(test, type = "response")
> head(prob)
> predicted.classes <- ifelse(prob > 0.5, "pos", "neg")
> head(predicted.classes)
> mean(predicted.classes == test$diabetes)
> observed.classes <- test$diabetes
> accuracy <- mean(observed.classes == predicted.classes)
> accuracy   # 正确率
> error <- mean(observed.classes != predicted.classes)
> error      # 错误率
> # 混淆矩阵
> table(observed.classes, predicted.classes)
> table(observed.classes, predicted.classes) %>%
+  prop.table() %>% round(digits = 3)
> predicted.classes <- as.factor(predicted.classes)
> observed.classes <- as.factor(observed.classes)
> confusionMatrix(predicted.classes, observed.classes, positive = "pos")
> library(pROC)  # ROC 曲线，如图7-16所示
> res.roc <- roc(observed.classes, prob)
> plot.roc(res.roc, print.auc = TRUE)
```

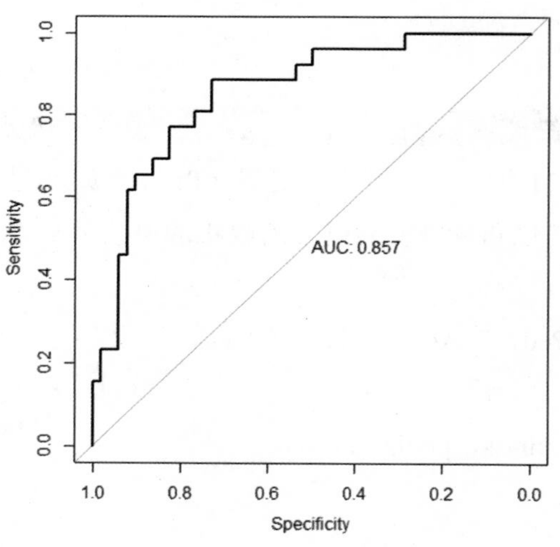

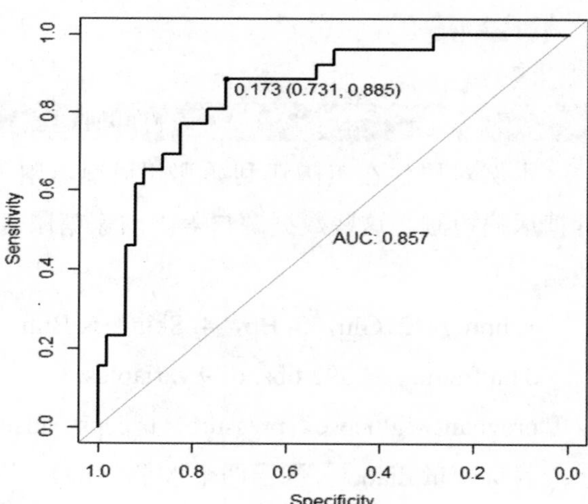

图7-16 ROC和AUC

```
> roc.data <- data_frame(thresholds = res.roc$thresholds,
+  sensitivity = res.roc$sensitivities,
+  specificity = res.roc$specificities )
> # 特异度大于0.6 的阈值和灵敏度
> roc.data %>% filter(specificity >= 0.6)
```

```
> plot.roc(res.roc, print.auc = TRUE, print.thres = "best")
> plot.roc(res.roc, print.thres = c(0.3, 0.5, 0.7))
> glucose <- ifelse(test$glucose < 127.5, "glu.low", "glu.high")
> age <- ifelse(test$age < 28.5, "young", "old")
> roc.data <- roc.data %>%  filter(thresholds !=-Inf) %>%
+  mutate(glucose = glucose, age =  age)
> # 比较 ROC 曲线，图7-17
> ggplot(roc.data, aes(specificity, sensitivity)) +
+  geom_path(aes(color = age)) +  scale_x_reverse(expand = c(0,0))+
+  scale_y_continuous(expand = c(0,0))+
+  geom_abline(intercept = 1, slope = 1, linetype = "dashed")+
+  theme_bw()
```

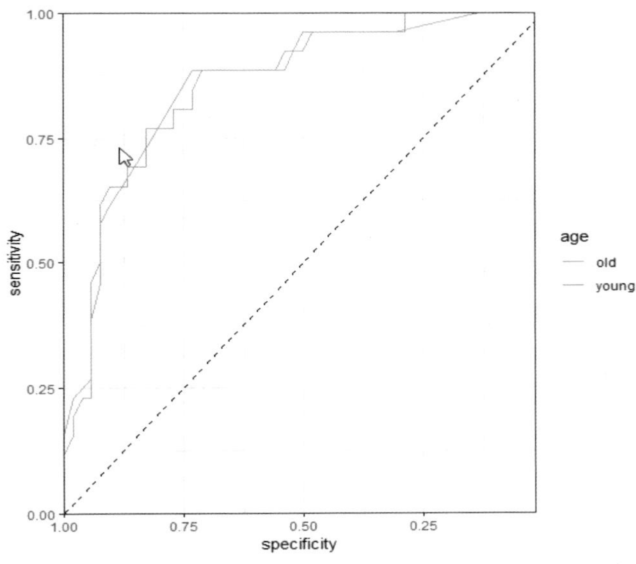

图7-17　比较ROC曲线

7.5 本章思维导图

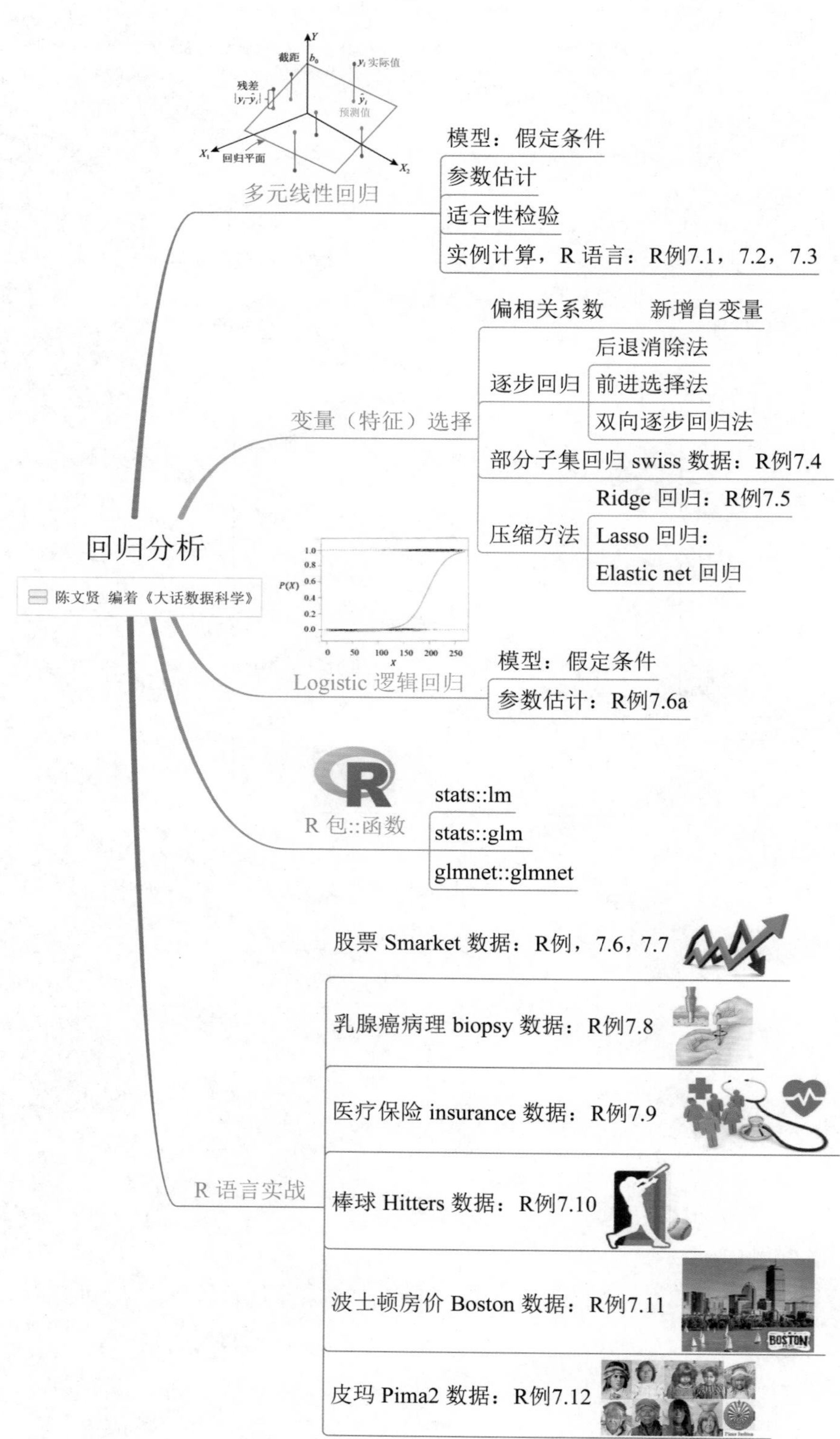
回归分析
陈文贤 编着《大话数据科学》
多元线性回归
截距
残差
实际值
预测值
回归平面
模型：假定条件
参数估计
适合性检验
实例计算，R 语言：R例7.1，7.2，7.3
变量（特征）选择
偏相关系数 新增自变量
逐步回归
后退消除法
前进选择法
双向逐步回归法
部分子集回归 swiss 数据：R例7.4
压缩方法
Ridge 回归：R例7.5
Lasso 回归：
Elastic net 回归
Logistic 逻辑回归
模型：假定条件
参数估计：R例7.6a
R 包::函数
stats::lm
stats::glm
glmnet::glmnet
R 语言实战
股票 Smarket 数据：R例，7.6，7.7
乳腺癌病理 biopsy 数据：R例7.8
医疗保险 insurance 数据：R例7.9
棒球 Hitters 数据：R例7.10
波士顿房价 Boston 数据：R例7.11
BOSTON
皮玛 Pima2 数据：R例7.12

第8章
近邻法

常言道：远亲不如近邻，休要失了人情。

——《水浒传·第二十四回》

相近的邻舍，强如远方的弟兄。

——《圣经·箴言》

8.1 学习器

近邻法（k-Nearest Neighbors，kNN）是机器学习中最简单易懂，而且是一个懒惰学习器、基于实例学习器和非参数学习器。

8.1.1 认真学习器和懒惰学习器

贝叶斯分类、决策树、支持向量机、类神经网络等监督式学习，称为热切或认真学习器（eager learner），因为这类学习器是认真地训练、验证和测试。

相对于认真学习器，当然是懒惰学习器（lazy learner），就是本章的*k*近邻法（k Nearest Neighbor，kNN），简称近邻法。懒惰学习是没有利用训练数据集来创建模型，只是测试集利用和训练集，来评价和预测，如图8-1所示。

```
> tr <-trainControl(method = “cv”, number = 5)#5-折交叉验证
> cvlm <-train(model, data, method = "lm", trControl = tr)
```

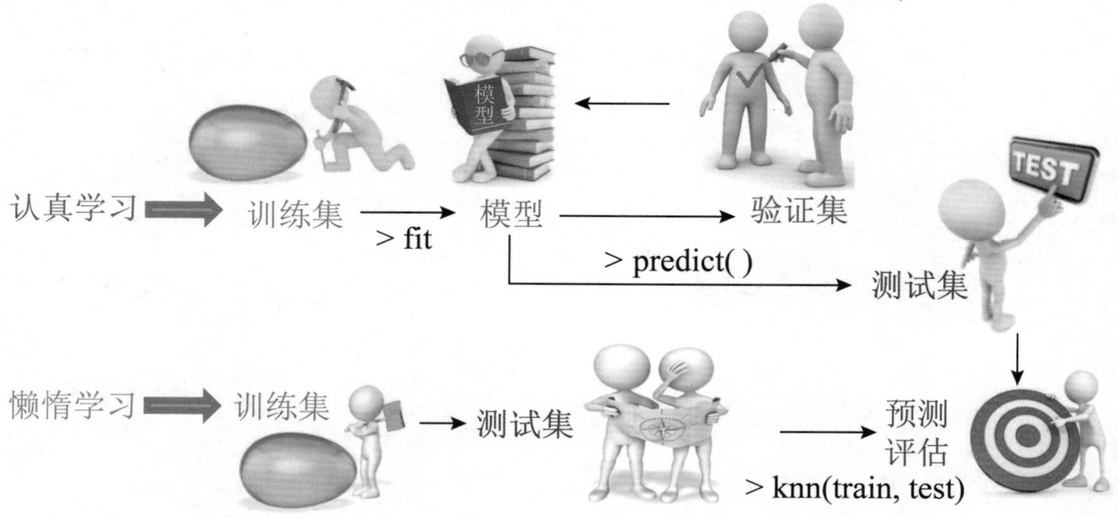

图8-1　认真学习与懒惰学习

用知识转移的观念说明机器学习的过程如图8-2所示，最主要是抽象化和泛化：

（1）抽象化（abstraction）：机器学习的建模，抽象化的知识表达有数学公式、关系图（如网络图、树图）、逻辑规则（if/then）、聚类图。简单地说，抽象化就是建模。

（2）泛化（generalization）：运用知识推广到其他情景，可能用到一些个人的自由意志（内隐知识），举一反三学习新规则。机器学习的泛化是用测试数据来验证模型，简单地说就是预测。

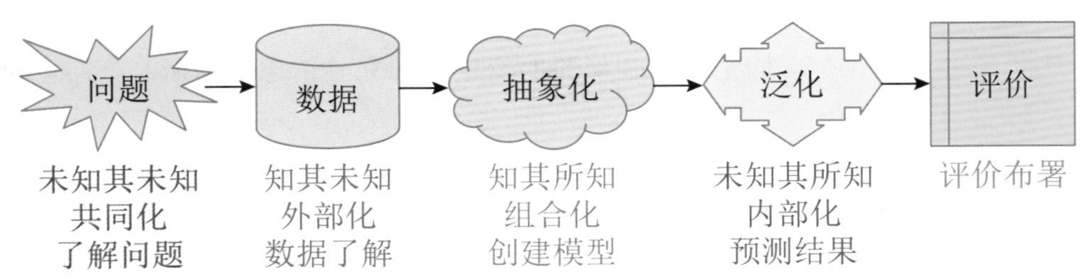

图8-2 机器学习的过程

近邻法称为懒惰学习，因为近邻法在抽象化（建模）和泛化（验证）方面，都不努力。所以，近邻法的训练数据基本上没有训练，所以是懒惰学习。

但是并非懒惰学习器就是不好，近邻法在某些分类问题，会有相当好的预测结果。

R语言函数包train.kknn{kknn} 和 train{caret}分别训练集和测试集，就不是懒惰学习。

8.1.2 基于实例学习器

近邻法是基于实例（instance based learning）的监督式学习，相对于基于特征或属性的学习。基于实例的监督式学习是以实例的距离或相似度为衡量基础，基本上没有用数据建立模型（特征的公式），例如回归模型是用特征变量建立模型。所以基于实例的监督式学习是“无参数学习方法”，因为没有从数据学习到参数，近邻法的参数k 是控制实例个数的参数，称为超参数。从另外一方面来说，这种基于实例学习器是要寻找自然的模式，而不是尝试将数据调适（fit）到一个先入为主可能偏误的函数模型，如图8-3所示。

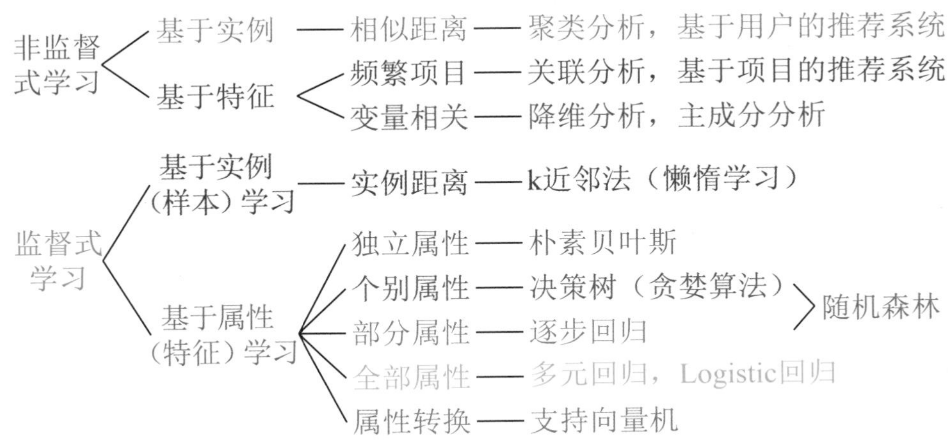

图8-3 基于实例或属性的学习模型

8.1.3 参数学习器和非参数学习器

学习器分为参数学习器与非参数学习器：

① 参数学习器

统计学的参数统计是：假定估计和检验的变量是独立且正态（高斯）分布，而且有参数。

机器学习的参数学习要求变量的假定条件和模型参数。算法包括两部分：① 选择目标函数的形式；② 从训练数据中学习目标函数的系数。参数学习模型无须大量的数据。

（1）参数学习器包括：

- 多元回归（Multiple Regression）：模型有固定函数和参数（回归系数）。
- 逻辑回归（Logistic Regression）：Logistic回归系数。
- 线性判别分析（Linear Discriminant Analysis）：假定高斯分布。
- 朴素贝叶斯：自变量（特征）是独立的连续变量，假定高斯分布且有参数（估计）。

（2）参数学习器的优点：

- 简单：算法容易理解和解释结果。
- 快速：参数模型学习和训练的速度都很快。
- 少量数据：通常无须大量的数据，泛化方差小。

（3）参数学习器的局限性：

- 约束：选定函数形式的方式高度限制模型。数据要符合假定条件。
- 有限的复杂度：通常只能应对简单的问题，复杂问题偏差大。限定参数的数目。
- 欠拟合：实战中通常无法匹配潜在的目标函数。

② 非参数学习器

对目标函数不作过多的假定的算法，称为非参数机器学习算法。通过不作假设（如独立正态），算法可以自由地从训练数据中学习任意形式的函数。如果拥有许多数据而先验知识很少时，非参数学习通常很有用，不需要关注于参数的选取。

非参数学习的自变量（特征属性）不需要假设特定的概率分布。

非参数学习没有从数据产生模型，限制了大家了解分类器如何使用数据，也就是说变量的解释能力。

非参数学习器在构造目标函数的过程中，对训练数据做最好的拟合，同时维持一些泛化到未知数据的能力。同样的，它们可以拟合各自形式的函数。

非参数学习器的一个例子是k近邻算法，其目标是基于k个最相近的模式对新的数据做预测。这种方法对于目标函数（输出变量）的形式，不作任何假设。参数的数目没有限定。

（1）非参数学习器的例子有：

- 近邻法：k 是超参数。
- 决策树Decision Treesk-Nearest Neighbors：例如CART和C4.5。
- 支持向量机（Support Vector Machines）。

（2）非参数学习器的优势：

- 灵活：可以拟合许多不同的函数形式。
- 能力：对于目标函数不作假设或只作微小的假设。
- 性能：对于预测表现可以非常好。

（3）非参数学习器的局限性：

- 需要更多数据：对于拟合目标函数需要更多的训练数据。
- 速度慢：因为需要训练更多的参数，训练过程通常比较慢。
- 过拟合：有更高的风险发生过拟合，对于预测也比较难以解释。
- 无法作正则化（regularization）。

参数学习器对于目标函数做很多的假设，这使得模型易于训练，需要的数据量少，同时也使得模型能力有限。

非参数学习器对于目标函数不作过多的假设，这使得模型需要更多的数据来训练，并且模型拥有高复杂度，同时也使得模型能力很强。

8.2 近邻法介绍

最近邻居法（*k*-nearest neighbors，简称*k*-NN算法或近邻法）是一种用于分类和回归的方法。所以，近邻法的目标变量可以是因子变量（分类）或连续变量（回归），输入的独立变量是连续或整数值，可计算距离。

8.2.1 *k*–近邻法算法步骤

k-近邻法算法步骤：

（1）设定 k 值。因为投票，k值最好是单数。

（2）已知训练数据 train，训练数据的自变量 train[，a：b]，目标变量值 train[，c]；测试数据 test，测试数据的自变量 test[，a：b]，目标变量值未知。

a：b = 自变量 a 到自变量 b。

（3）对测试数据到所有的训练数据的实例，计算其距离。

dist（test[i，a：b]，train[j，a：b]）

（4）在这些距离中，找出 k 个最小的距离。

（5）k 个最小的距离对应的实例的目标变量值，若为分类，则其“多数”为测试数据的目标变量值；若为回归，则其“均值”为测试数据的目标变量值。

（6）若测试数据已知目标变量值，则评价其误差，分类用混淆矩阵，回归用均方差。

如图8-4所示。

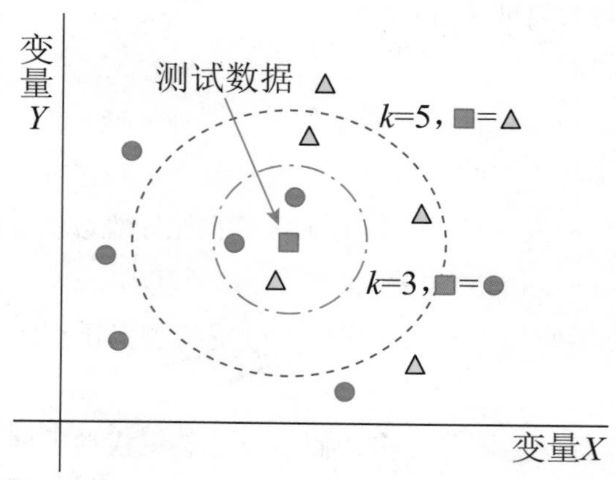

图8-4　k-NN近邻法分类

8.2.2　k-近邻法分类器

在k-NN近邻法分类中，输入是特征和分类（因子）的目标变量，输出是一个分类结果。一个对象的分类是由其邻居的“多数表决”决定的，k个最近邻居中最常见的分类决定了赋予该对象的类别。若$k = 1$，则该对象的类别直接由最近的一个样本点赋予，如图8-5所示。

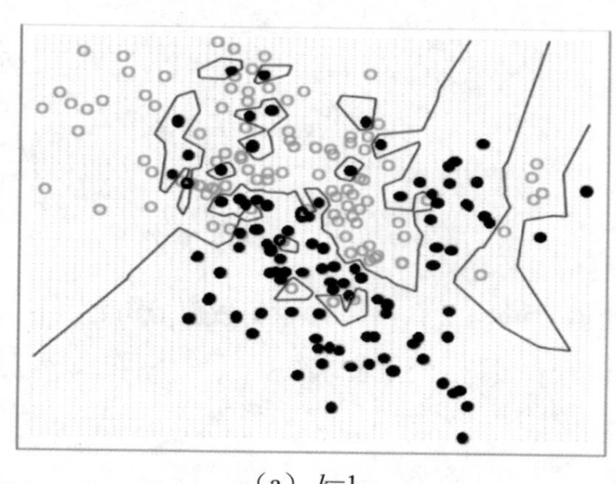

（a）k=1

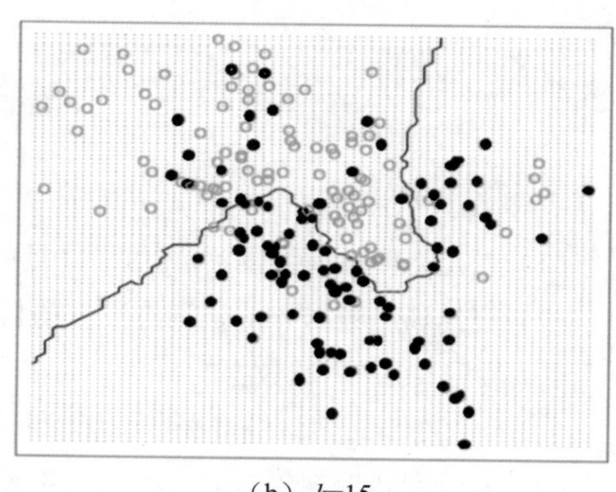

（b）k=15

图8-5　k-近邻法分类

k-近邻法的缺点是对数据的局部结构非常敏感。

k 越大，目标函数越平滑，方差越小，偏差越大，欠拟和。

k-近邻法分类，概念是相同类别的实例，彼此的距离近相似度高，借由计算与已知类别实例之相似度，来评估未知类别实例可能的分类。

“多数表决”分类会在类别分布偏斜时出现缺陷。也就是说，出现频率较多的样本将会主导测试点的预测结果。解决这个缺点的方法之一是在进行分类时将样本到*k*个近邻点的距离考虑进去。*k*近邻点中每一个的分类（对于回归问题来说，是数值）都乘以与测试点之间距离的呈反比的权重。

衡量邻居的权重都非常有用，使较近邻居的权重比较远邻居的权重大。例如，一种常见的加权方案是给每个邻居权重赋值为1/ *d*，其中*d*是到邻居的距离。

在二元（两类）分类问题中，选取*k*为奇数有助于避免两个分类平票的情形。

噪声和非相关性特征的存在，或特征尺度与它们的重要性不一致会使*k*近邻法的准确性严重降低。在第4章聚类分析，也是基于实例的学习法，计算距离要注意特征变量的尺度，有必要将特征变量加以标准化或归一化，请见4.2.2节。

对于选取和缩放特征来改善分类，虽然无法作正则化，但可以做降维分析。

8.2.3 *k*-近邻法回归

在*k*-近邻法回归中，输出是该对象的实数值。该值是其*k*个最近邻居的目标值的平均值。选择*k*值越小，会导致越大的预测方差，产生过拟合。选择*k*值越大，*k*-近邻法回归的曲线会越平滑，会导致越大的预测误差（偏差），产生欠拟合，如图8-6所示。

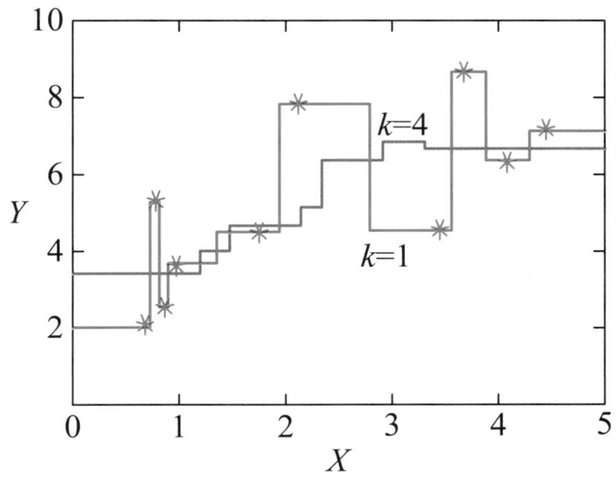

图8-6　*k*-近邻法回归*k*=1与*k*=4

如何选择一个最佳的k值取决于数据。一般情况下，在分类时较大的K值能够减小噪声的影响，但会使类别之间的界线变得模糊。R语言包 caret可以调参，进行超参数优化。

8.2.4 自变量是分类变量

k-近邻法是计算自变量的距离，所以自变量应该是连续数值变量。如果自变量是分类变量，需改为虚似变量。自变量是分类变量有5个因子，就要改为5个虚似变量。

如果回归模型有截距项，就有m种互斥的属性类型，在模型中引入m-1个虚拟变量。

R 语言的 kNN 函数可以自动解决分类变量的问题。

8.3 近邻法的优点和缺点

1 近邻法的优点

（1）简单而且有效。

（2）容易解释，容易实践。

（3）数据参数不需要有假定条件（变量分布和独立）。

（4）可以做分类和回归。

（5）可以做多元分类。

（6）数据量大时，较朴素贝叶斯（NB）准确，但是计算时间和成本高。

2 近邻法的缺点

（1）因为是懒惰学习，没有给出一个模型来了解特征变量和目标变量的影响。所以每次有新的测试数据，就要重新再计算距离。

（2）需要选择适当的 k。若已经计算一个测试数据和训练数据的距离，可以改变不同的 k，预测分类或回归的结果。

（3）大型数据需要大量存储器和计算。

（4）分类型特征变量和遗失值需要更多的处理。

（5）目标变量数值不平衡，处理结果会不好。

（6）很多特征变量的处理会很辛苦。

（7）分类结果很难转换为分类概率，如朴素贝叶斯方法。

8.4 R语言实战

8.4.1 食材数据

【R例8.1】食材数据FVP.csv，函数knn{FNN}

数据框格式：16个样本观察值　4个变量

	食材	X1	X2	Y
1	carrot	7	10	V
2	celery	3	10	V
3	green bean	2	7	V
4	cucumber	4	6	V
5	spinach	4	4	V
6	bacon	1	4	P
7	soybean	3	5	P
8	nuts	3	6	P
9	cheese	2	1	P
10	fish	4	1	P
11	banana	9	1	F
12	orange	7	3	F
13	pear	10	9	F
14	grape	8	5	F
15	apple	9	9	F
16	tomato	6	4	?

```
> # R例8.1
> FVP <- read.csv("C:/R/FVP.csv")
> FVP$Y <- as.factor(FVP$Y)
> # Y分类 : V = 蔬菜 , P = 蛋白质 , F = 水果
> FVP   # X1 = 甜度 , X2=脆度
> par(mfrow=c(1,1))
> plot(X2~X1,data=FVP,
+ pch=ifelse(FVP$Y=="V",1,3))
> text(FVP$X1, FVP$X2, rownames(FVP), pos=4)
> text(6,4,"?")
> library(FNN)
> kn <- knn(train=FVP[1:15, 2:3] ,test= c(6,4),FVP[1:15,4],k=2)
> row.names(FVP)[attr(kn, "nn.index")]
如图8-7所示

     [1] "12" "5"

> kn <- knn(train=FVP[1:15, 2:3] ,test= c(6,4),FVP[1:15,4],k=3)
> row.names(FVP)[attr(kn, "nn.index")]
> #如图8-7所示

     [1] "12" "5"  "14"

> kn <- knn(train=FVP[1:15, 2:3] , test= FVP[16,2:3],FVP[1:15,4],k=4)
> row.names(FVP)[attr(kn, "nn.index")]

 [1] "12" "5"  "14" "4"

> options(digits=3)
> kn

[1] F
attr(,"nn.index")
     [,1] [,2] [,3] [,4]
[1,]   12    5   14    4
attr(,"nn.dist")
     [,1] [,2] [,3] [,4]
[1,] 1.41    2 2.24 2.83
Levels: F
```

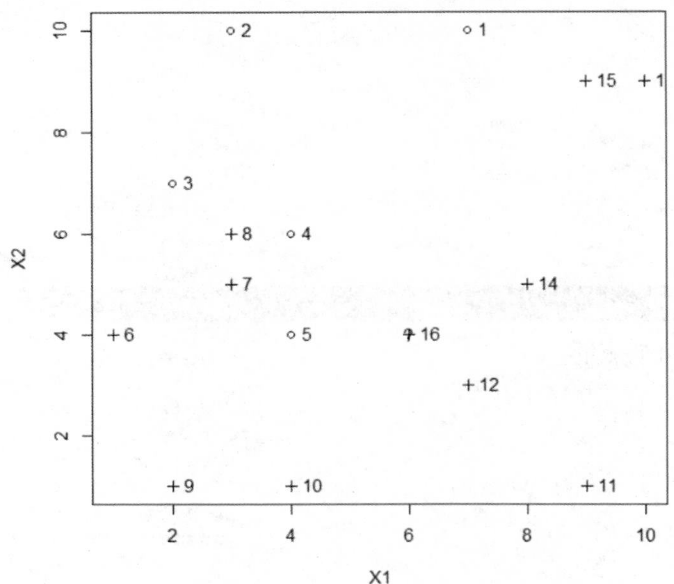

	X1	X2	Y
1	60	18	1
2	86	17	1
3	65	22	1
4	62	21	1
5	87	24	1
6	110	19	1
7	108	18	1
8	83	22	1
9	69	20	1
10	93	21	1
11	51	22	1
12	81	20	1
13	75	20	0
14	53	21	0

图8-7　结果与数据

8.4.2　鸢尾花数据

【R例8.2】鸢尾花数据iris3.csv，函数knn{FNN}、knn.cv{class}、train.kknn{kknn}、train{caret}

数据框格式：150 个样本观察值　5个变量

```
> # R例8.2
> if(!require(kknn)){install.packages("kknn")}
> if(!require(pROC)){install.packages("pROC")}
> if(!require(class)){install.packages("class")}
> if(!require(caret)){install.packages("caret")}
> library (caret) ; library (kknn) ; library (class) ; library (pROC)
> data(iris3)
> train <- rbind(iris3[1:30,,1], iris3[1:30,,2], iris3[1:30,,3])
> test <- rbind(iris3[31:50,,1], iris3[31:50,,2], iris3[31:50,,3])
> cl <- factor(c(rep("s",30), rep("c",30), rep("v",30)))
> c2 <- factor(c(rep("s",20), rep("c",20), rep("v",20)))
> knn1 <- knn(train, test, cl, k = 3, prob=TRUE)
> attributes(.Last.value) ; tab <- table(knn1, c2)
> sum(tab[row(tab)==col(tab)])/sum(tab) ; tab
> # 测试数据2
> train <- rbind(iris3[1:25,,1], iris3[1:25,,2], iris3[1:25,,3])
> test <- rbind(iris3[26:50,,1], iris3[26:50,,2], iris3[26:50,,3])
> cl <- factor(c(rep("s",25), rep("c",25), rep("v",25)))
```

```
> knn2 <- knn(train, test, cl, k = 1, prob=TRUE)
> attributes(.Last.value) ; tab <- table(knn2, cl)
> sum(tab[row(tab)==col(tab)])/sum(tab) ;tab
> # 留一交叉验证 LOOCV
> train <- rbind(iris3[,,1], iris3[,,2], iris3[,,3])
> cl <- factor(c(rep("s",50), rep("c",50), rep("v",50)))
> knn3.cv <- knn.cv(train, cl, k = 3, prob = TRUE)
> tab <- table(knn3.cv, cl)
> sum(tab[row(tab)==col(tab)])/sum(tab) ; tab
> # 训练 kNN
> Data <- iris ; set.seed(12345) ; Sample <- sample(1:150, 50)
> test <- Data[Sample, ] ; train <- Data[-Sample, ] ; dim(Data)
> knn <- train.kknn(Species ~ ., data=train, kmax=10) ; knn
> pred <- predict(knn, test[, -5]
> pred
> CM <- table(test[, 5], pred)
> CM
```

```
            pred
             setosa versicolor virginica
  setosa         15          0         0
  versicolor      0         14         1
  virginica       0          0        20
```

```
> accuracy <- (sum(diag(CM)))/sum(CM)
> accuracy ; plot(knn)
> # kNN 训练调参
> if(!require(caret)){install.packages("caret")}
> grid1 <- expand.grid(.k = seq(2, 20, by = 1))
> control = trainControl(method = "cv")
> set.seed(100)
> knn.train <- train(Species ~ ., data = train, method = "knn",
+  trControl = control, tuneGrid = grid1)
> knn.train
> knn.test <- knn(train[, -5], test[, -5], train[, 5], k = 17)
> table(knn.test, test$Species)
> set.seed(123)
> kknn.train <- train.kknn(Species ~ ., data = train, kmax = 25,
+  distance = 2,
+  kernel = c("rectangular", "triangular", "epanechnikov"))
> kknn.train ;  plot(kknn.train)
```

如图8-8所示

```
> kknn.pred <- predict(kknn.train, newdata = test)
> table(kknn.pred, test$Species) ; kknn.pred
```

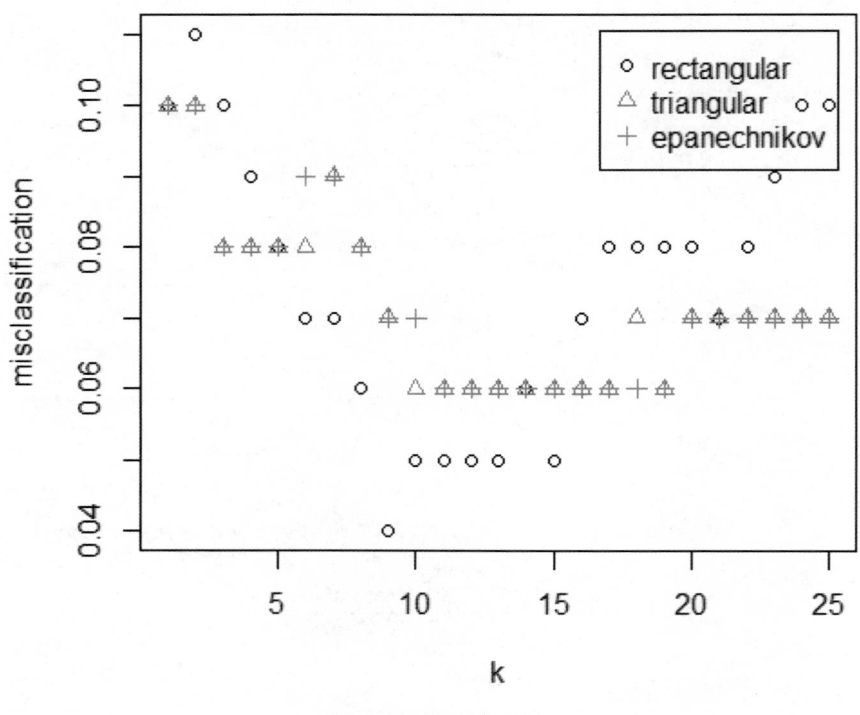

图8-8　k值与错误率

8.4.3　乳癌检查数据

【R例8.3】数据wisc_bc_data.csv，函数gmodels、class

数据框格式：569 个样本观察值　32个变量

```
> # R例8.3
> if(!require(gmodels)){install.packages("gmodels")}
> if(!require(class)){install.packages("class")}
> library(gmodels) ; library(class)
> wbcd <- read.csv("C:/R/wisc_bc_data.csv", stringsAsFactors = FALSE)
> str(wbcd) ; wbcd <- wbcd[-1] ; table(wbcd$diagnosis)
> wbcd$diagnosis <- factor(wbcd$diagnosis, levels = c("B", "M"),
+          labels = c("Benign", "Malignant"))
> round(prop.table(table(wbcd$diagnosis)) * 100, digits = 1)
> summary(wbcd[c("radius_mean", "area_mean", "smoothness_mean")])
> # create normalization function
> normalize <- function(x) {
+  return ((x - min(x)) / (max(x) - min(x)))  }
> # normalize the wbcd data
> wbcd_n <- as.data.frame(lapply(wbcd[2:31], normalize))
```

```
> # confirm that normalization worked
> summary(wbcd_n$area_mean)
> # create training and test data
> wbcd_train <- wbcd_n[1:469, ] ;  wbcd_test <- wbcd_n[470:569, ]
> # create labels for training and test data
> wbcd_train_labels <- wbcd[1:469, 1] ;
> wbcd_test_labels <- wbcd[470:569, 1]
> wbcd_test_pred <- knn(train = wbcd_train, test = wbcd_test,
+          cl = wbcd_train_labels, k = 21)
> CrossTable(x = wbcd_test_labels, y = wbcd_test_pred,
+          prop.chisq = FALSE)
> wbcd_z <- as.data.frame(scale(wbcd[-1]))
> summary(wbcd_z$area_mean)
> wbcd_train <- wbcd_z[1:469, ] ; wbcd_test <- wbcd_z[470:569, ]
> wbcd_test_pred <- knn(train = wbcd_train, test = wbcd_test,
+         cl = wbcd_train_labels, k = 21)
> CrossTable(x = wbcd_test_labels, y = wbcd_test_pred,
+         prop.chisq = FALSE)
> wbcd_train <- wbcd_n[1:469, ] ;  wbcd_test <- wbcd_n[470:569, ]
> wbcd_test_pred <- knn(train = wbcd_train, test = wbcd_test,
+   cl = wbcd_train_labels, k=1)
> CrossTable(x = wbcd_test_labels, y = wbcd_test_pred, prop.chisq=FALSE)
> wbcd_test_pred <- knn(train = wbcd_train, test = wbcd_test,
+  cl = wbcd_train_labels, k=5)
> CrossTable(x = wbcd_test_labels, y = wbcd_test_pred, prop.chisq=FALSE)
> wbcd_test_pred <- knn(train = wbcd_train, test = wbcd_test,
+   cl = wbcd_train_labels, k=11)
> CrossTable(x = wbcd_test_labels, y = wbcd_test_pred, prop.chisq=FALSE)
> wbcd_test_pred <- knn(train = wbcd_train, test = wbcd_test,
+  cl = wbcd_train_labels, k=15)
> CrossTable(x = wbcd_test_labels, y = wbcd_test_pred, prop.chisq=FALSE)
> wbcd_test_pred <- knn(train = wbcd_train, test = wbcd_test,
+  cl = wbcd_train_labels, k=21)
> CrossTable(x = wbcd_test_labels, y = wbcd_test_pred, prop.chisq=FALSE)
> wbcd_test_pred <- knn(train = wbcd_train, test = wbcd_test,
+  cl = > wbcd_train_labels, k=27)
> CrossTable(x = wbcd_test_labels, y = wbcd_test_pred, prop.chisq=FALSE)
```

```
                              Total Observations in Table:  100


                              | wbcd_test_pred
             wbcd_test_labels |    Benign | Malignant | Row Total |
             -----------------|-----------|-----------|-----------|
                       Benign |        61 |         0 |        61 |
                              |     1.000 |     0.000 |     0.610 |
                              |     0.938 |     0.000 |           |
                              |     0.610 |     0.000 |           |
             -----------------|-----------|-----------|-----------|
                    Malignant |         4 |        35 |        39 |
   Cell Contents              |     0.103 |     0.897 |     0.390 |
|-------------------------|   |     0.062 |     1.000 |           |
|                       N |   |     0.040 |     0.350 |           |
|           N / Row Total | -----------------|-----------|-----------|-----------|
|           N / Col Total |     Column Total |        65 |        35 |       100 |
|         N / Table Total |                  |     0.650 |     0.350 |           |
|-------------------------| -----------------|-----------|-----------|-----------|
```

8.4.4 美国总统候选人数据

【R例8.4】数据US Presidential Data.csv，函数tune.svm、train，包e1071

数据框格式 data.frame：1524个观察值（总统候选人）　14个变量

```
> # R例8.4
> if(!require(caret)){install.packages("caret")}
> library(caret) ; library(e1071) ; library(ROCR)
> data1 = read.csv("C:/R/US Presidential Data.csv") ; head(data1)
> data1$Win.Loss = as.factor(data1$Win.Loss) ; set.seed(101)
> index = createDataPartition(data1$Win.Loss, p = 0.7, list = F)
> train = data1[index,] ; validation = data1[-index,]
> dim(train) ; dim(validation)
> names(train) ; head(train) ; head(validation)
> levels(train$Win.Loss) <- make.names(levels(factor(train$Win.Loss)))
> levels(validation$Win.Loss) <-
+ make.names(levels(factor(validation$Win.Loss)))
> set.seed(1234)
> x = trainControl(method = "repeatedcv", number =10, repeats = 3,
+ classProbs = TRUE , summaryFunction = twoClassSummary)
> model1 <- train(Win.Loss~. , data=train, method="knn", preProcess=
+ c("center","scale"), trControl = x, metric = "ROC", tuneLength = 10)
> model1 ; plot(model1)
#图8-9
```

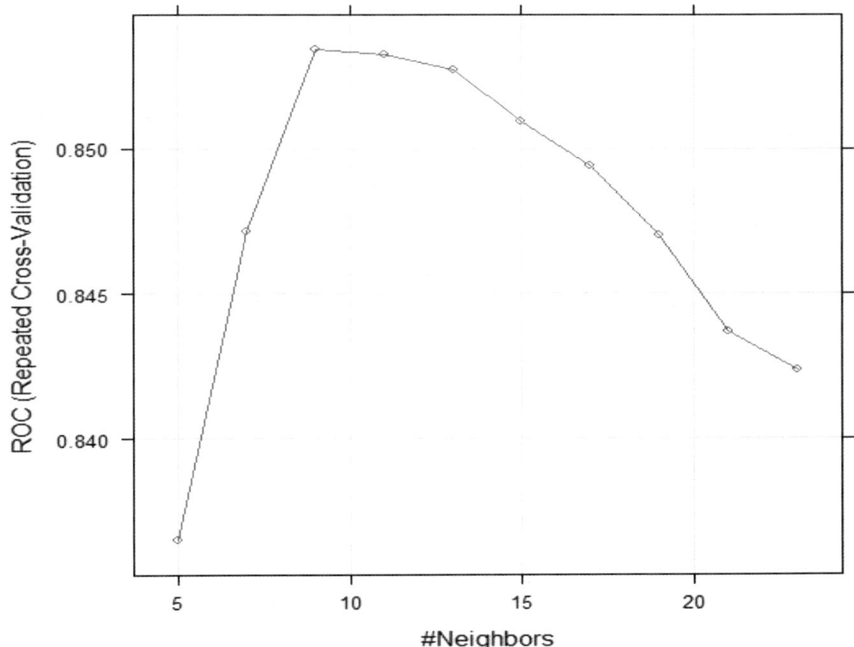

图8-9 k值与ROC

```
k   ROC    Sens   Spec
 5  0.836  0.690  0.841
 7  0.847  0.668  0.849
 9  0.853  0.659  0.853
11  0.853  0.654  0.860
13  0.853  0.653  0.868
15  0.851  0.649  0.861
17  0.849  0.641  0.856
19  0.847  0.627  0.861
21  0.844  0.615  0.864
23  0.842  0.604  0.871
```

```
> valid_pred <- predict(model1,validation, type = "prob")
> pred_val <-prediction(valid_pred[,2],validation$Win.Loss)
> perf_val <- performance(pred_val, "auc") ; perf_val
> perf_val <- performance(pred_val, "tpr", "fpr")
> plot(perf_val, col = "red", lwd = 1.5)
#图8-10
```

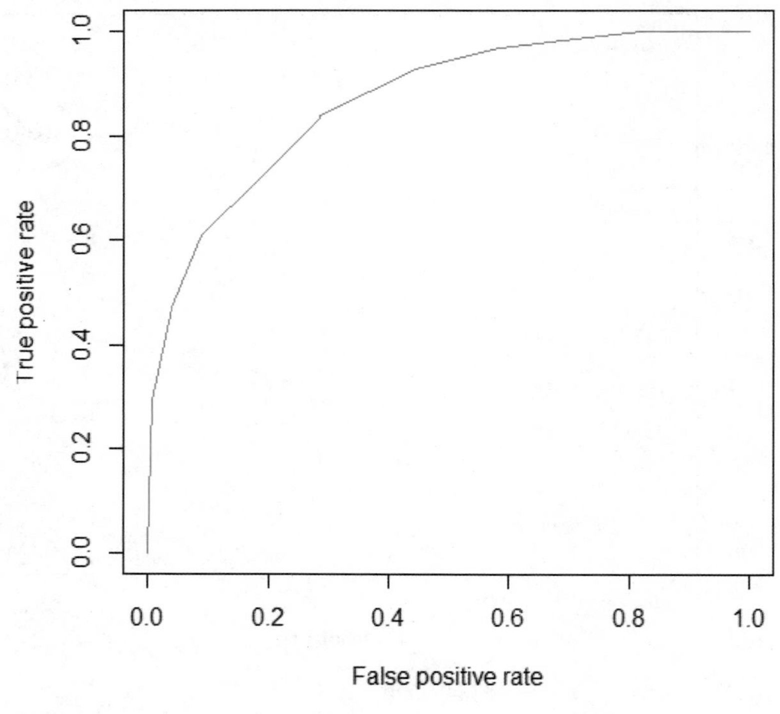

图8-10 ROC曲线

8.4.5 玻璃数据

【R例8.5】玻璃数据glass.csv，函数{包} train.kknn{kknn}

数据框格式 data.frame：214个观察值 10个变量

```
> # R例8.5
> if(!require(kknn)){install.packages("kknn")}
> library(kknn) ; data(glass) ; glass <- glass[,-1]
> (fit.glass1 <- train.kknn(Type ~ ., glass, kmax = 15, kernel =
+ c("triangular", "rectangular", "epanechnikov", "optimal"),
+ distance = 1))
> (fit.glass2 <- train.kknn(Type ~ ., glass, kmax = 15, kernel =
+  c("triangular", "rectangular", "epanechnikov", "optimal"),
+  distance = 2))
> # distance= Parameter of Minkowski distance.
> plot(fit.glass1) ; plot(fit.glass2)
```

如图8-11所示。

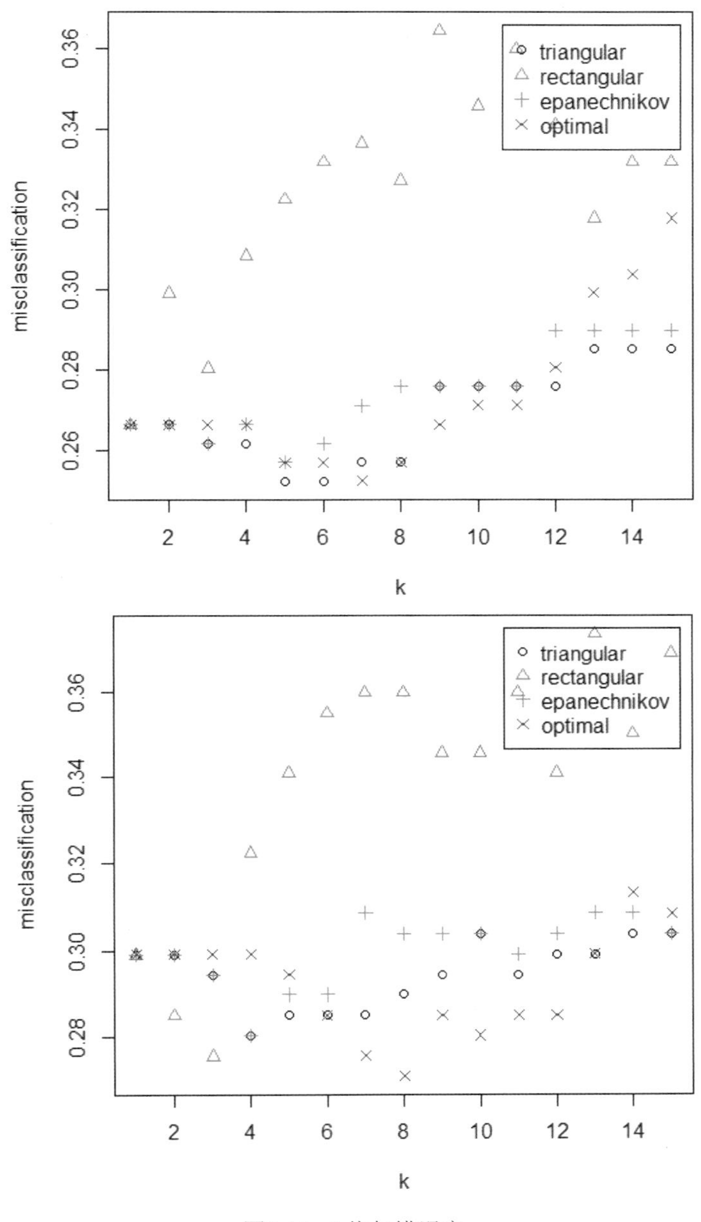

图8-11 k值与错误率

8.4.6 波士顿房价数据

【R例8.6】数据 Boston，函数 train{caret}

美国波士顿地区的房价数据

数据框格式data.frame： 506 个观察值 14 个变量

crim，zn，indus，chas，nox，rm，age，dis，rad，tax，ptratio，black，lstat，medv

（因变数 房价中位数）

```
> # R例8.6
> library(tidyverse) ; library (caret)
> data("Boston", package = "MASS") ; set.seed(123)
> tr <- Boston$medv %>% createDataPartition(p=0.8, list=FALSE)
> train <- Boston[tr, ] ; test <- Boston[-tr, ]
> model <- train(medv~., data = train, method = "knn",
+  trControl = trainControl("cv", number = 10),
+  preProcess = c("center","scale"), tuneLength = 10 )
> plot(model) ; model$bestTune  # 图8-12
> pred <- model %>% predict(test)
> head(pred) ;  RMSE(pred, test$medv)
```

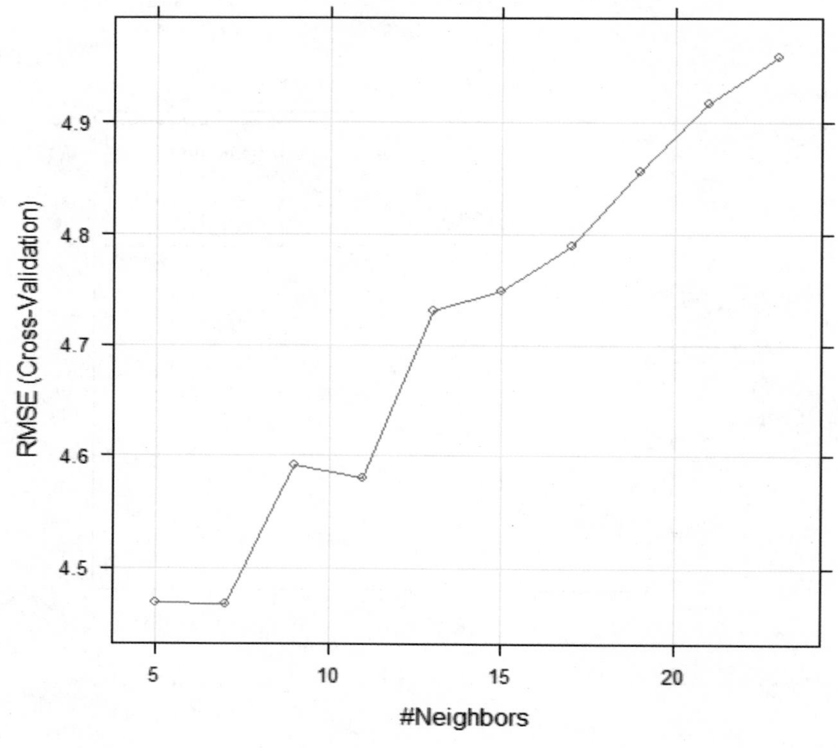

图8-12　k值与RMSE

8.4.7　皮玛数据

【R例8.7】数据Pima2，函数train{caret}

本例对居住在美国亚利桑那州凤凰城附近的21岁以上的印地安皮玛（Pima）妇女进行糖尿病检测。这些数据源自由美国国家糖尿病、消化和肾脏疾病研究所收集的血清胰岛素数据。

1. npreg，2. Glu，3. Bp，4. Skin，5. Bmi，6. Ped，7. Age，8. type（目标变量）

data.frame'：392 obs. of 9 variables:

pregnant，glucose，pressure，triceps，insulin，mass，pedigree，age，

diabetes Factor w/ 2 levels "neg"，"pos"：

```
> # R例8.7
> library(tidyverse) ;  library(caret)
> data("PimaIndiansDiabetes2", package = "mlbench")
> Pima2 <- na.omit(PimaIndiansDiabetes2) ;  set.seed(123)
> tr <- Pima2$diabetes %>% createDataPartition(p=0.8, list=FALSE)
> train <- Pima2[tr, ] ;  test <- Pima2[-tr, ] ;  set.seed(123)
> model <- train(diabetes ~., data = train, method = "knn",
+  trControl = trainControl("cv", number = 10),
+  preProcess = c("center","scale"), tuneLength = 20 )
> plot(model)  ;  model$bestTune
> predicted.classes <- model %>% predict(test)
> head(predicted.classes)
> mean(predicted.classes == test$diabetes)
#图8-13
```

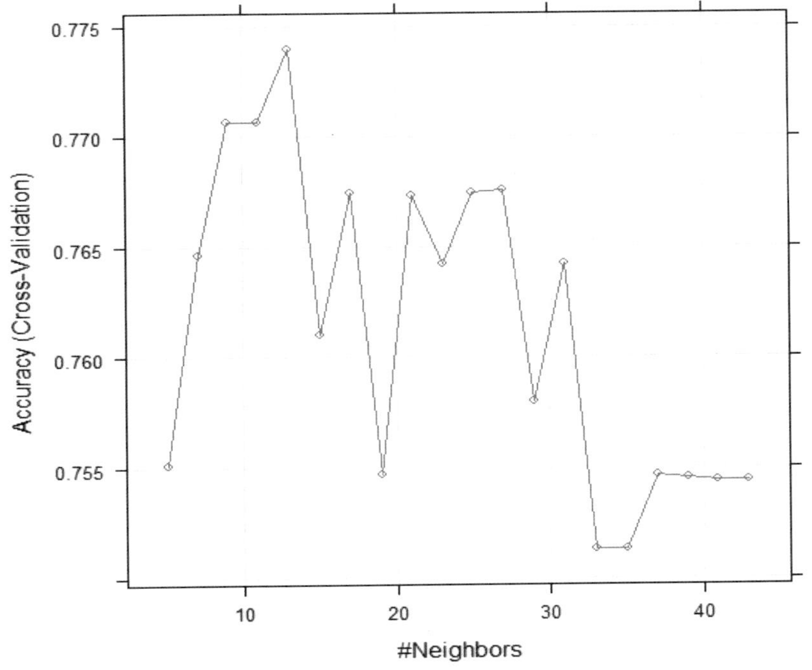

图8-13　k值与正确率

8.5 本章思维导图

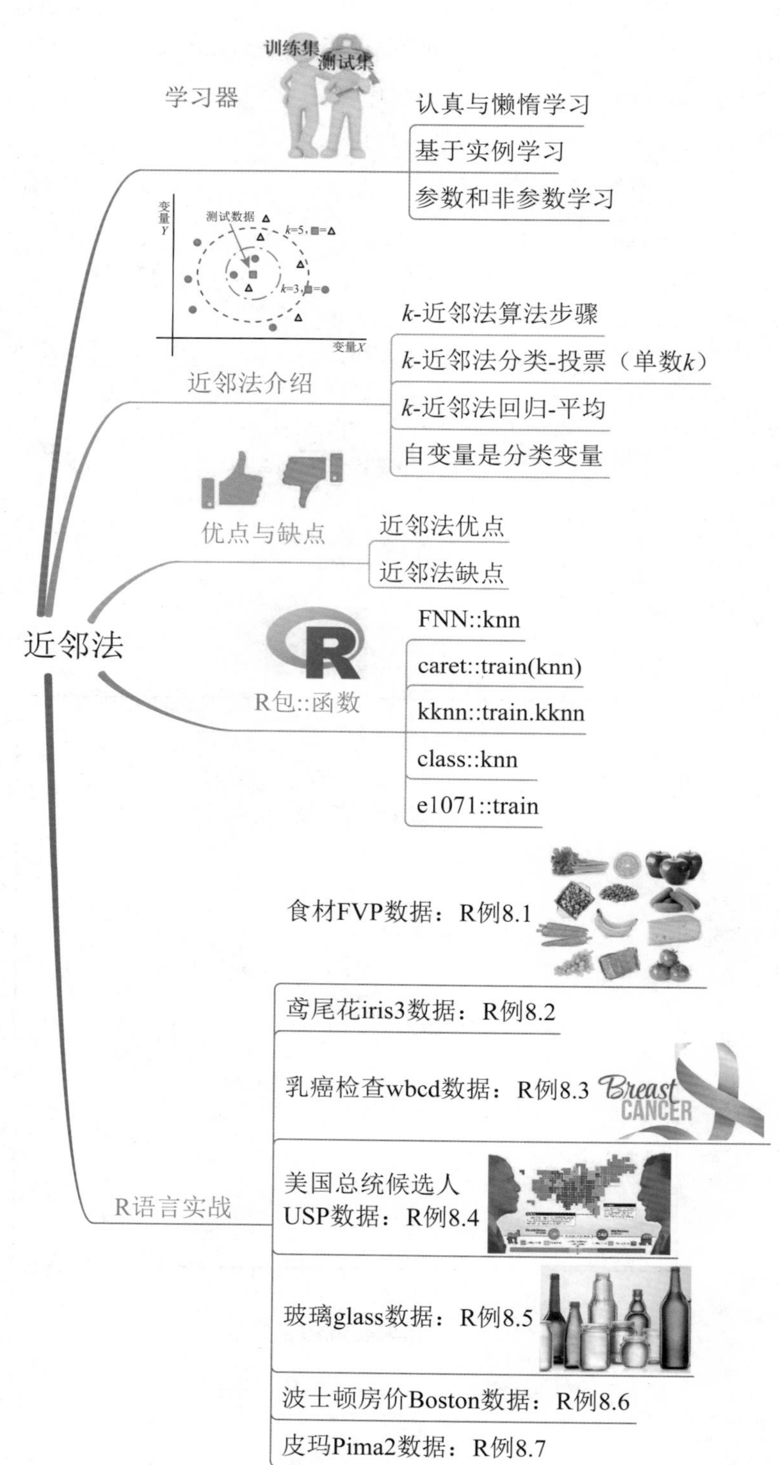
训练集
测试集
学习器
认真与懒惰学习
基于实例学习
参数和非参数学习
变量Y
测试数据
k=5，■=△
k=3，■=●
变量X
k-近邻法算法步骤
k-近邻法分类-投票（单数k）
k-近邻法回归-平均
自变量是分类变量
近邻法介绍
优点与缺点
近邻法优点
近邻法缺点
近邻法
FNN::knn
caret::train(knn)
kknn::train.kknn
class::knn
e1071::train
R包::函数
食材FVP数据：R例8.1
鸢尾花iris3数据：R例8.2
乳癌检查wbcd数据：R例8.3
Breast
CANCER
美国总统候选人
USP数据：R例8.4
玻璃glass数据：R例8.5
波士顿房价Boston数据：R例8.6
皮玛Pima2数据：R例8.7
R语言实战

第9章

贝叶斯分类

凡战者，以正合，以奇胜。奇正相生，如循环之无端，孰能穷之哉！

——《孙子兵法·兵势》

9.1 贝叶斯公式

贝叶斯公式（Bayesian rule）通常用在将验前概率（prior probability）修改为验后概率（posterior probability）。如果将事件 A 称为本质（目标变量），将事件 B 称为现象（特征、表象或证据）。已知本质的概率（验前概率），和从本质看现象的条件概率似然概率（likelihood probability），则要计算从现象（特征）看本质（目标）的条件概率（验后概率）。例如有病（癌症）是本质，检验结果阳性是现象，已知癌症的概率（验前概率）= P（癌症），和癌症的检验结果是阳性的条件概率（似然概率）= P（阳性 | 癌症），贝叶斯公式则要计算，检验结果阳性会是癌症的概率（验后概率）= P（癌症 | 阳性）。

贝叶斯公式最重要是区别哪个事件是本质，哪个事件是现象，如图9-1所示。例如有肺病（本质）的验前概率，与抽烟（现象）得肺病的验后概率。用《孙子兵法》来解释，“正”是胜负，是本质，“奇”是现象。估计本质的验前概率P（本质）和似然概率P（现象 | 本质），然后计算 P（本质 | 现象），这就是透过现象看本质。（请见《大话统计学》5.7节）。

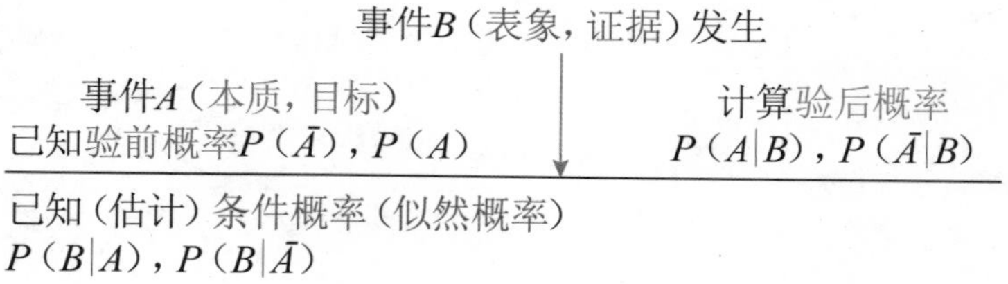

事件B（表象，证据）发生

事件A（本质，目标）
已知验前概率$P(\bar{A})$，$P(A)$

计算验后概率
$P(A|B)$，$P(\bar{A}|B)$

已知（估计）条件概率（似然概率）
$P(B|A)$，$P(B|\bar{A})$

图9-1　贝叶斯公式应用概念图（1）

贝叶斯公式：若事件A 与事件B 为同一样本空间的事件，且 $P(B)\neq 0$，

则：$$P(A|B)=\frac{P(B|A)P(A)}{P(B|A)P(A)+P(B|\bar{A})P(\bar{A})}$$

$$\text{验后概率}=\frac{\text{验前概率}\times\text{似然概率}}{\text{表象（证据）概率=全概率公式}}$$

在监督式学习，有特征变量的是自变量，有目标变量的是因变量。所以，特征变量是表象，目标变量是本质，就是分类的结果。

如图9-2所示朴素贝叶斯分类是基于个别属性的监督式学习，其优势在于只需要根据少量的训练数据和个别的变量，就可以建立分类器模型。所谓“朴素”是变量独立的假定，只需要估计各个特征变量的似然概率，而不需要确定整体特征变量的关系如协方差。

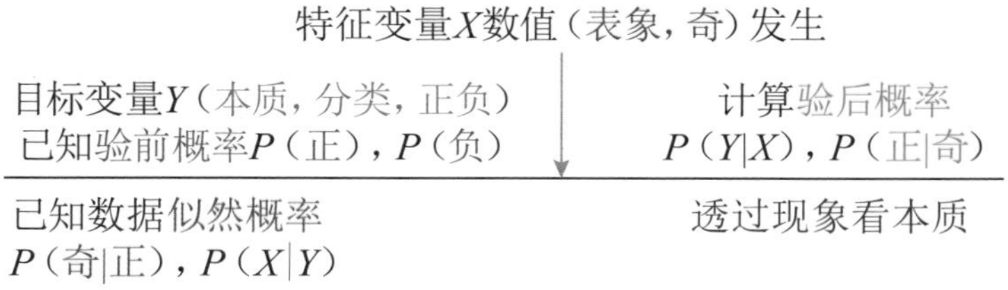

特征变量X数值（表象，奇）发生

目标变量Y（本质，分类，正负）已知验前概率P（正），P（负）

计算验后概率 P（Y|X），P（正|奇）

已知数据似然概率 P（奇|正），P（X|Y）

透过现象看本质

图9-2　贝叶斯公式应用概念图（2）

9.2 贝叶斯分类

9.2.1 朴素贝叶斯分类

朴素贝叶斯分类（Naïve Bayes classifier），朴素（naïve）是假定特征变量是相互独立的。

假定自变量 $X_1,X_2,\cdots,X_p$，目标变量Y是分类变量因子 $C_1,C_2,\cdots,C_r$ 有r个水平。

如果特征变量的值是 $X_1=x_1,X_2=x_2\cdots X_k=x_k$，则目标变量Y是分类 $Y=C_i$ 的概率是：

$$P\left(Y=C_i\,|\,X_1=x_1,X_2=x_2,\cdots,X_p=x_p\right)$$
$$=\frac{P\left(Y=C_i\right)P\left(X_1=x_1,X_2=x_2,\cdots,X_k=x_p\,|\,Y=C_i\right)}{P\left(X_1=x_1,X_2=x_2,\cdots,X_k=x_p\right)}$$

所以我们要找出一个分类 C_k 使上述概率最大：

$$C_k=\underset{C_i}{\arg\max}\frac{P\left(Y=C_i\right)P\left(X_1=x_1,X_2=x_2,\cdots,X_k=x_p\,|\,Y=C_i\right)}{P\left(X_1=x_1,X_2=x_2,\cdots,X_k=x_p\right)}$$

因为 $P\left(X_1=x_1,X_2=x_2,\cdots,X_p=x_p\right)$ 和 C_i 无关可以当作一个常数而假定 $X_1,X_2,\cdots,X_p$ 在 $Y=C_i$ 是朴素独立：

$$C_k=\underset{C_i,i=1,\cdots,r}{\arg\max}\left\{P\left(Y=C_i\right)P\left(X_1=x_1\,|\,Y=C_i\right)\cdots P\left(X_k=x_k\,|\,Y=C_i\right)\right\}$$

$$C_k=\underset{C_i}{\arg\max}\left\{P\left(Y=C_i\right)\prod_{j=1}^{p}P\left(X_j=x_j\,|\,Y=C_i\right)\right\}$$

C_k 就是特征变量值 $X_1=x_1,X_2=x_2,\cdots,X_p=x_p$ 的目标变量Y的分类。

验前概率P(Y)与似然概率P(X|Y)计算验后概率P(X|Y)如表9-1所示。

表 9-1　验前概率$P(Y)$与似然概率 $P(X_i \mid Y)$ 计算验后概率 $P(Y \mid X_i)$

验前概率 Y	似然概率	X_1			X_2			…	X_K		
		X_{11}	X_{1i}	X_{1a}	X_{21}	X_{2i}	X_{2b}		X_{k1}	X_{ki}	X_{kk}
$P(Y=C_1)$	$P(X\|C_1)$	$P(X_1=X_{1i}\|Y=C_1)$			$P(X_2=X_{2i}\|Y=C_1)$			…	$P(X_k=X_{ki}\|Y=C_1)$		
$P(Y=C_2)$	$P(X\|C_2)$	$P(X_1=X_{1i}\|Y=C_2)$			$P(X_2=X_{2i}\|Y=C_2)$			…	$P(X_k=X_{ki}\|Y=C_2)$		
		$\sum=1$			$\sum=1$			…	$\sum=1$		
$P(Y=C_m)$	$P(X\|C_m)$	$P(X_1=X_{1i}\|Y=C_m)$			$P(X_2=X_{2i}\|Y=C_m)$			…	$P(X_k=X_{ki}\|Y=C_m)$		
For i= 1 to m $P(Y=C_i)$		特征值表象X_1 $P(X_1=X_1\|Y=C_i)$			特征值表象X_2 $P(X_2=X_2\|Y=C_i)$			…	特征值表象X_k $P(X_k=X_k\|Y=C_i)$		
朴素贝叶斯$\text{Max}_i P(Y=C_i)\times P(X_1=X_1\|Y=C_i)\times P(X_2=X_2\|Y=C_i)\times\cdots\times P(X_k=X_k\|Y=C_i)$											
R语言m<-naiveBayes(Y~., data)或m<-naiveBayes(Y~X_1+X_2+⋯+X_k, data) pred<-predict(m，newdata)m1<-train(X, y, 'nb')											

9.2.2　特征值是连续变量

假定特征值是正态分布的连续变量X_1，X_2，X_3，目标变量Y是分类因子A，B，C三类，测试值x_1，x_2，x_3的朴素贝叶斯分类结果。

（1）计算验前概率$P(A)$，$P(B)$，$P(C)$。

（2）计算：

A类的X_1均值μ_{1A}，B类的X_1均值μ_{1B}，C类的X_1均值μ_{1C}；

A类的X_2均值μ_{2A}，B类的X_2均值μ_{2B}，C类的X_2均值μ_{2C}；

A类的X_3均值μ_{3A}，B类的X_3均值μ_{3B}，C类的X_3均值μ_{3C}；

A类的X_1标准差σ_{1A}，B类的X_1标准差σ_{1B}，C类的X_1标准差σ_{1C}；

A类的X_2标准差σ_{2A}，B类的X_2标准差σ_{2B}，C类的X_2标准差σ_{2C}；

A类的X_3标准差σ_{3A}，B类的X_3标准差σ_{3B}，C类的X_3标准差σ_{3C}。

（3）定义$P\left(X_j \mid Y=i\right)$的高斯（正态）条件概率密度函数值：

$$P\left(x_j \mid A\right)=N\left(x_j;\mu_{jA},\sigma_{jA}^2\right)=\frac{1}{\sqrt{2\pi\sigma_{jA}^2}}\exp\left(\frac{-\left(x_i-\mu_{jA}\right)^2}{2\sigma_{jA}^2}\right)$$

$$P\left(x_j \mid Y=i\right)=f_{ij}\left(x_j\right)=N\left(x_j;\mu_{jA},\sigma_{ij}^2\right)=\frac{1}{\sqrt{2\pi\sigma_{ij}^2}}\exp\left(\frac{-\left(x_i-\mu_{jA}\right)^2}{2\sigma_{ij}^2}\right)$$

$$P\left(x_1,\cdots,x_p \mid Y=i\right)=\prod_{j=1}^{p}f_{ij}\left(x_j\right)=\prod_{j=1}^{p}\frac{1}{\sqrt{2\pi\sigma_{ij}^2}}\exp\left(\frac{-\left(x_i-\mu_{jA}\right)^2}{2\sigma_{ij}^2}\right)$$

（4）$P\left(A \mid x_1,x_2,x_3\right)\propto P\left(A\right)P\left(x_1 \mid A\right)P\left(x_2 \mid A\right)P\left(x_3 \mid A\right)$

$P\left(B \mid x_1,x_2,x_3\right)\propto P\left(B\right)P\left(x_1 \mid B\right)P\left(x_2 \mid B\right)P\left(x_3 \mid B\right)$

$$P(C \mid x_1,x_2,x_3) \propto P(C)P(x_1 \mid C)P(x_2 \mid C)P(x_3 \mid C)$$

$$P(Y=i \mid x_1,\cdots,x_p) = \arg\max_i P(Y=i)\prod_{j=1}^{p} f_{ij}(x_j)$$

（5） $C_k = \arg\max_{C_i \in \{A,B,C\}} P(C_i)P(x_1,x_2,x_3 \mid C_i) = \max_{C_i \in \{A,B,C\}} P(C_i)P(x_1 \mid C_i)P(x_2 \mid C_i)$ $P(x_3 \mid C_i)$

9.2.3 朴素贝叶斯分类的优点和缺点

1 朴素贝叶斯分类的优点

（1）简单容易解释，计算快速有效率，计算结果效果很好。

（2）对于有噪声或遗失值，也能处理很好。

（3）适合很大数量的数据。

2 朴素贝叶斯分类的缺点

（1）特征变量是相等重要，而且是独立（朴素）的，但是对于这个假定条件不满足，朴素贝叶斯分类的分类结果还是相当好（稳健）。

（2）如果数据的记录实例相当少，有些现象的似然概率等于0，就要用拉普拉斯校准。

（3）数据集有很多连续数值型特征变量，结果会不很理想。

（4）朴素贝叶斯分类预测的验后概率是相对概率，相对于其他本质的验后条件概率，不能当作真正的概率。

（5）朴素贝叶斯仅适用于分类，不适用于回归。

9.3 贝叶斯分类的实例计算

9.3.1 天气和打网球

根据天气来决定是否打网球，为了简化计算输入，定义变量代号如下。

特征变量：

*X*1 = 天气因子，其水平是 A = 晴天、B = 阴天、C = 雨天；

*X*2 = 温度因子，其水平是 D = 热天、E = 适中、F = 冷天；

*X*3 = 湿度因子，其水平是 G = 高、H = 正常 ；

*X*4 = 风速因子，其水平是 I = 弱、J = 强。

目标变量：

Z = 是否打球，分类因子 Y = 是、N = 否。

以上问题可以改为：

特征变量为：眼睛的状况，目标变量为：是否配隐形眼镜。

特征变量为：银行顾客的条件，目标变量为：是否准许借贷。

打球数据如表9-2所示。

表 9-2　打球数据 NB.csv

	X1	X2	X3	X4	Z
1	A	D	G	I	N
2	A	D	G	J	N
3	B	D	G	I	Y
4	C	E	G	I	Y
5	C	F	H	I	Y
6	C	F	H	J	N
7	B	F	H	J	Y
8	A	E	G	I	N
9	A	F	H	I	Y
10	C	E	H	I	Y
11	A	E	H	J	Y
12	B	E	G	J	Y
13	B	D	H	I	Y
14	C	E	G	J	N
15	A	D	G	I	N

打球数据转换成Excel表，如图9-3所示。

	A	B	C	D	E
1	X1	X2	X3	X4	Z
2	A	D	G	I	N
3	A	D	G	J	N
4	B	D	G	I	Y
5	C	E	G	I	Y
6	C	F	H	I	Y
7	C	F	H	J	N
8	B	F	H	J	Y
9	A	E	G	I	N
10	A	F	H	I	Y
11	C	E	H	I	Y
12	A	E	H	J	Y
13	B	E	G	J	Y
14	B	D	H	I	Y
15	C	E	G	J	N
16	A	D	G	I	N

图9-3　打球数据Excel格式

9.3.2 验前概率与似然概率

在《大话统计学》5.7节贝叶斯公式有计算步骤表。朴素贝叶斯分类的计算用表 9-3可以比较清楚的计算。

表 9-3 验前概率$P(Z)$与似然概率 $P(Xi|Z)$(1)

验前概率 **$P(Z)$**	似然概率	**$X1$**			**$X2$**			**$X3$**		**$X4$**	
		A	B	C	D	E	F	G	H	I	J
$P(N)$=6/15=0.4	P(X|N)	4/6	0/6	2/6	3/6	2/6	1/6	5/6	1/6	3/6	3/6
$P(Y)$=9/15=0.6	P(X|Y)	2/9	4/9	3/9	2/9	4/9	3/9	3/9	6/9	6/9	3/9

请问：现象 $X1$=A晴天，$X2$=F冷天，$X3$=G湿度高，$X4$=J风速强，是否适合打球？

$$P\left(Z=N \mid X1=A,X2=F,X3=G,X4=J\right)=P\left(N \mid A,F,G,J\right)$$

$$\propto P\left(N\right)P\left(A \mid N\right)P\left(F \mid N\right)P\left(G \mid N\right)P\left(J \mid N\right)=\frac{6}{15}\times\frac{4}{6}\times\frac{1}{6}\times\frac{5}{6}\times\frac{3}{6}=0.0185$$

$$\sim\frac{0.0185}{\left(0.0185+0.0049\right)}=0.79$$

$$P\left(Z=Y \mid X1=A,X2=F,X3=G,X4=J\right)=P\left(Y \mid A,F,G,J\right)$$

$$\propto P\left(Y\right)P\left(A \mid Y\right)P\left(F \mid Y\right)P\left(G \mid Y\right)P\left(J \mid Y\right)=\frac{9}{15}\times\frac{2}{9}\times\frac{3}{9}\times\frac{3}{9}\times\frac{3}{9}=0.0049$$

$$\sim\frac{0.0049}{\left(0.0185+0.0049\right)}=0.21$$

$P\left(N \mid A,F,G,J\right)>P\left(Y \mid A,F,G,J\right)$，所以不要打球：$Z=N$。

请问：现象 $X1$=B阴天，$X2$=D热天，$X3$=H湿度正常，$X4$=I风速弱，是否适合打球？

$$P\left(Z=N \mid X1=B,X2=D,X3=H,X4=I\right)=P\left(N \mid B,D,H,I\right)$$

$$\propto P\left(N\right)P\left(B \mid N\right)P\left(D \mid N\right)P\left(H \mid N\right)P\left(I \mid N\right)=\frac{6}{15}\times\frac{0}{6}\times\frac{3}{6}\times\frac{1}{6}\times\frac{3}{6}=0$$

因为$P\left(B \mid N\right)$没有出现，计算的验后概率为 0，要用拉普拉斯校准。

9.3.3 拉普拉斯校准

拉普拉斯校准（Laplace correction），又称拉普拉斯估计、拉普拉斯平滑，就是对没有出现似然概率的分类所有划分的计数增加一个较小的数（同时每个类别的合计数也会相应增加），通常情况下数值设定为1，即保证每一类的特征组合至少在数据中出现一次。这样做的目的在于当训练样本集数量充分大时，并不会对结果产生影响，同时又解决了概率为0

的尴尬局面。

验前概率P(2)与人然概率P(x_i|2)如表9-4所示。

表 9-4 验前概率P(Z)与似然概率 P(Xi|Z)（2）

验前概率 $P(Z)$	似然概率 $P(Xi\|Z)$	$X1$			$X2$			$X3$		$X4$	
		A	B	C	D	E	F	G	H	I	J
$P(N)$=0.4	$P(X\|N)$	5/9	1/9	3/9	4/9	3/9	2/9	6/8	2/8	4/8	4/8
$P(Y)$=0.6	$P(X\|Y)$	3/12	5/12	4/12	3/12	5/12	4/12	4/11	7/11	7/11	4/11

请问：现象 $X1$=B阴天，$X2$=D热天，$X3$=H湿度正常，$X4$=I风速弱，是否打球？

$$P(Z=N \mid X1=B, X2=D, X3=H, X4=I)=P(N \mid B, D, H, I)$$

$$\propto P(N)P(B \mid N)P(D \mid N)P(H \mid N)P(I \mid N)=\frac{6}{15}\times\frac{1}{9}\times\frac{4}{9}\times\frac{2}{8}\times\frac{4}{8}=0.0025$$

$$P(Z=Y \mid X1=B, X2=D, X3=H, X4=I)=P(Y \mid B, D, H, I)$$

$$\propto P(Y)P(B \mid Y)P(D \mid Y)P(H \mid Y)P(I \mid Y)=\frac{9}{15}\times\frac{5}{12}\times\frac{4}{12}\times\frac{7}{11}\times\frac{7}{11}=0.0337$$

$P(N \mid A,F,G,J)<P(Y \mid A,F,G,J)$，所以可以打球：$Z=Y$。

9.3.4 R 语言实例计算

【R例9.1】打球数据：NB.csv，函数{包}：naiveBayes{e1071}、train{caret}
函数NaiveBayes{klaR}、plot{klaR}

数据框格式dada.frame：15 个观察值　5 个变量 X1，X2，X3，X4，Z

```
> # R例9.1
> if(!require(e1071)){install.packages("e1071")}
> if(!require(caret)){install.packages("caret")}
> if(!require(klaR)){install.packages("klaR")}
> if(!require(ggplot2)){install.packages("ggplot2")}
> library(e1071) ; library(caret) ; library(klaR) ; library(ggplot2)
> NB = read.csv("C:/R/NB.csv", header=T)
> edit(NB)  # 关闭窗口，继续
> (m1 <- naiveBayes(Z ~ . , data = NB))
> (pred <- predict(m1, NB))
> (m2 <- naiveBayes(Z ~ . , data = NB, laplace=1))
```

```
> #  m1 朴素贝叶斯分类 (表9-3)
A-priori probabilities:
Y
  N   Y
0.4 0.6

Conditional probabilities:
   X1
Y           A         B         C
  N 0.6666667 0.0000000 0.3333333
  Y 0.2222222 0.4444444 0.3333333

   X2
Y           D         E         F
  N 0.5000000 0.3333333 0.1666667
  Y 0.2222222 0.4444444 0.3333333

   X3
Y           G         H
  N 0.8333333 0.1666667
  Y 0.3333333 0.6666667

   X4
Y           I         J
  N 0.5000000 0.5000000
  Y 0.6666667 0.3333333
```

```
# m2 拉普拉斯校准=1 (表9-4)
A-priori probabilities:
Y
  N   Y
0.4 0.6

Conditional probabilities:
   X1
Y           A         B         C
  N 0.5555556 0.1111111 0.3333333
  Y 0.2500000 0.4166667 0.3333333

   X2
Y           D         E         F
  N 0.4444444 0.3333333 0.2222222
  Y 0.2500000 0.4166667 0.3333333

   X3
Y           G         H
  N 0.7500000 0.2500000
  Y 0.3636364 0.6363636

   X4
Y           I         J
  N 0.5000000 0.5000000
  Y 0.6363636 0.3636364
```

```
> (m3 <- NaiveBayes(Z ~ . , data = NB))
> x = NB[,-5]
> y = NB$Z
> (m4 = train(x,y,'nb'))
> tab <- table(NB$Z, pred, dnn = c("Actual", "Predicted"))
> confusionMatrix(tab)
Confusion Matrix and Statistics

      Predicted
Actual N Y
     N 5 1
     Y 0 9

               Accuracy : 0.9333
                 95% CI : (0.6805, 0.9983)
    No Information Rate : 0.6667
    P-Value [Acc > NIR] : 0.01941

                  Kappa : 0.8571
 Mcnemar's Test P-Value : 1.00000
> (pre <- predict(m4,x)) ; table(pre, y)
> NBtest = read.csv("C:/R/NBtest.csv",header=T) ; NBtest
> (predict(m4, NBtest))
> m5 = train(x,y,'nb',trControl=trainControl(method='cv',number=10))
```

```
> m5
```

【R例9.2】性别数据Gender.csv，函数{包}：train(‘nb’){caret}

数据框格式：8 个观察值　4个变量

身高 Height，体重 Weight，鞋子尺寸 Footsize，性别 Gender

```
> # R例9.2
> if(!require(klaR)){install.packages("klaR")}
> library(klaR)
> NB = read.csv("C:/R/Gender.csv",header=T)
```

	Height	Weight	Footsize	Gander
1	183	82	30	M
2	181	86	28	M
3	170	77	30	M
4	181	75	25	M
5	153	45	15	F
6	168	68	20	F
7	165	59	18	F
8	175	68	23	F

```
> edit(NB)
> str(NB)
> x = NB[,-4]
> y = NB$Gender
> model = train(x,y, 'nb')
> model
> pred <- predict(model,x)
> table(pred, y)
```

【R例9.3】购买数据EP.csv，函数{包}：naiveBayes{e1071}、createDataPartition{caret}

```
> # R例9.3
> if(!require(e1071)){install.packages("e1071")}
> library(e1071) ; library(caret)
> ep <- read.csv("C:/R/EP.csv") ; edit(ep)
> set.seed(1000)
> train.idx <- createDataPartition(ep$Purchase, p=0.67, list = FALSE)
> epmod<-naiveBayes(Purchase~., data = ep[train.idx,]) ; epmod
> pred<-predict(epmod,ep[-train.idx,])
> tab<-table(ep[-train.idx,]$Purchase,pred,dnn=c("Actual","Predicted"))
> tab ; confusionMatrix(tab)
```

```
Confusion Matrix and Statistics

      Predicted
Actual No Yes
   No   1   1
   Yes  0   2

               Accuracy : 0.75
                 95% CI : (0.194, 0.994)
    No Information Rate : 0.75
    P-Value [Acc > NIR] : 0.738

                  Kappa : 0.5

 Mcnemar's Test P-Value : 1.000

            Sensitivity : 1.000
            Specificity : 0.667
         Pos Pred Value : 0.500
         Neg Pred Value : 1.000
             Prevalence : 0.250
         Detection Rate : 0.250
   Detection Prevalence : 0.500
      Balanced Accuracy : 0.833

       'Positive' Class : No
```

9.4 R语言实战

9.4.1 泰坦尼克号数据

【R例9.4】泰坦尼克号数据Titanic.csv，函数{包}：naiveBayes{e1071}、train{caret}、NaiveBayes{klaR}、plot{klaR}

```
> # R例9.4
> if(!require(e1071)){install.packages("e1071")}
> library(e1071) ; data(Titanic) ; str(Titanic)
> countsToCases <- function(x, countcol = "Freq") {
+  idx <- rep.int(seq_len(nrow(x)), x[[countcol]])
+  x[[countcol]] <- NULL + x[idx, ] }
> caseTita<-countsToCases(as.data.frame(Titanic))
> head(caseTita) ; nrow(caseTita) ; set.seed(100)
> (m1 <- naiveBayes(Survived ~ ., data = caseTita))
> pred <- predict(m1, caseTita[sample(1:2201,10,replace=FALSE),])
> predict(m1, caseTita[sample(1:2201,10,replace=FALSE),],type="raw")
```

```
> m2 <- naiveBayes(Survived ~ ., data = Titanic) ; m2
> p = predict(m2, caseTita) ; table(p, y)
> if(!require(caret)){install.packages("caret")} ; library(caret)
> x<-caseTita[,-4] ; y<-caseTita$Survived
>  m3 <- train(x, y, 'nb', trControl= trainControl(method= 'cv',
+ number=10))
> m3
> predict(m3$finalModel,caseTita[sample(1:2201,10,replace=FALSE),])$class
> table(predict(m3$finalModel,x)$class, y)
```

9.4.2 鸢尾花数据

【R例9.5】鸢尾花数据iris.csv，函数{包}：naiveBayes{e1071}、train{caret}

函数{包}：NaiveBayes{klaR}、plot{klaR}

```
> # R例9.5
> if(!require(e1071)){install.packages("e1071")}
> if(!require(klaR)){install.packages("klaR")}
> library(e1071) ; library(klaR) ; library(caret) ; data(iris)
> (m1 <- naiveBayes(Species ~., data=iris))
> (m2 <- naiveBayes(iris[,-5], iris[5]))
> (m3 <- predict(m1,iris))
> pairs(iris[1:4], main="Iris Data(red=setosa, green=versicolor,
+ blue=virginica)", pch=21,
+ bg=c("red","green3","blue")[unclass(iris$Species)])
> x = iris[,-5] ; y = iris$Species
> m4 = train(x,y, 'nb',trControl=trainControl(method= 'cv',number=10))
> m4 ; predict(m4$finalModel,x)
> table(predict(m4$finalModel, x)$class,y)
> m5 <- NaiveBayes(iris$Species ~ ., data = iris)
> m5  # iris[5] 是 iris 数据的第5个变量因变量Species鸢尾花种类
> # 条件概率(似然概率)是4个自变量在因变量3个分类下的均值与标准偏差
> # 这四个条件概率图和例3.6的iris 的密度图相同, scale 略有不同
> plot(m5)
> table(predict(m4$finalModel, x)$class,y)
> set.seed(100)
> iris_obs = nrow(iris)
> iris_idx = sample(iris_obs, size = trunc(0.50 * iris_obs))
> # iris_index = sample(iris_obs, size = trunc(0.10 * iris_obs))
> iris_trn = iris[iris_idx, ]
> iris_tst = iris[-iris_idx, ]
> caret::featurePlot(x = iris_trn[, c("Sepal.Length", "Sepal.Width",
```

```
+  "Petal.Length", "Petal.Width")], y = iris_trn$Species,
+  plot = "ellipse", auto.key = list(columns = 3))
> caret::featurePlot(x = iris_trn[, c("Sepal.Length", "Sepal.Width",
+    "Petal.Length", "Petal.Width")], y = iris_trn$Species,
+    plot = "box", scales = list(y = list(relation = "free"),
+    x = list(rot = 90)), layout = c(4, 1))
> iris_nb = naiveBayes(Species ~ ., data = iris_trn) ;  iris_nb
> head(predict(iris_nb, iris_trn, type = "raw"))
> iris_nb_trn_pred = predict(iris_nb, iris_trn)
> iris_nb_tst_pred = predict(iris_nb, iris_tst)
> calc_class_err = function(actual, predicted) {
+ mean(actual != predicted) }
> calc_class_err(predicted = iris_nb_trn_pred, actual = iris_trn$Species)
> calc_class_err(predicted = iris_nb_tst_pred, actual = iris_tst$Species)
> table(predicted = iris_nb_tst_pred, actual = iris_tst$Species)
```

如图9-3所示。

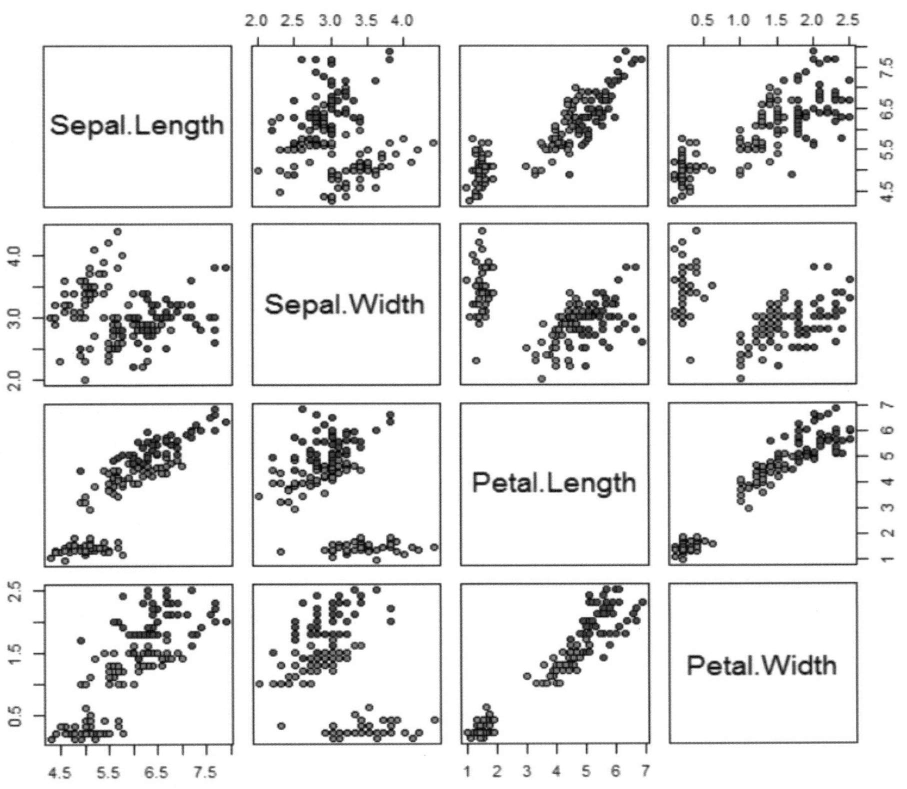

图9-3　鸢尾花数据相关系数

```
A-priori probabilities:
iris[5]
    setosa versicolor  virginica
 0.3333333  0.3333333  0.3333333

Conditional probabilities:
            Sepal.Length
iris[5]         [,1]      [,2]
  setosa     5.006 0.3524897
  versicolor 5.936 0.5161711
  virginica  6.588 0.6358796

            Sepal.Width
iris[5]         [,1]      [,2]
  setosa     3.428 0.3790644
  versicolor 2.770 0.3137983
  virginica  2.974 0.3224966

            Petal.Length
iris[5]         [,1]      [,2]
  setosa     1.462 0.1736640
  versicolor 4.260 0.4699110
  virginica  5.552 0.5518947

            Petal.Width
iris[5]         [,1]      [,2]
  setosa     0.246 0.1053856
  versicolor 1.326 0.1977527
  virginica  2.026 0.2746501

          y
           setosa versicolor virginica
setosa         50          0         0
versicolor      0         47         3
virginica       0          3        47
'
```

9.4.3 垃圾邮件数据

【R例9.6】垃圾邮件数据sms_spam.csv，函数{包}：naiveBayes {e1071}

函数{包}：tm_map{tm}、wordcloud{wordcloud}

数据框格式 data.frame：5355 个观察值（电子邮件）　2个变量

（1）type：spam 垃圾邮件；ham 正常邮件，（2）text：邮件内容

```
> # R例9.6
> if(!require(tm)){install.packages("tm")}
> if(!require(SnowballC)){install.packages("SnowballC")}
> if(!require(wordcloud)){install.packages("wordcloud")}
> if(!require(RColorBrewer)){install.packages("RColorBrewer")}
> library(tm) ; library(SnowballC) ; library(wordcloud)
> library(RColorBrewer) ; library(e1071) ; library(gmodels)
```

```
> sms <- read.csv("C:/R/sms_spam.csv", stringsAsFactors = FALSE)
> str(sms) ; sms$type <- factor(sms$type)
> # ham = 正常邮件    spam = 垃圾邮件
> str(sms$type) ; table(sms$type)
> sms_VC <- VCorpus(VectorSource(sms$text))
> print(sms_VC) ; inspect(sms_VC[1:2])
> as.character(sms_VC[[1]]) ; lapply(sms_VC[1:2], as.character)
> sms_VC_clean <- tm_map(sms_VC, content_transformer(tolower))
> as.character(sms_VC[[1]]) ; as.character(sms_VC_clean[[1]])
> sms_VC_clean <- tm_map(sms_VC_clean, removeNumbers)
> sms_VC_clean <- tm_map(sms_VC_clean, removeWords, stopwords())
> sms_VC_clean <- tm_map(sms_VC_clean, removePunctuation)
> removePunctuation("hello...world")
> replacePunctuation <- function(x) { gsub("[[:punct:]]+", " ", x) }
> replacePunctuation("hello...world")
> wordStem(c("learn", "learned", "learning", "learns"))
> sms_VC_clean <- tm_map(sms_VC_clean, stemDocument)
> sms_VC_clean <- tm_map(sms_VC_clean, stripWhitespace)
> lapply(sms_VC[1:3], as.character)
> lapply(sms_VC_clean[1:3], as.character)
> sms_dtm <- DocumentTermMatrix(sms_VC_clean)
> sms_dtm2 <- DocumentTermMatrix(sms_VC, control = list(tolower = TRUE,
+ removeNumbers = TRUE, stopwords = TRUE, removePunctuation = TRUE,
+ stemming = TRUE))
> sms_dtm3 <- DocumentTermMatrix(sms_VC, control = list(
+ tolower = TRUE, removeNumbers = TRUE,
+ stopwords = function(x) { removeWords(x, stopwords()) },
+ removePunctuation = TRUE, stemming = TRUE))
> sms_dtm ; sms_dtm2 ; sms_dtm3
> sms_dtm_train <- sms_dtm[1:4000, ]
> sms_dtm_test  <- sms_dtm[4001:5355, ]
> sms_train_labels <- sms[1:4000, ]$type
> sms_test_labels  <- sms[4001:5355, ]$type
> prop.table(table(sms_train_labels))
> prop.table(table(sms_test_labels))
> wordcloud(sms_VC_clean, min.freq = 60,scale = c(3, 0.5),
+ random.order = FALSE)
> spam <- subset(sms, type == "spam")
> ham  <- subset(sms, type == "ham")
> wordcloud(spam$text, max.words = 50, scale = c(4, 1),
+ random.order = FALSE)
> wordcloud(ham$text, max.words = 50, scale = c(3, 0.5),
+ random.order = FALSE)
```

如图9-4所示。

（a）所有邮件词云图

（b）垃圾邮件词云图

（c）正常邮件词云图

图9-4　邮件词云图

```
> sms_dtm_freq_train <- removeSparseTerms(sms_dtm_train, 0.999)
> sms_dtm_freq_train ; findFreqTerms(sms_dtm_train, 50)
> sms_freq_words <- findFreqTerms(sms_dtm_train, 5)
> str(sms_freq_words)
> sms_dtm_freq_train <- sms_dtm_train[ , sms_freq_words]
> sms_dtm_freq_test <- sms_dtm_test[ , sms_freq_words]
> convert_counts <- function(x) {x <- ifelse(x > 0, "Yes", "No") }
> sms_train <- apply(sms_dtm_freq_train, MARGIN = 2, convert_counts)
> sms_test  <- apply(sms_dtm_freq_test, MARGIN = 2, convert_counts)
> sms_classifier <- naiveBayes(sms_train, sms_train_labels)
> sms_test_pred <- predict(sms_classifier, sms_test)
> CrossTable(sms_test_pred, sms_test_labels, prop.chisq = FALSE,
+ prop.t = FALSE, prop.r = FALSE,  dnn = c('predicted', 'actual'))
```

```
> sms_classifier2 <- naiveBayes(sms_train, sms_train_labels, laplace = 1)
> sms_test_pred2 <- predict(sms_classifier2, sms_test)
> CrossTable(sms_test_pred2, sms_test_labels,
+        prop.chisq = FALSE, prop.t = FALSE, prop.r = FALSE,
+          dnn = c( 'predicted' , 'actual' ))

             | actual
   predicted |       ham |      spam | Row Total |
-------------|-----------|-----------|-----------|
         ham |      1167 |        28 |      1195 |
             |     0.996 |     0.153 |           |
-------------|-----------|-----------|-----------|
        spam |         5 |       155 |       160 |
             |     0.004 |     0.847 |           |
-------------|-----------|-----------|-----------|
Column Total |      1172 |       183 |      1355 |
             |     0.865 |     0.135 |           |
-------------|-----------|-----------|-----------|
```

9.4.4 皮玛数据

【R例9.7】数据Pima2，函数NaiveBayes {klaR}，train {caret}

对居住在美国亚利桑那州凤凰城附近的21岁以上的印地安皮玛Pima妇女的糖尿病检测。这些数据是由美国国家糖尿病、消化和肾脏疾病研究所收集的血清胰岛素数据。

data.frame： 392 obs. of 9 variables： 1. pregnant 2. glucose 3. pressure 4. triceps 5. insulin 6. mass 7. pedigree 8. age 9. diabetes

目标变量 diabetes 因子两个水平 “neg”， “pos”

```
> # R例9.7
> library(tidyverse) ; library(caret) ; library("klaR")
> data("PimaIndiansDiabetes2", package = "mlbench")
> Pima2 <- na.omit(PimaIndiansDiabetes2) ; str(Pima2) ; set.seed(100)
> train <- Pima2$diabetes %>% createDataPartition(p = 0.8, list = FALSE)
> train.data  <- Pima2[train, ] ; test.data <- Pima2[-train, ]
> model <- NaiveBayes(diabetes ~., data = train.data)
> model  # klaR : NaiveBayes 模型
> predictions <- model %>% predict(test.data)
> mean(predictions$class == test.data$diabetes) # 预测正确率
> set.seed(100)    # 交叉验证模型
> model <- train(diabetes ~., data = train.data, method = "nb",
+            trControl = trainControl("cv", number = 10))
> model # caret : train("nb", "cv") 模型
> predicted.classes <- model %>% predict(test.data)
> mean(predicted.classes == test.data$diabetes) # 预测正确率
```

9.5 本章思维导图

奇（现象）发生

正（本质）P（正）↓ 验后概率P（正|奇）

似然概率P（奇|正）　透过现象看本质

贝叶斯分类

- 贝叶斯公式
  - 本质：目标变量验前概率
  - 从本质看现象：似然概率
  - 从现象看本质：验后概率
- 朴素贝叶斯分类

验前概率	似然概率	X1			X2	
		A	B	C	D	E
P(N)	P(X|N)					
P(Y)	P(X|Y)					

  - 朴素：特征变量独立
  - 验前与似然概率表
  - 连续变量特征
  - 拉普拉斯校准
  -  优点和缺点
-  R 包::函数
  - e1701::naiveBayes
  - klaR::NaiveBayes
  - caret::train
- R 语言实战
  - 打球 NB 数据：R例9.1 
  - 性别 Gender 数据：R例9.2 
  - 购买 EP 数据：R例9.3 
  - 泰坦尼克号 Titanic 数据：R例9.4
  - 鸢尾花 iris 数据：R例9.5
  - 垃圾邮件 sms_spam 数据：R例9.6 

  - 皮玛Pima2 数据：R例9.7

第10章

决策树

森林内的两条分叉路，我选择了人迹罕至的一条，从此一切变得不一样。

——佛洛斯特Robert Frost

10.1 决策树概述

决策树（decision tree）是一个树状表示逻辑的决策过程，“划分和征服”或“分而治之”（divide and conquer）的过程。决策树有：

（1）根节点（root node）：决策树的开始。

（2）分支点（branch node）：分支就是要选择一个属性或特征，分支点是内部节点。

（3）内部节点（internal node）：包括根节点和分支点，若是决策树，取观察样本的多数。

（4）叶节点（leaf node）或终点（terminal node）：决定因变量的分类标签或回归数值，若是决策树，取观察样本的多数；若是回归树，取观察样本的均值。

10.1.1 图形表示

决策树的图形表示如图10-1所示。

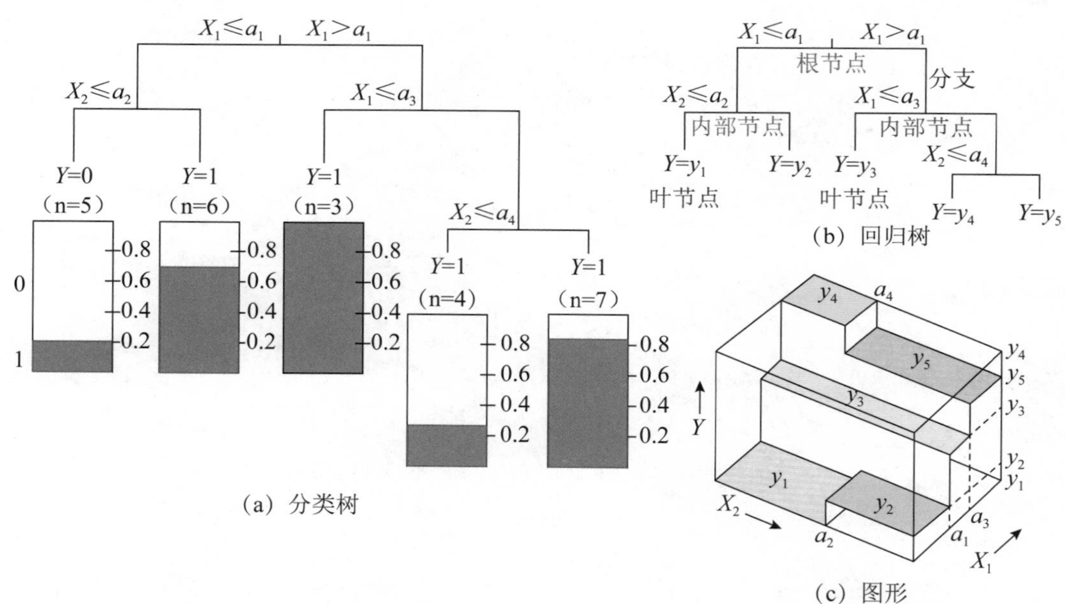

图10-1 决策树的图形

10.1.2 逻辑表示

决策树的逻辑表示：

[1] root

| [2] $X_1 \leqslant a_1$

| | [3] $X_2 \leqslant a_2 : Y = 0(n = 5, err = 0.2)$ # n=实例数目，err=错误率

| | [4] $X_2 > a_2 : Y = 1(n = 6, err = 0.33)$

| [5] $X_1 > a_1$

| | [6] $X_1 \leqslant a_3 : Y = 1(n = 3, err = 0)$

| | [7] $X_1 > a_3$

| | | [8] $X_2 \leqslant a_4 : Y = 0(n = 4, err = 0.25)$

| | | [9] $X_2 > a_4 : Y = 1(n = 7, err = 0.14)$

Number of inner nodes：4 # 内部点（[1]，[2]，[5]，[7]）

Number of terminal nodes：5 # 叶节（终）点（[3]，[4]，[6]，[8]，[9]）

10.1.3 规则表示

决策树的规则表示：

if $X_1 \leqslant a_1$ and $X_2 \leqslant a_2$ then $Y = 0$

if $X_1 \leqslant a_1$ and $X_2 > a_2$ then $Y = 1$

if $a_1 < X_1 \leqslant a_3$ then $Y = 1$

if $X_1 > a_3$ and $X_2 \leqslant a_4$ then $Y = 0$

if $X_1 > a_3$ and $X_2 > a_4$ then $Y = 1$

10.1.4 数学公式表示

分类树的数学公式表示：

$$Y = "0" I_{\{X_1 \leqslant a_1, X_2 \leqslant a_2\}} + "1" I_{\{X_1 \leqslant a_1, X_2 \geqslant a_2\}} + "1" I_{\{a_1 \leqslant X_1 \leqslant a_3\}} + "0" I_{\{X_1 \geqslant a_3, X_2 \leqslant a_4\}} + "0" I_{\{X_1 \geqslant a_3, X_2 \geqslant a_4\}}$$

回归树的数学公式表示：

$$Y = y_1 I_{\{X_1 \leqslant a_1, X_2 \leqslant a_2\}} + y_2 I_{\{X_1 \leqslant a_1, X_2 \geqslant a_2\}} + y_3 I_{\{a_1 \leqslant X_1 \leqslant a_3\}} + y_4 I_{\{X_1 \geqslant a_3, X_2 \leqslant a_4\}} + y_5 I_{\{X_1 \geqslant a_3, X_2 \geqslant a_4\}}$$

$I_{\{X_1 \leqslant a_1, X_2 \leqslant a_2\}}$ 的定义如下：

$$I_{\{X_1 \leqslant a_1, X_2 \leqslant a_2\}} = 1 \text{ if } X_1 \leqslant a_1, X_2 \leqslant a_2$$

$$I_{\{X_1 \leqslant a_1, X_2 \leqslant a_2\}} = 0 \text{ if } X_1 \geqslant a_1 \ or\ X_2 \geqslant a_2$$

10.2 决策树的信息计算

10.2.1 信息计算

信息计算是为了要做决策树的分枝，要选择决策树的分枝，计算特征变量的信息，选择信息增益最大的特征变量，作为决策树的分枝。

信息计算是从熵（entropy）开始，熵是乱度，分枝要找降低乱度多的，增益信息最大的。例如，掷一枚硬币，正反面概率相同，熵或乱度最大等于 1。如果有人告诉你，这枚硬币百分之百出现正面，于是熵或乱度等于 0。因此信息增益为 1－ 0 = 1。

所以，信息增益（Information Gain）就是信息的价值（value of information）。

如图10-2、表10-1所示。

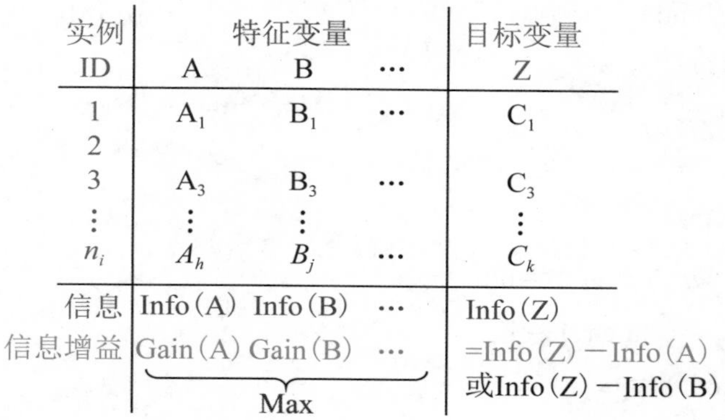

实例 ID	特征变量 A	B	···	目标变量 Z
1	A_1	B_1	···	C_1
2				
3	A_3	B_3	···	C_3
⋮	⋮	⋮		⋮
n_i	A_h	B_j	···	C_k
信息	Info(A)	Info(B)	···	Info(Z)
信息增益	Gain(A)	Gain(B)	···	=Info(Z)－Info(A) 或Info(Z)－Info(B)
	Max			

图10-2　决策树的信息增益

表10-1　特征属性 A 的分枝信息

分枝A \ Z		分类（目标变量） C_1	C_2	···	C_k	Σ	Gain（A）= 计算信息	=Info（Z）–Info（A）
特征值	A_1	a_{11}	a_{12}	···	a_{1k}	T_1	$Info(A_1)=Info([a_{11}, \cdots, a_{1k}])$	Info(A)
	A_2	a_{21}	a_{22}	···	a_{2k}	T_2	$Info(A_2)=Info([a_{21}, \cdots, a_{2k}])$	
	···	⋮	⋮		⋮	···		
	A_h	a_{h1}	a_{h2}	···	a_{hk}	T_h	$Info(A_h)=Info([a_{h1}, \cdots, a_{hk}])$	
	Σ	S_1	S_2	···	S_k	N	$Info(Z)=Info([S_1, \cdots, S_k])$	Info(Z)
概率		p_1	p_2	···	p_k	1		

a_{ij}= 特征值 A_i 在目标变量 C_j 的实例数目。

为了方便起见，公式 $\log = \log_2$，即 $\log x = \log_2 x = (\log_{10} x)/0.301$。

10.2.2 熵与信息

（1）熵（entropy）是一个系统混乱程度的度量。如果一个系统有 k 个状态，每个状态的概率是 $p_i, i=1,\cdots k, \sum p_i=1$，这个系统的熵是：

$$\text{Ent}(p_1,p_2,\cdots,p_k)=-\sum_{i=1}^{k} p_i\log p_i=-p_1\log p_1-p_2\log p_2-\cdots-p_k\log p_k$$

Ent(0.5,0.5)= $-2\times0.5\log(0.5)=-2\times0.5\log_2(0.5)=1$

Ent(0.1,0.9)= $-0.1\times\log_2(0.1)-0.9\times\log_2(0.9)=0.469$

Ent(0,1)= $-0\times\log_2(0)-1\times\log_2(1)=0$

两个分类概率是一半一半，信息（熵）最大，混乱程度最大。

两个分类确定只有一个分类发生，信息（熵）是 0。

（2）如果状态分成两类，一类有 a 个实例，另一类有 b 个实例，其信息是：

$$\text{Info}([a,b])=\text{Ent}\left(\frac{a}{a+b},\frac{b}{a+b}\right)$$

（3）如果状态分成三类，分别有 a 个实例，b 个实例，c 个实例，其信息是：

$$\text{Info}([a,b,c])=\text{Ent}\left(\frac{a}{a+b+c},\frac{b}{a+b+c},\frac{c}{a+b+c}\right)$$

（4）特征值 A_i 对应目标变量 k 个分类，分别有 $[a_{i1},a_{i2},\ldots,a_{ik}]$ 个实例，其信息是：

$$\text{Info}(A_i)=\text{Info}([a_{i1},a_{i1},\cdots,a_{i1}])=\text{Ent}\left(\frac{a_{i1}}{a_{i2}+\cdots+a_{ik}},\cdots,\frac{a_{ik}}{a_{i2}+\cdots+a_{ik}}\right)$$

$$\text{Info}(A_i)=-\frac{a_{i1}}{T_i}\log\left(\frac{a_{i1}}{T_i}\right)-\frac{a_{i2}}{T_i}\log\left(\frac{a_{i2}}{T_i}\right)-\cdots-\frac{a_{ik}}{T_i}\log\left(\frac{a_{ik}}{T_i}\right)=-\sum_{j=1}^{k}\frac{a_{ij}}{T_i}\log\left(\frac{a_{ij}}{T_i}\right)$$

（5）特征变量 A（因子）分类（分枝）对应目标变量，有 $A_i, i=1,\cdots,h$，其信息是：

$$\text{Info}(A)=\sum_{i=1}^{h}\frac{T_i}{N}\text{Info}(A_i)$$

（6）训练数据对应目标变量 Z，分类 $C_i, i=1,\cdots,k$ 概率是 $p_i, i=1,\cdots,k$，其信息是：

$$\text{Info}(Z)=-\sum_{i=1}^{k}\frac{S_i}{N}\log\left(\frac{S_i}{N}\right)=\text{Ent}(p_1,p_2,\cdots,p_k)=-\sum_{i=1}^{k}p_i\log_2 p_i$$

10.2.3 信息增益

特征变量A（因子）分枝的信息增益（Information Gain）是：

$$\text{Gain}(A)=\text{Info}(Z)-\text{Info}(A)$$

式中：信息增益可作为分枝的准则，信息增益越大，则该特征越适合作分枝特征；Z 是上一个节点的信息。

10.2.4 信息增益比

（1）特征变量 A 的分枝信息（Split Information）是：

$$\text{Split Info}(A)=\text{Info}([T_1,T_2,\cdots,T_h])=-\sum_{i=1}^{h}\frac{T_i}{N}\log\left(\frac{T_i}{N}\right)$$

（2）特征变量 A 的信息增益比（Information Gain ratio）是：

$$\text{GR}(A)=\frac{\text{Gain}(A)}{\text{Split Info}(A)}$$

信息增益比可作为分枝的准则，信息增益比越大，则该特征越适合作分枝特征。

10.2.5 基尼系数与基尼增益

如图10-3所示。

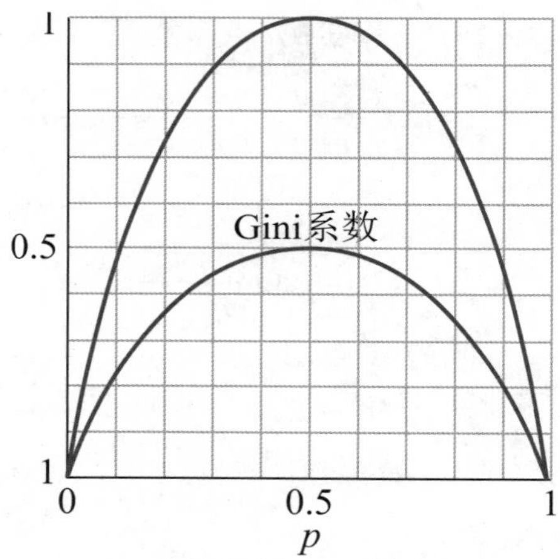

图10-3 熵与基尼

（1）训练数据 Z，特征变量 A，特征值 的基尼系数是：

$$\text{Gini}(Z)=1-\sum_{i=1}^{k}p_i^2$$

$$\text{Gini}(A_1)=1-\sum_{i=1}^{k}\left(\frac{a_{ij}}{T_i}\right)^2$$

$$\text{Gini}(A)=\sum_{i=1}^{h}\frac{T_i}{N}\text{Gini}(A_i)$$

特征变量 A 的基尼系数是分枝属性的不纯度。

（2）特征变量 A 的基尼增益（Gini Gain）是：

$$\Delta\text{Gini}(A)=\text{Gini}(Z)-\text{Gini}(A)$$

基尼增益可作为分枝的准则，基尼增益越大，则该特征越适合作分枝特征。

10.2.6 卡方统计量

卡方统计量χ^2（a_{ij},T_i,S_j如表10-1所示）：

$$\chi^2=\sum_{i=1}^{h}\sum_{j=1}^{k}\frac{\left(a_{ij}-e_{ij}\right)^2}{e_{ij}},e_{ij}=\frac{T_i\times S_j}{N}$$

卡方统计量可作为分枝的准则，卡方统计量越大，特征值的差异越大，则该特征越适合作分枝特征。

10.2.7 分枝法则的选择

决策树的分枝法则是选择信息增益、信息增益比或基尼增益最大，作为分枝。

分枝法则要选择的分岔路：有一条是人迹罕至，另一条是人山人海。这个分岔路的信息增益，比起两边人数是平分秋色，前者的信息增益会比较大。

10.2.8 回归树

决策树的自变量是分类变量，如果自变量是连续变量，就要改为分类变量，数据预处理的分箱法（binning），将连续变量改为分类变量。

在R语言包C 5.0和rpart可以自动将连续变量分箱为分类变量。R语言包CHAID需要人工分箱，用分割函数 cut。

决策树的因变量是分类变量，如果因变量是连续变量，则为回归树。

回归树的分枝不是用属性概率的信息增益，而是用残差平方和，残差平方和用来衡量模型拟合程度：

$$\text{RSS}=\sum\left(\text{观察值}-\text{预测值}\right)^2$$

分类树的叶节点是计算因变量数值的多数（投票）。

回归树的叶节点是计算因变量数值的平均值。

10.3 决策树的实例计算

下面再用第9章天气和打网球的数据，计算决策树。

天气和打网球

根据天气来决定是否打网球，为了简化计算输入，定义变量代号如下：

特征变量：*X*1 = 天气：A = 晴天，B = 阴天，C = 雨天

*X*2 = 温度：D = 热天，E = 适中，F = 冷天

*X*3 = 湿度：G = 高，H = 正常

*X*4 = 风速：I = 弱，J = 强

目标变量：*Z* = 是否打球：Y = 是，N = 否

以上 *X*1，*X*2，*X*3，*X*4 和 *Z* 是变量，而且是分类变量因子。

A，B，C，...，I，J，Y，N 分别是变量因子*X*1，*X*2，*X*3，*X*4，*Z*的水平。

① 数据

打球数据如表10-2所示，将数据转换成Excel表如图10-4所示。

表10-2　打球数据

	*X*1	*X*2	*X*3	*X*4	*Z*
1	A	D	G	I	N
2	A	D	G	J	N
3	B	D	G	I	Y
4	C	E	G	I	Y
5	C	F	H	I	Y
6	C	F	H	J	N
7	B	F	H	J	Y
8	A	E	G	I	N
9	A	F	H	I	Y
10	C	E	H	I	Y
11	A	E	H	J	Y
12	B	E	G	J	Y
13	B	D	H	I	Y
14	C	E	G	J	N
15	A	D	G	I	N

	A	B	C	D	E
1	X1	X2	X3	X4	Z
2	A	D	G	I	N
3	A	D	G	J	N
4	B	D	G	I	Y
5	C	E	G	I	Y
6	C	F	H	I	Y
7	C	F	H	J	N
8	B	F	H	J	Y
9	A	E	G	I	N
10	A	F	H	I	Y
11	C	E	H	I	Y
12	A	E	H	J	Y
13	B	E	G	J	Y
14	B	D	H	I	Y
15	C	E	G	J	N
16	A	D	G	I	N

图10-4　数据Excel格式

以下分别就 *X*1，*X*2，*X*3，*X*4决定决策树的分枝。

❷ 特征属性 *X*1

决策树基本上对自变量特征的分枝是二分类，特征属性 *X*1 是三分类A，B，C，如果用二分类分枝，则要AB，AC或 BC 合并。R例10.1的rpart{rpart}、C5.0{C50}}、tree{tree}三种算法用二分类分枝。以下还是用多分类分枝计算信息。

特征属性*X*1的分枝信息及分枝图如表10-3、图10-5所示。

表10-3　特征属性 X1 的分枝信息

Z / **X1**		分类（目标变量）			
		Y	N	*Σ*	计算信息
特征值	*A*	2	4	6	Info([2, 4])=0.918
	B	4	0	4	Info([4, 0])=0
	C	3	2	5	Info([3, 2])=0.971
	Σ	9	6	15	Info([9, 6])=0.971
概率		9/15	6/15	1	

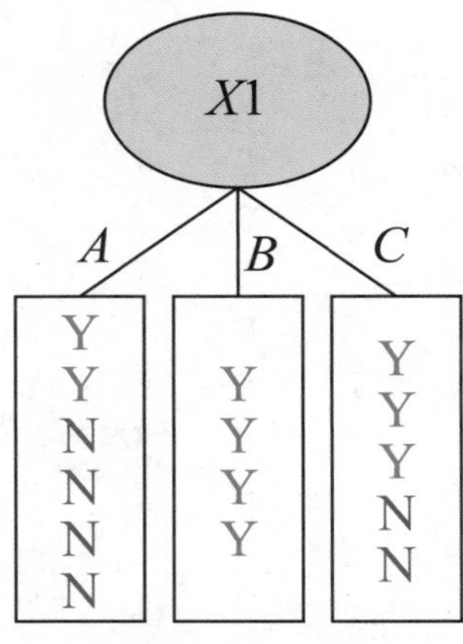

图10-5　特征属性X1的分枝

（1）计算信息：

$$\mathrm{Info}(A)=\mathrm{Info}([2,4])=-\frac{2}{6}\log\left(\frac{2}{6}\right)-\frac{4}{6}\log\left(\frac{4}{6}\right)=0.918$$

$$\mathrm{Info}(B)=\mathrm{Info}([4,0])=-\frac{4}{4}\log\left(\frac{4}{4}\right)-\frac{0}{4}\log\left(\frac{0}{4}\right)=0$$

$$\mathrm{Info}(C)=\mathrm{Info}([3,2])=-\frac{3}{5}\log\left(\frac{3}{5}\right)-\frac{2}{5}\log\left(\frac{2}{5}\right)=0.971$$

$$\mathrm{Info}(X1)=\mathrm{Info}([2,4],[4,0],[3,2])=\frac{6}{15}\mathrm{Info}([2,4])+\frac{4}{15}\mathrm{Info}([4,0])+\frac{5}{15}\mathrm{Info}([3,2])=0.691$$

$$\mathrm{Info}(Z)=\mathrm{Info}([9,6])=-\frac{9}{15}\log\left(\frac{9}{15}\right)-\frac{6}{15}\log\left(\frac{6}{15}\right)=0.971$$

$$\mathrm{Gain}(X1)=\mathrm{Info}(Z)-\mathrm{Info}(X1)=0.971-0.691=0.2801$$

$$\mathrm{Split\ Info}(X1)=\mathrm{Info}([6,4,5])=-\frac{6}{15}\log\left(\frac{6}{15}\right)-\frac{4}{15}\log\left(\frac{4}{15}\right)-\frac{5}{15}\log\left(\frac{5}{15}\right)=1.5658$$

$$\mathrm{Gain\ Ratio}(X1)=\frac{\mathrm{Gain}(X1)}{\mathrm{Split\ Info}(X1)}=\frac{0.2801}{1.5658}=0.1789$$

（2）计算基尼系数：

$$\mathrm{Gini}(A)=1-(2/6)^2-(4/6)^2=0.4444$$

$$\mathrm{Gini}(B)=1-(4/4)^2-0=0$$

$$\mathrm{Gini}(C)=1-(3/5)^2-(2/5)^2=0.48$$

$$\mathrm{Gini}(Z)=1-(9/15)^2-(6/15)^2=0.48$$

$$\mathrm{Gini}(X1)=(6/15)\mathrm{Gini}(A)+(4/15)\mathrm{Gini}(B)+(5/15)\mathrm{Gini}(C)=0.3378$$

$$\Delta\mathrm{Gini}(X1)=\mathrm{Gini}(Z)-\mathrm{Gini}(X1)=0.48-0.3378=0.1422$$

（3）计算卡方值：

$$\chi^2(X1) = 4.444$$

③ 特征属性 $X2$

特征属性$X2$分枝信息及分枝图如表10-4、图10-6所示。

表10-4　特征属性 X2 的分枝信息

$X2$ \ Z		分类（目标变量）			
		Y	N	Σ	计算信息
特征值	D	2	3	5	Info([2, 3])=0.971
	E	4	2	6	Info([4, 2])=0.918
	F	3	1	4	Info([3, 1])=0.811
	Σ	9	6	15	Info([9, 6])=0.971
概率		9/15	6/15	1	

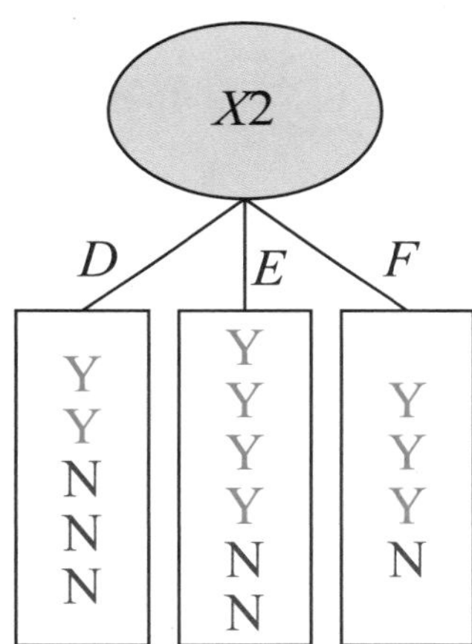

图10-6　特征属性X2的分枝

（1）计算信息：

$$\text{Info}(D) = \text{Info}([2,3]) = -\frac{2}{5}\log\left(\frac{2}{5}\right) - \frac{3}{5}\log\left(\frac{3}{5}\right) = 0.971$$

$$\text{Info}(E) = \text{Info}([4,2]) = -\frac{4}{6}\log\left(\frac{4}{6}\right) - \frac{2}{6}\log\left(\frac{2}{6}\right) = 0.918$$

$$\text{Info}(F) = \text{Info}([3,1]) = -\frac{3}{4}\log\left(\frac{3}{4}\right) - \frac{1}{4}\log\left(\frac{1}{4}\right) = 0.811$$

$$\text{Info}(X2) = \text{Info}([2,3],[4,2],[3,1]) = \frac{5}{15}\text{Info}([2,3]) + \frac{6}{15}\text{Info}([4,2]) + \frac{4}{15}\text{Info}([3,1]) = 0.799$$

$$\text{Info}(Z) = \text{Info}([9,6]) = -\frac{9}{15}\log\left(\frac{9}{15}\right) - \frac{6}{15}\log\left(\frac{6}{15}\right) = 0.971$$

$$\text{Gain}(X2)=\text{Info}(Z)-\text{Info}(X1)=0.971-0.799=0.172$$

$$\text{Split Info}(X2)=\text{Info}([5,6,4])=-\frac{5}{15}\log\left(\frac{5}{15}\right)-\frac{6}{15}\log\left(\frac{6}{15}\right)-\frac{4}{15}\log\left(\frac{4}{15}\right)=1.566$$

$$\text{Gain Ratio}(X2)=\frac{\text{Gain}(X2)}{\text{Split Info}(X2)}=\frac{0.172}{1.566}=0.110$$

（2）计算基尼系数：

$$\text{Gini}(D)=1-(2/5)^2-(3/5)^2=0.48$$

$$\text{Gini}(E)=1-(4/6)^2-(2/6)^2=0.444$$

$$\text{Gini}(F)=1-(3/4)^2-(1/4)^2=0.375$$

$$\text{Gini}(Z)=1-(9/15)^2-(6/15)^2=0.48$$

$$\text{Gini}(X2)=(5/15)\text{Gini}(D)+(6/15)\text{Gini}(E)+(5/15)\text{Gini}(F)=0.438$$

$$\Delta\text{Gini}(X2)=\text{Gini}(Z)-\text{Gini}(X2)=0.48-0.438=0.042$$

（3）计算卡方值：

$$\chi^2(X2)=1.3194$$

④ 特征属性 *X*3

特征属性*X*3的分枝信息及分枝图如表10-5、图10-7所示。

表10-5　特征属性 X3 的分枝信息

*X*3 \ *Z*		分类（目标变量）			
		Y	N	Σ	计算信息
特征值	*G*	3	5	8	Info([3, 5])=0.955
	H	6	1	7	Info([6, 1])=0.592
	Σ	9	6	15	Info([9, 6])=0.971
概率		9/15	6/15	1	

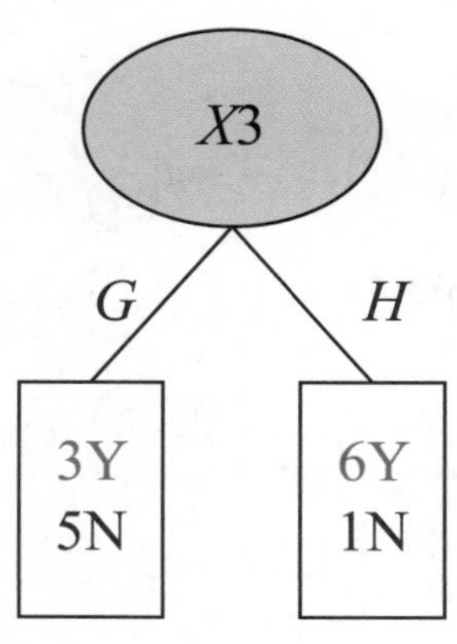

图10-7　特征属性*X*3的分枝

（1）计算信息：

$$\text{Info}(G)=\text{Info}([3,5])=-\frac{3}{8}\log\left(\frac{3}{8}\right)-\frac{5}{8}\log\left(\frac{5}{8}\right)=0.9545$$

$$\text{Info}(H)=\text{Info}([6,1])=-\frac{6}{7}\log\left(\frac{6}{7}\right)-\frac{1}{7}\log\left(\frac{1}{7}\right)=0.5917$$

$$\text{Info}(X3)=\text{Info}([3,5],[6,1])=\frac{8}{15}\text{Info}([3,5])+\frac{7}{15}\text{Info}([6,1])=0.746$$

$$\text{Info}(Z)=\text{Info}([9,6])=-\frac{9}{15}\log\left(\frac{9}{15}\right)-\frac{6}{15}\log\left(\frac{6}{15}\right)=0.971$$

$$\text{Gain}(X3)=\text{Info}(Z)-\text{Info}(X3)=0.971-0.746=0.225$$

$$\text{Split Info}(X3)=\text{Info}([8,7])=-\frac{8}{15}\log\left(\frac{8}{15}\right)-\frac{7}{15}\log\left(\frac{7}{15}\right)=0.997$$

$$\text{Gain Ratio}(X3)=\frac{\text{Gain}(X3)}{\text{Split Info}(X3)}=\frac{0.225}{0.997}=0.226$$

（2）计算基尼系数：

$$\text{Gini}(G)=1-(3/8)^2-(5/8)^2=0.4688$$

$$\text{Gini}(H)=1-(6/7)^2-(1/7)^2=0.2449$$

$$\text{Gini}(Z)=1-(9/15)^2-(6/15)^2=0.48$$

$$\text{Gini}(X3)=(8/15)\text{Gini}(A)+(7/15)\text{Gini}(H)=0.3643$$

$$\Delta\text{Gini}(X1)3=\text{Gini}(Z)-\text{Gini}(X3)=0.48-0.3643=0.1157$$

（3）计算卡方值：

$$\chi^2(X3)=1.8862$$

⑤ 特征属性 *X*4

特征属性*X*4的分枝信息及分枝图如表10-6、图10-8所示。

表10-6 特征属性X4的分枝信息

*X*4 \ Z		分类（目标变量）			
		Y	N	Σ	计算信息
特征值	*I*	6	3	9	Info([6, 3])=0.918
	J	3	3	6	Info([3, 3])=1
	Σ	9	6	15	Info([9, 6])=0.971
概率		9/15	6/15	1	

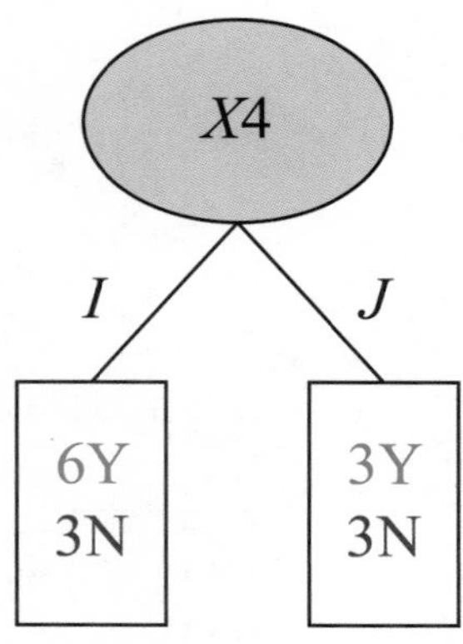

图10-8　特征属性X4的分枝

（1）计算信息：

$$\text{Info}(I)=\text{Info}([6,3])=-\frac{6}{9}\log\left(\frac{6}{9}\right)-\frac{3}{9}\log\left(\frac{3}{9}\right)=0.9184$$

$$\text{Info}(J)=\text{Info}([3,3])=-\frac{3}{6}\log\left(\frac{3}{6}\right)-\frac{3}{6}\log\left(\frac{3}{6}\right)=1$$

$$\text{Info}(X4)=\text{Info}([6,3],[3,3])=\frac{9}{15}\text{Info}([6,3])+\frac{6}{15}\text{Info}([3,3])=0.951$$

$$\text{Info}(Z)=\text{Info}([9,6])=-\frac{9}{15}\log\left(\frac{9}{15}\right)-\frac{6}{15}\log\left(\frac{6}{15}\right)=0.971$$

$$\text{Gain}(X4)=\text{Info}(Z)-\text{Info}(X4)=0.971-0.951=0.020$$

$$\text{Split Info}(X4)=\text{Info}([9,6])=-\frac{9}{15}\log\left(\frac{9}{15}\right)-\frac{6}{15}\log\left(\frac{6}{15}\right)=0.971$$

$$\text{Gain Ratio}(X4)=\frac{\text{Gain}(X4)}{\text{Split Info}(X4)}=\frac{0.020}{0.971}=0.021$$

（2）计算基尼系数：

$$\text{Gini}(I)=1-(6/9)^2-(3/9)^2=0.4444$$

$$\text{Gini}(J)=1-(3/6)^2-(3/6)^2=0.5$$

$$\text{Gini}(Z)=1-(9/15)^2-(6/15)^2=0.48$$

$$\text{Gini}(X4)=(9/15)\text{Gini}(I)+(6/15)\text{Gini}(J)=0.4666$$

$$\Delta\text{Gini}(X4)=\text{Gini}(Z)-\text{Gini}(X4)=0.48-0.4666=0.0134$$

（3）计算卡方值：

$$\chi^2(X3)=0.0116$$

❻ 分枝

决策树算法ID3用信息增益Gain分枝，C 5.0用信息增益比Gain Ratio分枝，CART用基尼增益 Δ Gini分枝，CHAID用卡方值 χ^2 分枝，如表10-7所示。

表10-7　分枝特征属性的信息

	X1	X2	X3	X4
信息增益Gain	0.280	0.172	0.225	0.020
信息增益比GainRatio	0.179	0.110	0.226	0.021
基尼增益（GiniGain）	0.142	0.042	0.116	0.014
卡方值	4.444	1.319	1.886	0.012

上述例题根据信息增益、基尼增益、卡方值，分枝选 *X*1。根据信息增益比，分枝选 *X*3。接下来，要选下一个分枝的特征属性，请自行计算。

10.4 决策树的剪枝

10.4.1 贪婪算法

贪婪算法（greedy algorithm）又称贪心算法，是算法在每一步选择中都采取在目前状态下最适或最优（最有利）的选择，从而希望导致结果是最好或最优的算法。例如，在旅行推销员问题中，如果旅行员每次都选择最近的城市，那这就是一种贪婪算法。

假设商品有25斤、15斤、1斤三种包装，顾客要买30斤，如何用最少的次数拿给客人？贪婪算法的解答是：25斤 + 1斤+ 1斤+ 1斤+ 1斤+ 1斤。最优解答是：15斤 + 15斤。

贪婪算法在有最优子结构的问题中尤为有效。最优子结构的意思是局部最优解能决定全局最优解。简单地说，问题能够分解成子问题来解决，子问题的最优解能递推到最终问题的最优解。这就是本章开始说的“划分和征服”或“分而治之”的过程。

贪婪算法对每个子问题的解决方案都做出选择，不能回退（回头，backward），不能走回头路。

决策树在每个分枝选择信息增益（比）或基尼增益最大的特征属性，而且不能回退。例如，基于信息增益先分枝 *X*1，再分枝 *X*2，但是也许先分枝 *X*2，再分枝 *X*1，会比较好，所以才会有不同的信息增益选择。好比去吃一个流水宴席，第一次上菜有好几盘菜，选择一盘好吃的（信息增益大），第二次上菜是把未选择的菜再组合，然后选择一盘好吃的。这样有好吃的（信息增益大）就赶快吃的贪婪算法，整个宴席下来，不见得能吃到整体好吃的最佳美食。

机器学习的交叉验证和集成学习的随机森林可以解决决策树贪婪算法的问题。

10.4.2 决策树剪枝

因为算法生成的决策树非常详细并且庞大，每个属性都被详细地加以考虑，决策树的叶节点所覆盖的训练样本都没有误差，即每片树叶都是“纯”（pure）的，偏差很小。但是用这个决策树来预测测试数据的结果就可能很差，方差很大，这就是过拟合，如图1-16（e）、（f）。

剪枝的方法简化过拟合的决策树。在过拟合决策树的基础上，生成简化版的决策树。决策树的复杂度（complexity）是过拟合的因素。剪枝是剪掉那些不能增加正确性的分枝。

剪枝可以分为两种：预剪枝（Pre-Pruning）和后剪枝（Post-Pruning）。预剪枝并非真正剪掉现有的分枝，而是预先剪掉那些不能期望增加正确性的分枝。后剪枝是有一个完全成长的树，再剪去多余的树枝。通常后剪枝决策树的欠拟合风险比预剪枝小，正确度也较高。后剪枝决策树的一个优点是有互动效用（互动效用是调整剪枝参数比较其剪枝效果）。剪枝法早期是预剪枝，直到后来后剪枝出现才渐被取代。1980年CHAID是用预剪枝，也是第一个决策树算法。

后剪枝的方法有自上而下（top down）和自下而上（bottom up），有下列三种准则剪枝。

（1）**降低错误剪枝**（reduced-error pruning）自下而上的剪枝方法，考虑将树上的每个节点作为修剪的候选对象，因为训练集合的过拟合，使得验证集合数据能够对其进行修正，删除那些能够最大限度提高验证集精度的节点，直到进一步修剪有害有害是指修剪会减低验证集合的精度为止，反复进行上面的操作。所以用REP剪枝后的决策树对于测试样例的偏差要好很多，能够解决一定程度的过拟合问题。决策树算法C 4.5和C 5.0是用这个准则剪枝。

（2）**悲观错误剪枝**（pessimistic error pruning）自上而下的剪枝方法，这是基于训练数据的误差估计。先计算规则在应用的训练样例上的准确度，然后假定此估计准确度为二项分布，并计算它的标准差。给出置信区间，采用下界估计作为规则性能的度量。该剪枝策略随着数据集合的减小，离观察精度越来越远。剪枝方法尽管不是统计有效，但是在实践中有效。

（3）**成本复杂度**（cost complication）自下而上的剪枝方法，生成一系列的决策树，基于剪枝所增加的误差相对于减小决策树的规模是最小的原则：

Min { [误差（剪枝）－误差（未剪枝）] / [叶节点数（未剪枝）－叶节点数（剪枝）] }

决策树算法CART是用这个准则剪枝。在R语言包rpart参数cp 是成本复杂度。

成本复杂度cp为0，不剪枝。cp 越大，剪枝越多，决策树越简单，偏差也越大。

上一节的商品，如果顾客要买35斤，贪婪算法解答：25斤 + 1斤×10 次。如果老板说成本复杂度太高（取货次数太多），要剪枝。最多取货2次，于是变成25斤 + 15斤 = 40

斤，误差5斤就当作送给客人。

10.5 决策树的优点和缺点

1 决策树的优点

（1）决策树的决策模型很容易解释，尤其是对非专业人员，处理也很有效率。

（2）很多人认为决策树更接近人类决策的方式。

（3）决策树可以用图形表达，适合小型数据，也适合大型数据。

（4）非参数学习的自变量（特征属性）不需要假设特定的概率分布。即使自变量有共线性关系，也不影响，如图8-3决策树是基于个别属性。

（5）决策树训练模型的结果应用到新的观察数据，计算很快。

（6）决策树尤其是回归树，可以处理高度非线性的特征关系。

（7）可以处理连续数值、定类因子和遗失值。有极端值也不影响。

（8）清楚地表示自变量对因变量的影响关系。可以排除不重要的特征。

（9）决策树可以看出特征变量的重要性，最上面的根节点分枝是最重要的特征（自变量）。

> **第12章集成学习的随机森林，可以计算特征变量重要性的度量。**

（10）决策树有熵、基尼系数、卡方值等度量准则，特征变量的分枝和数据的绝对值无关，所以数据不需要转换（归一化或正规化）。

2 决策树的缺点

（1）决策树的预测正确性，没有如回归或其他分类器那么好。因为是贪婪算法，计算分枝的自变量是个别序列式，不是同时考虑回归，所以可能是局部最优解。

（2）决策树模型容易欠拟合或过拟合。

（3）决策树可能非常不鲁棒，可能很敏感，换言之，分枝的一个小变动，可能造成最后预测的大改变。

（4）太复杂的树会难以解释，而且决策可能有悖常理。

（5）如果分支特征有很多叶节点，或连续型特征的分割装袋，决策树可能会有相当的偏差。

（6）因为处理个别属性的信息，会失去特征预测变量的关系。

要解决上述问题，可以用第12章的集成学习例如随机森林。

10.6 R语言实战

10.6.1 决策树R语言包

R 语言决策树的包有C5.0、CAPT、CHAID、tree等，其比较如表10-8所示。

表10-8 R 语言决策树包比较

算法名称	C 5.0	CART	CHAID
R library 包	C 50	rpart	chaid
R function 函数	C 5.0	rpart	chaid
	C 5.0（x，y） C 5.0（y~.，data）	rpart（y~.，data，method） method=“class”分类树 method=“anova”回归树	chaid（y~.，data）
自变量数据类型	离散，连续	离散（因子），连续（数值）	离散
连续型数据分枝	多个分枝	2个分枝	分箱法cut，多个分枝
分枝准则	信息增益比	基尼增益	卡方值
剪枝方法	基于错误	成本复杂度	预剪枝
参数	trials，model	cp	alpha2，alpha3，alpha4

R语言的决策树包还有 tree，其函数有交叉验证 cv.tree、 剪枝prune.tree、 预测predict.tree、 绘图plot.tree 等。

10.6.2 打网球数据

用天气和打网球的数据（表10-2），用 R计算决策树。

【R例10.1】打网球数据play.csv，函数{包} rpart{rpart}、C5.0{C50}}、tree{tree}

数据框格式data.frame 15个观察值　5个变量

*X*1，*X*2，*X*3，*X*4，*Z*

```
> # R例10.1
> play = read.csv("C:/R/play.csv",header=T)
```

```
> if(!require(tree)){install.packages("tree")}
> if(!require(C50)){install.packages("C50")}
> if(!require(rpart)){install.packages("rpart")}
> install.packages("CHAID", repos="http://R-Forge.R-project.org")
> install.packages("profvis") ; library(tree)
> library(rpart) ; library(C50) ; library(CHAID) ; library(profvis)
> play.tree <- tree(Z~ ., data=play, method = "gini", minsize=1)
> plot(play.tree) ; text(play.tree) ; pause(10)
> play.C50 <- C5.0(Z~., data=play) ; play.C50 ; summary(play.C50)
> plot(play.C50) ; pause(10) ; par(mfrow=c(1,1),xpd = NA)
> play.repart <- rpart(Z~., method="class", data=play,
+ control=rpart.control(minsplit=1))
> plot(play.repart, uniform=TRUE) ;> text(play.repart, cex=.8)
> rsq.rpart(play.repart) ; printcp(play.repart)
> plotcp(play.repart) ; plot(play.repart) ; text(play.repart)
```

如图10-9～图10-11所示。

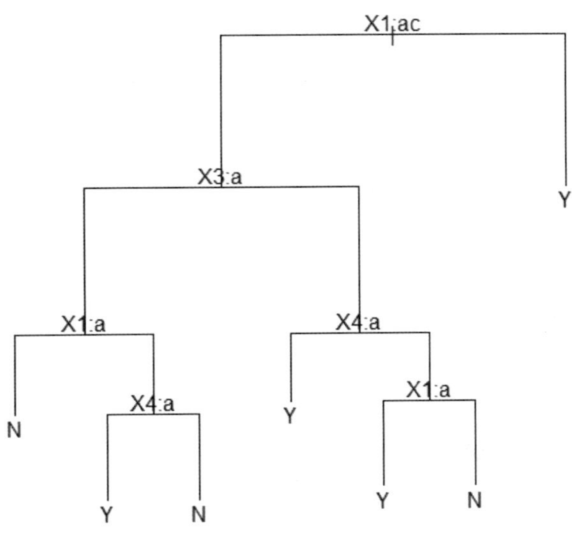

图10-9　tree决策树

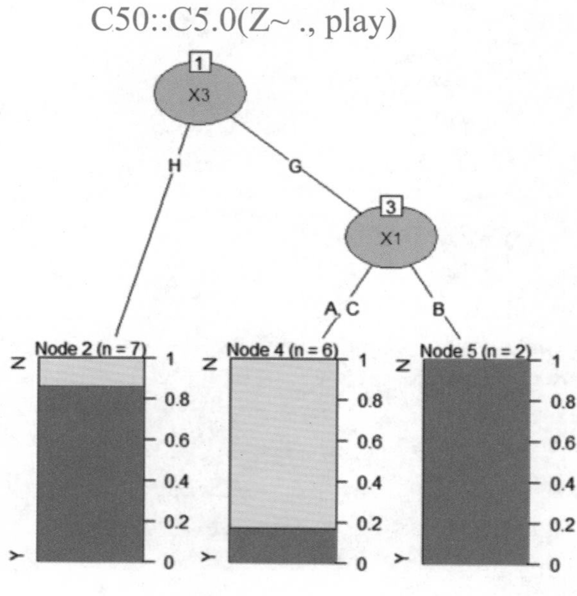

图10-10　C5.0决策树

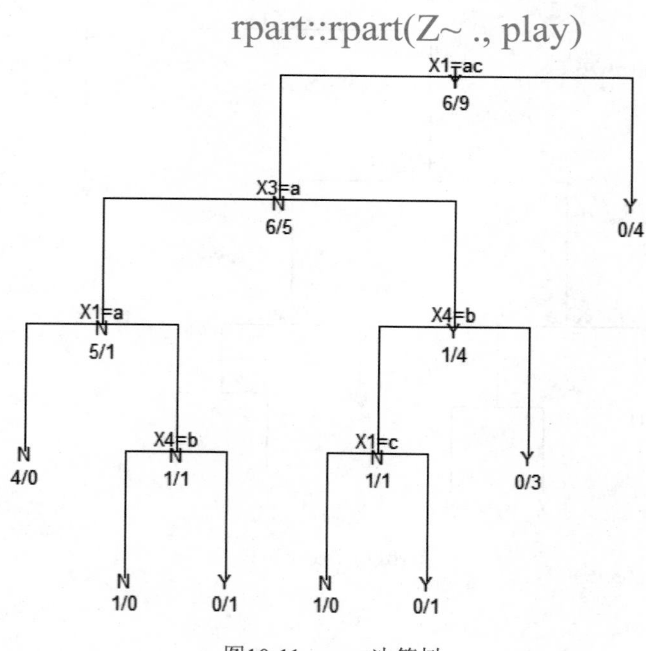

图10-11　rpart决策树

10.6.3 泰坦尼克号数据

【R例10.2】数据titanic，函数{包} rpart{rpart}、train{caret}

数据框格式data.frame：2201个观察值　4 个变量

1. Class 舱等，2. Sex性别，3. Age年龄，4. Survived存活

```
> # R例10.2
> if(!require(rpart)){install.packages("rpart")}
> if(!require(rpart.plot)){install.packages("rpart.plot")}
> if(!require(rpartkit)){install.packages("rpartkit")}
> library(rpart) ; library(partykit) ; library(rpart.plot)
> load("C:/R/titanic.raw.rdata") ; titanic<- titanic.raw
> str(titanic) ; set.seed(100)
> tr <- sample(x=1:nrow(titanic), size=ceiling(0.8*nrow(titanic)))
> train <- titanic[tr, ] ; test <- titanic[-tr, ]
> cart <- rpart(Survived ~. , data=train) ; cart.tit
> prp(cart,faclen=0,fallen.leaves=T,shadow.col="blue",extra=2) #图10-12
> rparty.tree <- as.party(cart) ; rparty.tree ; plot(rparty.tree)
> pred <- predict(cart, newdata=test, type="class")
> table(real=test$Survived, predict=pred) # 预测准确率=对角线的数量/总数量
> confus.matrix <- table(real=test$Survived, predict=pred) ; confus.matrix
> sum(diag(confus.matrix))/sum(confus.matrix) # 对角线的数量/总数量
> printcp(cart) # 先观察未修剪的树，CP字段代表树的成本复杂度参数
> plotcp(cart) #图10-13
> prunetree_cart <- prune(cart, cp =
+ cart$cptable[which.min(cart$cptable[,"xerror"]),"CP"])
> # 利用能使决策树具有最小误差的CP来修剪树
> prunetree_pred <- predict(prunetree_cart, newdata=test, type="class")
> table(real=test$Survived, predict=prunetree_pred)
> prunetree_confus.matrix <- table(real=test$Survived,
+ predict=prunetree_pred)
> sum(diag(prunetree_confus.matrix))/sum(prunetree_confus.matrix)
> library(caret) ; > library(e1071)
> train_control <- trainControl(method="cv", number=10)
> train_control.model <- train(Survived~., data=train, method="rpart",
+ trControl=train_control) + train_control.model
```

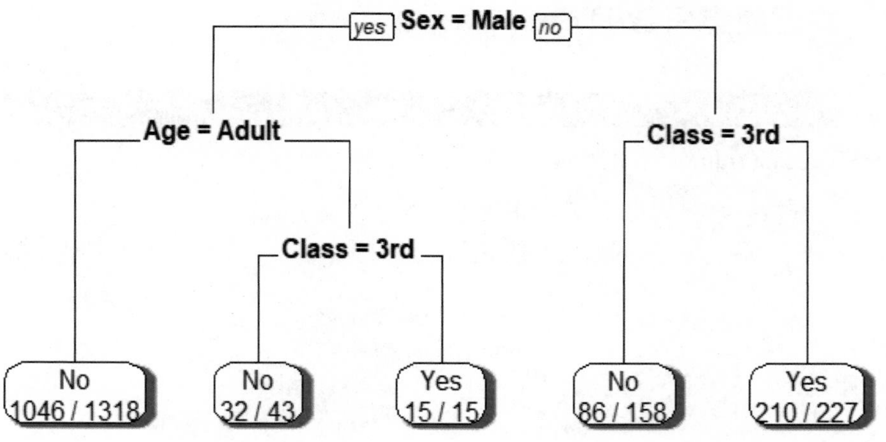

图10-12　决策树

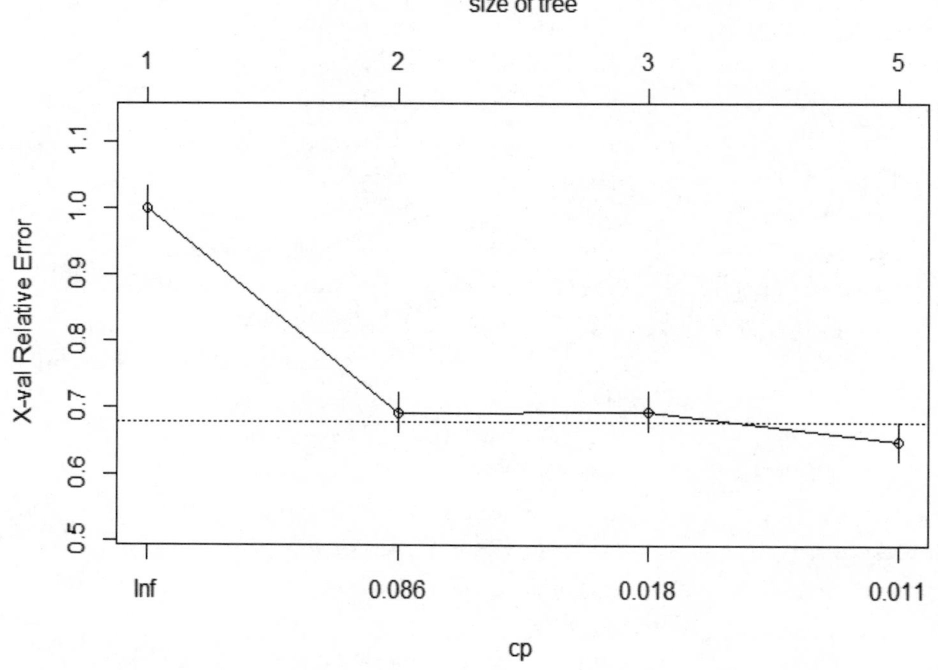

图10-13　决策树剪枝与cp值

10.6.4　鸢尾花数据

【R例10.3】鸢尾花数据iris，函数party{party}，rpartXse、prettyTree{DMwR}

数据框格式data.frame：150个观察值　5个变量

Sepal.Length，Sepal.Width，Petal.Length，Petal.Width，Species

```
> # R例10.3_1, rpartXse、prettyTree{DMwR}
> if(!require(party)){install.packages("party")}
> if(!require(DMwR)){install.packages("DMwR")}
> if(!require(rattle)){install.packages( 'rattle' )}
> if(!require(RColorBrewer)){install.packages( 'RColorBrewer' )}
> library(rattle) ; library(party) ; library(DMwR) ; library(rpart)
> data(iris) ; tree <- rpartXse(Species ~ ., iris) ; tree
> prettyTree(tree)
> fancyRpartPlot(tree, sub = '')
> tree <- rpart(Species ~ Sepal.Length + Sepal.Width + Petal.Length +
+ Petal.Width, data = iris, method = "class")
> test <- data.frame(Sepal.Length = c(5.3, 7.2),
+ Sepal.Width = c(2.9, 3.9), Petal.Length = c(1.7, 5.4),
+ Petal.Width = c(0.8, 2.3))
> predict(tree,test,type="class")
> # R例10.3_2, rpart{rpart}
> rm(list=ls(all=TRUE)) ; data(iris)
> plot(iris[1:2], pch = 21, bg=c("red","green3","blue")
+  [unclass(iris$Species)])
> Iris <- iris[,3:5]  # 以下 Iris 只用两个特征
> plot(Iris[1:2], pch = 21, bg = c("red", "green3", "blue")
+ [unclass(Iris$Species)])
> # Iris_rpart <- rpart(Species~., data = Iris)
> Iris_rpart <- rpart(Species~., data = Iris, minsplit=1, cp=1e-3)
> Iris_rpart
> Iris_rpart_pred <- predict(Iris_rpart, Iris)
> Iris_rpart_pred_ClassN <- apply(Iris_rpart_pred,1, function(one_row)
+  return(which(one_row == max(one_row))))
> Iris_rpart_pred_Class <- apply( Iris_rpart_pred,1, function(one_row)
+ return(colnames(Iris_rpart_pred)[which(one_row == max(one_row))]))
> Iris_Class_temp <- unclass(Iris$Species)
> Iris_Class <- attr(Iris_Class_temp ,"levels")[Iris_Class_temp]
> table(Iris_rpart_pred_Class,Iris_Class)
> par(mfrow=c(1,1),xpd = NA)
> plot(Iris_rpart) ; text(Iris_rpart)
> x1 <- seq(min(Iris$Petal.Length), max(Iris$Petal.Length), length = 50)
> x2 <- seq(min(Iris$Petal.Width), max(Iris$Petal.Width), length = 50)
> Feature_x1_to_x2 <- expand.grid(Petal.Length = x1, Petal.Width = x2)
> Feature_x1_to_x2_Class <-
+ apply(predict(Iris_rpart,Feature_x1_to_x2),1,
+function(one_row) return(which(one_row == max(one_row))))
> plot(Iris[1:2], pch = 21, bg = c("red", "green3",
```

```
+ "blue")[unclass(Iris$Species)])
> contour(x1,x2,matrix(Feature_x1_to_x2_Class,length(x1)),add = T,
+ levels = c(1.5,2.5),labex = 0)
> # R例10.3_3, rpart{rpart}
> library(tidyverse) ; library(caret) ;  library(rpart)
> model <- rpart(Species ~., data = iris) ; par(xpd = NA)
> plot(model) ; text(model, digits = 3) ; print(model, digits = 2)
> newdata <- data.frame( Sepal.Length = 6.5, Sepal.Width = 3.0,
> Petal.Length = 5.2, Petal.Width = 2.0 )
> model %>% predict(newdata, "class")
```

如图10-14～图10-18所示。

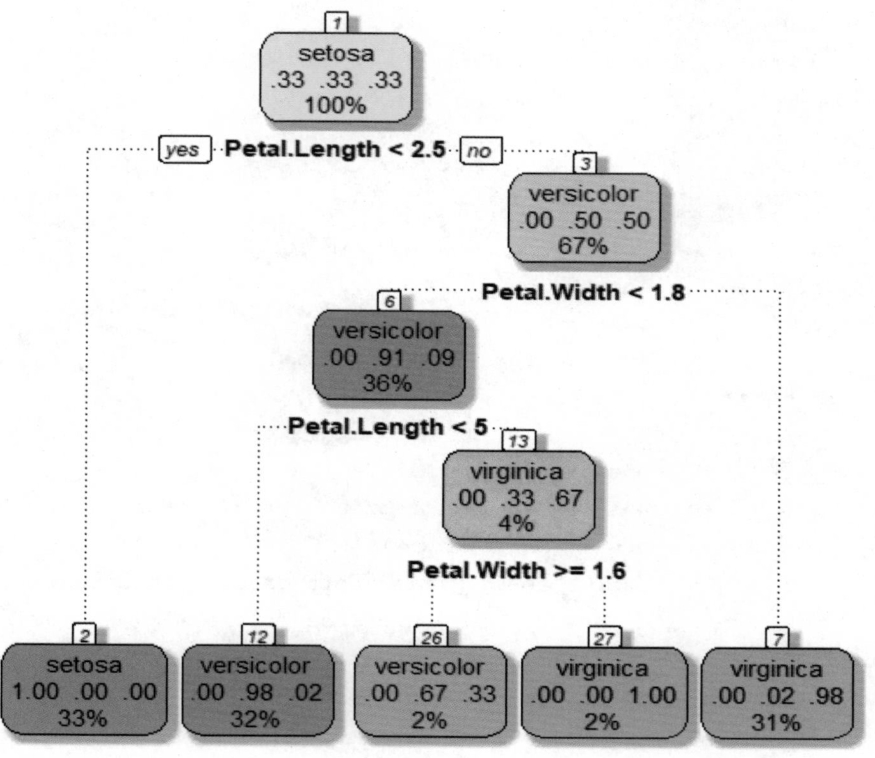

图10-14　决策树

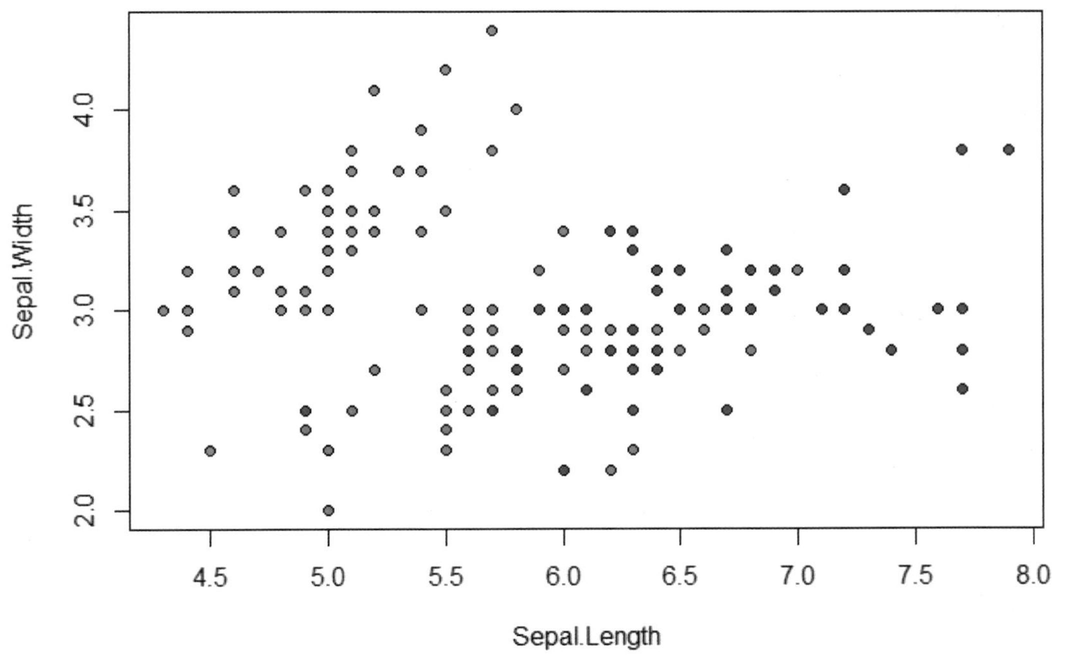

图10-15 鸢尾花数据

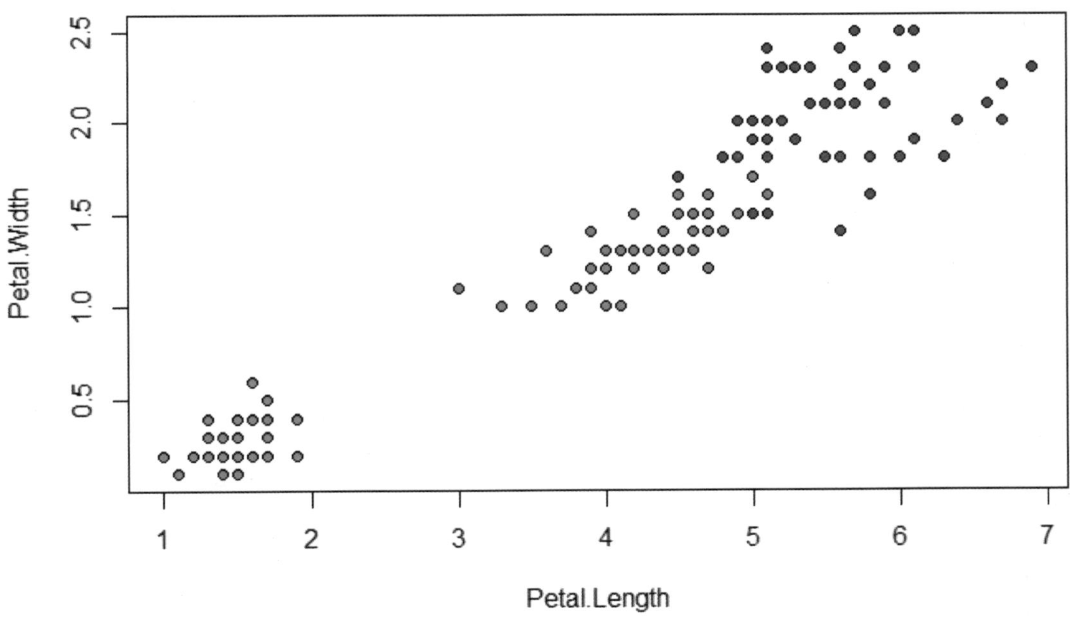

图10-16 决策树的逻辑表示

```
n= 150

node), split, n, loss, yval, (yprob)
      * denotes terminal node

 1) root 150 100 setosa (0.3333 0.3333 0.3333)
   2) Petal.Length< 2.45 50   0 setosa (1.0000 0.0000 0.0000) *
   3) Petal.Length>=2.45 100  50 versicolor (0.0000 0.5000 0.5000)
     6) Petal.Width< 1.75 54   5 versicolor (0.0000 0.9074 0.0926)
      12) Petal.Length< 4.95 48   1 versicolor (0.0000 0.9792 0.0208)
        24) Petal.Width< 1.65 47   0 versicolor (0.0000 1.0000 0.0000) *
        25) Petal.Width>=1.65 1   0 virginica (0.0000 0.0000 1.0000) *
      13) Petal.Length>=4.95 6   2 virginica (0.0000 0.3333 0.6667)
        26) Petal.Width>=1.55 3   1 versicolor (0.0000 0.6667 0.3333)
          52) Petal.Length< 5.45 2   0 versicolor (0.0000 1.0000 0.0000) *
          53) Petal.Length>=5.45 1   0 virginica (0.0000 0.0000 1.0000) *
        27) Petal.Width< 1.55 3   0 virginica (0.0000 0.0000 1.0000) *
     7) Petal.Width>=1.75 46   1 virginica (0.0000 0.0217 0.9783) *
```

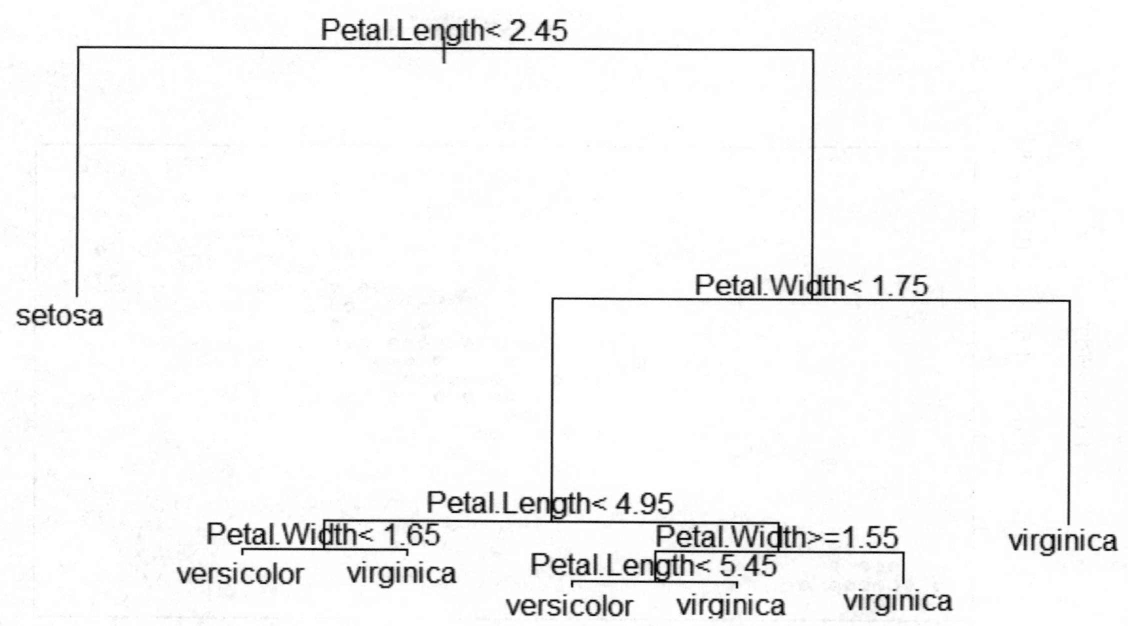

图10-17　鸢尾花数据决策树（1）

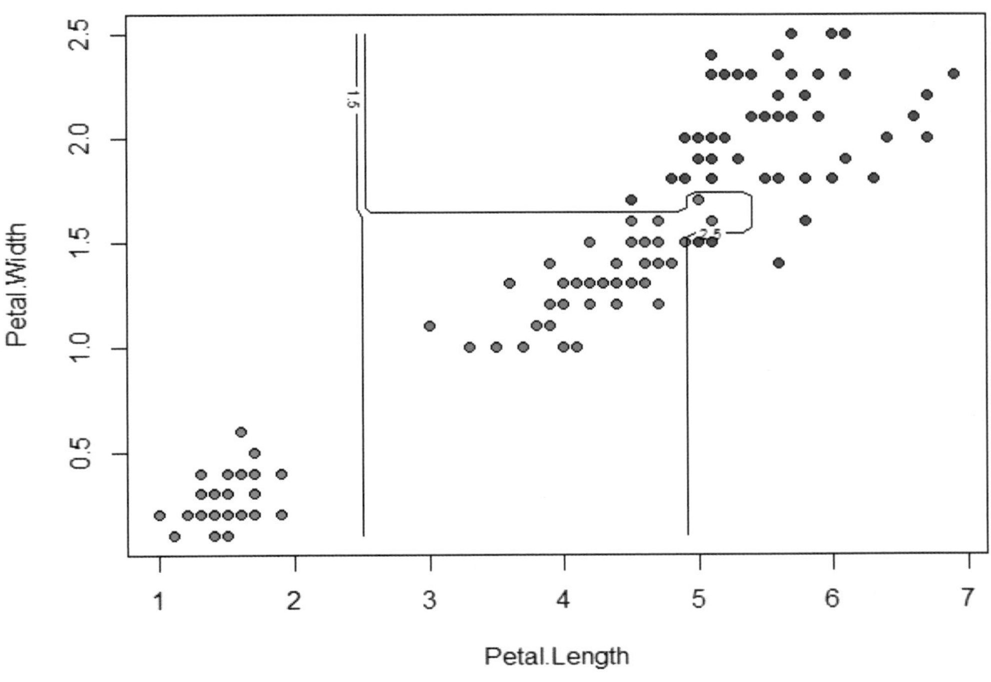

图10-18　鸢尾花数据决策树（2）

10.6.5 皮玛数据

【R例10.4】数据Pima.csv，函数chaid，Pima数据和Pima2数据格式不同

本例对居住在美国亚利桑那州凤凰城附近的21岁以上的印地安皮玛（Pima）妇女进行糖尿病检测。这些数据源自美国国家糖尿病、消化和肾脏疾病研究所收集的血清胰岛素数据，总共有532条完整记录，分成训练集 Pima.tr 和测试集 Pima.te。

Pima.tr 数据框格式data.frame：200 个观察值　8个变量

Pima.te 数据框格式data.frame：332 个观察值　8个变量

1. npreg，2. Glu，3. Bp，4. Skin，5. Bmi，6. Ped，7. Age，8. type（目标变量）

```
> # R例10.4
> if(!require(MASS)){install.packages("MASS")}
> if(!require(rpart)){install.packages("rpart")}
> install.packages("CHAID", repos="http://R-Forge.R-project.org")
> library(MASS) ; library(rpart) ; library(CHAID)
> data(Pima.tr) ; data(Pima.te) ; set.seed(100) ; str(Pima.tr)
> rpart_tree<- rpart(type~., Pima.tr, control= rpart.control(cp=0))
> summary(rpart_tree) ; par(xpd=TRUE)
> plot(rpart_tree) ; text(rpart_tree)
```

```
> m_prune = prune(rpart_tree, cp=0.03)
> par(xpd=TRUE) ; plot(m_prune) ; text(m_prune)
> pred = predict(rpart_tree, Pima.te, type="class")
> confusion_m= table(Type=Pima.te$type, Predict=pred) ; confusion_m
> accuracy = sum(diag(confusion_m))/sum(confusion_m) ; accuracy
> ## C5.0
> if(!require(C50)){install.packages("C50")}
> library(rpart) ; library(C50) ; library(MASS)
> data(Pima.tr) ; data(Pima.te)
> C50_tree = C5.0(type~.,Pima.tr, control= C5.0Control(noGlobalPruning=T))
> summary(C50_tree)
> plot(C50_tree) ; text(C50_tree)
> C50_tree = C5.0(type~.,Pima.tr, control= C5.0Control(noGlobalPruning=F))
>#图10-19
```

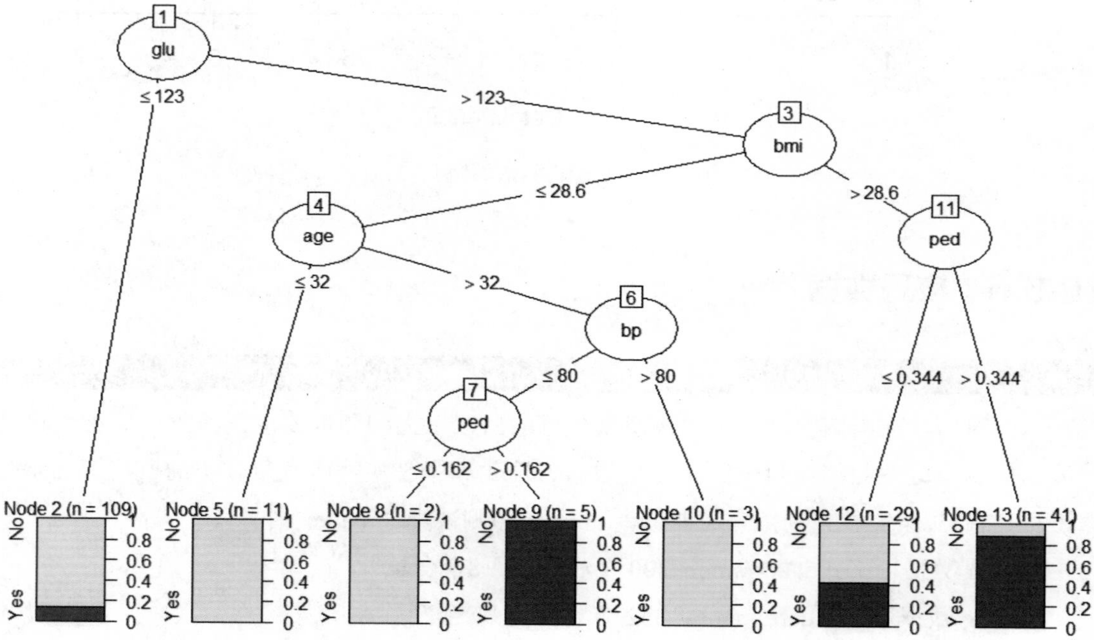

图10-19　决策树

```
> ## CHAID
> if(!require(CHAID)){install.packages("CHAID")}
> if(!require(MASS)){install.packages("MASS")}
> library(CHAID) ; library(MASS) ; data(Pima.tr) ; data(Pima.te)
> Pima<-rbind(Pima.tr,Pima.te) ; str(Pima)
> level_name <- {}
> for (i in 1:7){Pima[,i]<-cut(Pima[,i],breaks=3,order_result=T,
+  include.lowest=T)
+ level_name<-rbind(level_name, levels(Pima[,i])) }
```

```
> level_name<-data.frame(level_name)
> row.names(level_name)<-colnames(Pima)[1:7]
> colnames(level_name)<-paste( 'L' ,1:3,sep=' ' )
> level_name
                    X1            X2           X3
npreg  [-0.017,5.67]   (5.67,11.3]    (11.3,17]
glu        [55.9,104]     (104,151]    (151,199]
bp        [23.9,52.7]   (52.7,81.3]   (81.3,110]
skin      [6.91,37.7]   (37.7,68.3]  (68.3,99.1]
bmi       [18.2,34.5]   (34.5,50.8]  (50.8,67.1]
ped    [0.0827,0.863]  (0.863,1.64]  (1.64,2.42]
age         [20.9,41]       (41,61]    (61,81.1]
> Pima.tr <- Pima[1:200, ]
> Pima.te <- Pima[201:nrow(Pima), ]
> set.seed(1111)
> CHAID_tree = chaid(type~., Pima.tr) ;  CHAID_tree ; plot(CHAID_tree)
> model<-predict(CHAID_tree, newdata=newpima.te)
> matrix = table(Type = newpima.te$type, predict = model) ;> matrix
> sum(diag(matrix))/sum(matrix)#正确率
> ## 不同数据来源 PimaIndiansDiabetes2{mlbench}
> ## data.frame: 392 obs.  9 variables:  1. pregnant  2. glucose
> ## 3. pressure  4. Triceps  5. insulin  6. mass  7. Pedigree  8. age
> ## 9. diabetes (factor "neg","pos")
> data("PimaIndiansDiabetes2", package = "mlbench")
> Pima2 <- na.omit(PimaIndiansDiabetes2)
> set.seed(123)
> tr <- Pima2$diabetes %>%  createDataPartition(p = 0.8, list = FALSE)
> train.data  <- Pima2[tr, ] ; test.data <- Pima2[-tr, ]
> set.seed(123)
> model1 <- rpart(diabetes ~., data = train.data, method = "class")
> par(xpd = NA) ; plot(model1) ; text(model1, digits = 3)
> predicted.classes <- model1 %>% predict(test.data, type = "class")
> head(predicted.classes)
> mean(predicted.classes == test.data$diabetes)
> set.seed(123)
> model2 <- train( diabetes ~., data = train.data, method = "rpart",
+ trControl = trainControl("cv", number = 10), tuneLength = 10 )
> model2$bestTune ; par(mfrow=c(1,1), xpd = NA)
> plot(model2$finalModel) ; text(model2$finalModel, digits = 3)
> model2$finalModel
> predicted.classes <- model2 %>% predict(test.data)
> mean(predicted.classes == test.data$diabetes)
```

10.6.6 汽车座椅销售数据

【R例10.5】数据Carseats.csv，函数tree ISLR

不同销售地点汽车座椅的销售数据

数据框格式data.frame： 400 个观察值 11个变量

Sales，CompPrice，Income，Advertising，Population，Price，

ShelveLoc，Age，Education，Urban，US

```
> # R例10.5
> library(ISLR) ; require(tree) ; data(Carseats) ; carseats<-Carseats
> str(carseats) ; names(carseats) ; par(mfrow=c(1,1), xpd = NA)
> hist(carseats$Sales)
> High = ifelse(carseats$Sales<=8, "No", "Yes")
> carseats = data.frame(carseats, High)
> tree.carseats = tree(High~.-Sales, data=carseats)
> summary(tree.carseats)
> plot(tree.carseats) ; text(tree.carseats, pretty = 0)
> set.seed(101)
> train=sample(1:nrow(carseats), 250)
> tree.carseats = tree(High~.-Sales, carseats, subset=train)
> plot(tree.carseats)
> text(tree.carseats, pretty=0)
> tree.pred = predict(tree.carseats, carseats[-train,], type="class")
> with(carseats[-train,], table(tree.pred, High))
> cv.carseats = cv.tree(tree.carseats, FUN = prune.misclass)
> cv.carseats ; plot(cv.carseats)
> prune.carseats = prune.misclass(tree.carseats, best = 12)
> plot(prune.carseats) ; text(prune.carseats, pretty=0)
> tree.pred = predict(prune.carseats, carseats[-train,], type="class")
> with(carseats[-train,], table(tree.pred, High) )
```

如图10-20～图10-22所示。

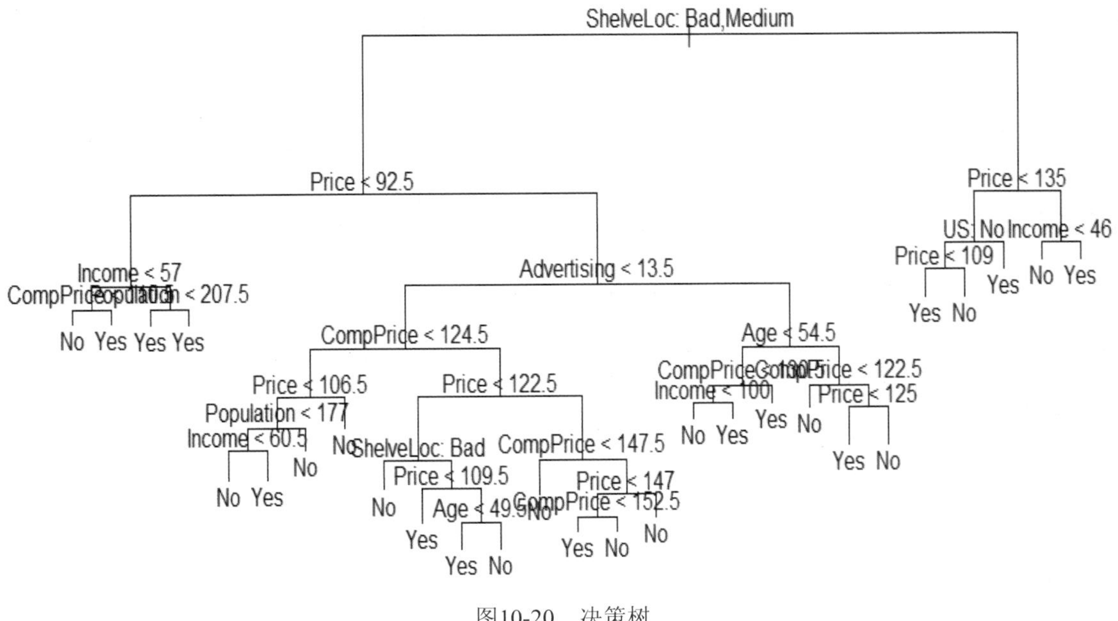

图10-20 决策树

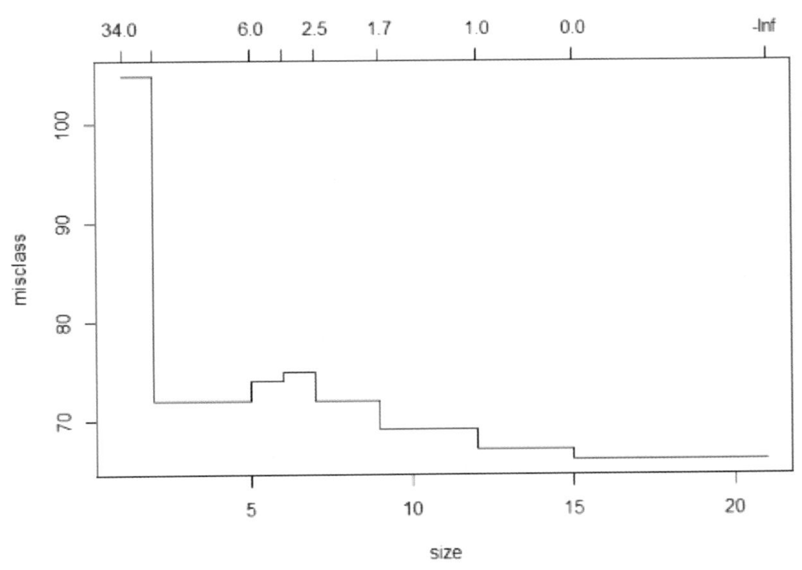

图10-21 决策树剪枝与错误数

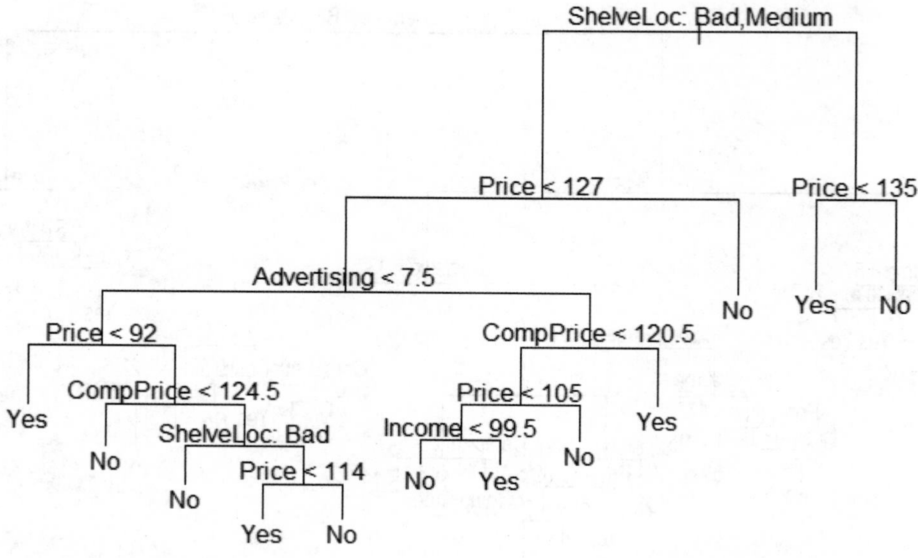

图10-22　决策树

```
> data(Carseats)
> Carseats$Sales = as.factor(ifelse(Carseats$Sales <= 8, "Low", "High"))
> seat_tree = tree(Sales ~ ., data = Carseats)
> summary(seat_tree)
> plot(seat_tree) ;  text(seat_tree, pretty = 0)
> title(main = "Unpruned Classification Tree")
> set.seed(2019)
> seat_idx = sample(1:nrow(Carseats), 200)
> seat_trn = Carseats[seat_idx,]
> seat_tst = Carseats[-seat_idx,]
> seat_tree = tree(Sales ~ ., data = seat_trn)
> summary(seat_tree) ; summary(seat_tree)$used
> names(Carseats)[which(!(names(Carseats) %in% summary(seat_tree)$used))]
> plot(seat_tree) ; text(seat_tree, pretty = 0)
> title(main = "Unpruned Classification Tree")
> seat_trn_pred = predict(seat_tree, seat_trn, type = "class")
> seat_tst_pred = predict(seat_tree, seat_tst, type = "class")
> table(predicted = seat_trn_pred, actual = seat_trn$Sales)
> table(predicted = seat_tst_pred, actual = seat_tst$Sales)
> accuracy = function(actual, predicted) { mean(actual == predicted) }
> accuracy(predicted = seat_trn_pred, actual = seat_trn$Sales)
> accuracy(predicted = seat_tst_pred, actual = seat_tst$Sales)
> set.seed(100)
> seat_tree_cv = cv.tree(seat_tree, FUN = prune.misclass)
> (min_idx = which.min(seat_tree_cv$dev))
```

```
> seat_tree_cv$size[min_idx]
> par(mfrow = c(1, 2))
> plot(seat_tree_cv)
> plot(seat_tree_cv$size, seat_tree_cv$dev / nrow(seat_trn), type = "b",
+   xlab = "Tree Size", ylab = "CV Misclassification Rate")
> seat_tree_prune = prune.misclass(seat_tree, best = 9)
> summary(seat_tree_prune)
> plot(seat_tree_prune) ; text(seat_tree_prune, pretty = 0)
> title(main = "Pruned Classification Tree")
> seat_prune_trn_pred = predict(seat_tree_prune, seat_trn, type = "class")
> table(predicted = seat_prune_trn_pred, actual = seat_trn$Sales)
> accuracy(predicted = seat_prune_trn_pred, actual = seat_trn$Sales)
> seat_prune_tst_pred = predict(seat_tree_prune, seat_tst, type = "class")
> table(predicted = seat_prune_tst_pred, actual = seat_tst$Sales)
> accuracy(predicted = seat_prune_tst_pred, actual = seat_tst$Sales)
> library(rpart) ; set.seed(430)
> seat_rpart = rpart(Sales ~ ., data = seat_trn, method = "class")
> plotcp(seat_rpart)
> min_cp = seat_rpart$cptable[which.min(seat_rpart$cptable[, "xerror"]),
+  "CP"]
> min_cp ; seat_rpart_prune = prune(seat_rpart, cp = min_cp)
> library(rpart.plot) ; prp(seat_rpart_prune)
> prp(seat_rpart_prune, type = 4) ;  rpart.plot(seat_rpart_prune)
```

10.6.7 波士顿房价数据

【R例10.6】数据 Boston.csv，函数tree ISLR

美国波士顿地区的房价数据

数据框格式data.frame：506 个观察值　14 个变量

crim，zn，indus，chas，nox，rm，age，dis

rad，tax，ptratio，black，lstat，medv（因变数 房价中位数）

```
> # R例10.6
> library(MASS) ; data(Boston) ; str(Boston) ; set.seed(123)
> idx = sample(1:nrow(Boston), nrow(Boston) / 2)
> trn = Boston[idx,] ; tst = Boston[-idx,]
> tree = tree(medv ~ ., data = trn) ; summary(tree)
> plot(tree) ; text(tree, pretty = 0) ; title(main = "未剪枝回归树")
> set.seed(18) ; tree_cv = cv.tree(tree)
> plot(tree_cv$size, sqrt(tree_cv$dev / nrow(trn)), type = "b",xlab =
+ "Tree Size", ylab = "CV-RMSE")
```

```
> tree_prune = prune.tree(tree, best = 7); summary(tree_prune)
> plot(tree_prune) ; text(tree_prune, pretty = 0)
> title(main = "剪枝回归树")
> rmse = function(actual, predicted) {sqrt(mean((actual-predicted)^2))}
+ sqrt(summary(tree_prune)$dev / nrow(trn))
> prune_trn_pred = predict(tree_prune, newdata = trn)
> rmse(prune_trn_pred, trn$medv)
> prune_tst_pred = predict(tree_prune, newdata = tst)
> rmse(prune_tst_pred, tst$medv)
> plot(prune_tst_pred, tst$medv, xlab = "Predicted", ylab = "Actual")
> abline(0, 1) ; boston_lm = lm(medv ~ ., data = trn)
> lm_pred = predict(boston_lm, newdata = tst)
> plot(lm_pred, tst$medv, xlab = "Predicted", ylab = "Actual")
> abline(0, 1) ; rmse(lm_pred, tst$medv) ; set.seed(123)
> tr <- Boston$medv %>% createDataPartition(p=0.8, list=FALSE)
> train <- Boston[tr, ] ; test <- Boston[-tr, ] ; set.seed(123)
> model <- train(medv ~., data = train, method = "rpart",
+  trControl = trainControl("cv", number = 10), tuneLength = 10 )
> plot(model) ;  model$bestTune
```

如图10-23、图10-24所示。

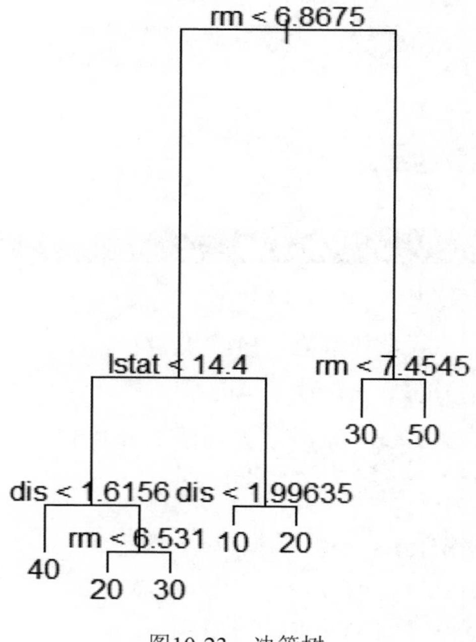

图10-23　决策树

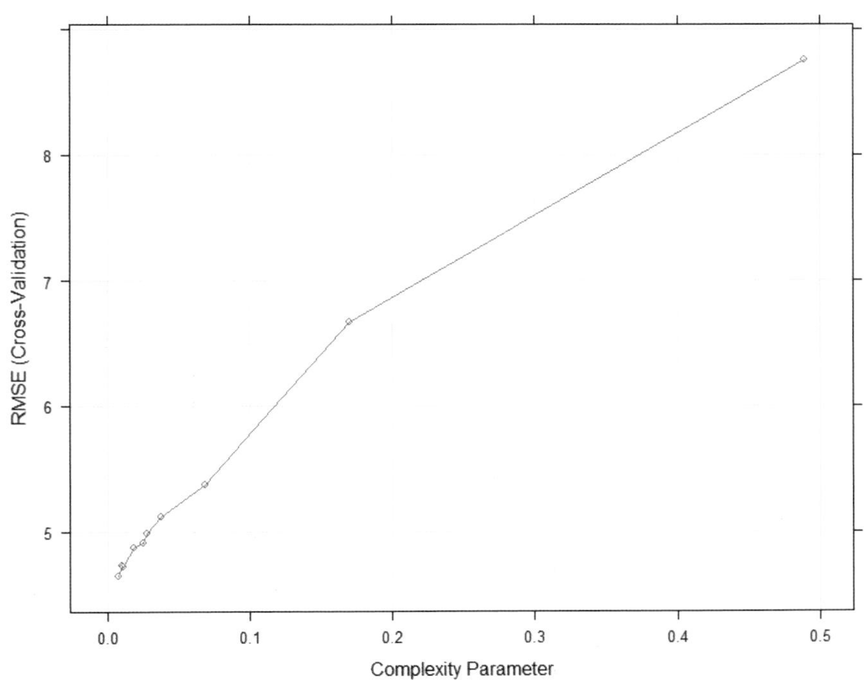

图10-24 决策树CP值与RMSE

10.6.8 猫数据

【R例10.7】数据 cats.csv，函数 rpart

数据框格式 data.frame：144 个观察值 3个变量

1. Sex 猫的性别（目标变量 F，M），2. Bwt 体重（kg），3. Hwt 心脏重量（g）

```
> # R例10.7
> library(MASS) ; library(rpart) ; data(cats) ; str(cats)
> plot(cats[2:3], pch=21, bg=c("red", "green3") [unclass(cats$Sex)])
> cats_m1 <- rpart(Sex~., data = cats)
> plot(cats_m1) ;  text(cats_m1)
> #cats_m2 <- rpart(Sex~., data = cats, minsplit=1, cp=1e-3)
> cats_pred <- predict(cats_m1 , cats)
> cats_pred_Class <- apply( cats_pred,1,function(one_row)
+ return(colnames(cats_pred)[which(one_row == max(one_row))]))
> cats_Class_temp <- unclass(cats$Sex)
> cats_Class <- attr(cats_Class_temp ,"levels")[cats_Class_temp]
> table(cats_pred_Class, cats_Class)
> x1 <- seq(min(cats$Bwt), max(cats$Bwt), length = 50)
> x2 <- seq(min(cats$Hwt), max(cats$Hwt), length = 50)
```

```
> Feature_x1_to_x2 <- expand.grid(Bwt = x1, Hwt = x2)
> Feature_x1_to_x2_Class <- apply(predict(cats_m1 ,Feature_x1_to_x2),1,
> function(one_row) return(which(one_row == max(one_row))))
> plot(cats[2:3], pch = 21, bg = c("red", "green3")[unclass(cats$Sex)])
> contour(x1,x2,matrix(Feature_x1_to_x2_Class,length(x1)),add = T,
+ levels = 1.5,labex = 0)
```

如图10-25所示。

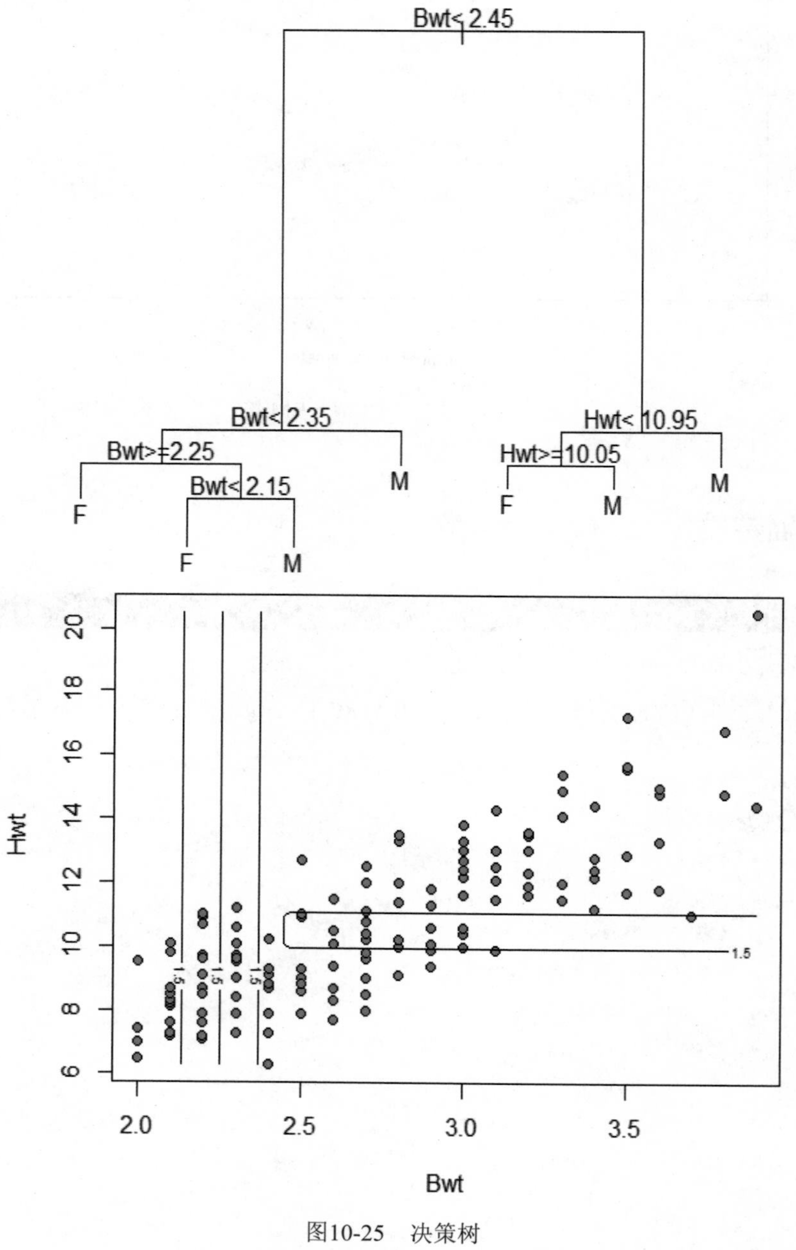

图10-25　决策树

```
> # 若cats_m1改为cats_m2可得到无剪枝结果, cp 默认值 0.01
> #cats_m2 <- rpart(Sex~., data = cats, minsplit=1, cp=1e-3)
```

如图10-26所示。

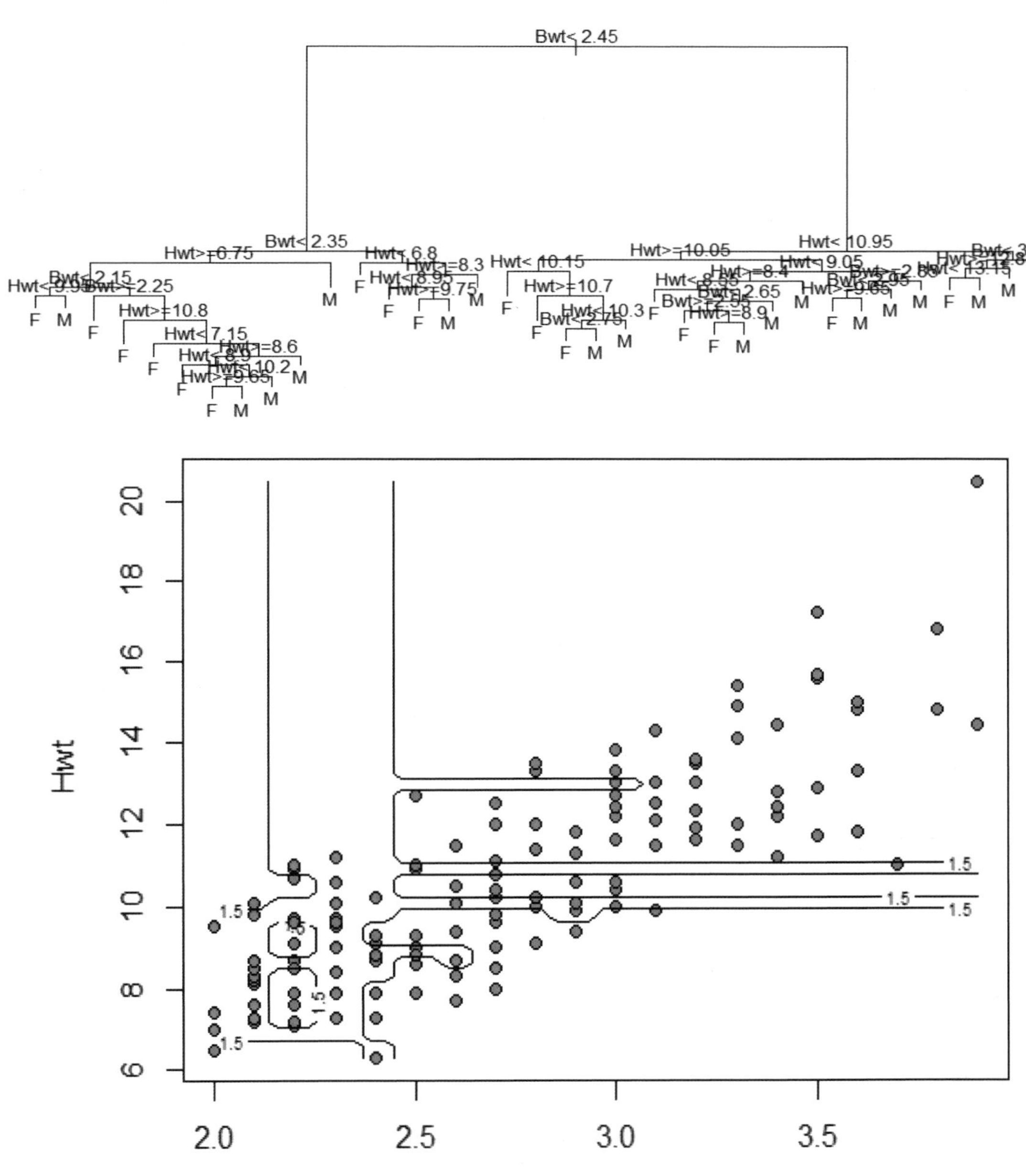

图10-26　决策树

10.6.9 驼背数据

【R例10.8】数据 kyphosis.csv，函数 rpart

驼背脊柱手术 rpart包的kyphosis数据 注意数据名 kyphosis，因变量名 Kyphosis

数据框格式 data.frame：81 个观察值 4个变量

1. Kyphosis：因子（"absent"，"present"），2. Age，3. Number，4. Start

```
> # R例10.8
> library(rpart) ; library(rattle)
> data(kyphosis) ; str(kyphosis) ; set.seed(100)
> select<-sample(81,61) ; head(kyphosis) ; dim(kyphosis)
> fit <- rpart(Kyphosis ~ Age + Number + Start, data = kyphosis)
> fit2 <- rpart(Kyphosis ~ Age + Number + Start, data = kyphosis,
+          parms = list(prior = c(.65,.35), split = "information"))
> fit3 <- rpart(Kyphosis ~ Age + Number + Start, data = kyphosis,
+         control = rpart.control(cp = 0.05))
> par(mfrow = c(1,2), xpd = NA) ; plot(fit) ; text(fit, use.n = TRUE)
> plot(fit2) ; text(fit2, use.n = TRUE)
> traindata<-kyphosis[select,] ; testdata<-kyphosis[-select,]
> ctr<-rpart.control(minsplit=20,minbucket=10,maxdepth=10,xval=5,cp=0.01)
> model<-rpart(Kyphosis ~Age+Number+Start, data=traindata,method= "class",
+ control=ctr, parms=list(prior=c(0.6,0.4), split = "information"))
> summary(model)  ; asRules(model) ; printcp(model)
```

如图10-27所示。

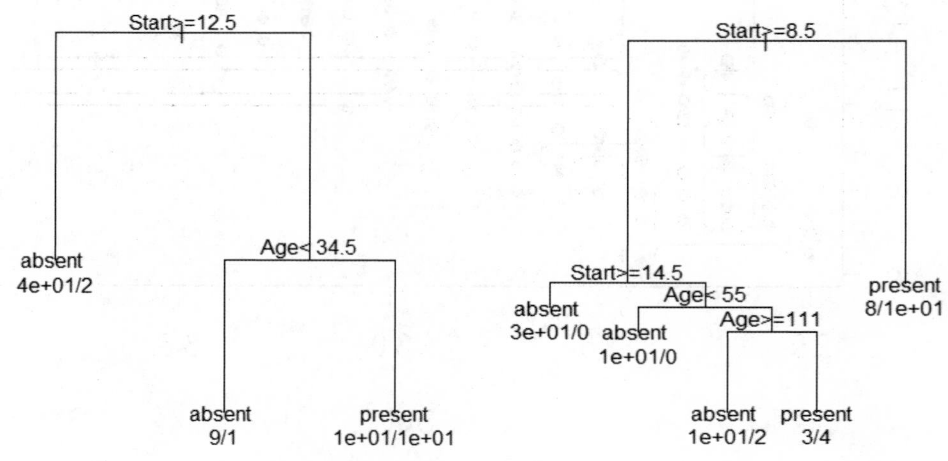

图10-27　决策树

```
> pred <-predict(model,newdata=testdata,type= "class") ; pred
> matrix<-table(testdata$Kyphosis,pred,dnn=c("True", "Predict"))
```

```
> um(diag(matrix))/sum(matrix) ; set.seed(1)
> fit <- rpart(Kyphosis~., data= kyphosis, method= "class" ,
+ control=rpart.control(minsplit=20,xval=10,cp=0.01))
> fit$cptable
```

10.6.10 美国总统选举投票数据

【R例10.9】2000年美国总统选举数据 USvote {CHAID}.csv，函数 chaid{CHAID}

数据框格式 data.frame：10645 个观察值（选民）6 个变量

vote3（"Gore" 或 "Bush"），gender性别，ager年龄，empstat受雇与否，educr学历，marstat结婚与否

```
> # R例10.9
> library(CHAID);library(caret);set.seed(2000);data("USvote");str(USvote)
> training <- sample(1:nrow(USvote), 3000)
> testing <- USvote[-training,] ; training <- USvote[training,]
> ctl <- chaid_control(alpha2 = 0.05, alpha3 = -1, alpha4 = 0.05,
+  minsplit = 20, minbucket = 7, minprob = 0.01, stump = FALSE)
> # ctl <- chaid_control(minsplit=500, minbucket=100, minprob=0)
> # ctrl <- chaid_control(minsplit = 20, minbucket = 5, minprob = 0)
> chaid <- chaid(vote3~., data = training, control = ctl)
> print(chaid) ; plot(chaidRes)
> predtrain <- predict(chaid, training) ; realtrain <- training$vote3
> summary(predtrain) ; summary(realtrain) ; table(predtrain, realtrain)
> confusionMatrix(predtrain, realtrain)
> predtest <- predict(chaid, testing) ; realtest <- testing$vote3
> compare <- cbind(realtest, predtest) ; table(predtest, realtest)
> confusionMatrix(predtest, realtest)
> print(paste("测试数据正确",length(which(compare[,1]==compare[,2])),sep=":
+ "))
> print(paste("测试数据错误",length(which(compare[,1]!=compare[,2])),sep=":
+ "))
```

如图10-28所示。

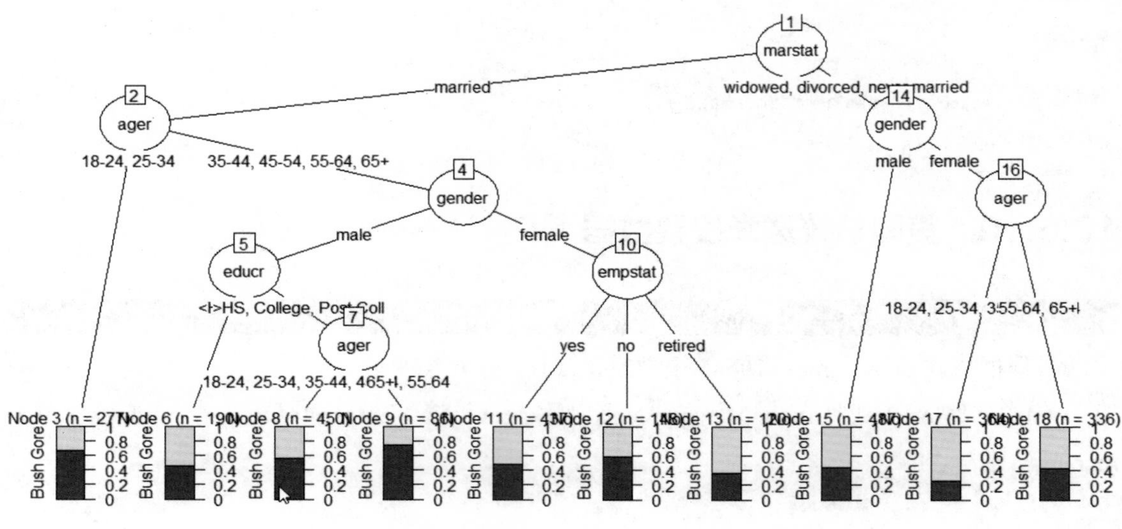

图10-28　决策树

10.6.11　员工离职数据

【R例10.10】数据 attrition.csv，函数 chaid{CHAID}

数据框格式 data.frame：1470个观察值　35个变量

```
> # R例10.10
> install.packages("partykit")
> install.packages("CHAID", repos="http://R-Forge.R-project.org")
> install.packages("rsample")
> install.packages("kableExtra")
> library("partykit") ; library(CHAID) ; require(rsample)
> require(dplyr) ; require(purrr) ; require(caret) ; require(kableExtra)
> attrition <- read.csv("C:/R/Attrition.csv") ; str(attrition)
> attrition <- attrition %>% mutate_if(function(col) length(unique(col))
+ <=10 & is.integer(col), as.factor)
> attrition$YearsSinceLastPromotion <- cut(
+ attrition$YearsSinceLastPromotion,
+  breaks = c(-1, 0.9, 1.9, 2.9, 30),
+  labels = c("Less than 1", "1", "2", "More than 2") )
> attrition <- attrition %>% mutate_if(is.numeric, funs(cut_number(.,
+ n=5)))
> newattrit <- attrition %>% select_if(is.factor)
> ctrl <- chaid_control(minsplit = 200, minprob = 0.05)
> full_data <- chaid(Attrition ~ ., data = newattrit, control = ctrl)
> print(full_data)
```

```
> plot(full_data, main = "newattrit dataset, minsplit = 200,
+ minprob = 0.05", gp = gpar(lty = "solid", lwd = 2, fontsize = 10 ) )
> set.seed(1234)
> split <- initial_split(newattrit, prop = .7, strata = "Attrition")
> train <- training(split) ; test <- testing(split)
> features <- setdiff(names(train), "Attrition")
> x <- train[, features] ; y <- train$Attrition
> train_control <- trainControl(method = "cv", number = 10,
+                  verboseIter = TRUE, savePredictions = "final")
> chaid.m1 <- train(x = x, y = y, method = "chaid", metric = "Kappa",
+  trControl = train_control )
> chaid.m1 ; plot(chaid.m1) ; chaid.m1$finalModel
> plot(chaid.m1$finalModel) ; confusionMatrix(chaid.m1)
> confusionMatrix(predict(chaid.m1), y) ; varImp(chaid.m1)
> chaid.m1$bestTune ; chaid.m1$times ; chaid.m1$method
> chaid.m1$modelInfo ; chaid.m1$results
> search_grid <- expand.grid( alpha2 = c(.05, .01, .001),
+  alpha4 = c(.05, .01, .001), alpha3 = -1 )
> train_control <- trainControl(method = "cv", number = 10,
+ savePredictions = "final")
> chaid.m2 <- train( x = x, y = y, method = "chaid",
+  metric = "Kappa", trControl = train_control, tuneGrid = search_grid )
> chaid.m2 ; plot(chaid.m2) ; chaid.m2$finalModel
> plot(chaid.m2$finalModel) ; confusionMatrix(chaid.m2)
> confusionMatrix(predict(chaid.m2), y) ; chaid.m2$results
> cgpCHAID <- list(label = "CGP CHAID", library = "CHAID", loop = NULL,
+  type = c("Classification"), parameters = data.frame(parameter =
+ c('minsplit', 'minbucket', 'minprob', 'maxheight'),
+ class = rep('numeric', 4),
+  label = c('Numb obs in response where no further split',
+  "Minimum numb obs", "Minimum freq of obs", "Maximum height")  ),
+   grid = function(x, y, len = NULL, search = "grid") {if(search ==
+ "grid") {out <- data.frame(minsplit = c(20,30),  minbucket = 7,
+      minprob = c(0.05,0.01),  maxheight = -1) } else {
+   out <- data.frame(minsplit = c(20,30), minbucket = 7,
+   minprob = c(0.05,0.01), maxheight = -1) }  +   out },
+   fit = function(x, y, wts, param, lev, last, classProbs, ...) {
+   dat <- if(is.data.frame(x)) x else as.data.frame(x)
+    dat$.outcome <- y  +  theDots <- list(...)
+    if(any(names(theDots) == "control")) {
+    theDots$control$minsplit <- param$minsplit
+    theDots$control$minbucket <- param$minbucket
```

```
+     theDots$control$minprob <- param$minprob
+   theDots$control$maxheight <- param$maxheight
+   ctl <- theDots$control +  theDots$control <- NULL  }
+   else ctl <- chaid_control(minsplit = param$minsplit,
+   minbucket = param$minbucket,  +  minprob = param$minprob,
+   maxheight = param$maxheight) +if(!is.null(wts)) theDots$weights <- wts
+   modelArgs <- c(list(formula = as.formula(".outcome ~ ."),
+   data = dat, control = ctl), theDots)
+   out <- do.call(CHAID::chaid, modelArgs) +  out },
+   predict = function(modelFit, newdata, submodels = NULL) {
+   if(!is.data.frame(newdata)) newdata <- as.data.frame(newdata)
+   predict(modelFit, newdata) },
+   prob = function(modelFit, newdata, submodels = NULL) {
+   if(!is.data.frame(newdata)) newdata <- as.data.frame(newdata)
+   predict(modelFit, newdata, type = "prob") },
+   levels = function(x) x$obsLevels,
+   predictors = function(x, surrogate = TRUE, ...) {
+   predictors(terms(x))  },
+   tags = c('Tree-Based Model', "Implicit Feature Selection",
+   "Two Class Only", "Accepts Case Weights"),
+   sort = function(x) x[order(-x$minsplit, -x$minbucket,
+   -x$minprob, -x$maxheight),])
> cgpCHAID
> search_grid <- expand.grid( minsplit = c(30,40), minprob = .1,
+  minbucket = 25,  maxheight = 4)
> search_grid
> chaid.m3 <- train( x = x, y = y, method = cgpCHAID, trControl =
+  train_control, metric = "Kappa", tuneGrid = search_grid )
> chaid.m3 ; chaid.m3$finalModel ; confusionMatrix(chaid.m3)
> confusionMatrix(predict(chaid.m3), y)
> plot(chaid.m3) ; plot(chaid.m3$finalModel) ; varImp(chaid.m3)
> confusionMatrix(predict(chaid.m3, newdata = test), test$Attrition)
> chaid.m4 <- train( x = x, y = y, method = cgpCHAID,
+ metric = "Kappa", trControl = train_control, tuneGrid = search_grid )
> plot(chaid.m4) ; plot(chaid.m4$finalModel) ; varImp(chaid.m4)
> confusionMatrix(predict(chaid.m1, newdata = test), test$Attrition)
> confusionMatrix(predict(chaid.m2, newdata = test), test$Attrition)
> confusionMatrix(predict(chaid.m3, newdata = test), test$Attrition)
> confusionMatrix(predict(chaid.m4, newdata = test), test$Attrition)
> #图10-29
```

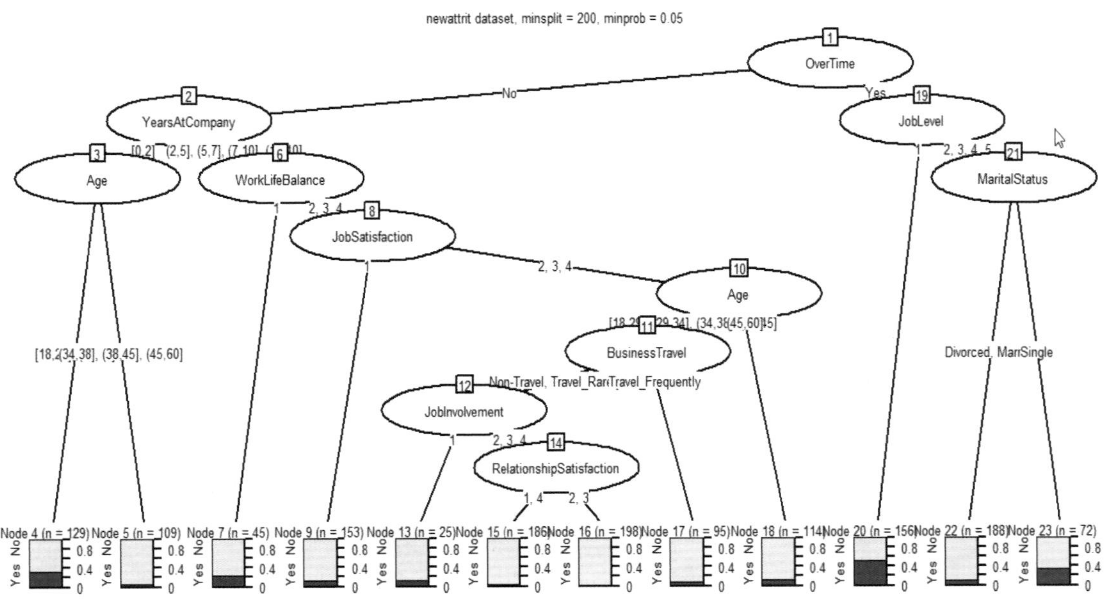


```
Fitted party:
[1] root
|   [2] OverTime in No
|   |   [3] YearsAtCompany in [0,2]
|   |   |   [4] Age in [18,29], (29,34]: No (n = 129, err = 32.6%)
|   |   |   [5] Age in (34,38], (38,45], (45,60]: No (n = 109, err = 6.4%)
|   |   [6] YearsAtCompany in (2,5], (5,7], (7,10], (10,40]
|   |   |   [7] WorkLifeBalance in 1: No (n = 45, err = 22.2%)
|   |   |   [8] WorkLifeBalance in 2, 3, 4
|   |   |   |   [9] JobSatisfaction in 1: No (n = 153, err = 12.4%)
|   |   |   |   [10] JobSatisfaction in 2, 3, 4
|   |   |   |   |   [11] Age in [18,29], (29,34], (34,38], (38,45]
|   |   |   |   |   |   [12] BusinessTravel in Non-Travel, Travel_Rarely
|   |   |   |   |   |   |   [13] JobInvolvement in 1: No (n = 25, err = 12.0%)
|   |   |   |   |   |   |   [14] JobInvolvement in 2, 3, 4
|   |   |   |   |   |   |   |   [15] RelationshipSatisfaction in 1, 4: No (n = 186, err = 4.3%)
|   |   |   |   |   |   |   |   [16] RelationshipSatisfaction in 2, 3: No (n = 198, err = 0.0%)
|   |   |   |   |   |   [17] BusinessTravel in Travel_Frequently: No (n = 95, err = 8.4%)
|   |   |   |   |   [18] Age in (45,60]: No (n = 114, err = 11.4%)
|   [19] OverTime in Yes
|   |   [20] JobLevel in 1: Yes (n = 156, err = 47.4%)
|   |   [21] JobLevel in 2, 3, 4, 5
|   |   |   [22] MaritalStatus in Divorced, Married: No (n = 188, err = 10.6%)
|   |   |   [23] MaritalStatus in Single: No (n = 72, err = 34.7%)

Number of inner nodes:    11
Number of terminal nodes: 12
```

图10-29 决策树

10.7 本章思维导图

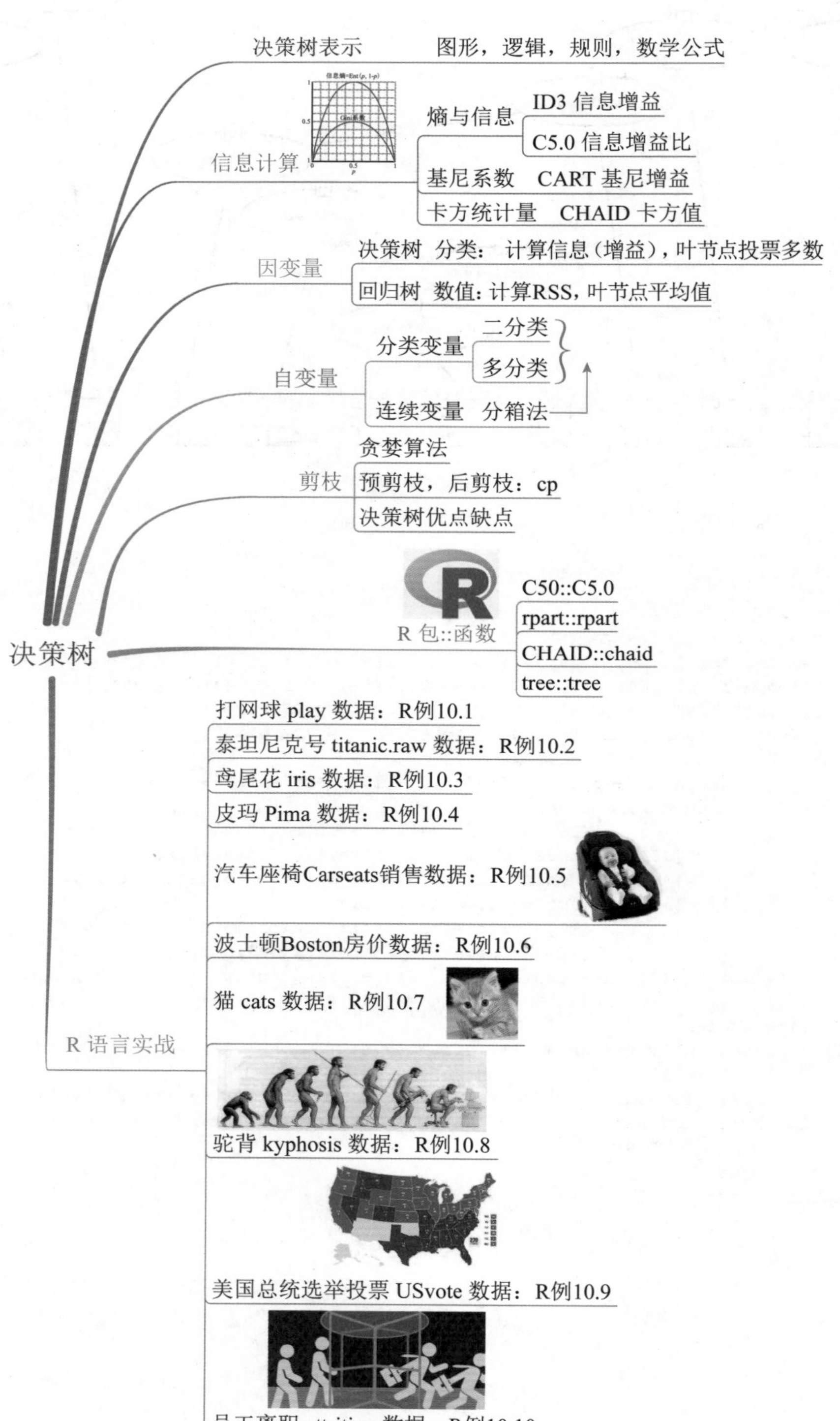
决策树
决策树表示
图形，逻辑，规则，数学公式
信息计算
熵与信息
ID3 信息增益
C5.0 信息增益比
基尼系数　CART 基尼增益
卡方统计量　CHAID 卡方值
因变量
决策树　分类：计算信息（增益），叶节点投票多数
回归树　数值：计算RSS，叶节点平均值
自变量
分类变量
二分类
多分类
连续变量　分箱法
剪枝
贪婪算法
预剪枝，后剪枝：cp
决策树优点缺点
R 包::函数
C50::C5.0
rpart::rpart
CHAID::chaid
tree::tree
R 语言实战
打网球 play 数据：R例10.1
泰坦尼克号 titanic.raw 数据：R例10.2
鸢尾花 iris 数据：R例10.3
皮玛 Pima 数据：R例10.4
汽车座椅Carseats销售数据：R例10.5
波士顿Boston房价数据：R例10.6
猫 cats 数据：R例10.7
驼背 kyphosis 数据：R例10.8
美国总统选举投票 USvote 数据：R例10.9
员工离职 attrition 数据：R例10.10

第11章

支持向量机

项羽恐，乃与汉王约，中分天下，割鸿沟而西者为汉，鸿沟而东者为楚。

——《史记·高祖本纪》

11.1 支持向量机概述

支持向量机（Support Vector Machine，SVM）是监督式学习模型，有一个目标变量，作为标签分类或数值回归，分析数据的学习算法。将实例样本表示为空间中的点，这样映射就使得单独类别的实例被尽可能宽的明显的间隔分开。然后，将新的实例映射到同一空间，并基于它们落在间隔的哪一侧来预测所属类别。

除了进行线性分类之外，SVM还可以使用所谓的**核技巧**（kernel trick）有效地进行非线性分类，将其输入到隐式映射高维特征空间中。

1964年苏联学者Vapnik建立硬间隔的线性SVM。在20世纪70—80年代，最大间隔分类边界的理论、基于松弛变量的规划问题求解技术，和VC维（Vapnik–Chervonenkis，VC dimension）的提出，SVM被逐步理论化并成为统计学习理论的重要部分。1992年，建立核方法非线性SVM。1995年，建立软间隔的非线性SVM并应用于手写数字识别问题，为SVM在各应用领域奠定了基础。

SVM在解决非线性及高维模式识别问题表现出许多特有的优势。已经应用于手写字体识别、文本和超文本的分类、三维目标识别、人脸识别、图像分类、医学分类蛋白质和基因等实际问题，性能优于已有的学习方法，表现出良好的学习能力。有限训练样本得到的决策规则对独立的测试集仍能够得到较小的误差。SVM分类有三种情况：

- **最大间隔分类（硬间隔）**：存在一个超平面，使两个不同的实例线性可分。
- **支持向量分类（软间隔）**：实例是线性不可分，加入代价cost参数。
- **支持向量机（核函数）**：利用核函数的映射，非线性SVM。

话说有一位皇帝请来天下武功第一的武林盟主，要盟主把江湖中的好人和坏人分别出来，武林盟主招来所有帮派江湖人士，用他的赏善罚恶功，一掌将所有的江湖人士分开两边，好人一边，坏人一边，有一个鸿沟分开的两边使距离最大，鸿沟边界有一些门派的掌门或帮主，很容易区别好人坏人，皇帝非常高兴。过了几十年，江湖更加混乱，皇帝又请武林盟主，要把江湖中的好人和坏人分别出来，但是有很多坏人混在好人中，或好人混着坏人中，盟主说我的掌风不会转弯，赏善罚恶功会把好人打成坏人，把坏人当成好人。皇帝说，你打错人我按照错误的程度代价赔偿，你只要把赔偿总代价降到最低，盟主就尽力去完成。再过几十年，盟主闭关修练武功更上层楼，这时天下局势突变，坏人聚集在京城，好人反而四散郊区。皇帝还是要盟主执行赏善罚恶功，于是盟主用尽洪荒之力，在地面一拍，好人升空坏人下降，赏善罚恶功横刀一切，划分出好人坏人。

核函数与支持向量机关系如图11-1所示。

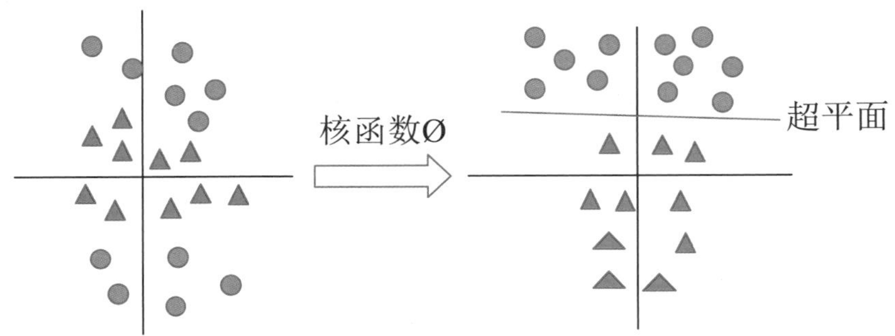

图11-1 核函数支持向量机

在这个故事当中：皇帝是“数据科学家”，武林盟主是“SVM模型”，江湖人士是“数据”，好人坏人是“分类”，赏善罚恶功是“分类器”，划分界线掌风和横刀一切是“超平面”，分开两边最大距离M的鸿沟是“决策边界”，鸿沟边界内的门派掌门或帮主是“支持向量”，分开两边没有误判是“硬间隔”，打错误判赔偿是“软间隔”，赔偿成本是“代价参数惩罚系数”，掌风是“线性函数”，拍地面使好人升空是“核函数”。

有人认为SVM是武功排名第一，但是还有其适用优缺。

SVM模型的主要概念和特性：

（1）SVM最优化分类间隔 M，$M=1/\|\omega\|$，$\|\omega\|^2=\sum\omega_i^2$，$\omega_i$是变量线性组合的系数。优化问题：Max $2/\|\omega\|=\text{Min}\|\omega\|^2/2$ 成为凸二次规划，二次式目标函数使抛物面有全局最优解，对比神经网络，有可能是局部最优解。凸二次规划也容易求解。

（2）SVM最优化算法不是像决策树的贪婪算法。

（3）支持向量是在决策边界鸿沟内的样本，接近超平面，是容易跌倒被误判的样本。改变或移动支持向量，会改变决策边界和分类间隔。SVM模型预测只需要支持向量（掌门帮主），非支持向量（其他门徒）不影响模型。

（4）SVM模型自变量约束函数有线性函数和非线性核函数。

（5）SVM模型有结构风险最小化的特征，就是正则化（代价参数惩罚系数），减小模型复杂度，防止过拟合。所以SVM模型不但降低经验风险也降低结构风险。

对比图8-3的学习器分类比较，图11-2将上述概念加以比较。

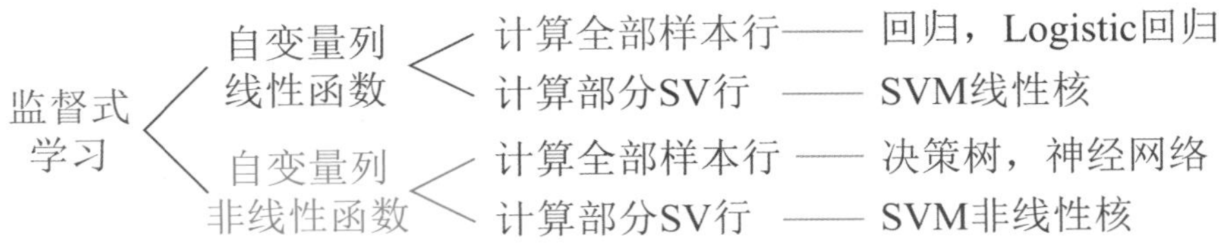

图11-2 监督式学习比较

11.2 最大间隔分类（硬间隔）

支持向量机可以用于分类和回归，下面以二分类为例。

如果实例是线性可分类，则存在最大间隔分类，称为硬间隔。

SVM想要解决以下的问题：找出一个超平面（hyperplane），使之将两个不同的集合分开。使用超平面这个名词，因为实际数据可能是属于高维的数据，而超平面意指在高维中的平面。二维空间如果没有核函数的转换，超平面是一条直线，如图11-3所示。

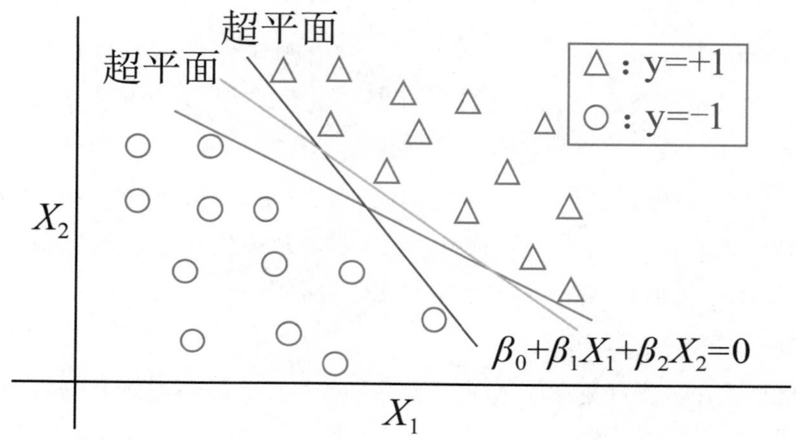

图11-3　超平面

希望能找出一条线能够将○点和△点分开，而且还希望这条线距离这两个集合的分类间隔（margin）或决策边界越大越好，这样才能够很明确地分辨这个点是属于哪个集合，可以缩小分类器的泛化误差，否则在计算上容易因精度的问题而产生误差如图11-4所示。

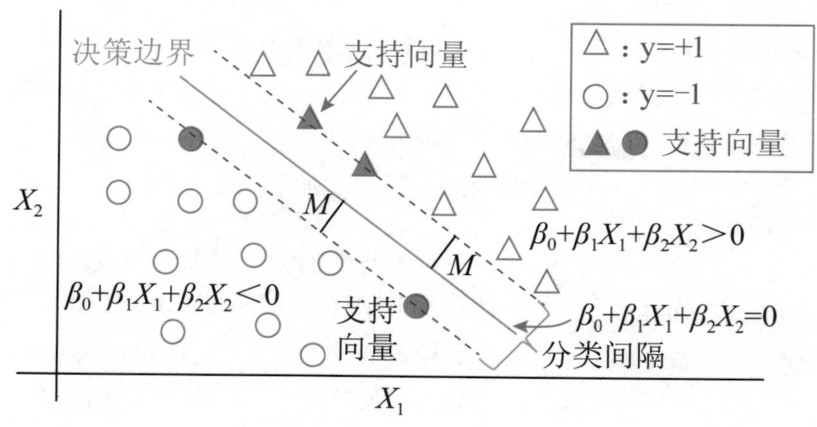

图11-4　硬间隔分类（硬间隔）

图11-4的 β_i 改为下列 ω_i，于是有求解问题（式11-1）：

$$\underset{\omega_0,\omega_1,\cdots,\omega_p,M}{\text{Maximize}} \ M$$

s.t. $y_i\left(\omega_0+\omega_1 x_{i1}+\omega_2 x_{i2}+\cdots+\omega_p x_{ip}\right) \geqslant M, \quad \forall i=1,\cdots,n$ （i 是样本纪录）

$\sum_{j=1}^{p}\omega_j^2=1$ （j 是变量特征）

已知 $x_i=\left(x_{i1},x_{i2},\cdots,x_{ip}\right)$ 是第 i 个训练数据，每个训练数据有 p 个特征值，共有n个样本训练数据，y_i 是训练数据对应目标变量标签 $\{-1,+1\}$，最优化M是最大间隔。$\omega_0,\omega_1,\omega_2,\cdots\omega_p$ 是超平面的系数。

$\left(x_1^*,x_2^*,\cdots,x_p^*\right)$ 是测试数据，若 $\left(\omega_0+\omega_1 x_1^*+\omega_2 x_2^*+\cdots+\omega_p x_p^*\right)>0$，则预测分类 $y^*=+1$。若 $\left(\omega_0+\omega_1 x_1^*+\omega_2 x_2^*+\cdots+\omega_p x_p^*\right)<0$，则预测分类 $y^*=-1$。

计算M和 $\omega_0,\omega^T=\left(\omega_1,\omega_2,\cdots,\omega_p\right), M=1/\|\omega\|,\|\omega\|^2=\sum\omega_i^2$。

优化问题（式11-2）：

$$\underset{\omega_0,\omega,M}{\text{Maximize}}\frac{2}{\|\omega\|}=\text{Minimize}\frac{\|\omega\|}{2}$$

$$\text{s.t. } y_i\left(\omega^T x_i+\omega_0\right)\geqslant 1 \ \ \forall i=1,\cdots,n$$

如果训练集数据是线性可分的，可以找到 M 和 ω_i 的解答。

11.3 支持向量分类（软间隔）

如果训练数据是线性不可分类，找不到线性超平面完全分开两个类型，则要加设误差项和成本函数。

求解问题（式11-3）：

$$\text{Minimize}\frac{\omega^T\omega}{2}=\text{Min}\frac{\|\omega\|^2}{2}$$

$$\text{s.t. } y_i\left(\omega^T x_i+\omega_0\right)\geqslant 1\left(1-\varepsilon_i\right), \ \forall i=1,\cdots,n$$

$$\varepsilon_i\geqslant 0,\sum\varepsilon_i\leqslant C$$

式中：ε_i 是误差项；C是代价cost参数或惩罚系数，是hinge损失函数（hinge loss）的系数。

优化问题（式11-4）：

$$\text{Minimize}\frac{\omega^T\omega}{2}+C\sum\varepsilon_i$$

$$\text{s.t. } y_i\left(\omega^T x_i+\omega_0\right)\geqslant 1\left(1-\varepsilon_i\right), \ \forall i=1,\cdots,n$$

$$\varepsilon_i \geqslant 0$$

对偶问题（式11-5）：

$$\text{Max}\sum_i \alpha_i - \frac{1}{2}\sum_{j,k}\alpha_j\alpha_k y_j y_k\left(x_j^T x_k\right)$$

$$\text{s.t.}\sum_i \alpha_i y_i = 0$$

$$0 \leqslant \alpha_i \leqslant C,\ \forall i$$

拉格朗日函数（式11-6）：

$$L(\omega,\omega_0,\varepsilon,\alpha,\mu) = \frac{1}{2}\|\omega\|^2 + C\sum\varepsilon_i - \sum\alpha_i\left[y_i\left(\omega^T x_i + \omega_0\right) - 1 + \varepsilon_i\right] - \sum\mu_i\varepsilon_i$$

式中 $x_i \in R^p, y_i \in R$；$i, \cdots, n$ 是已知数（训练数据）；n是数据数量。

优化问题的变量：$\omega_0 \in R, \omega \in R^p, \varepsilon_i \in R, \|\omega\|^2 = \sum\omega_i^2$。

对偶问题的变量：$\alpha \in R^n, \mu \in R^n$。

利用KKT条件给出原问题和对偶问题的解：

$$\hat{\omega} = \sum_{i=1}^n \hat{\alpha}_i y_i x_i$$

满足KKT条件的 $\hat{\alpha}_i \neq 0$，其对应的x_i称为支持向量。

支持向量是在决策边境内的训练数据：

若$f(x^*) = \omega^T x_i^* + \omega_0 > 0$，则预测值$y^* = +1$；

若$f(x^*) = \omega^T x_i^* + \omega_0 < 0$，则预测值$y^* = -1$。

因为多数的 $\hat{\alpha}_i = 0$，所以只有 $\hat{\alpha}_i \neq 0$ 的支持向量x_i加以计算，降低解答的维度。

当 $\varepsilon_i = 0$，则x_i是在决策边界正确的一边，非支持向量。当 $\varepsilon_i > 0$，则x_i是在决策边界分类空隙之内。当 $\varepsilon_i > 1$，则x_i是在超平面预测错误的一边如图11-5所示。

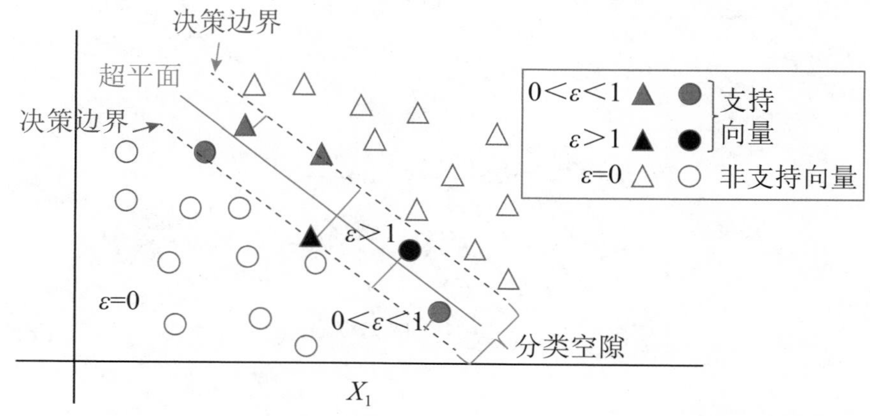

图11-5　支持向量分类（软间隔）

离开超平面，在决策边界以外的训练数据的变化不受SVM影响，所以SVM是鲁棒稳健的。在计算上节省空间和时间。

支持向量机求解：

（1）已知训练数据 $x_i \in R^p, y_i \in R; i=1,\cdots,n$ 是已知数（训练数据），n 是数据数量。

（2）超平面 $(\omega_0+\omega^T x_i), \omega_0, \omega^T \in R^p$ 未知。

（3）决定代价 cost 参数C。

（4）优化问题（式11-4）。

（5）对偶问题（式11-5）。

（6）拉格朗日函数（式11-6）。

（7）KKT 条件（省略）。

（8）求解 $\hat{\omega}_0 \in R, \hat{\omega} \in R^p, \hat{\varepsilon}_i \in R, \hat{\alpha} \in R^n, \hat{\mu} \in R^p$（省略）。

（9）$\hat{\alpha}_i \neq 0$ 对应的 x_i 为支持向量，$S=\{x_i \mid x_i$ 支持向量$\}$。

（10）预测测试数据：$x^* \in R^p$。

$$f(x^*)=\hat{\omega}_0+\sum_{i\in s}\hat{\alpha}_i\langle x^*, x_i\rangle$$

（11）代价参数C越小→分类间隔大→支持向量多→难以预测测试数据→欠拟合。代价参数C越大→容许分类错误越少→支持向量少→测试误差大→过拟合。

11.4 支持向量机（核函数）

核函数是非线性映射，将数据变换到一个特征空间。

支持向量机求解下列最优问题：

$$\text{Minimize}\frac{\omega^T\omega}{2}+C\sum\xi_i$$

$$\text{s.t. } y_i\left(\omega^T\phi(x_i)+\omega_0\right)\geqslant(1-\xi_i),\ \forall i=1,\cdots,n$$

$$\xi_i\geqslant 0$$

核函数支持向量机求解，如上一节支持向量机求解步骤。

预测测试数据 $x^* \in R^p$：

$$f(x^*)=\hat{\omega}_0+\sum_{i\in s}\hat{\alpha}_i K(x^*, x_i)$$

11.4.1 支持向量机的核函数

R常用的包e1071的核函数有四种，如图11-6所示：

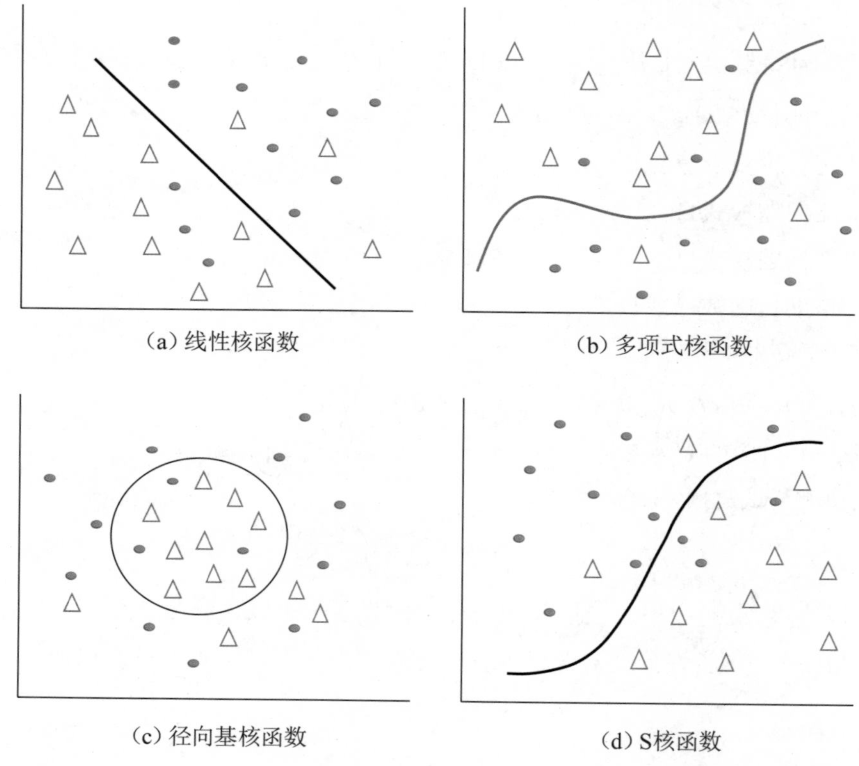

(a) 线性核函数　　(b) 多项式核函数

(c) 径向基核函数　　(d) S核函数

图11-6　核函数

（1）线性核函数 linear kernel：

$$K\left(\overline{x}_i,\overline{x}_j\right)=\overline{x}_i^T\cdot\overline{x}_j$$

（2）多项式核函数 polynomial kernel：

$$K\left(\overline{x}_i,\overline{x}_j\right)=\left(\gamma\overline{x}_i^T\cdot\overline{x}_j+\gamma\right)^{degree}$$

（3）（高斯）径向基核函数Radial basis function kernel（RBF）：

$$K\left(\overline{x}_i,\overline{x}_j\right)=\exp\left\{-\gamma\left|\overline{x}_i,\overline{x}_j\right|^2\right\}$$

（4）S核函数Sigmoid kernel：

$$K\left(\overline{x}_i,\overline{x}_j\right)=\frac{1-e^{-2\left(\gamma\overline{x}_i^T\cdot\overline{x}_j+\gamma\right)}}{1+e^{-2\left(\gamma\overline{x}_i^T\cdot\overline{x}_j+\gamma\right)}}$$

高斯核（RBF）的两个主要的参数：惩罚系数或代价参数C和核函数参数 γ 或 σ，$\gamma=1/2\sigma^2$。

R语言包 e1071::svm(kernel= "radial"，gamma=2)调参：$\gamma=\text{gamma}$

R语言包 caret::train(method = "svmRadial")调参：$\sigma=\text{sigma}$

γ大或σ小→间隔小→支持向量少→训练误差小→偏差小→过拟合

γ小或σ大→间隔大→支持向量多→训练误差大→偏差大→欠拟合

11.4.2 多元分类支持向量机

SVM基本上是基于二元分类器（binary classifier）的算法，传统SVM的模型，只能处理一个因变量是二元分类的数据。多元分类，需要利用标准SVM的计算过程构建多个决策边界的多分类目标变量。

SVM在多元分类上主要有两种策略：

1 一对多

一对多SVM对m个分类建立m个决策边界，每个决策边界判定一个分类对其余所有分类的归属。针对每一个类别，分别建立一个SVM（或其他二元分类器如kNN）：针对有m个类别的数据，就会有m个SVM。当有一条新数据要预测时，比较这m个SVM，得到m组值，再从中判别最大的值，那这条数据便是属于那一类。

一对多的运行时间与所占内存不会太多。但是，会将剩下类别视为同一个类别，很容易导致分类的不平衡问题，两类的数据数目差距很大。

Python 的scikit-learn 平台的算法多数是用一对多的策略。

2 一对一

对于任意两个类别都做一个 SVM，m个分类中任意两个建立决策边界，有 k(k-1)/2 个SVM模型。当有一条新数据要预测时，比较这 T(T-1)/2个SVM，每一个SVM都会将这笔数据分到某一类，再从中选择最多数，即可预测这笔数据属于哪一个类别。

一对一的策略比较并不会造成类别不平衡的问题。但是所需的运行时间较长；也需要较多的内存；如果发生两个以上的类别获得同票数的状况，会造成判断上的困扰。

R语言包e1071的libsvm 使用一对一的策略。

11.5 支持向量机的优点和缺点

1 支持向量机的优点

（1）可以用于分类和回归预测。

（2）有清楚的分类间隔。

（3）适用于高维数据，变量特征数目大于样本实例数目。

（4）决策预测函数只要用部分训练数据（支持向量）。

（5）不会被躁声影响，也不容易过拟合。SVM是一个鲁棒稳健的模型。

（6）因为有一些良好SVM算法支持，可能比神经网络算法容易使用。

（7）对多数训练数据，分类效果比其他分类器要好。

（8）分类的超平面，拥有最大间隔的特性。

（9）可以很容易透过更换核函数，做出非线性的分类决策边界。

② 支持向量机的缺点

（1）要找最优模型需要测试核函数和模型参数的各种组合。

（2）数据样本和特征很大训练很慢效能较不佳，计算复杂度为$O(n^2)$。

（3）SVM是一个复杂的黑盒模型难以解释。

（4）SVM 模型没有直接给出分类预测的概率。可以利用 5折CV，计算很久。

11.6 支持向量机R语言应用

支持向量机的R语言应用通常使用e1071包的svm函数：

```
> m <- svm(x, y, data, type=c-classification, kernel="linear",
+ cost=10 , scale=FALSE)
> # m <- svm(y ~ ., data)
> pred <- predict(model, x)
> # pred <- fitted(model)
```

type = 根据因变量y是否为因子，type选择C-classification或eps-regression。

R语言e1071包svm函数的核函数：

（1）线性核函数 linear kernel：$\phi(u,v)-u^T v$。

（2）多项式核函数 polynomial kernel：$\phi(u,v)=\left(\gamma u^T v+coef0\right)^{degree}$。

（3）（高斯）径向基核函数Radial basis function kernel：$\phi(u,v)=\exp\left\{-\gamma|u-v|^2\right\}$。

（4）S核函数Sigmoid kernel：$\phi(u,v)=\tanh\left(\gamma u^T v+coef0\right)$。

svm函数的核函数的参数默认值如表11-1所示。

表11-1　svm函数的核函数的参数默认值

svm默认值	degree	gamma γ	coef0	cost
默认核函数	radial			
线性核linear	—	—	—	1
多项式核polynomial	3	1/（x行的数目）	0	1
（高斯）径向基核radial	—	1/（x行的数目）	—	1
S核sigmoid	—	1/（X行的数目）	0	1

11.6.1 随机正态分布数据线性核函数

【R例11.1】随机正态分布数据rnorm.csv，函数svm，tune，包e1071

dat 数据框格式 data.frame：20 个观察值 3个变量

*x*1，*x*2，*y*

```
> # R例11.1
> library(e1071); library(ROCR); set.seed(100); x <- NULL; y <- NULL
> x <- matrix(rnorm(20*2), ncol=2) ; y <- c(rep(-1,10), rep(1,10))
> x[y==1,]=x[y==1,]+1 ; plot(x, col=(3-y))
> (dat <- data.frame(x=x, y=as.factor(y)))
> svmfit <- svm(y~.,data=dat, kernel= "linear", cost=10,scale=FALSE)
>  plot(svmfit, dat)    # 图11-7
>  svmfit$index ; summary(svmfit)
> xtest <- matrix(rnorm(20*2), ncol=2) ;
> ytest <- sample(c(-1,1),20, rep=TRUE)
> xtest[ytest==1,]= xtest[ytest==1,]+1
> datest <- data.frame(x=xtest, y=as.factor(ytest))
> ypred <- predict(svmfit, datest)
> table(predict=ypred, truth=ytest)
> svmfit <- svm(y~.,data=dat, kernel="linear", cost=0.01 , scale=FALSE)
> ypred <- predict(svmfit, datest)
> table(predict=ypred, truth=ytest) ; set.seed(100)
> tune.cost <- tune(svm, y~. , data = dat, kernel="linear",
+ ranges=list(cost=c(0.001,0.01,0.1,1,2,10,100)))
> summary(tune.cost) ; bestmodel=tune.cost$best.model
> summary(bestmodel) ; bestmodel ; ypred <- predict(bestmodel, datest)
> table(predict=ypred, truth=ytest)
```

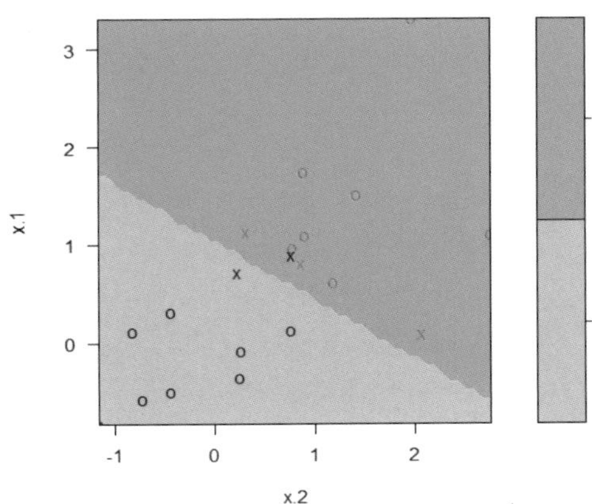

图11-7　两个变量线性SVM

11.6.2 随机正态分布数据径向基核函数

【R例11.2】SVM核函数：数据rnorm.csv，函数svm，performance，包ROCR

dat 数据框格式 data.frame：200 个观察值 3 个变量

*x*1，*x*2，*y*

```
> # R例11.2
> set.seed(2019) ; x <- NULL ; y <- NULL
> x <- matrix(rnorm(200*2), ncol=2)
> x[1:100,]=x[1:100,]+2 ;x[101:150,]=x[101:150,]-2
> y <- c(rep(1,150), rep(2,50))
> (dat <- data.frame(x=x, y=as.factor(y)))
> par(mfrow=c(1,1)) ; plot(x, col=y)
> train <-sample(200,100)
> svmfit <- svm(y~.,data=dat[train,], + kernel="radial", gamma=1,cost=1)
> plot(svmfit, dat[train,]) # 图11-8
> svmfit$index ; summary(svmfit)
> svmfit <- svm(y~.,data=dat[train,], kernel="radial", gamma=1,cost=1e5)
> plot(svmfit, dat[train,]) # 图11-9
> summary(svmfit) ; set.seed(1)
> tune.rad <- tune(svm, y~. , data = dat[train,], kernel="radial",
+ ranges=list(cost=c(0.1,1,2,10,100,100), gamma=c(0.5,1,2,3,4)))
> summary(tune.rad)
> table(true=dat[-train,"y"], pred=predict(tune.rad$best.model,
+ newdata=dat[-train,]))
> rocplot=function(pred, truth,...){predob=prediction(pred, truth)
+ perf = performance(predob, "fpr", "tpr")
+ plot(perf,...) }
> svmfit.opt <- svm(y~., data=dat[train,], kernel="radial", gamma=2,
+ cost=1, decision.values=T)
> fitted=attributes(predict(svmfit.opt, dat[train,],
+ decision.values=T))$decision.values
> par(mfrow=c(1,2))
> rocplot(fitted, dat[train, "y"], main="训练数据")  # 图11-10
> svmfit.out <- svm(y~., data=dat[train,], kernel="radial", gamma=50,
+ cost=1, decision.values=T)
> fitted=attributes(predict(svmfit.out, dat[train,],
+ decision.values=T))$decision.values
> rocplot(fitted, dat[train, "y"], add=T, col="red") # 图11-11
> svmfit.opt <- svm(y~., data=dat[train,], kernel="radial", gamma=2,
+ cost=1, decision.values=T)
> fitted=attributes(predict(svmfit.opt, dat[-train,],
```

```
+ decision.values=T))$decision.values
> rocplot(fitted, dat[-train, "y"], main="测试数据")
> fitted=attributes(predict(svmfit.out, dat[-train,],
+ decision.values=T))$decision.values
> rocplot(fitted, dat[-train, "y"], add=T, col="red")
```

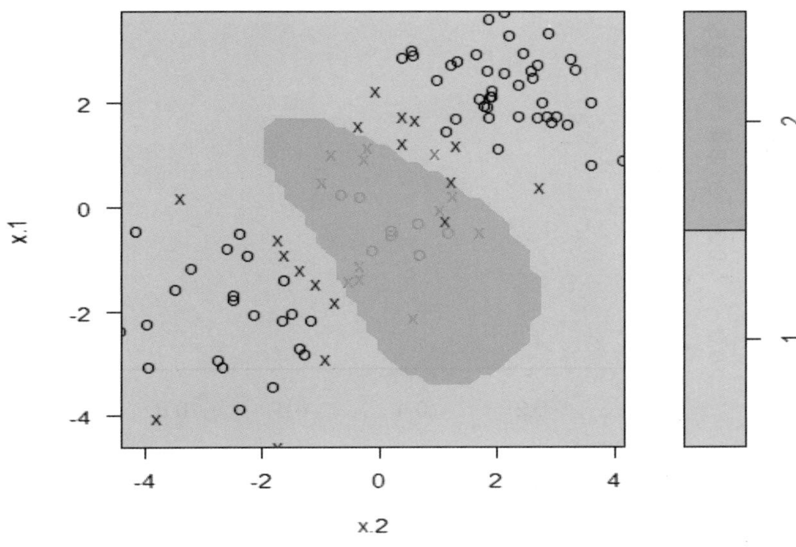

图11-8 radial核cost=1

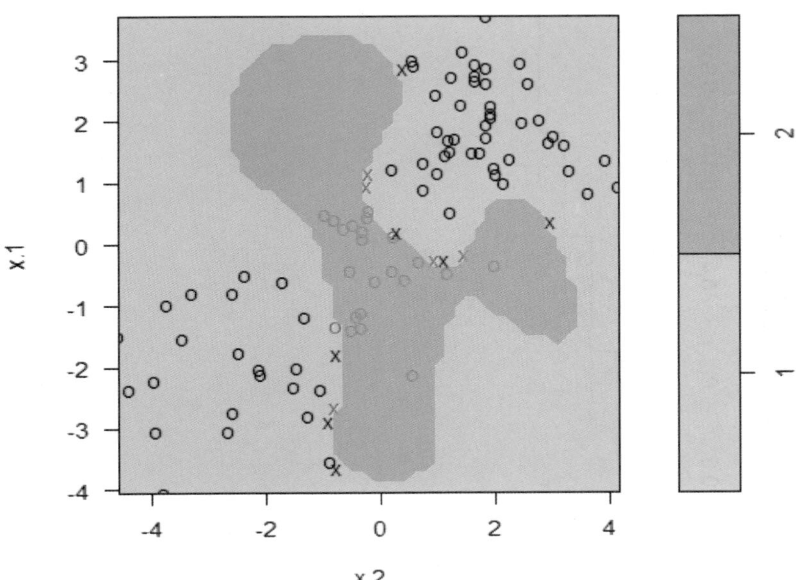

图11-9 radial核cost=1e5

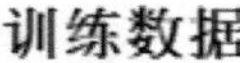

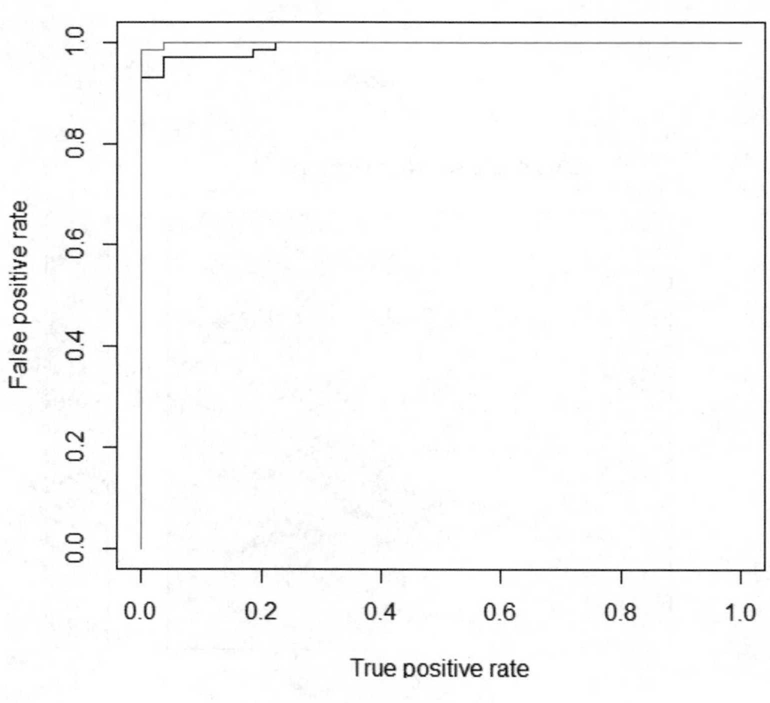

图11-10　训练数据ROC

测试数据

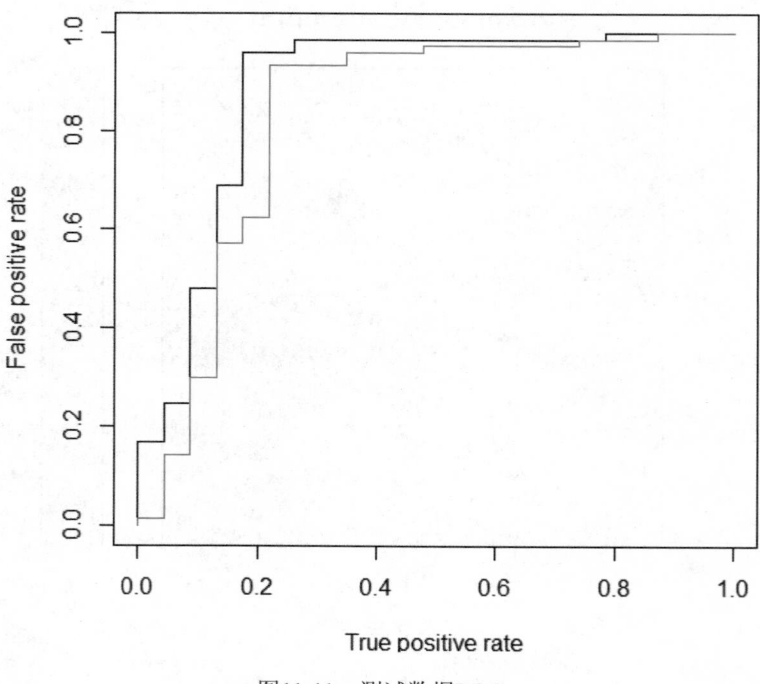

图11-11　测试数据ROC

11.6.3 三分类数据径向基核函数

【R例11.3】SVM多分类：数据rnorm.csv，函数svm，包e1071

dat 数据框格式 data.frame：300 个观察值 3个变量

*x*1，*x*2，*y*

```
> # R例11.3
> set.seed(100) ; x <- NULL ; y <- NULL
> x <- matrix(rnorm(300*2), ncol=2) ;  x[1:100,]=x[1:100,]+2
> x[101:150,]=x[101:150,]-1  ;  x[201:300,]=x[201:300,]-2
> y <- c(rep(1,150), rep(2,100), rep(0,50))
> (dat <- data.frame(x=x, y=as.factor(y))) ; x[y==0,2]=x[y==0,2]+4
> (dat <- data.frame(x=x, y=as.factor(y)))
> par(mfrow=c(1,1)) ; plot(x, col=(y+1))
> svmfit <- svm(y~., data=dat, kernel="radial", gamma=1, cost=10)
> plot(svmfit, dat) ;  svmfit$index ; summary(svmfit)
```

如图11-12所示。

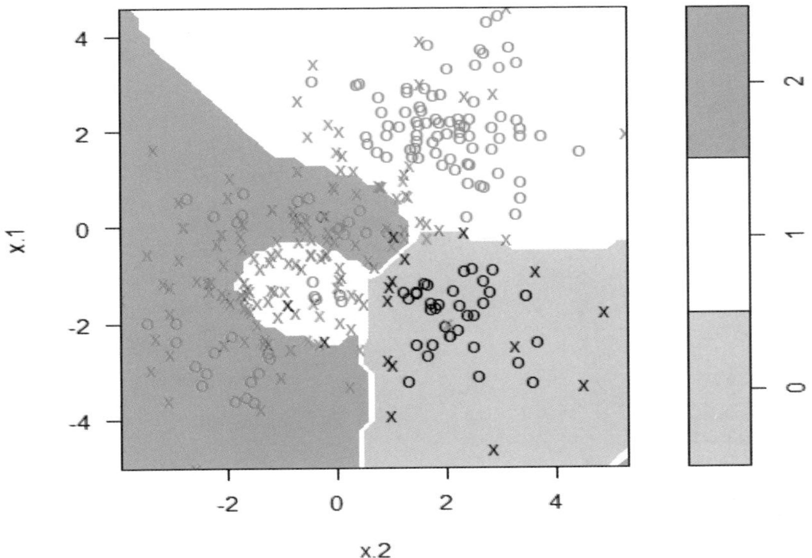

图11-12　radial核cost=10

11.7 R语言实战

11.7.1 基因表达数据

【R例11.4】基因表达数据Khan.csv，函数svm，包e1071

Khan基因表达数据，是列表 list 格式，包含：xtrain、xtrain、ytrain 和 ytrain。

xtrain是训练集，63名受试者的2308基因表达值，ytrain是相应的四种肿瘤类型。

xtest是测试集，包含另外20名受试者的2308基因表达值，ytest是相应的四种肿瘤类型。

```
> # R例11.4
> if(!require(ISLR)){install.packages("ISLR")}
> library(ISLR) ; data(Khan) ; str(Khan) ; names(Khan)
> table(Khan$ytrain) ; table(Khan$ytest)
> dim(Khan$xtrain) ; length(Khan$ytrain)
> dat <-data.frame(x=Khan$xtrain, y=as.factor(Khan$ytrain))
> fit<- svm(y~.,data=dat, kernel="linear",cost=10)
> plot(fit, dat) ; summary(fit)
> table(fit$fitted, dat$y)
> dat.te <-data.frame(x=Khan$xtest, y=as.factor(Khan$ytest))
> pred.te <- predict(fit, newdata=dat.te)
> table(pred.te, dat.te$y)
> #          训练集混淆矩阵                                    测试集混淆矩阵

         1  2  3  4                          pred.te 1 2 3 4
      1  8  0  0  0                                1 3 0 0 0
      2  0 23  0  0                                2 0 6 2 0
      3  0  0 12  0                                3 0 0 4 0
      4  0  0  0 20                                4 0 0 0 5
```

11.7.2 鸢尾花数据

【R例11.5】SVM：数据iris.csv，函数tune.svm、train，包e1071

```
> # R例11.5
> if(!require(ISLR)){install.packages("ISLR")}
> library(e1071) ; data(iris)
> x <- subset(iris, select = -Species)
> y <- iris$Species
```

```
> model <- svm(x, y) ; pred_result <- predict(model, x)
> table(pred_result,y)
> plot(model, iris, Petal.Width ~ Petal.Length, slice = list(Petal.Width
+ = 3, Petal.Length = 4), color.palette = terrain.colors)
> plot(model, iris, Sepal.Width ~ Petal.Width, slice = list(Sepal.Length
+ = 3, Petal.Length = 4), color.palette = terrain.colors)
> data(iris) ;  m2 <- svm(Species~., data = iris)
> plot(m2, iris, Petal.Width ~ Petal.Length,
+  slice = list(Sepal.Width = 3, Sepal.Length = 4))
> #图11-13
```

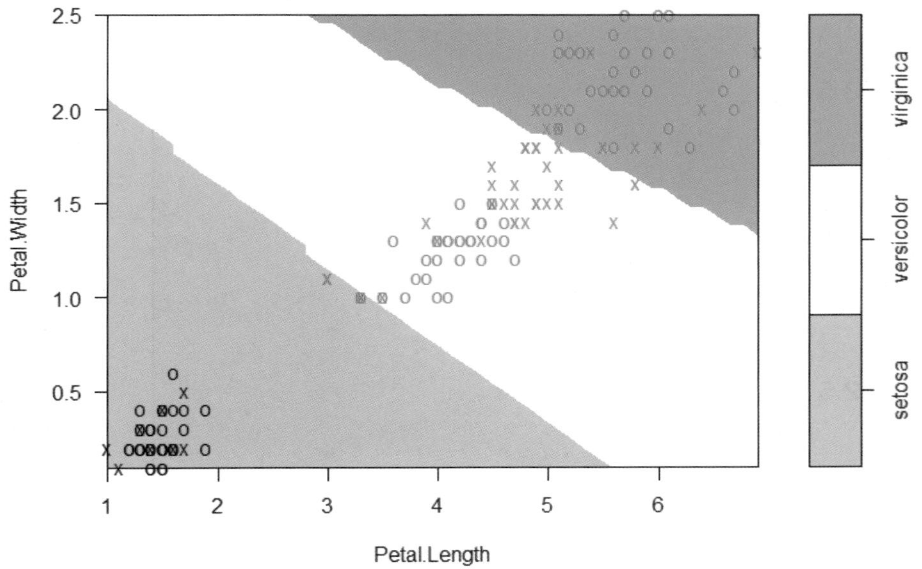

图11-13　鸢尾花数据三分类SVM

11.7.3　猫数据

【R例11.6】猫数据cats.csv，函数tune.svm、train，包e1071

```
> # R例11.6
> if(!require(MASS)){install.packages("MASS")}
> library(MASS) ; rm(list=ls(all=TRUE)) ; data(cats)
> library(e1071) ; str(cats)
> SVM_RBF_Model <- svm(Sex~., data = cats)
> plot(SVM_RBF_Model,data=cats, color.palette = topo.colors)
> SVM_Linear_Model <- svm(Sex~., data = cats,kernel="linear")
```

```
> plot(SVM_Linear_Model,data=catscolor.palette = topo.colors)
> obj <- tune.svm(Sex~., data = cats, sampling = "fix",
+ gamma = 2^c(-8,-4,0,4), cost = 2^c(-8,-4,-2,0))
> plot(obj, transform.x = log2, transform.y = log2)
> plot(obj, type = "perspective", theta = 120, phi = 45)
> obj ; m <- svm(Sex~., data = cats)
> plot(m, cats)
> plot(m, cats, svSymbol = "X", dataSymbol = 2, symbolPalette =
+  rainbow(4), color.palette = terrain.colors)
> # 图11-14，图11-15
```

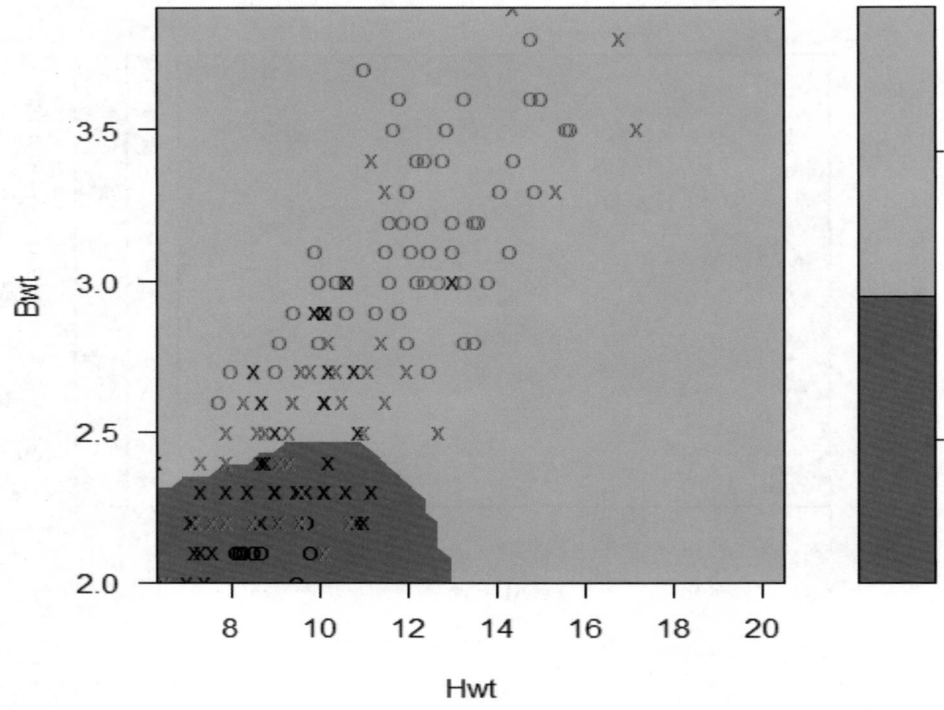

图11-14 radial核

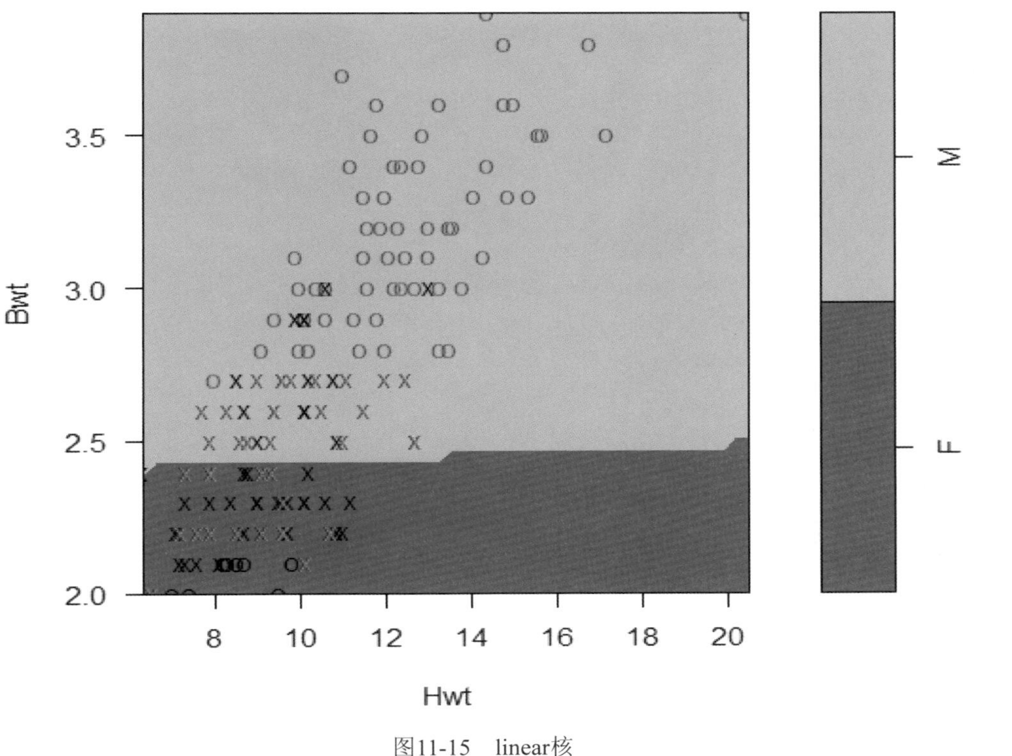

图11-15 linear核

11.7.4 皮玛数据

【R例11.7】SVM：数据pima.csv，函数tune.svm、train，包e1071

```
> # R例11.7
> if(!require(class)){install.packages("class")}
> if(!require(kernlab)){install.packages("kernlab")}
> library(class) ; library(kknn) ; library(e1071) ; library(kernlab)
> library(caret) ; library(MASS) ; library(reshape2) ; library(ggplot2)
> library(pROC) ; data(Pima.tr) ; str(Pima.tr) ; data(Pima.te)
> str(Pima.te) ; pima <- rbind(Pima.tr, Pima.te) ; str(pima)
> pima.melt <- melt(pima, id.var = "type")
> pima.scale <- data.frame(scale(pima[, -8]))
> pima.scale$type <- pima$type ; cor(pima.scale[-8])
> table(pima.scale$type) ;  set.seed(502)
> ind <- sample(2, nrow(pima.scale), replace = TRUE, prob = c(0.7, 0.3))
> train <- pima.scale[ind == 1, ] ; test <- pima.scale[ind == 2, ]
> set.seed(113)
> linear.tune <- tune.svm(type ~ ., data = train, kernel = "linear",
```

```
+         cost = c(0.001, 0.01, 0.1, 1, 5, 10))
> summary(linear.tune) ; best.linear <- linear.tune$best.model
> tune.test <- predict(best.linear, newdata = test)
> table(tune.test, test$type) ; set.seed(123)
> poly.tune <- tune.svm(type ~ ., data = train, kernel = "polynomial",
+ degree = c(3, 4, 5),  coef0 = c(0.1, 0.5, 1, 2, 3, 4))
> summary(poly.tune) ;  best.poly <- poly.tune$best.model
> poly.test <- predict(best.poly, newdata = test)
> table(poly.test, test$type) ; set.seed(123)
> rbf.tune <- tune.svm(type ~ ., data = train, kernel = "radial",
+ gamma = c(0.1, 0.5, 1, 2, 3, 4))
> summary(rbf.tune) ;  best.rbf <- rbf.tune$best.model
> rbf.test <- predict(best.rbf, newdata = test)
> table(rbf.test, test$type) ; set.seed(123)
> sigmoid.tune <- tune.svm(type ~ ., data = train, kernel = "sigmoid",
+  gamma = c(0.1, 0.5, 1, 2, 3, 4), coef0 = c(0.1, 0.5, 1, 2, 3, 4))
> summary(sigmoid.tune) ; best.sigmoid <- sigmoid.tune$best.model
> sigmoid.test <- predict(best.sigmoid, newdata = test)
> table(sigmoid.test, test$type)
> confusionMatrix(sigmoid.test, test$type, positive = "Yes")
> confusionMatrix(tune.test, test$type, positive = "Yes")
```

【R例11.8】SVM：数据pima2，函数train，包caret

```
> # R例11-8
> library(tidyverse) ; library(caret)
> data("PimaIndiansDiabetes2", package = "mlbench")
> pima2 <- na.omit(PimaIndiansDiabetes2) ;  set.seed(100)
> tr <- pima2$diabetes %>% createDataPartition(p=0.7, list=FALSE)
> train <- pima2[tr, ] ; test <- pima2[-tr, ] ; set.seed(100)
> model <- train(diabetes ~., data = train, method = "svmLinear",
+  trControl = trainControl("cv", number = 10), preProcess
+  = c("center","scale")  ) # 数据正规化CV 线性支持向量机模型
> predict <- model %>% predict(test) ; head(predict) # 预测测试数据
> mean(predict == test$diabetes)  # 模型测试集正确率 ; set.seed(100)
> model <- train(diabetes ~., data = train, method = "svmLinear",
+  trControl = trainControl("cv", number = 10),
+  tuneGrid = expand.grid(C = seq(0, 2, length = 20)),
+  preProcess = c("center","scale"))
> plot(model)  # 图11-16  不同成本系数的模型正确率
> model$bestTune # 最适 svmLinear 模型
> #  调参 C = cost 系数，使训练集正确率最大
```

```
> predict <- model %>% predict(test) # 预测测试数据
> mean(predict == test$diabetes) # 模型测试集正确率 ; set.seed(100)
> # svmRadial 径向基核SVM模型训练集
> model <- train(diabetes ~., data = train, method = "svmRadial",
+  trControl = trainControl("cv", number = 10),
+  preProcess = c("center","scale"), tuneLength = 10   )
> model$bestTune  # 最适 svmRadial 模型
> # 调参 sigma = 1 / gamma 系数 , C = cost 系数, 使训练集正确率最大
> predict <- model %>% predict(test) # 预测测试集
> mean(predict == test$diabetes)  # 模型测试集正确率
> # svmPoly 多项式核SVM模型训练集
> set.seed(100)
> model <- train(diabetes ~., data = train, method = "svmPoly",
+  trControl = trainControl("cv", number = 10),
+  preProcess = c("center","scale"), tuneLength = 4   )
> model$bestTune  # 最适 svmPoly 模型 , 调参 degree = 多项式的次数
> # 调参  scale = gamma 系数, C = cost 系数, 使训练集正确率最大
> predict <- model %>% predict(test) # 预测测试集
> mean(predict == test$diabetes) # 模型测试集正确率
```

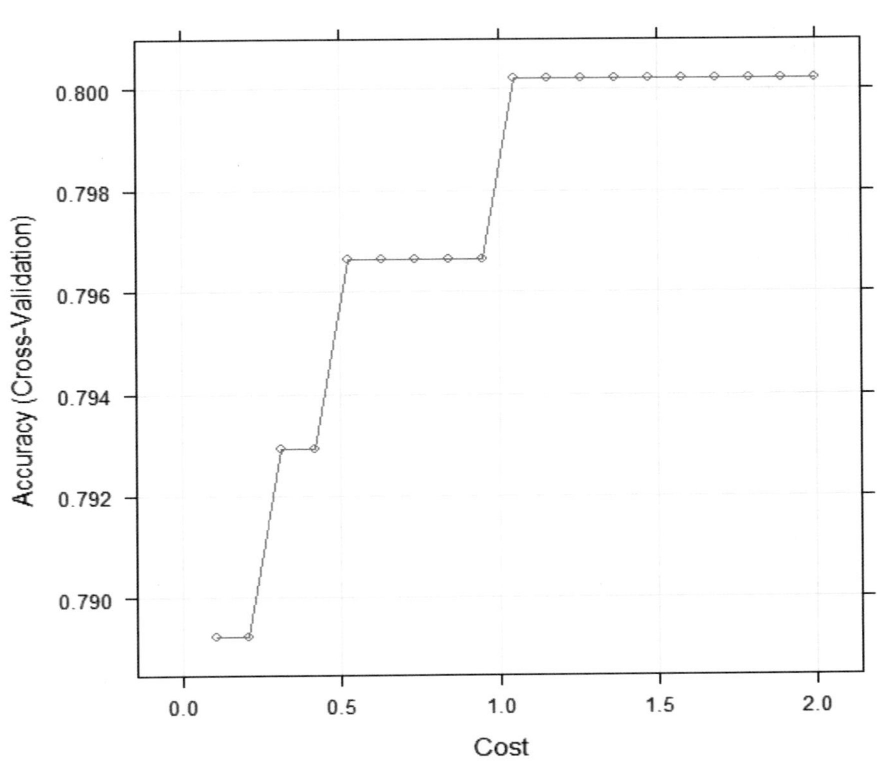

图11-16　调参成本系数的模型正确率

11.7.5 字符数据

【R例11.9】字符数据（图11-17）：letterdata.csv，函数{包} ksvm{kernlab}

图11-17 字符数据

数据框格式 data.frame：20000个观察值 17个变量

letter：Factor w/ 26 levels "A"，"B"，"C"，"D"，…，"Z"；A=1，B=2，C=3，...，Z=26

变量：letter，xbox，ybox，width，height，onpix，xbar，ybar，x2bar，y2bar，xybar，x2ybar，xy2bar，xedge，xedgey，yedge，yedgex

```
> # R例11.9
> if(!require(kernlab)){install.packages("kernlab")}
> library(kernlab) ; letters <- read.csv("C://R/letterdata.csv")
> str(letters) ; train <- letters[1:16000, ]
> test <- letters[16001:20000, ]
> class <- ksvm(letter ~ ., data = train, kernel = "vanilladot")
> class ; pred <- predict(class, test) ; head(pred)
> table(pred, test$letter)
> agree <- pred == test$letter
> table(agree) ; prop.table(table(agree)) ; set.seed(12345)
> rbf <- ksvm(letter ~ ., data = train, kernel = "rbfdot")
> pred_rbf <- predict(rbf, test)
> agree_rbf <- pred_rbf == test$letter
> table(agree_rbf)
> prop.table(table(agree_rbf))
```

```
ıs   A   B   C   D   E   F   G   H   I   J   K   L   M   N   O   P   Q   R   S   T   U   V   W   X   Y   Z
 A 144   0   0   0   0   0   0   0   0   1   0   0   1   2   2   0   5   0   1   1   1   0   1   0   0   1
 B   0 121   0   5   2   0   1   2   0   0   1   0   1   0   0   2   2   3   5   0   0   2   0   1   0   0
 C   0   0 120   0   4   0  10   2   2   0   1   3   0   0   2   0   0   0   0   0   0   0   0   0   0   0
 D   2   2   0 156   0   1   3  10   4   3   4   3   0   5   5   3   1   4   0   0   0   0   0   3   3   1
 E   0   0   5   0 127   3   1   1   0   0   3   4   0   0   0   0   2   0  10   0   0   0   0   2   0   3
 F   0   0   0   0   0 138   2   2   6   0   0   0   0   0   0  16   0   0   3   0   0   1   0   1   2   0
 G   1   1   2   1   9   2 123   2   0   0   1   2   1   0   1   2   8   2   4   3   0   0   0   1   0   0
 H   0   0   0   1   0   1   0 102   0   2   3   2   3   4  20   0   2   3   0   3   0   2   0   0   1   0
 I   0   1   0   0   0   1   0   0 141   8   0   0   0   0   0   1   0   0   3   0   0   0   0   5   1   1
 J   0   1   0   0   0   1   0   2   5 128   0   0   0   0   1   1   3   0   2   0   0   0   0   1   0   6
 K   1   1   9   0   0   0   2   5   0   0 118   0   0   2   0   1   0   7   0   1   3   0   0   5   0   0
 L   0   0   0   0   2   0   1   1   0   0   0 133   0   0   0   0   1   0   5   0   0   0   0   0   0   1
 M   0   0   1   1   0   0   1   1   0   0   0   0 135   4   0   0   0   0   0   0   3   0   8   0   0   0
 N   0   0   0   0   0   1   0   1   0   0   0   0   0 145   0   0   0   3   0   0   1   0   2   0   0   0
 O   1   0   2   1   0   0   1   2   0   1   0   0   0   1  99   3   3   0   0   0   3   0   0   0   0   0
 P   0   0   0   1   0   2   1   0   0   0   0   0   0   0   2 130   0   0   0   0   0   0   0   0   1   0
 Q   0   0   0   0   0   0   8   2   0   0   0   3   0   0   3   1 124   0   5   0   0   0   0   0   2   0
 R   0   7   0   0   1   0   3   8   0   0  13   0   0   1   1   1   0 138   0   1   0   1   0   0   0   0
 S   1   1   0   0   1   0   3   0   1   1   0   1   0   0   0   0  14   0  )1   3   0   0   0   2   0  10
 T   0   0   0   0   3   2   0   0   0   0   1   0   0   0   0   0   0   0   3 133   1   0   0   0   2   2
 U   1   0   3   1   0   0   0   2   0   0   0   0   0   0   1   0   0   0   0   0 152   0   0   1   1   0
 V   0   0   0   0   0   1   3   4   0   0   0   0   1   2   1   0   3   1   0   0   0 126   1   0   4   0
 W   0   0   0   0   0   0   1   0   0   0   0   0   2   0   0   0   0   0   0   0   4   4 127   0   0   0
 X   0   1   0   0   2   0   0   1   3   0   1   6   0   0   1   0   0   0   1   0   0   0   0 137   1   1
 Y   3   0   0   0   0   0   0   1   0   0   0   0   0   0   0   7   0   0   0   3   0   0   0   0 127   0
 Z   2   0   0   0   1   0   0   0   3   4   0   0   0   0   0   0   0   0
```

11.7.6 玻璃数据

【R例11.10】数据Glass.csv，函数svm，包e1071

数据框格式 data.frame：214 个观察值　10个变量

玻璃材质的化学元素含量：RI，Na，Mg，Al，Si，K，Ca，Ba，Fe，Type：6个水平的因子6种玻璃材质

```
> # R例11.10
> if(!require(mlbench)){install.packages("mlbench")}
> library(mlbench) ; library(e1071)
> data(Glass, package="mlbench") ; data = Glass ; str(data)
> smp.size = floor(0.8*nrow(data)) ; set.seed(516)
> tr = sample(seq_len(nrow(data)), smp.size)
> train = data[tr, ] ; test = data[-tr, ]
> model = svm(formula = Type ~ ., data = train) ; summary(model)
> train.pred = predict(model, train) ; test.pred = predict(model, test)
> table(real=train$Type, predict=train.pred)
> confus.matrix = table(real=train$Type, predict=train.pred)
> sum(diag(confus.matrix))/sum(confus.matrix)
> table(real=test$Type, predict=test.pred)
> confus.matrix = table(real=test$Type, predict=test.pred)
> sum(diag(confus.matrix))/sum(confus.matrix)
> data = data.frame(x=1:20,
+ y=c(3,4,8,2,6,10,12,13,15,14,17,18,20,17,21,22,25,30,29,31))
> plot(data$x, data$y, pch=16, xlab="X", ylab="Y")
```

```
> model <- lm(y ~ x , data) ; lm.pred = predict(model, data)
> plot(data$x, data$y, pch=16, xlab="X", ylab="Y")
> points(lm.pred, pch=2, col="red") ; abline(model, col="red")
> model <- svm(y ~ x , data) ; svr.pred = predict(model, data)
> plot(data$x, data$y, pch=16, xlab="X", ylab="Y")
> points(svr.pred, pch=4, col="blue") ; points(lm.pred, pch=2, col="red")
> c(sqrt(mean((data$y - lm.pred)^2)), sqrt(mean((data$y - svr.pred)^2)))
> require("mlbench") ; data(Glass, package="mlbench") ; data = Glass
> num.SV = sapply(X=1:1000,
+  FUN=function(C) svm(Type~., data, cost=C, epsilon =.1)$tot.nSV)
> plot(x=1:1000, y=num.SV, xlab="C value", ylab="# of support vectors",
+ pch=16, cex=.5, main="# of SVs in soft-margin SVM")
> df = data.frame(x=1:20,
+  y=c(3,4,8,2,6,10,12,13,15,14,17,18,20,17,21,22,25,30,29,31))
> num.SV = sapply(X=seq(0,1,0.01),
+  FUN=function(e) svm(y~x, df, cost=1, epsilon =e)$tot.nSV)
> plot(x=seq(0,1,0.01), y=num.SV, xlab="ε value", ylab="# of support
+  vectors", pch=16, cex=.5, main="# of SVs in SVR")
> RMSE = sapply(X=seq(0,1,0.01), FUN=function(e) sqrt(mean((svm(y~x, df,
+  cost=1, epsilon =e) $residuals)^2)))
> plot(x=seq(0,1,0.01), y=RMSE, xlab="ε value", ylab="RMSE",
+ pch=16, cex=.5, main="RMSE in SVR")
> data = Glass ; smp.size = floor(0.8*nrow(data)) ; set.seed(123)
> train.ind = sample(seq_len(nrow(data)), smp.size)
> train = data[train.ind, ] ; test = data[-train.ind, ]
> train.accuracy = sapply(X=seq(0.1,10,0.1), FUN=function(g){
+   model = svm(Type~., train, gamma=g, epsilon =.1)
+   pred = predict(model, train)
+   confus.matrix = table(real=train$Type, predict=pred)
+   sum(diag(confus.matrix))/sum(confus.matrix)  } )
> test.accuracy = sapply(X=seq(0.1,10,0.1),  FUN=function(g){
+   model = svm(Type~., train, gamma=g, epsilon =.1)
+   pred = predict(model, test)
+   confus.matrix = table(real=test$Type, predict=pred)
+   sum(diag(confus.matrix))/sum(confus.matrix)     }  )
> plot(x=seq(0.1,10,0.1), y=train.accuracy, pch=16, cex=.5, col="red",
+ ylim=c(0,1),xlab="gamma value", ylab="Class Accuracy",
+ main="SVM软间隔正确率")
> points(x=seq(0.1,10,0.1), y=test.accuracy, pch=16, cex=.5, col="blue")
> legend("bottomright", pch = 16, col = c("red","blue"),legend=c("Train-
+ Accuracy", "Test-Accuracy"))
> tune.model = tune(svm, Type~., data=data, kernel="radial",
+   range=list(cost=10^(-1:2), gamma=c(.5,1,2)))
```

```
> summary(tune.model) ; plot(tune.model) ; tune.model$best.model
> ## SVM 回归
> data = data.frame(x=1:20,
+ y=c(3,4,8,2,6,10,12,13,15,14,17,18,20,17,21,22,25,30,29,31))
> tune.model = tune(svm, y~x, data=data,
+   range=list(cost=2^(2:9), epsilon = seq(0,1,0.1)))
> tune.model; tune.model$best.model; plot(tune.model)
```

11.8 本章思维导图

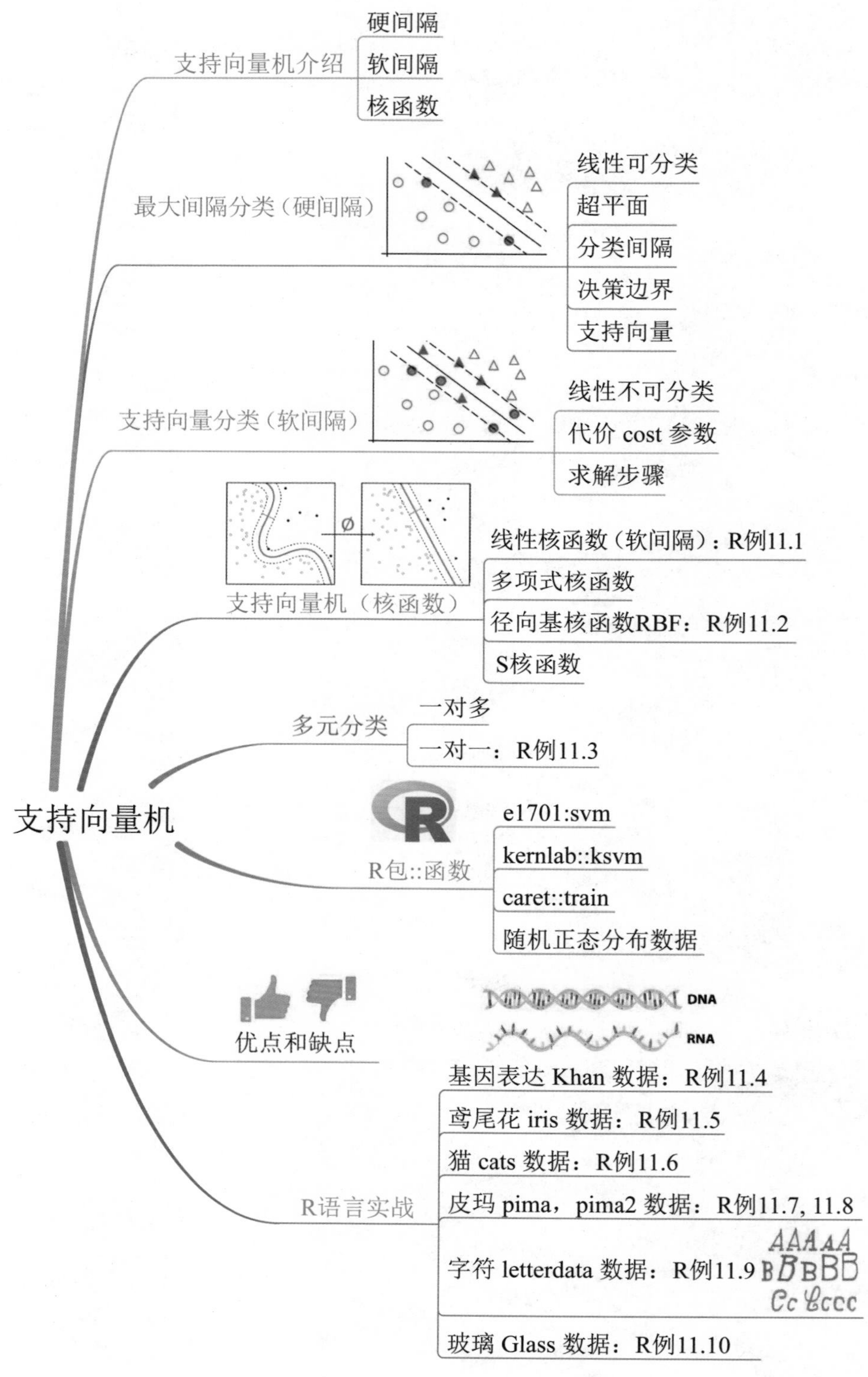
支持向量机
支持向量机介绍
硬间隔
软间隔
核函数
最大间隔分类（硬间隔）
线性可分类
超平面
分类间隔
决策边界
支持向量
支持向量分类（软间隔）
线性不可分类
代价 cost 参数
求解步骤
Ø
支持向量机（核函数）
线性核函数（软间隔）：R例11.1
多项式核函数
径向基核函数RBF：R例11.2
S核函数
多元分类
一对多
一对一：R例11.3
R
R包::函数
e1701:svm
kernlab::ksvm
caret::train
随机正态分布数据
优点和缺点
DNA
RNA
R语言实战
基因表达 Khan 数据：R例11.4
鸢尾花 iris 数据：R例11.5
猫 cats 数据：R例11.6
皮玛 pima，pima2 数据：R例11.7, 11.8
字符 letterdata 数据：R例11.9
AAAAA
BBBBB
Cc Cccc
玻璃 Glass 数据：R例11.10

第12章
集成学习

三个臭皮匠，胜过一个诸葛亮。

——俗语，源自《三国演义》

夫参署者，集众思，广忠益也。

—— 诸葛亮《教与军师长史参军掾属》

12.1 集成学习介绍

集成学习（ensemble learning）是将数个学习器集合起来，可以成为一个预测能力更准确的学习器。这就是：三个臭皮匠，胜过一个诸葛亮。

集成学习是后设学习（meta learning）、整合学习、关于学习的学习、超越学习的学习。

在统计学，当 n 个数值 x_i，每个数值是随机变量均值 μ，标准差 σ，X_i 相同的独立分布，则其平均数 $\bar{X}$ 的抽样平均 X 的平均和方差：

$$E\left(\bar{X}\right)=\mu$$

$$V\left(\bar{X}\right)=\sigma^2/n$$

假定有 B 个学习器，$\hat{f}^b$ 是每个学习器的预测结果：

$$\hat{F}=\frac{1}{B}\sum_{b=1}^{B}\hat{f}^b$$

预测结果的方差：

$$V\left(\hat{F}\right)=\frac{1}{B^2}\left(\sum_{b=1}^{B}V\left(\hat{f}^b\right)+\sum_{i\neq j}Cov\left(\hat{f}^i,\hat{f}^j\right)\right)$$

如果模型是分类目标值，集成学习就将学习器的预测结果，投票取最多值。

如果模型是回归目标值，集成学习就将学习器的预测结果，平均取平均值。

集成学习可以分为三类：第一类为“装袋”（Bootstrap AGGregatING，Bagging），即利用自助采样的方法，生成众多个并行式的分类器，通过“少数服从多数”的原则来确定最终的结果，随机森林属于这种算法；第二类为“提升”（Boosting），通过将弱学习器提升为强学习器的集成方法来提高预测精度（典型算法为AdaBoost）；第三类是“堆迭”（Stacking），将不同的模型（分类方法）集成融合。

在模型的偏差和方差的议题上，Bagging是减少低偏差、强模型的方差，而Boosting是减少高偏差、弱模型的偏差。

12.2 个别分类方法评价

从第7章到第11章介绍了五种分类的方法：Logistic回归、近邻法k-NN、贝叶斯分类Naive Bayes、决策树Decision Tree、支持向量机 SVM，还有神经网络 Neural Network。在说明集成学习之前，先将这些方法分别比较一下。

甲状腺功能数据

【R例12.1】甲状腺功能数据Hypothroid.CSV，函数knn、knn.cv{class}

数据框格式 data.frame：3163个观察值　26个变量

Hypothyroid（目标变量，因子‘Hypothyroid’，‘negative’），

Age，Gender，On_Thyroxine，Query_on_Thyroxine，

On_Antithyroid_Medication，Thyroid_Surgery，Query_Hypothyroid，

Query_Hyperthyroid，Pregnant，Sick，Tumor，Lithium，Goitre，

TSH_measured，TSH，T3_measured，T3，TT4_measured，TT4，

T4U_measured，T4U，FTI_measured，FTI，TBG_measured，TBG

```
> # R例12.1
> # 甲状腺功能Hypothroid Dataset
> if(!require(FNN)){install.packages("FNN")} ; library(FNN)
> if(!require(e1071)){install.packages("e1071")} ; library(e1071)
> if(!require(rpart)){install.packages("rpart")} ; library(rpart)
> if(!require(nnet)){install.packages("nnet")} ; library(nnet)
> HT <- read.csv("C:/R/Hypothyroid.csv",header = TRUE,
+ stringsAsFactors = F)
> str(HT) ;  HT$Hypothyroid <- as.factor(HT$Hypothyroid)
> HT1 <- HT[,c("Hypothyroid","Age","Gender","TSH","T3","TT4","T4U","FTI")]
> sapply(HT1,function(x) sum(is.na(x)))
> HT1 <- na.omit(HT1) ;  set.seed(100)
> Train_Test <- sample(c("Train","Test"),nrow(HT1),replace = TRUE,
+ prob = c(0.7,0.3))
> HT1_Train <- HT1[Train_Test=="Train",]
> HT1_TestX <- within(HT1[Train_Test=="Test",],rm(Hypothyroid))
> HT1_TestY <- HT1[Train_Test=="Test",c("Hypothyroid")]
> HT1_Formula <- as.formula("Hypothyroid~.")
> ntr <- nrow(HT1_Train) # 训练集样本数
```

```
> nte <- nrow(HT1_TestX) # 测试集样本数
> p <- ncol(HT1_TestX)
> testY_numeric <- as.numeric(HT1_TestY)
> # Logistic回归Logistic Regression
> LR_fit <- glm(HT1_Formula,data=HT1_Train,family = binomial())
> summary(LR_fit)
> LR_pred <- predict(LR_fit,newdata=HT1_TestX,type="response")
> LR_pred_Bin <- ifelse(LR_pred>0.5,2,1)
> LR_Acc <- sum(LR_pred_Bin==testY_numeric)/nte
> LR_Acc
> # 近邻法 kNN
> HT1_Train$Hypothyroid = as.factor(HT1_Train$Hypothyroid)
> kNN_fit <- knn(train=HT1_Train[,-c(1,3)], test= HT1_TestX[,-c(2)],
+ cl= HT1_Train $ Hypothyroid,k=5)
> kNN_Acc <- confusionMatrix(kNN_fit, HT1_TestY)$overall[1]
> kNN_Acc
> # 贝叶斯分类Naive Bayes
> NB_fit <- naiveBayes(HT1_Formula,data=HT1_Train)
> NB_pred <- predict(NB_fit,newdata=HT1_TestX)
> NB_Acc <- sum(NB_pred==HT1_TestY)/nte
> NB_Acc
> # 决策树Decision Tree
> DT_fit <- rpart(HT1_Formula,data=HT1_Train)
> plot(DT_fit,uniform=TRUE)
> text(DT_fit)
> DT_pred <- predict(DT_fit,newdata=HT1_TestX,type="class")
> DT_Acc <- sum(DT_pred==HT1_TestY)/nte
> DT_Acc
> # 支持向量机 Support Vector Machine
> SVM_fit <- svm(HT1_Formula,data=HT1_Train)
> SVM_pred <- predict(SVM_fit,newdata=HT1_TestX,type="class")
> SVM_Acc <- sum(SVM_pred==HT1_TestY)/nte
> SVM_Acc
> # 神经网络 Neural Network
> set.seed(100)
> NN_fit <- nnet(HT1_Formula,data = HT1_Train,size=p,trace=FALSE)
> NN_pred <- predict(NN_fit,newdata=HT1_TestX,type="class")
> NN_Acc <- sum(NN_pred==HT1_TestY)/nte
> NN_Acc
> Acc_Mat <- matrix(nrow=6,ncol=2)
> Acc_Mat[,1] <- c("回归Logistic Regression","近邻法 k NN","贝叶斯分类
+ Naive Bayes", "决策树Decision Tree","支持向量机 Support Vector Machine"
```

```
+ ,"神经网络 Neural Network")
> Acc_Mat[,2] <- round(c(LR_Acc,kNN_Acc,NB_Acc,DT_Acc,SVM_Acc,NN_Acc),4)
> Acc_Mat
     [,1]                                [,2]
[1,] "回归Logistic Regression"           "0.9778"
[2,] "近邻法 k NN"                       "0.9826"
[3,] "贝叶斯分类Naive Bayes"             "0.9731"
[4,] "决策树Decision Tree"               "0.9889"
[5,] "支持向量机 Support Vector Machine" "0.9778"
[6,] "神经网络 Neural Network"           "0.981"
```

12.3 Bagging学习

Bagging译为“装袋法”，就是将数据装成一个个袋子，好像树木的袋子，然后将每个袋子的结果结合在一起。所以Bagging的模型是并行进行的，主要是减少方差。当每个子集数据在建模的时候，都是“强模型”（较复杂的模型），具有低偏差、高方差的特性；把不同高方差的模型结合在一起后，因为是平均（投票）的概念，其结果就会趋近于整体的平均表现，因此方差就降低了。

Bagging是将样本重复抽样（而Bootstrap是取后放回），产生多个子数据集后，依序建立多个模型，最后再将所有模型的结果汇总在一起。如果是预测回归问题，就把所有结果平均起来；如果是分类问题，就用投票法，判断哪个类别出现最多次。

Bagging算法步骤

Bagging算法步骤如图12-1所示。

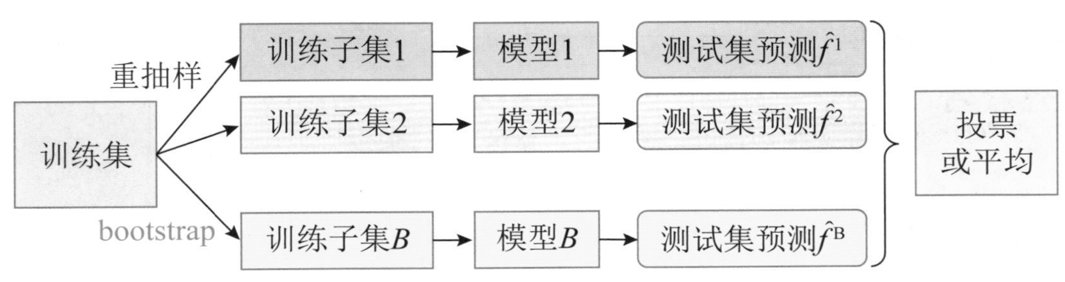

图12-1 Bagging算法

（1）从数据中以重置式随机采样N个样本为训练集，自助采样样本bootstrap sample。

（2）将训练数据建立分类树。

（3）计算每个叶节点的预测值（预测分枝）。

（4）找出袋外（OOB）数据作测试数据，利用决策树模型预测。

（5）（1）～（4）步重复B次数，如$B=1000$次。

（6）B个预测值取其（投票）多数的分类值，即为测试及最终预测分类结果。

（7）进行 Bagging结果的评价。

Bagging的优点在于原始训练样本中有噪声数据（不好的数据），透过Bagging抽样就有机会不让噪声数据被训练到，所以可以降低模型的不稳定性，主要是由自助采样且并行B次。

12.4 随机森林

12.4.1 随机森林介绍

随机森林（Random forest）是运用Bagging 加CART决策树，也就是说模型1 至模型B都是用决策树来建模，因很多棵的树组合在一起，所以才称为“森林”。

随机森林在抽样过程中，不只对行样本进行抽样，同时也会对列变量抽样，因此产生的子集数据，其实是对行跟列抽样后的结果。然后再对这些子集资料，各自训练一棵决策树，形成随机森林如图12-2所示。

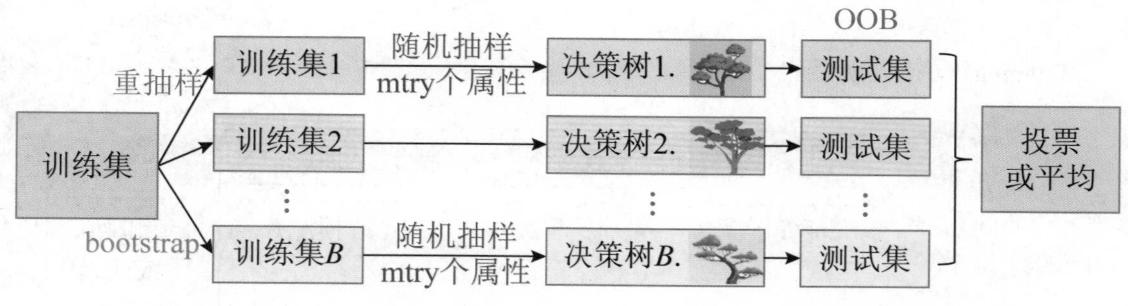

图12-2　随机森林

在面对数据中有共线性（collinearity）跟类别不平衡（class imbalance problem），这些问题会对预测结果造成不良影响时，随机森林是广被采用的算法。其概念应该不难理解：对行抽样，可以部分解决类别不平衡影响预测的问题；对列抽样，可以部分解决共线性影响预测的问题。

12.4.2 随机森林算法步骤

随机森林算法步骤如下：

（1）从（训练）数据以重置式随机采样*N*个样本。

（2）从预测变量以不重置式随机采样*m*个特征。

（3）得到第一个分割的训练数据。

（4）给出不剪枝的决策树模型，计算每个叶节点的预测值（预测分枝）。

（5）找出袋外（OOB）数据作测试数据，利用决策树模型预测。

（6）上述（1）～（5）步重复 *B*次数，例如*B* = 1000次。

（7）*B* 个预测值取其（投票）多数的分类值，即为测试及最终预测分类结果。

（8）进行随机森林结果的评价，并且检查特征（对因变量）的重要性。

12.4.3 R 语言

在 R 语言中，randomForest {randomForest}包和 ranger {ranger}包（森林管理员），可以建立随机森林的模型。

```
>  m <- randomForest(formula, data)  或   m <- ranger(formula, data)
例如：m <- randomForest(Species ~ ., data = iris) 或 ranger(Species ~ .,
data = iris)
> m <- randomForest(x, y, xtest, ytest, ntree=500, mtry,
  importance=FALSE, localImp=FALSE, nPerm=1,
  proximity, oob.prox=proximity,
  keep.inbag=FALSE, ...)
x = 训练数据数据框。
y = 训练数据的目标变量（分类因子）若没有y，则是非监督式学习。
若y是分类因子，则是决策树；若y是数值，则是回归树。
ntree =500 随机森林的树木个数。
mtry = 随机选择的特征变量数目，若自变量数目= p，决策树的默认值是。回归树的默认值是 p /
3。
p <- predict(m, test, type="response")
m = 训练模型。
test = 测试数据数据框。
type = "response" 预测结果；"prob" 预测结果概率；"votes" 预测结果投票矩阵。
```

12.4.4 随机森林的优点和缺点

❶ 随机森林的优点

（1）可以适用在多分类问题。

（2）可以处理噪声和遗失值。

（3）处理分类和连续特征变量。

（4）可找出多数重要特征变量。

（5）适用大型特征变量和实例数据。

（6）可用在非监督式学习聚类分析。

❷ 随机森林的缺点

（1）模型不容易解释。

（2）可能需要调适模型。

12.4.5 非监督式学习-鸢尾花数据

随机森林的非监督式学习可做聚类分析，如 kmeans 和 hcluster。随机森林可以计算聚类的相似度或近似度。

【R例12.2】鸢尾花数据iris3.csv，函数knn、knn.cv{class}

数据框格式 data.frame：150个观察值　5个变量

```
> # 例12.2
> # randomForest 非监督式学习 kmeans
> if(!requireNamespace( 'randomForest' , quietly = T)) {install.packages
+ ("randomForest")}
> if(!requireNamespace( 'metricsgraphics' )) {install.packages
+ ("metricsgraphics")}
> library(randomForest) ; library(metricsgraphics)
> set.seed(2019) ; iris.urf <- randomForest(iris[, -5])
>  MDSplot(iris.urf, iris$Species) ;  MDSplot(iris.urf, iris$Species)
>  rf.fit <- randomForest(x = iris[,1:4], y = NULL, ntree = 10000,
+ proximity proximity = TRUE, oob.prox = TRUE)
>  hclust.rf <- hclust(as.dist(1-rf.fit$proximity), method = "ward.D2")
>  rf.cluster = cutree(hclust.rf, k=3)
>  table(rf.cluster, iris$Species)
> iris.pc <- prcomp(iris[,1:4], center = FALSE, scale. = FALSE)$x
> iris.pc <- as.data.frame(iris.pc)
> km.cluster <- kmeans(iris[,1:4], centers = 3, iter.max = 20, nstart = 2)
> iris.pc$kmeans.cluster <- km.cluster$cluster
```

```
> table(iris$Species, km.cluster$cluster)
> mjs_plot(iris.pc, x=PC1, y=PC2)
> rf.fit <- randomForest(x = iris[,1:4], y = NULL, ntree = 10000,
+ proximity = TRUE, oob.prox = TRUE)
> hclust.rf <- hclust(as.dist(1-rf.fit$proximity), method = "ward.D2")
> rf.cluster = cutree(hclust.rf, k=3)
> iris.pc$rf.clusters <- rf.cluster
> table(rf.cluster, iris$Species)
```

12.4.6 美国大学数据

【R例12.3】大学公私立分类数据College.csv，函数randomForest{randomForest}

数据框格式data.frame：777个观察值　18个变量

```
> # R例12.3
> if(!require(randomForest)){install.packages("randomForest")}
> if(!require(ISLR)){install.packages("ISLR")}
> library(ISLR) ; library(randomForest) ; library(ggplot2)
> data(College) ; head(College) ; str(College) ; df <- College
> ggplot(df,aes(Room.Board,Grad.Rate)) + geom_point(aes(color=Private))
> ggplot(df,aes(F.Undergrad)) geom_histogram(aes(fill=Private),
+  color= 'black' ,bins=50)
> ggplot(df,aes(Grad.Rate)) geom_histogram(aes(fill=Private),
+ color= 'black' ,bins=50)
>  subset(df,Grad.Rate > 100)
>  df[ 'Cazenovia College' , 'Grad.Rate' ] <- 100
> library(caTools) ;  set.seed(101)
> sample = sample.split(df$Private, SplitRatio = .70)
> train = subset(df, sample == TRUE)
> test = subset(df, sample == FALSE)
> library(rpart)
> tree <- rpart(Private ~.,method= 'class' ,data = train)
> tree.preds <- predict(tree,test)
> tree.preds <- as.data.frame(tree.preds)
> joiner <- function(x){if (x>=0.5){ return( 'Yes' )} else{return("No") } }
> tree.preds$Private <- sapply(tree.preds$Yes,joiner)
> head(tree.preds)
> table(tree.preds$Private,test$Private)
> library(rpart.plot)
> prp(tree)
> rf.model <- randomForest(Private ~ . , data = train,importance = TRUE)
```

```
> rf.model$confusion ;  rf.model$importance
> p <- predict(rf.model,test)
> table(p,test$Private) ; importance(rf.model)
```

12.5 Boosting学习

Boosting（提升）是序列式改进模型，迭代使用弱学习分类器，训练新模型时将前模型错误分类的实例增加权重。最后将各模型结果做线性组合集成强学习器。

由于Boosting将注意力集中在分类错误的数据上，因此Boosting对训练数据的噪声非常敏感，如果一笔训练数据噪声数据很多，那后面分类器都会集中在进行噪声数据上分类，反而会影响最终的分类性能。

对于Boosting来说，有两个关键点，一是如何改变训练数据的权重；二是如何将多个弱分类器组合成一个强分类器。Boosting存在一个问题：要求预先知道弱分类器识别准确率的下限。

Boosting的算法步骤如图12-3所示。

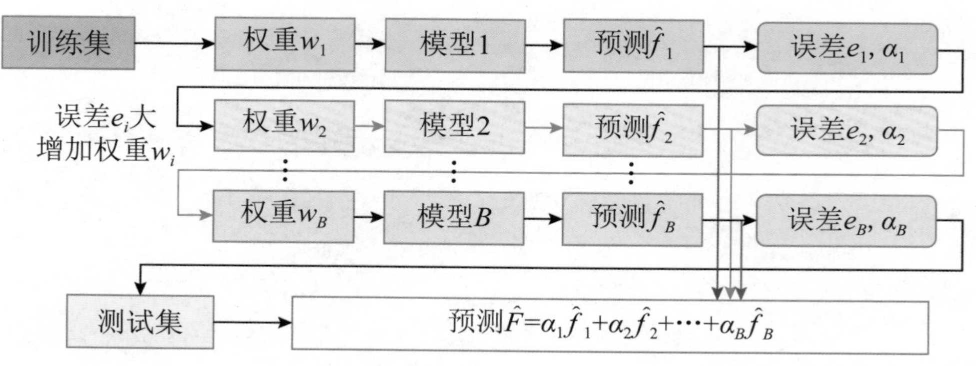

图12-3　Boosting的算法

由于Boosting使用“弱模型”开始，这些弱模型其实是高偏差低方差，每次迭代的时候（序列处理），都会基于先前的模型进行优化（用梯度下降法，决定这次模型建在哪里能使损失函数下降最多）。既然是降低损失函数，表示过程中会越来越逼近实际值，换句话说，就是逐渐降低偏差的意思。

所谓的GBM（Gradient Boosting Machine）是一种概念，将梯度下降法（Gradient Descending）跟Boosting套件结合在一起的算法，梯度下降法找寻方向。

在 R 语言，使用xgboost包和 gbm包。请见12.7.4节波士顿数据和12.7.6节顾客流失数据。

12.6 Stacking学习

如果说集成学习（ensemble learning）是后设学习（meta learning），那么Stacking学习（堆栈或层积）就是后设集成（meta ensemble）。

Stacking（堆栈）学习已经训练好数个机器学习的模型，例如Logistic线性回归、支持向量机和决策树。当有一笔新数据需要预测时，会各自得到三个预测值（y1，y2，y3），然后接下来作为最终模型（又称后设模型 meta-model，blender，meta learner）的输入值，得到最终预测结果。

Stacking 的算法可以分成两个阶段：堆栈Stacking：先训练多个初始模型，其预测结果叫作 Meta-Data，作为最终模型的输入。混合Blending：最终模型会取得 Meta-Data，整合出最后结果。

12.6.1 皮玛数据

这里用到三个模型“rpart”“earth”和“knn”的集成。rpart 是决策树，earth是多元目标变量的回归，knn是近邻法。Logistic回归是0-1目标变量回归，在R语言glm函数包。虽然pima数据的目标函数也只有二分类变量，这里没有用到Logistic回归。

【R例12.4】Stacking：皮玛数据Pima.csv，函数gbm

```
> # R例12.4
> if(!require(caret)){install.packages("caret")}
> if(!require(caretEnsemble)){install.packages("caretEnsemble")}
> library(MASS) ; library(caret) ; library(caretEnsemble)
> library(caTools) ; install.packages("doMC") ; library(doMC)
> pima <- rbind(Pima.tr, Pima.te) ; set.seed(502)
> split <- createDataPartition(y = pima$type, p = 0.75, list = F)
> train <- pima[split, ] ;  test <- pima[-split, ] ; table(train$type)
> control <- trainControl(method = "cv", number = 5, savePredictions =
+  "final",  classProbs = T, index=createResample(train$type, 5),
+  sampling = "up", summaryFunction = twoClassSummary)
> set.seed(100)
> models <- caretList( type ~ ., data = train, trControl = control,
+  metric = "ROC",  methodList = c("rpart", "earth", "knn") )
> models
> modelCor(resamples(models))
```

```
> model_preds <- lapply(models, predict, newdata=test, type="prob")
> model_preds <- lapply(model_preds, function(x) x[,"Yes"])
> model_preds <- data.frame(model_preds)
> stack <- caretStack(models, method = "glm", metric = "ROC",
+         trControl = trainControl( method = "boot", number = 5,
+         savePredictions = "final", classProbs = TRUE,
+         summaryFunction = twoClassSummary ))
> summary(stack)

  Deviance Residuals:
      Min        1Q    Median        3Q       Max
  -2.0666  -0.6100  -0.3933   0.6071   2.3121

  Coefficients:
              Estimate Std. Error z value Pr(>|z|)
  (Intercept)   2.2236     0.2107  10.555  < 2e-16 ***
  rpart        -1.5339     0.3495  -4.388 1.14e-05 ***
  earth        -2.5772     0.3795  -6.792 1.11e-11 ***
  knn          -1.0614     0.3629  -2.924  0.00345 **
  ---
  Signif. codes:  0 '***' 0.001 '**' 0.01 '*' 0.05 '.' 0.1 ' ' 1

> prob <- 1-predict(stack, newdata = test, type = "prob")
> model_preds$ensemble <- prob
> colAUC(model_preds, test$type)

           rpart earth   knn ensemble
No vs. Yes  0.71 0.775 0.754    0.782
```

12.6.2 员工离职数据

【R例12.5】员工离职数据Attrition.csv，函数resamples{caret}，caretEnsemble

数据框格式data.frame：1470 个观察值　14个变量

```
> # R例12.5
> data <- read.csv("C:/R/Attrition.csv")
> data$EmployeeNumber=data$Over18=data$EmployeeCount=data$StandardHours
+ = NULL
> library(caret)
> library(caretEnsemble)
> control <- trainControl(method="repeatedcv", number=10, repeats=10,
+ savePredictions=TRUE, classProbs=TRUE,
+ index=createMultiFolds (data$Attrition, k=10, times=10))
>  algorithmList <- c( 'C5.0' , 'nb' , 'glm' , 'knn' , 'svmRadial' )
> set.seed(10000)
> models <- caretList(Attrition~., data=data, trControl=control,
```

```
+  methodList=algorithmList)
> results <- resamples(models)
> results
summary(results)

   Accuracy
               Min.  1st Qu.  Median  Mean  3rd Qu.  Max.  NA's
   C5.0        0.816   0.856   0.864 0.866   0.880  0.905     0
   nb          0.837   0.837   0.837 0.839   0.842  0.850     0
   glm         0.818   0.862   0.878 0.879   0.898  0.939     0
   knn         0.810   0.831   0.837 0.838   0.844  0.871     0
   svmRadial   0.830   0.869   0.878 0.880   0.891  0.939     0

   Kappa
                  Min.  1st Qu.  Median     Mean  3rd Qu.   Max.  NA's
   C5.0         0.1404  0.3088  0.3828  0.38362    0.480  0.6067     0
   nb           0.0000  0.0000  0.0000  0.00349    0.000  0.0712     0
   glm          0.2391  0.4031  0.4615  0.47221    0.544  0.7513     0
   knn         -0.0592  0.0392  0.0678  0.08112    0.120  0.3057     0
   svmRadial    0.1684  0.3762  0.4446  0.44984    0.521  0.7427     0
> modelCor(results)
> stackControl <- trainControl(method="repeatedcv", number=10, repeats=10,
+  savePredictions=TRUE, classProbs=TRUE)
> stack.glm <- caretStack(models, method="glm", trControl=stackControl)
> print(stack.glm)
> stack.rf <- caretStack(models, method="rf", trControl=stackControl)
> print(stack.rf)

         mtry  Accuracy   Kappa
         2     0.912      0.628
         3     0.913      0.635
         5     0.912      0.634
```

12.7 R语言实战

12.7.1 红酒数据

【R例12.6】数据wine.csv，函数modelLookup、train

数据框格式data.frame：178个观察值　14个变量

```
> # R例12.6
> # 本例是各种聚类分析 hclust, kmeans, NbClust, 及 randomForest 分析结果,
> # 和实际目标值Class 的比较
> if(!require(caret)){install.packages("caret")} ; library(caret)
```

```
> if(!require(cluster)){install.packages("cluster")} ; library(cluster)
> if(!require(compareGroups)){install.packages("compareGroups")}
> if(!require(HDclassif)){install.packages("HDclassif")}
> library(compareGroups) ; library(HDclassif)
> if(!require(NbClust)){install.packages("NbClust")} ; library(NbClust)
> if(!require(sparcl)){install.packages("sparcl")} ; library(sparcl)
> data(wine) ;  str(wine)
> names(wine) <- c("Class", "Alcohol", "MalicAcid", "Ash", "Alk_ash",
+    "magnesium", "T_phenols", "Flavanoids", "Non_flav",
+    "Proantho", "C_Intensity", "Hue", "OD280_315", "Proline")
> names(wine) ;  df <- as.data.frame(scale(wine[, -1])) ; str(df)
> table(wine$Class)
> numComplete <- NbClust(df, distance = "euclidean", min.nc = 2,
+  max.nc = 6,  method = "complete", index = "all")
> numComplete$Best.nc
> dis <- dist(df, method = "euclidean")
> hc <- hclust(dis, method = "complete")
> plot(hc, hang = -1,labels = FALSE, main = "Complete-Linkage")
> comp3 <- cutree(hc, 3)
> ColorDendrogram(hc, y = comp3, main = "Complete", branchlength = 50)
> #图12-4
```

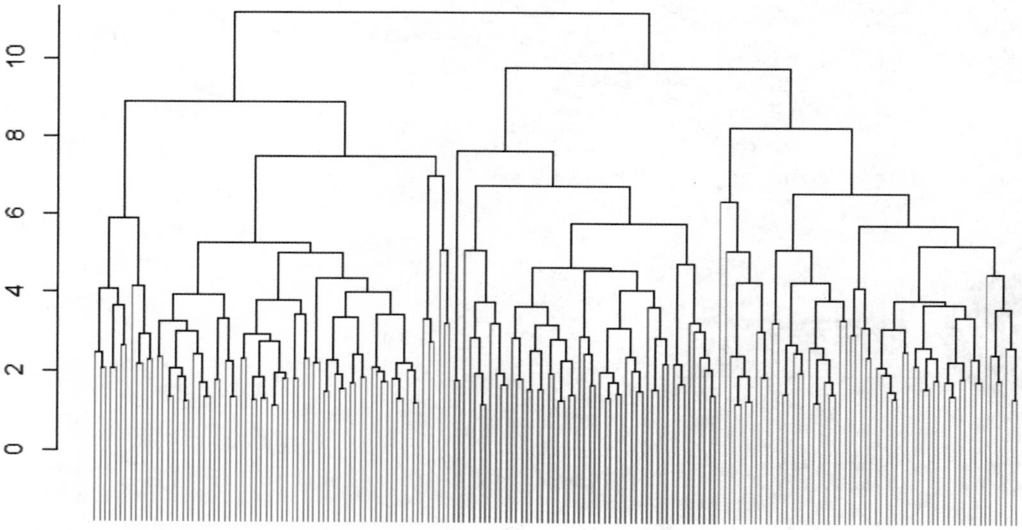

图12-4　树形图

```
> table(comp3) ; table(comp3, wine$Class)
> numWard <- NbClust(df, diss = NULL, distance = "euclidean",
+  min.nc = 2, max.nc = 6, method= "ward.D2", index = "all")
> hcWard <- hclust(dis, method = "ward.D2")
> plot(hcWard, hang = -1, labels = FALSE, main = "Ward's-Linkage")
```

```
> ward3 <- cutree(hcWard, 3) ; table(ward3, wine$Class)
> table(comp3, ward3) ; aggregate(wine[, -1], list(comp3), mean)
> aggregate(wine[, -1], list(ward3), mean) ; par(mfrow = c(1, 2))
> boxplot(wine$Proline ~ comp3, main = "Proline by Complete Linkage")
> boxplot(wine$Proline ~ ward3, main = "Proline by Ward’ s Linkage")
> numKMeans <- NbClust(df, min.nc = 2, max.nc = 15, method = "kmeans")
> set.seed(1234) ; km <- kmeans(df, 3, nstart = 25)
> table(km$cluster) ;  km$centers
> boxplot(wine$Alcohol ~ km$cluster, main = "Alcohol Content, K-Means")
> boxplot(wine$Alcohol ~ ward3, main = "Alcohol Content, Ward’ s")
> table(km$cluster, wine$Class)
> wine$Alcohol <- as.factor(ifelse(df$Alcohol > 0, "High", "Low"))
> disMatrix <- daisy(wine[, -1], metric = "gower")  ; set.seed(123)
> pamFit <- pam(disMatrix, k = 3) ;  table(pamFit$clustering)
> table(pamFit$clustering, wine$Class)
> wine$cluster <- pamFit$clustering
> group <- compareGroups(cluster ~ ., data = wine)
> clustab <- createTable(group) ; clustab
> export2csv(clustab, file = "wine_clusters.csv")
> library(randomForest) ; set.seed(1)
> rf <- randomForest(x = wine[, -1], ntree = 2000, proximity = T)
> rf   # 随机森林聚类分析
> dim(rf$proximity) ; rf$proximity[1:5, 1:5] ; importance(rf)
> dissMat <- sqrt(1 - rf$proximity) ;  dissMat[1:2, 1:2]
> set.seed(123) ; pamRF <- pam(dissMat, k = 3)
> table(pamRF$clustering) ;  table(pamRF$clustering, wine$Class)
```

12.7.2 信用数据

【R例12.7】信用数据credit.csv，函数bagging{ipred}，train{caret}

boosting{adabag}

数据框格式data.frame：1000个观察值　17个变量

```
> # R例12.7
> if(!require(ipred)){install.packages("ipred")} ; library(ipred)
> if(!require(kernlab)){install.packages("kernlab")} ; library(kernlab)
> if(!require(C50)){install.packages("C50")} ; library(C50)
> if(!require(adabag)){install.packages("adabag")} ; library(adabag)
> library(randomForest) ; library(caret) ; library(C50)
> library(adabag) ; library(vcd)
> credit <- read.csv("C:/R/credit.csv",header = TRUE) ; str(credit)
```

```
> set.seed(300) ; bag <- bagging(default ~ ., data = credit, nbagg = 25)
> credit_pred <- predict(bag, credit) ; str(credit_pred)
> table(credit_pred$class, credit$default) ; credit_pred$confusion
> set.seed(300) ; ctrl <- trainControl(method = "cv", number = 10)
> train(default ~ ., data = credit, method = "treebag", trControl = ctrl)
> m_c50_bst <- C5.0(default ~ ., data = credit, trials = 100)
> set.seed(300) ; m_adaboost <- boosting(default ~ ., data = credit)
> p_adaboost <- predict(m_adaboost, credit)  ; head(p_adaboost$class)
> p_adaboost$confusion ; set.seed(300)
> adaboost_cv <- boosting.cv(default ~ ., data = credit)
> adaboost_cv$confusion ; Kappa(adaboost_cv$confusion) ; set.seed(300)
> rf <- randomForest(default ~ ., data = credit) ;  rf
> ctrl <- trainControl(method = "repeatedcv", number = 10, repeats = 10)
> grid_rf <- expand.grid(.mtry = c(2, 4, 8, 16)) ; set.seed(300)
> m_rf <- train(default ~ ., data = credit, method = "rf",
+ metric = "Kappa", trControl = ctrl, tuneGrid = grid_rf)
> m_rf
> grid_c50 <- expand.grid(.model = "tree", .trials =
+ c(10, 20, 30, 40), .winnow = "FALSE")
> set.seed(300)
> m_c50 <- train(default ~ ., data = credit, method = "C5.0",
+   metric = "Kappa", trControl = ctrl, tuneGrid = grid_c50)
> m_c50
```

12.7.3 皮玛数据

【R例12.8】皮玛数据pima2，函数tune.svm、train，包e1071

```
> # R例12.8
> library(tidyverse) ; library(caret) ; library(randomForest)
> library(xgboost) ; data("PimaIndiansDiabetes2", package = "mlbench")
> Pima2 <- na.omit(PimaIndiansDiabetes2) ; set.seed(123)
> tr <- Pima2$diabetes %>% createDataPartition(p = 0.8, list = FALSE)
> train <- Pima2[tr, ] ; test <- Pima2[-tr, ] ; set.seed(123)
> model <- train(diabetes ~., data = train, method = "rf",
+  trControl = trainControl("cv", number = 10), importance = TRUE )
> # 随机森林 rf 调参
> model$bestTune ; model$finalModel
> pred <- model %>% predict(test) # 测试集预测
> mean(pred == test$diabetes)  # 预测结果正确性
> importance(model$finalModel) # 变量重要性
> varImpPlot(model$finalModel, type = 1)
```

```
> varImpPlot(model$finalModel, type = 2)
> varImp(model)
> models <- list()
> for (nodesize in c(1, 2, 4, 8)) {set.seed(123)
+    model <- train(diabetes~., data = Pima2, method="rf",
+    trControl = trainControl(method="cv", number=10),
+    metric = "Accuracy", nodesize = nodesize )
+    model.name <- toString(nodesize)
+    models[[model.name]] <- model }
> resamples(models) %>% summary(metric = "Accuracy") ; set.seed(123)
> model <- train(diabetes ~., data = train, method = "xgbTree",
+  trControl = trainControl("cv", number = 10) )
> model$bestTune  # xgboost 模型
> predict <- model %>% predict(test)
> mean(predict == test$diabetes)
> varImp(model)
```

12.7.4 波士顿房价数据

【R例12.9】波士顿房价数据Boston.csv，函数randomForest{randomForest}，gbm{gbm}

数据框格式data.frame：506 个观察值　14个变量

```
> # R例12.9
> if(!require(caret)){install.packages("caret")}
> library(caret) ; library(MASS) ; library(gbm) ; data(Boston)
> boston<-Boston ; str(boston) ; dim(boston) ; names(boston)
> require(randomForest) ; set.seed(101)
> train = sample(1:nrow(boston), 300)
> calc_acc =  function(actual, predicted) {mean(actual == predicted)}
> calc_rmse=function(actual,predicted){sqrt(mean((actual-predicted)^2))}
> # randomForest
> rf.boston = randomForest(medv~., data = boston, subset = train)
> rf.boston
> oob.err = double(13) ; test.err = double(13)
> trn = boston[train,] ; tst = boston[-train,]
> yh.rf <- predict(rf.boston, newdata=tst)
> (mean((yh.rf - tst$medv)^2))
> importance(rf.boston)  # 自变量的相对重要性
> varImpPlot(rf.boston)
> for(mtry in 1:13){ fit = randomForest(medv~., data = boston,
+ subset=train, mtry=mtry, ntree = 350)
```

```
>  oob.err[mtry] = fit$mse[350]
>  pred = predict(fit, boston[-train,])
>  test.err[mtry] = with(boston[-train,], mean( (medv-pred)^2 )) }
> matplot(1:mtry, cbind(test.err, oob.err), pch = 23, col = c("red",
+  "blue"), type = "b", ylab="Mean Squared Error")
> legend("topright", legend = c("OOB", "Test"), pch = 23,
+ col = c("red", "blue"))
> bag = randomForest(medv ~ ., data = trn, mtry = 13,
+        importance = TRUE, ntrees = 500)
> bag ; bag_tst_pred = predict(bag, newdata = tst)
> plot(bag_tst_pred, tst$medv, xlab = "Predicted",
+  ylab = "Actual", main = "Predicted vs Actual: Bagged Model, Test Data",
+ col = "dodgerblue", pch = 20)
> abline(0, 1, col = "darkorange", lwd = 2)
> (bag_tst_rmse = calc_rmse(bag_tst_pred, tst$medv))
> plot(bag, col = "dodgerblue", lwd = 2, main = "Bagged Trees:
+ Error vs Number of Trees")
> #### randomForest
> rf = randomForest(medv ~ ., data = trn, mtry = 4,
+         importance = TRUE, ntrees = 500)
> rf ;  importance(rf, type = 1) ;  varImpPlot(rf, type = 1)
> rf_tst_pred = predict(rf, newdata = tst)
> plot(rf_tst_pred, tst$medv, xlab = "Predicted",
+  ylab = "Actual", main = "Predicted vs Actual: Random Forest,
+  Test Data", col = "dodgerblue", pch = 20)
> abline(0, 1, col = "darkorange", lwd = 2)
> (forest_tst_rmse = calc_rmse(rf_tst_pred, tst$medv))
> rf_trn_pred = predict(rf, newdata = trn)
> forest_trn_rmse = calc_rmse(rf_trn_pred, trn$medv)
> forest_oob_rmse = calc_rmse(rf$predicted, trn$medv)
> #### gbm
> booston_boost = gbm(medv ~ ., data = trn, distribution =
+  "gaussian", n.trees = 5000, interaction.depth = 4, shrinkage = 0.01)
> booston_boost
> tibble::as_tibble(summary(booston_boost))
> par(mfrow = c(1, 1))
> plot(booston_boost, i = "rm", col = "dodgerblue", lwd = 2)
> plot(booston_boost, i = "lstat", col = "dodgerblue", lwd = 2)
> plot(booston_boost, i = "dis", col = "dodgerblue", lwd = 2)
> boost_tst_pred = predict(booston_boost, newdata = tst,
+  n.trees = 5000)
> (boost_tst_rmse = calc_rmse(boost_tst_pred, tst$medv))
```

```
> plot(boost_tst_pred, tst$medv,
+     xlab = "Predicted", ylab = "Actual",
+     main = "Predicted vs Actual: Boosted Model, Test Data",
+      col = "dodgerblue", pch = 20)
> abline(0, 1, col = "darkorange", lwd = 2)
> rmse = data.frame(Model = c("Bagging","Random Forest", "Boosting")
> TestError = c(bag_tst_rmse, forest_tst_rmse, boost_tst_rmse))
> rmse
```

```
          Model TestError
1       Bagging      3.89
2 Random Forest      3.92
3      Boosting      3.25
```

```
> ### Boosting  gbm
> require(gbm)
> boost.boston = gbm(medv~., data = boston[train,], distribution =
+  "gaussian", n.trees = 10000, shrinkage = 0.01, interaction.depth = 4)
> summary(boost.boston)
> plot(boost.boston,i="lstat")
> plot(boost.boston,i="rm")
> n.trees = seq(from = 100, to = 10000, by = 100)
> predmat = predict(boost.boston, newdata = boston[-train,],
+ n.trees = n.trees)
> dim(predmat)
> boost.err = with(boston[-train,], apply( (predmat - medv)^2, 2, mean))
> plot(n.trees, boost.err, pch = 23, ylab = "Mean Squared Error",
+  xlab = "# Trees", main = "Boosting Test Error")
> abline(h = min(test.err), col = "red")
```

【R例12.10】波士顿房价数据Boston，函数 caret::train

数据框格式data.frame：506 个观察值　14个变量

```
> # R例12.10
> library(tidyverse) ; library(caret) ; library(randomForest)
> data("Boston", package = "MASS") ; set.seed(123)
> tr <- Boston$medv %>% createDataPartition(p = 0.8, list = FALSE)
> train <- Boston[tr, ] ; test <- Boston[-tr, ] ; set.seed(123)
> model <- train(medv ~., data = train, method = "rf",
+ trControl = trainControl("cv", number = 10))
> model$bestTune # 调参 mtry
> pred <- model %>% predict(test) ; head(pred)
> RMSE(pred, test$medv) # 预测误差  RMSE
> library(xgboost) ; set.seed(123)
> model <- train(medv ~., data = train, method = "xgbTree",
```

```
+ trControl = trainControl("cv", number = 10))
> model$bestTune  # 调参
> pred <- model %>% predict(test) ; head(pred)
> RMSE(pred, test$medv) # 预测误差  RMSE
```

12.7.5 汽车座椅数据

【R例12.11】汽车座椅数据Carseats.csv，函数gbm

数据框格式data.frame：400个观察值　11个变量

```
> # R例12.11
> # train gbm
> if(!require(caret)){install.packages("caret")}
> if(!require(ISLR)){install.packages("ISLR")}
> if(!require(rpart)){install.packages("rpart")}
> if(!require(gbm)){install.packages("gbm")}
> if(!require(rpart.plot)){install.packages("rpart.plot")}
> library(caret) ; library(ISLR) ; library(gbm) ; library(rpart)
> library(rpart.plot) ; library(MASS) ; library(randomForest)
> data(Carseats) ; str(Carseats)
> Carseats$Sales = as.factor(ifelse(Carseats$Sales<=8,"Low","High"))
> calc_acc = function(actual, predicted){mean(actual==predicted)}
> set.seed(2) ; seat_idx = sample(1:nrow(Carseats), 200)
> seat_trn = Carseats[seat_idx,] ; seat_tst = Carseats[-seat_idx,]
> seat_tree = rpart(Sales ~ ., data = seat_trn)
> rpart.plot(seat_tree)
> seat_tree_tst_pred = predict(seat_tree, seat_tst, type = "class")
> table(predicted = seat_tree_tst_pred, actual = seat_tst$Sales)
> (tree_tst_acc = calc_acc(predicted = seat_tree_tst_pred, actual =
+  seat_tst$Sales))
> # tune boosting
> cv_5 = trainControl(method = "cv", number = 5)
> gbm_grid = expand.grid(interaction.depth = 1:5, n.trees = (1:6) * 500,
> shrinkage = c(0.001, 0.01, 0.1), n.minobsinnode = 10)
> seat_gbm_tune = train(Sales ~ ., data = seat_trn, method = "gbm",
+  trControl = cv_5, verbose = FALSE, tuneGrid = gbm_grid)
> plot(seat_gbm_tune)
> calc_acc(predict(seat_gbm_tune, seat_tst), seat_tst$Sales)
> seat_gbm_tune$bestTune
```

12.7.6 顾客流失数据

【R例12.12】数据churn.csv，函数chaid{CHAID}、ranger{ranger}、boosting{xgboost}

数据框格式data.frame：7043个观察值 21个变量

```
> # R例12.12
> install.packages("CHAID", repos="http://R-Forge.R-project.org")
> install.packages("partykit") ; install.packages("ranger")
> install.packages("xgboost") ; install.packages("RANN")
> library(partykit) ; library(CHAID) ; library(ranger) ; library(RANN)
> library(dplyr) ; library(tidyr) ; library(ggplot2) ; require(purrr)
> require(caret) ; require(xgboost) ; require(kableExtra)
> theme_set(theme_bw()) ; set.seed(2000)
> # churn <- read.csv("https://community.watsonanalytics.com/wp-
> # content/uploads/2015/03/WA_Fn-UseC_-Telco-Customer-Churn.csv")
> churn <- read.csv("C:/R/churn.csv") ; str(churn)
> churn$SeniorCitizen <- recode_factor( churn$SeniorCitizen,
+  `0` = "No", `1` = "Yes", .default = "Should not happen" )
> summary(churn$SeniorCitizen)
> churn %>% select_if(is.numeric) %>%  gather(metric, value) %>%
+   ggplot(aes(value, fill = metric)) + geom_density(show.legend = FALSE)
+   facet_wrap( ~ metric, scales = "free")
> churn %>%  select_if(anyNA) %>% summary
> xxx <- churn %>%  filter_all(any_vars(is.na(.))) %>% select(customerID)
> xxx <- as.vector(xxx$customerID)
> churn %>% filter(customerID %in% xxx)
> churn %>% filter(customerID %in% xxx) %>%
+   summarise(median(MonthlyCharges))
> median(churn$MonthlyCharges, na.rm = TRUE)
> churn %>% filter(customerID %in% xxx) %>% summarise(median(tenure))
> median(churn$tenure, na.rm = TRUE)
> pp_knn <- preProcess(churn, method = c("knnImpute", "YeoJohnson",
+  "nzv"))
> pp_knn ; pp_knn$method
> pp_median <- preProcess(churn, method = c("medianImpute",
+ "YeoJohnson", "nzv"))
> pp_median ;  pp_median$method
> nchurn1 <- predict(pp_knn,churn) ; nchurn2 <- predict(pp_median,churn)
> nchurn2 %>% filter(customerID %in% xxx) %>%
+   summarise(median(TotalCharges))
> median(nchurn2$TotalCharges, na.rm = TRUE)
> nchurn1 %>% filter(customerID %in% xxx) %>%
```

```
+   summarise(median(TotalCharges))
> median(nchurn1$TotalCharges, na.rm = TRUE)
> nchurn1 %>% select_if(is.numeric) %>%
+  gather(metric, value) %>% ggplot(aes(value, fill = metric))
+  geom_density(show.legend = FALSE)
+  facet_wrap( ~ metric, scales = "free")
> nchurn2 %>% select_if(is.numeric) %>%
+  gather(metric, value) %>% ggplot(aes(value, fill = metric))
+  geom_density(show.legend = FALSE)
+  facet_wrap( ~ metric, scales = "free")
> churn <- predict(pp_knn,churn) ; churn$customerID <- NULL
> churn <- churn %>% mutate_if(is.numeric,
+  funs(factor = cut_number(., n=5, labels = c("Lowest",
+ "Below Middle", "Middle","Above Middle","Highest"))))
> summary(churn)
> intrain <- createDataPartition(churn$Churn, p=0.7, list=FALSE)
> training <- churn[intrain,] ;testing <- churn[-intrain,]
> training <- training %>% select_if(is.factor)
> testing <- testing %>% select_if(is.factor)
> features <- setdiff(names(training), "Churn")
> x <- training[, features] ; y <- training$Churn
> train_control <- trainControl(method = "cv",number = 5,
+     savePredictions = "final")
> search_grid <- expand.grid( alpha2 = c(.05, .01, .001),
+  alpha4 = c(.05, .01, .001), alpha3 = -1)
> chaid.model <- train( x = x, y = y, method = "chaid",
+  trControl = train_control, tuneGrid = search_grid )
> chaid.model ; confusionMatrix(chaid.model)
> plot(chaid.model) ; varImp(chaid.model)
> chaid.model$times ; chaid.model$finalModel
> plot(chaid.model$finalModel)
> confusionMatrix(predict(chaid.model, newdata = testing), testing$Churn)
> training <- churn[intrain,] ; testing <- churn[-intrain,]
> training <- training %>% select(-ends_with("_factor"))
> features <- setdiff(names(training), "Churn")
> x <- training[, features] ; y <- training$Churn
> rf_grid <- expand.grid(mtry = c(2:4),
+     splitrule = c("gini"), min.node.size = c(3, 5, 7))
> rf_grid
> ranger.tr <- train(x = x, y = y, method = "ranger",
+  trControl = train_control, tuneGrid = rf_grid,
+  importance = "impurity")
```

```
> ranger.tr
> confusionMatrix(ranger.tr) ; plot(ranger.tr)
> varImp(ranger.tr)
> confusionMatrix(predict(ranger.tr, newdata = testing), testing$Churn)
> xgb_grid <- expand.grid(nrounds = c(100, 150, 200), max_depth = 1,
+   min_child_weight = 1, subsample = 1, gamma = 0,
+   colsample_bytree = 0.8,  eta = c(.2, .3, .4))
> xgb_grid
> xgboost.model <- train(Churn ~ ., training , method = "xgbTree",
+   tuneGrid = xgb_grid, trControl = train_control)
> xgboost.model
> confusionMatrix(xgboost.model) ; plot(xgboost.model)
> varImp(xgboost.model)
> confusionMatrix(predict(xgboost.model, newdata = testing),
+  testing$Churn)
```

12.8 本章思维导图

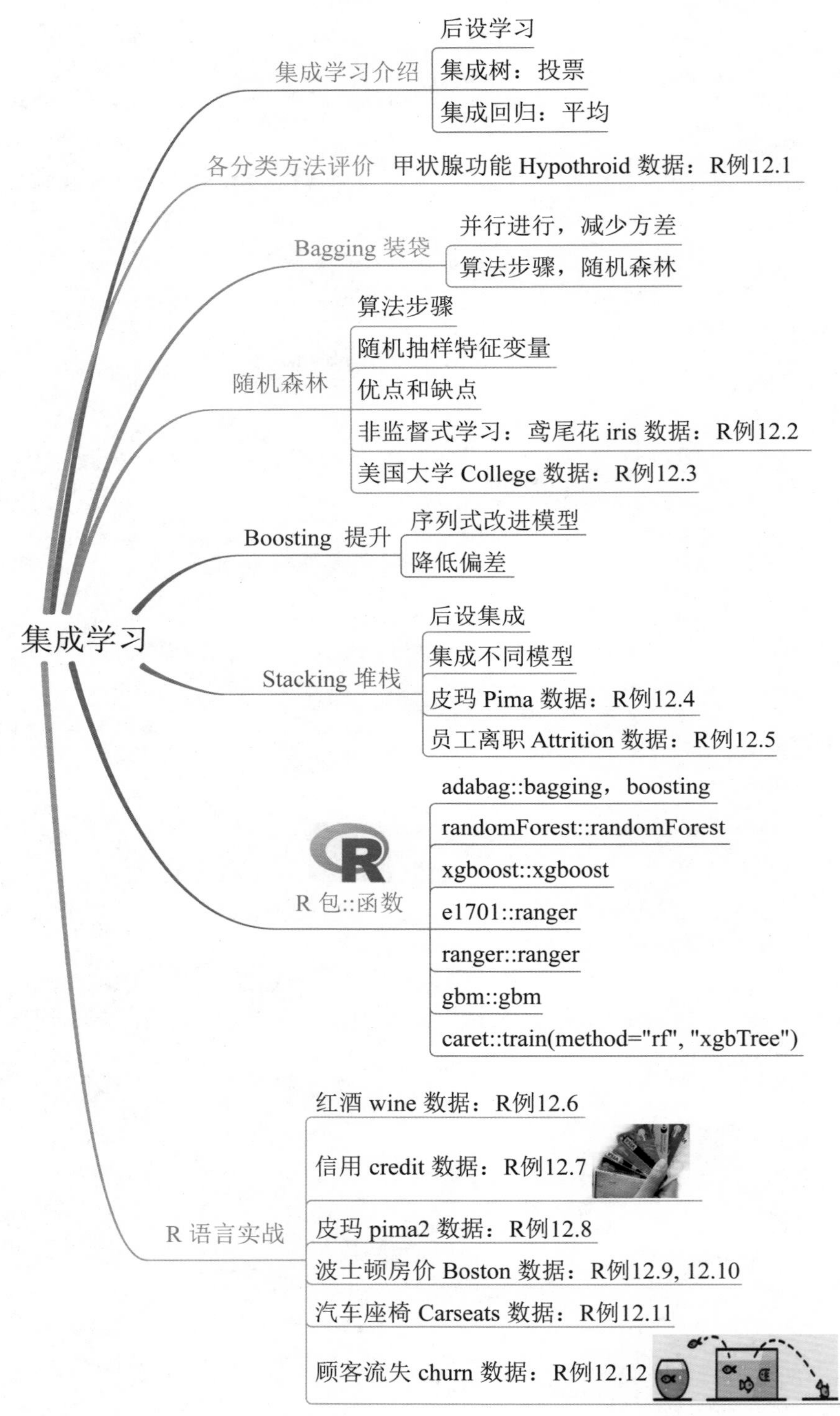
集成学习
集成学习介绍
后设学习
集成树：投票
集成回归：平均
各分类方法评价
甲状腺功能 Hypothroid 数据：R例12.1
Bagging 装袋
并行进行，减少方差
算法步骤，随机森林
随机森林
算法步骤
随机抽样特征变量
优点和缺点
非监督式学习：鸢尾花 iris 数据：R例12.2
美国大学 College 数据：R例12.3
Boosting 提升
序列式改进模型
降低偏差
Stacking 堆栈
后设集成
集成不同模型
皮玛 Pima 数据：R例12.4
员工离职 Attrition 数据：R例12.5
R 包::函数
adabag::bagging，boosting
randomForest::randomForest
xgboost::xgboost
e1701::ranger
ranger::ranger
gbm::gbm
caret::train(method="rf", "xgbTree")
R 语言实战
红酒 wine 数据：R例12.6
信用 credit 数据：R例12.7
皮玛 pima2 数据：R例12.8
波士顿房价 Boston 数据：R例12.9, 12.10
汽车座椅 Carseats 数据：R例12.11
顾客流失 churn 数据：R例12.12

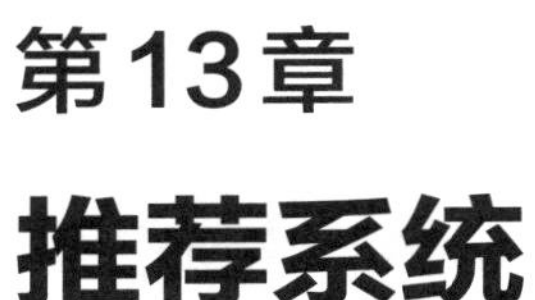

第13章 推荐系统

诸公要人，争欲令出我门下，交口荐誉之。

——韩愈《柳志厚墓志铭》

更相荐誉，欲得大位。

——《汉书·贾捐之传》

13.1 推荐系统概述

推荐系统（Recommendation system）是将产品或服务，推荐给某位顾客。推荐系统用于预测用户对物品或服务的“评分”或“偏好”，“ 猜你喜欢”。推荐的对象包括：电影、音乐、新闻、书籍、笑话、学术论文、搜索查询、分众分类以及其他产品。还有服务业推荐系统：寻找专家或合作者、餐厅美食、金融服务、生命保险、网络交友，以及Twitter页面设计。

如果是大数据婚姻配对，是否可以用推荐系统？如何用推荐系统？

根据分类与因果，先将产品或服务根据属性和需求分类，再说明应该用什么推荐系统。

产品的属性分为定量和定性：定量是可以数量化的，例如笔记本计算机的规格。定性的属性是不同的人有不同的价值偏好和评价，例如电影、音乐、书籍、旅游等。

产品的需求分为一致和差异：一致的需求是没有多少选择，例如加油站的汽油、快餐店的商品。差异的需求是有很多选择，例如书籍、旅游、汽车、化妆品、投资产品、保健商品、顾问服务、计算机系统等。

基于产品的属性和需求，推荐系统的问题，可以分成以下四种方法，如图13-1所示。

产品属性Product Attributes	Uniform一致	Differentiated差异
定性 Qualitative	背书保证 Endorsement 简化选择 Choice simplification 满意的数据库 Satisfaction Database	协同过滤 Collaborative Filtering 推荐方法 Recommendation approach 基于用户协同过滤UBCF 基于项目协同过滤IBCF 基于内容协同过滤CBCF
顾客价值		
定量 Quantitative	基于规则 Rule Based 用户使用模型 User Models 网页个人化 Personalization	辅助说明 Computer-assisted self-explication（CASE） 效用函数 Utility Function 用户合作数据库 User Cooperation Database

顾客需求Customer Needs / 产品空间Product Space

图13-1 推荐系统

（1）基于规则：适用于定量属性一致需求的产品，用一些规则如决策树，来判定消费者会属于哪种产品。

（2）计算机辅助说明：适用于定量属性差异需求的产品，用一个在线系统，询问受访者有关偏好的结构性的问题（例如你喜欢休闲的生活或挑战的工作），然后利用这些信息，产生产品或服务的评价和推荐给消费者或生产商。

（3）背书保证：适用于定性属性一致需求的产品，用简化定性的选择，配合大量的数据库，找到合适的产品，可以用关联规则分析等模型。

（4）协同过滤：适用于定性属性差异需求的产品，本章主要介绍协同过滤。

13.2 过滤推荐

协同过滤（collaborative filtering）的算法，即利用其他顾客对产品的喜好评价，找出和目标客户对产品有相同评价喜好的用户，然后推荐给目标客户。

过滤推荐系统分为基于内容过滤（CBCF）、协同过滤（CF）和混合过滤（CBCF+CF），如图13-2所示。

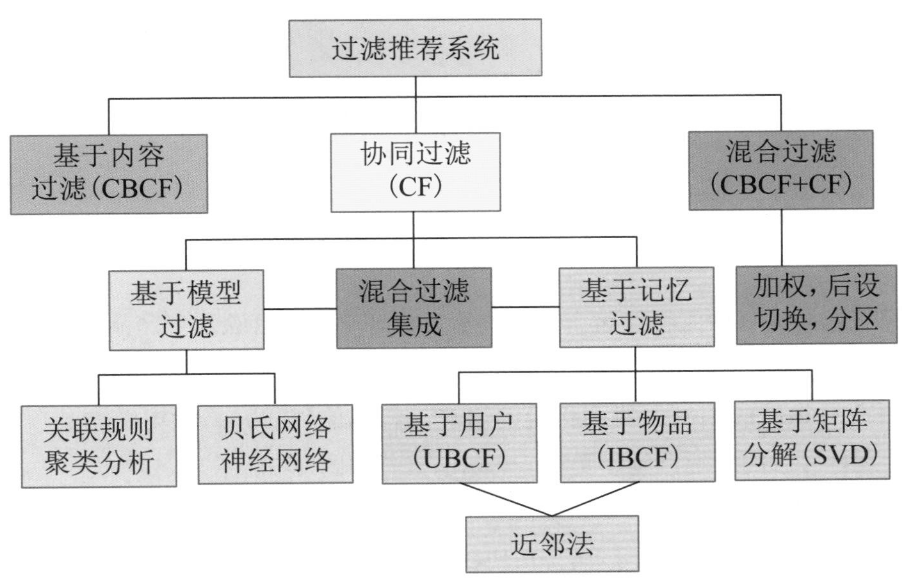

图13-2 过滤过滤推荐系统

基于内容的过滤（content based filtering）是比较产品的属性和用户的轮廓描述，产品属性是用标签或字词描述，有产品叙述文件，用户描述也有相同的字词，分析顾客对产品内容看过或评价。基于内容的过滤会用文本分析或模糊集合理论的方法，给出推荐系统的建议。

混合过滤是将几个过滤方法集成起来。

本章主要介绍协同过滤推荐，大数据婚姻配对，是否可以用协同过滤推荐系统？

协同过滤推荐的数据是一个评分矩阵，行是用户，列是项目或商品。矩阵的评分有两种：一是实数评分，通常是1～5的整数；二是二项评分，通常是 0，1的整数。婚姻配对的对象如果评分很高，而且对象也满意，就不可能再推荐给下一个用户，所以婚姻配对系统应该不适合协同过滤推荐。

13.2.1 相似度

协同过滤首先要定义用户之间的相似度，用Jaccard公式或者余弦相似度计算两个用户之间的相似度。设x，y为两用户对所有物品的评分，或两物品在所有用户的评分，x和y的相似度余弦Cosine：

$$d(x,y)=\frac{x\cdot y}{\|x\|\|y\|}=\frac{\sum_{i=1}^{p}(x_i y_i)^2}{\sqrt{\left(\sum_{i=1}^{p}x_i^2\right)\left(\sum_{i=1}^{p}y_i^2\right)}}$$

夹角余弦是相似度测度，夹角余弦越大，相似度越高。

设$N(u)$为用户u喜欢的物品集合，$N(v)$为用户v喜欢的物品集合，u和v的相似度是Jaccard公式：

$$d(u,v)=\frac{|N(u)\cap N(v)|}{|N(u)\cup N(v)|}$$

13.2.2 基于用户的协同过滤

和用户有相同偏好的人喜欢这个产品，猜目标客户也会喜欢这个产品。这是基于用户协同过滤（User Based Collaborative Filtering，UBCF）。

基于用户对物品的偏好，找到相同的用户（相似的邻居）。适用于物品项目比用户多，个人主观性较强的情况，例如文章、音乐的推荐如图13-3所示。

基于用户协同过滤的步骤。

（1）计算目标用户和其他用户的相似度r_{ai}。

（2）设定近邻的数目$k=3$。

（3）找到目标用户的k个近邻。

（4）找出目标客户没有购买物品在近邻中的评分。

（5）计算这些评分的平均值（表13-1倒数第1行）。

（6）排序目标客户没有购买物品的评分均值。

表13-1　基于用户协同过滤的评分矩阵

	i_1	i_2	i_3	i_4	i_5	i_6	i_7	i_8	u_i	r_{ai}
u_1	?	4	4	2	1	2	?	?	6.403	0.525
u_2	3	?	?	?	5	1	?	?	5.916	0.024
u_3	3	?	?	3	2	2	?	3	5.916	0.615
u_4	4	?	?	2	1	1	2	4	6.481	0.583
u_5	1	1	?	?	?	?	?	1	1.732	0.404
u_6	?	1	?	?	1	1	?	1	2	0.420
u_a	?	?	4	3	?	1	?	5	7.141	
r_a	3.5	4.0			1.3		2.0			

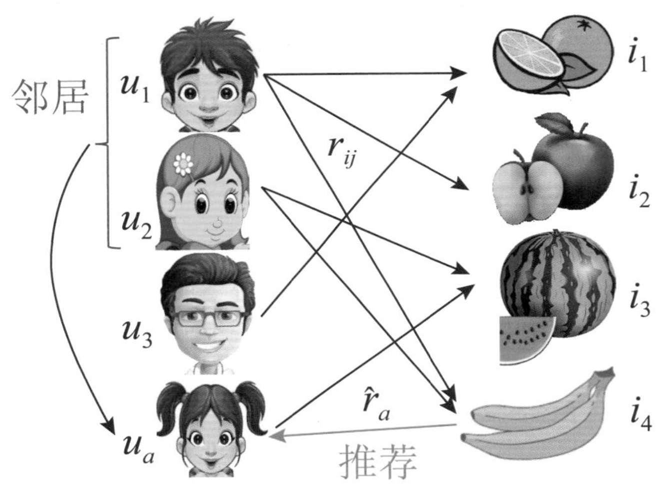

图13-3　基于用户协同过滤

13.2.3　基于项目的协同过滤

购买商品A的还买了商品B；看过商品C的还看了商品D；这就是基于项目（商品）协同过滤（Item Based Collaborative Filtering，IBCF），适用于用户多物品项目少的情况，否则计算慢。数据稀疏时，推荐效果不佳。

如果说基于项目协同过滤是将相关的项目物品聚合在一起，再推荐给没有买的人，那这种算法和模型，和关联分析或聚类分析有何不同？“协同”在哪里？

基于项目协同过滤的步骤。

（1）计算商品项目之间的相似度 S_{ij}。

（2）目标用户购买商品 j 的评分 r_{aj}。

（3）目标客户没有购买物品i 的评分 $\hat{r}_{aj}$ 。

$$\hat{r}_{ai} = \frac{1}{\sum_j S_{ij}} \sum_j S_{ij} r_{aj}$$

基于项目协同过滤及基于项目协同过滤的项目相似度矩阵如图13-4、表13-2所示。

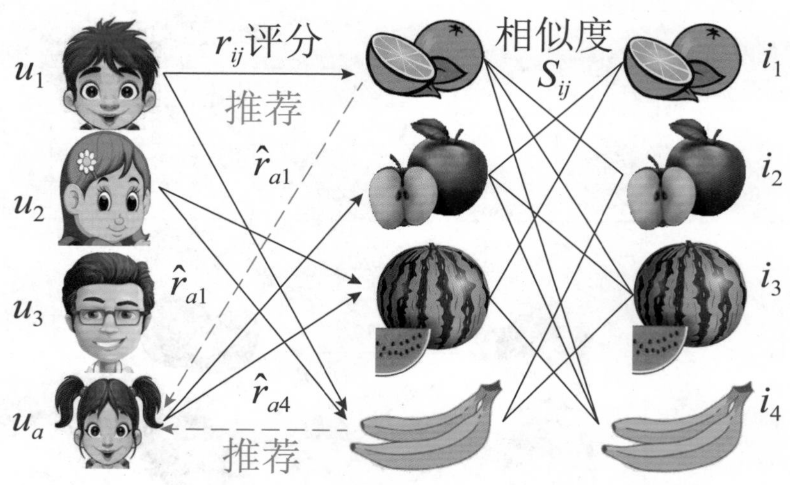

图13-4　基于项目协同过滤

表13-2　基于项目协同过滤的项目相似度矩阵

S_{ij}	i_1	i_2	i_3	i_4	i_5	i_6	i_7	i_8	r_{ai}
i_1	–	0.1	0	0.3	0.2	0.4	0	0.1	–
i_2	0.1	–	0.8	0.9	0	0.2	0.1	0	2.0
i_3	0	0.8	–	0	0.4	0.1	0.3	0.5	4.6
i_4	0.3	0.9	0	–	0	0.1	0	0.2	3.2
i_5	0.2	0	0.4	0	–	0.1	0.2	0.1	–
i_6	0.4	0.2	0.1	0.3	0.1	–	0	0.1	2.8
i_7	0	0.1	0.3	0	0.2	0	–	0	4.0
i_8	0.1	0	0.5	0.2	0.1	0.1	0	–	–
u_a	2	?	?	?	4	?	?	5	

$$\hat{r}_{a3} = (2\times0+4\times0.4+5\times0.5)/(0+0.4+0.5) = 4.6$$

13.2.4　协同过滤的评价

协同过滤推荐系统也可以做采样训练数据、验证数据和测试数据，返回式自助采样，以及k-折交叉验证。

实数评分矩阵的评价：

$$MAE = \frac{1}{|K|} \sum_{(i,j)\in K} |r_{ij} - \hat{r}_{ij}|$$

$$RMSE = \sqrt{\frac{1}{|K|} \sum_{(i,j)\in K} \left(r_{ij} - \hat{r}_{ij}\right)^2}$$

式中：K 是所有（i，j）有预测分数；i 是用户；j 是物品。

二项评分矩阵的评价，请用混淆矩阵。

13.2.5 协同过滤的优点和缺点

① 协同过滤的优点

以用户的角度来推荐的协同过滤系统有下列优点：

（1）能够分析定性的信息，如艺术品、音乐的偏好等。

（2）共享其他人的经验，避免了内容分析的不完全或不精确，并且能够基于一些复杂的，难以表述的概念（如信息质量、个人品味）进行过滤。

（3）有推荐新信息的能力。可以发现内容上完全不相似的信息，用户对推荐信息的内容事先是预料不到的。可以发现使用者潜在的但自己尚未发现的兴趣偏好。

（4）推荐个性化、自动化程度高。能够有效地利用其他相似用户的回馈信息。加快个性化学习的速度。

（5）不依赖物品本身的数据，所以这个方法在不同物品的领域都可以使用，它是领域独立的（domain-independent）。

（6）不需要对物品或者用户进行严格的建模，而且不要求物品的描述是机器可理解的，所以协同过滤也是领域无关的。

（7）协同过滤计算出来的推荐是开放的，可以共享他人的经验，很好地支持用户发现潜在的兴趣偏好。

（8）协同过滤有现成的用户评分数据。可以预先计算距离，在线用户推荐可以快速给出推荐列表热门或物品会有偏态或稀疏的结果。

② 协同过滤的缺点

虽然协同过滤作为一推荐机制有其相当的应用，但协同过滤仍有许多的问题需要解决。最典型的问题有：

（1）新使用者问题：对新用户来讲没有“冷启动”的问题。因为需要基于用户以往的喜好历史做出推荐，所以对于新用户有“冷启动”的问题。系统开始时推荐质量较差。

（2）新项目问题：质量取决于历史数据集。

（3）稀疏性问题（Sparsity）。

（4）系统延伸性问题（Scalability）。

（5）方法的核心是基于历史数据，所以对新物品和新用户都有“冷启动”的问题。

推荐的效果依赖于用户历史偏好数据的多少和准确性。

在大部分的实现中，用户历史偏好是用稀疏矩阵进行存储的，而稀疏矩阵上的计算有些明显的问题，包括可能少部分人的错误偏好会对推荐的准确度有很大的影响，等等。对于一些特殊品味的用户不能给予很好的推荐。由于以历史数据为基础，抓取和建模用户的偏好后，很难修改或者根据用户的使用演变，从而导致这个方法不够灵活。

最近邻居算法存在两个重大问题：

（1）数据稀疏性。一个大型的电子商务推荐系统一般有非常多的物品，用户可能买的其中不到1%的物品，不同用户之间买的物品重叠性较低，导致算法无法找到一个用户的邻居，即偏好相似的用户。

（2）算法扩展性。最近邻居算法的计算量随着用户和物品数量的增加而增加，不适合数据量大的情况使用。

13.2.6 混合的推荐机制

网站上的推荐，都不会单纯只采用一种推荐的机制和策略，通常是将多个方法混合在一起，希望有更好的推荐效果。就好像集成学习，可以组合各种推荐机制，以下是几种组合方法。

（1）加权的混合（Weighted Hybridization）：用线性公式（linear formula）将几种不同的推荐按照一定权重组合起来，具体权重的值需要在测试数据集上反复实验，从而达到最好的推荐效果。这是类似集成学习的并行式方法 。

（2）后设的混合（Meta-Level Hybridization）：采用多种推荐机制，并将一个推荐机制的结果作为另一个的输入，从而综合各个推荐机制的优缺点，得到更加准确的推荐。这是类似集成学习的序列式方法Boosting或分层方法Stacking，要注意接口。

（3）切换的混合（Switching Hybridization）：对于不同的情况（数据量、系统运行状况、用户和物品的数目等），推荐策略可能有很大的不同，那么切换的混合方式，就是允许在不同的情况下，选择最为合适的推荐机制计算推荐。

（4）分区的混合（Mixed Hybridization）：采用多种推荐机制，并将不同的推荐结果分不同的区显示给用户。亚马逊等电子商务网站都是采用这样的方式，用户可以得到较好的推荐。

13.3 R语言应用

13.3.1 推荐系统R语言包

推荐系统的评分数据是矩阵的格式，行是用户user，列是用品item。

R 语言包recommenderlab（图13-5）的raringMatrix为评分数据接口，raringMatrix提供两种框架realRatingMatrix和binaryRatingMatrix。其中realRatingMatrix使用的是真实值（通常是 1～5 分）的评分矩阵，存储在由Matrix包定义的稀疏矩阵（spare matrix）格式中；binaryRatingMatrix使用的是0-1评分矩阵，存储在由arule包定义的itemMatrix中，如第3章图3-1的二元关联矩阵。推荐输出结果有预测评分predict和最高N列表topNList。

R 语言包recommenderlab提供下列算法：

- 基于用户协同过滤（User-based collborative filtering，UBCF）
- 基于项目协同过滤（Item-based collborative filtering，IBCF）
- 奇异值分解（SVD with column-mean imputation，SVD）
- Funk奇异值分解（Funk SVD，SVDF）
- 基于关联规则的推荐（Association rule-based recommender，AR）
- 流行的项目（Popular items，POPULAR）
- 随机选择（Randomly chosen items for comparison，RANDOM）
- 重推荐喜爱项目（Re-recommend liked items，RERECOMMEND）
- 混合推荐（Hybrid recommendations，HybridRecommender）

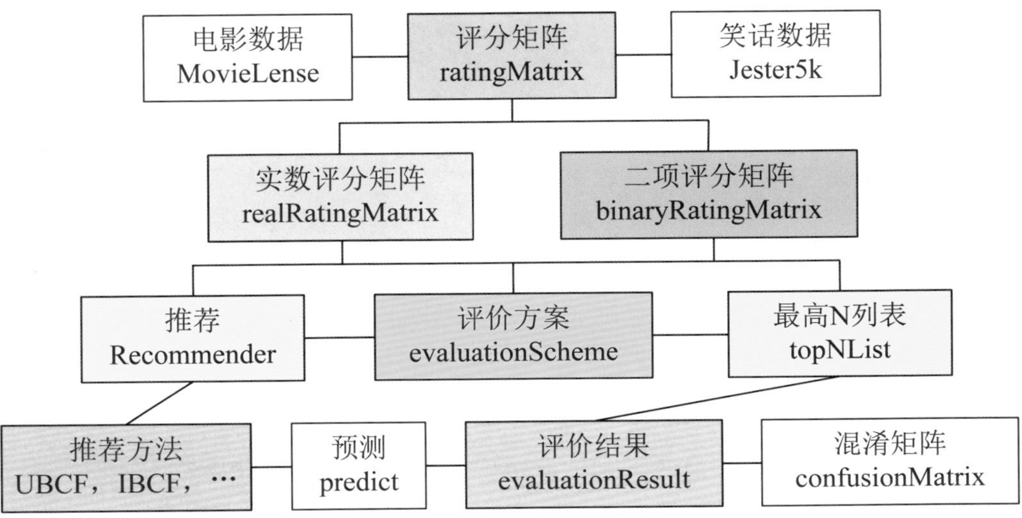

图13-5 R语言包recommenderlab

13.3.2 recommenderlab 函数程序

❶ data 数据

```
> Data <- data(Jester5k)  # Data <- data(MovieLense)
> Data_bin <- binarize(Data, minRating=1) # 1 分以上为 TRUE
> # Data 是 realRatingMatrix 真实值评分矩阵
> # Data_bin 是 binaryRatingMatrix  0-1评分矩阵(TRUE, FALSE)
```

❷ evaluationScheme 评价方案

（1）保留方法抽样：

```
> eS <- evaluationScheme(Data, method = "split", train = 0.8, given=15,
+ goodRating = 5)
```

（2）*k*-折交叉验证：

```
> n_fold <- 4 ; items_keep <- 15 ; rating_threshold <- 3
> Es <- evaluationScheme(Data, method = "cross-validation",k = n_fold,
+ given = items_keep, goodRating = rating_threshold)
```

（3）自助法抽样：

```
> es <- evaluationScheme(Data, method = "bootstrap")
```

❸ getData 取得数据

```
> gD = getData(Es, "train")   # split 方案的训练数据
> gD = getData(eS, "known")   # split 方案的训练数据
> gD = getData(es, "unknown") # split 方案的测试数据
```

❹ Recommender 推荐

```
> r_ubcf <- Recommender(gD, "UBCF")
> r <- Recommender(gD, type, param=list(normalize = "center",
+ method="Cosine"))
> # type = "UBCF", "IBCF", "SVD", "POPULAR", "RANDOM"
> # normalize = "NULL", "center", "z-score"
> # method = "Cosine", "Euclidean", "pearson",
```

❺ predict 预测

```
> pr <- predict(r, gD, type = "ratings")
> pr <- predict(r, gD, n = 5, type = "topNList")
```

⑥ calcPredictionAccuracy 评价正确性

```
> cp <- calcPredictionAccuracy(pr, gD)
```

⑦ evaluate 评价

```
> ev <- evaluate(eS, method = type, n = c(5, 10, 15))
> ev <- evaluate(eS, method = "UBCF", type = "topNList", n = c(5,10,15) )
```

⑧ ConfusionMatrix 混淆矩阵

```
> getConfusionMatrix(results)
```

⑨ plot 绘图

```
> plot(pv, legend="topleft", annotatr=TRUE) # ROC
> plot(pv, "prec", legend="bottomright", annotatr=TRUE)
```

13.3.3 模拟数据

【R例13.1】模拟评分数据，函数{包} getRatingMatrix、image{recommenderlab}

```
> # R例13.1
> if(!require(recommenderlab)){install.packages("recommenderlab")}
> library(recommenderlab) ; set.seed(100) ; options(digits=3)
> m <- matrix(sample(c(as.numeric(0:5), NA), 50, replace=TRUE,
+ prob=c(rep(.4/6,6),.6)), ncol=10, dimnames=list(user=paste
+ ("u", 1:5, sep=''), item=paste("i", 1:10, sep='')))
> m ; r <- as(m, "realRatingMatrix")
> str(r) ; getRatingMatrix(r) ; identical(as(r, "matrix"),m)
> as(r, "list") ; head(as(r, "data.frame"))
> r_m <- normalize(r) ; r_m
> getRatingMatrix(r_m) ; getRatingMatrix(r)
> denormalize(r_m) ; r_d <- denormalize(r_m)
> getRatingMatrix(r_d)
> image(r, main = "Raw Ratings")
> image(r_m, main = "Normalized Ratings")
> # 将 r 转换为 0-1 TRUE FALSE 矩阵, 3 分(含)以上为 TRUE
> r_b <- binarize(r, minRating=3) ; r_b
> as(r_b, "matrix")
> # 图13-6
```

```
u1 . . 2 3 . . . 1 . .
u2 . 5 1 . 3 4 1 . 5 4
u3 . . . . . . 1 . 2 4 1
u4 . . . . 4 . 0 0 5 .
u5 . . 4 3 . . 3 . 2 .
```

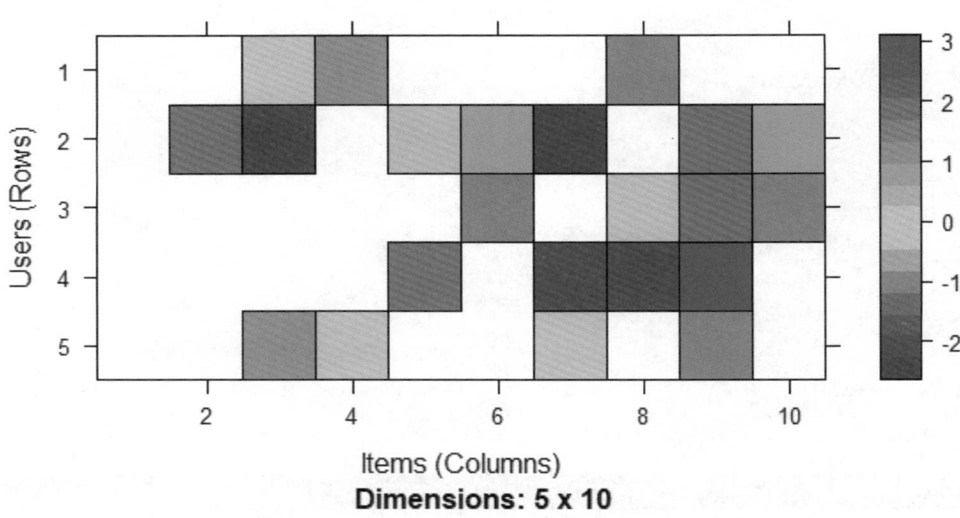

图13-6　正规化评分图

【R例13.2】模拟数据，函数{包} Recommender {recommenderlab}

```
> # R例13.2
> if(!require(recommenderlab)){install.packages("recommenderlab")}
> library(recommenderlab) ; set.seed(123) ; options(digits=3)
> f <- matrix(nrow=10, ncol =10)
> f[sample.int(10*10, 30)] <- ceiling(runif(10,0,5))
> f
      [,1] [,2] [,3] [,4] [,5] [,6] [,7] [,8] [,9] [,10]
 [1,]   NA   NA   NA    3   NA   NA    1   NA    2     5
 [2,]    5    3   NA   NA   NA   NA    4    4   NA    NA
 [3,]   NA   NA    3   NA   NA   NA   NA   NA   NA    NA
 [4,]    5   NA    3   NA   NA    3   NA   NA   NA     3
 [5,]   NA   NA   NA   NA    4   NA   NA   NA   NA     3
 [6,]   NA    5   NA    1    3    5   NA   NA    1     2
 [7,]   NA    3   NA   NA   NA    3    3   NA    3    NA
 [8,]   NA   NA   NA   NA   NA   NA   NA    2    5    NA
 [9,]   NA   NA   NA   NA   NA   NA   NA   NA    5    NA
[10,]    5   NA   NA   NA    5   NA   NA   NA   NA    NA
> r <- as(f, "realRatingMatrix")
> UB.cf <- Recommender(r, "UBCF")
> predUB <- predict(UB.cf, r, type="ratings")
```

```
> as(predUB, "matrix")
      [,1] [,2] [,3] [,4] [,5] [,6] [,7] [,8] [,9] [,10]
 [1,]   NA 2.83   NA   NA   NA 2.71   NA 2.39   NA    NA
 [2,]   NA   NA   NA 3.39   NA 4.56   NA   NA   NA    NA
 [3,]   NA   NA   NA   NA   NA   NA   NA   NA   NA    NA
 [4,]   NA 3.47   NA 3.39 3.63   NA 3.10   NA   NA    NA
 [5,]   NA   NA   NA 3.17   NA   NA   NA   NA   NA    NA
 [6,]  3.2   NA   NA   NA   NA   NA 2.77 2.49   NA    NA
 [7,]   NA   NA   NA 3.00   NA   NA   NA 3.00   NA    NA
 [8,]   NA 4.22   NA 2.97   NA   NA 2.92   NA   NA    NA
 [9,]   NA   NA   NA 5.00   NA   NA   NA   NA   NA    NA
[10,]   NA   NA   NA   NA   NA   NA   NA   NA   NA    NA
> IB.cf <- Recommender(r, "IBCF")
> predIB <- predict(IB.cf, r, type="ratings")
> as(predIB, "matrix")
         1    2   3    4    5    6    7   8    9 10
 [1,] 5.00 3.33 5.0   NA 3.19 2.58   NA 1.5   NA NA
 [2,]   NA   NA 5.0 3.00 4.00 4.00   NA  NA 3.00  4
 [3,]   NA   NA  NA   NA   NA   NA   NA  NA   NA NA
 [4,]   NA 3.67  NA 3.00 3.72   NA 3.00  NA 3.00 NA
 [5,] 3.50 3.50 3.0 3.68   NA 3.58 3.00  NA 3.97 NA
 [6,] 3.75   NA 3.5   NA   NA   NA 2.25 1.0   NA NA
 [7,]   NA   NA  NA   NA   NA   NA   NA  NA   NA NA
 [8,]   NA 5.00  NA 5.00 5.00 5.00 3.50  NA   NA  5
 [9,]   NA   NA  NA   NA   NA   NA   NA  NA   NA NA
[10,]   NA   NA  NA   NA   NA   NA   NA  NA   NA NA
```

13.4 R语言实战

13.4.1 电影数据

【R例13.3】电影评分数据：MovieLense.csv，函数{包} Recommender {recommenderlab}

1997.9到1998.4根据943个用户针对1664部电影，大约有100000个评分数据

```
> # R例13.3
> if(!require(recommenderlab)){install.packages("recommenderlab")}
> library(recommenderlab) ; library(ggplot2) ; library(profvis)
> data(MovieLense) ; str(MovieLense)
> MovieLense100 <- MovieLense[rowCounts(MovieLense) >100,]
> train <- MovieLense100[1:50]
> (r_POPU <- Recommender(train, method = "POPULAR"))
> (pre <- predict(r_POPU, MovieLense100[101:102], n = 10,
```

```
+   type="topNList"))
> as(pre, "list")
> (pre <- predict(r_POPU, MovieLense100[101:102], type="ratings"))
> as(pre, "matrix")[,1:10]
> (pre <- predict(r_POPU, 1:10 , data = train, n = 10, type="topNList"))
> as(pre, "list")
> (r_UBCF <- Recommender(train, method = «UBCF»))
> (pre <- predict(r_UBCF, MovieLense100[101:102], n = 10))
> as(pre, "list")
> (pre <- predict(r_UBCF, MovieLense100[101:102], type="ratings"))
> as(pre, "matrix")[,1:10]
> (pre <- predict(r_UBCF, 1:10 , data = train, n = 10))
> as(pre, "list")
> data(MovieLense) ; MovieLense
> head(as(MovieLense[1,], "list")[[1]])
> image(MovieLense[1:10,1:10]) ; pause(10)
> hist(rowCounts(MovieLense)) ; pause(10)
> hist(colCounts(MovieLense)) ; pause(10)
> mean(rowMeans(MovieLense)) ; head(MovieLenseMeta)
> Data <- MovieLense[rowCounts(MovieLense) > 50,
+     colCounts(MovieLense) > 100]
> Data ; n_fold <- 4 ; items_keep <- 15 ; rating_threshold <- 3
> eS <- evaluationScheme(data = Data, method = "cross-validation",
+  k = n_fold, given = items_keep, goodRating = rating_threshold)
> model_evaluate <- "IBCF"
> model_parameters <- NULL
> gD = getData(eS, "train")
> r <- Recommender(data = gD,
+   method = "IBCF", parameter = model_parameters)
> pr <- predict(r, gD, n = 10, type = "ratings")
> qplot(rowCounts(pr)) + geom_histogram(binwidth = 20)
> ggtitle("Distribution of movies per user")
> ev <- evaluate(eS, method = "IBCF", n = seq(10, 100, 10))
> class(ev) ; head(getConfusionMatrix(ev)[[1]])
> plot(ev, "prec/rec", annotate = TRUE, main = "Precision-recall")
> pause(10)
> models_evaluate <- list(
+  IBCF_cos = list(name= "IBCF", param = list(method = "cosine")),
+  IBCF_cor = list(name = "IBCF", param = list(method = "pearson")),
+  UBCF_cos = list(name = "UBCF", param = list(method = "cosine")),
+  UBCF_cor = list(name = "UBCF", param = list(method = "pearson")),
+  random = list(name = "RANDOM", param=NULL) )
```

```
> n_recommendations <- c(1, 5, seq(10, 100, 10))
> list_results <- evaluate(x = eval_sets, method = models_evaluate,
+   n = n_recommendations)
> #图13-7
```

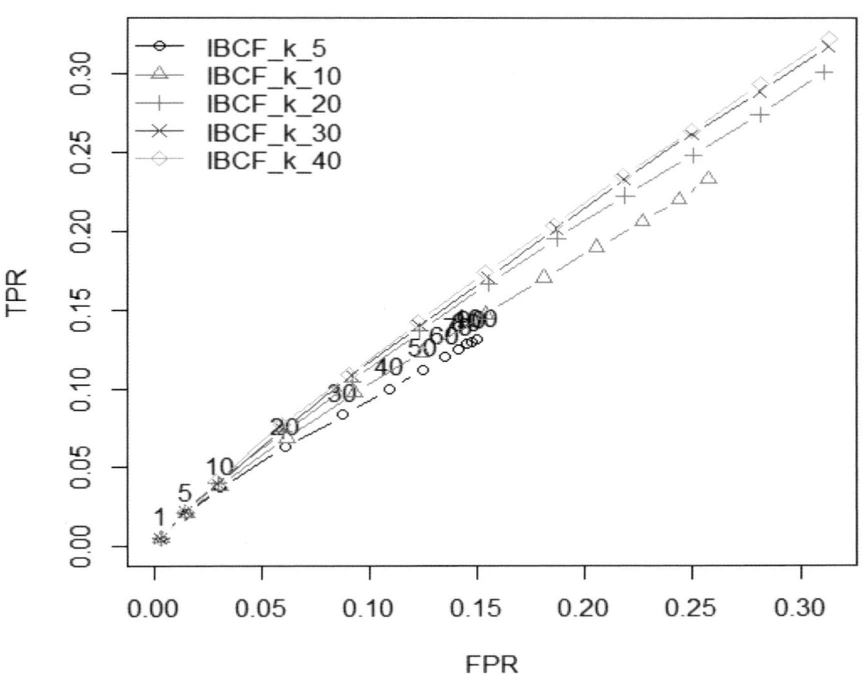

图13-7 协同过滤ROC曲线

```
> plot(list_results, annotate=1, legend="topleft") + title("ROC curve")
> plot(list_results, "prec/rec", annotate = 1, legend = "bottomright")+
> title("Precision-recall") ; pause(10)
> vector_k <- c(5, 10, 20, 30, 40)
> models_evaluate <- lapply(vector_k, function(k){
+  list(name = "IBCF", param = list(method = "cosine", k = k))})
> names(models_evaluate) <- paste0("IBCF_k_", vector_k)
> n_recommendations <- c(1, 5, seq(10, 100, 10))
> list_results <- evaluate(x = eval_sets, method = models_evaluate,
+ n = n_recommendations)
> plot(list_results, annotate = 1, legend = "topleft")+ title("ROC curve")
>  plot(list_results, "prec/rec", annotate = 1, legend = "bottomright")
+ title("Precision-recall")
> # 混合推荐 Hybrid Recommender
> MovieLense50 <- MovieLense[rowCounts(MovieLense) >50,]
> train <- MovieLense50[1:100] ; test <- MovieLense50[101:105]
```

```
> hybrid_recom <- HybridRecommender( Recommender(train, method = "UBCF"),
+ Recommender(train, method = "RANDOM"), weights = c(.7,.3) )
> hybrid_recom
> getModel(hybrid_recom) ; as(predict(hybrid_recom, test, n=5), "list")
> ##### 基于内容过滤
> mov_URL<-"http://files.grouplens.org/datasets/movielens/ml-100k/u.item"
> movieTitleDF <- read.table(mov_URL, header = F, sep = "|", quote = "\"")
> names(movieTitleDF) <- c("MovieID", "Title", "ReleaseDate",
+  "VideoReleaseDate", "IMDB", "Unknown", "Action", "Adventure",
+ "Animation", "Childrens", "Comedy", "Crime", "Documentary", "Drama",
+  "Fantasy", "FilmNoir", "Horror", "Musical", "Mystery", "Romance",
+  "SciFi", "Thriller", "War", "Western")
> movieTitleDF$ReleaseDate<-NULL ; movieTitleDF$VideoReleaseDate<-NULL
> movieTitleDF$IMDB <- NULL ; movieTitleDF <- unique(movieTitleDF)
> str(movieTitleDF)
> URL <- "http://files.grouplens.org/datasets/movielens/ml-100k/u.data"
> userDF <- read.table(URL, header = F, sep = "\t", quote = "\"")
> names(userDF) <- c("UserID", "ItemID", "Rating")
> userDF <- userDF[,1:3] ; str(userDF)
> clusterMovies<-function(movieTitleDF){set.seed(123)
+ movieTitleDF<-movieTitleDF[,c(-1,-2)]
+ movieCluster <- kmeans(movieTitleDF, 10, nstart = 20)
+ return(movieCluster)}
> getUserInfo<-function(dat,id){
+  a <-subset(dat, UserID==id,select=c(ItemID, Rating))
+  cluster <- 0
+  activeUser <- data.frame( a[order(a$ItemID),] ,cluster)
+  return(activeUser)}
> setUserMovieCluster<-function(movieCluster, activeUser){
+  df1<- data.frame(cbind(movieTitleDF$MovieID, clusterNum =
+  movieCluster$cluster))
+  names(df1)<-c("movie_id", "cluster")
+  activeUser$cluster<-df1[match(activeUser$ItemID, df1$movie_id),2]
+  return(activeUser) }
> getAverageClusterRating<-function(movieCluster, activeUser){
+  like<-aggregate(activeUser$Rating,
+  by=list(cluster=activeUser$cluster), mean)
+  if(max(like$x)<3){ like<-as.vector(0) } else{
+  like<-as.vector(t(max(subset(like, x>=3, select=cluster)))) }
+  return(like) }
> getGoodMovies<-function(like, movieCluster, movieTitleDF){
+  df1<- data.frame(cbind(movieTitleDF$MovieID, clusterNum =
```

```
+  movieCluster$cluster))
+  names(df1)<-c("movie_id", "cluster")
+  if(like==0) {recommend<-movieTitleDF[sample.int(n=dim(titleFilmDF)[1],
+  size = 100), 1] }
+  else{recommend<-as.vector(t(subset(df1, cluster == like,
+  select=movie_id))) } + return(recommend) }
> getRecommendedMovies<-function(movieTitleDF, userDF, userid){
+ movieCluster<-clusterMovies(movieTitleDF)
+ activeUser<-getUserInfo(userDF, userid)
+ activeUser<-setUserMovieCluster(movieCluster, activeUser)
+ like<-getAverageClusterRating(movieCluster, activeUser)
+ recommend<-getGoodMovies(like, movieCluster, movieTitleDF)
+ recommend<-recommend[-activeUser$ItemID]
+ mov_title<-movieTitleDF[match(recommend,movieTitleDF$MovieID),2]
+ recommend<-data.frame(recommend,mov_title)
+ return(recommend) }
> suggestMovies<-function(movieTitleDF, userDF, userid, num_movies){
+ suggestions = getRecommendedMovies(movieTitleDF, userDF, userid)
+ suggestions = suggestions[1:num_movies,]
+ writeLines("You may also like these movies:")
+ write.table(suggestions[2], row.names = FALSE, col.names = FALSE) }
> suggestMovies(movieTitleDF, userDF, 196, 5)
```

13.4.2 笑话数据

【R例13.4】笑话评分数据：Jester5k.csv，函数{包} Recommender{recommenderlab}

5000×100评分矩阵rating matrix（5000用户100笑话）评分（-10～+10 ）。所有选出用户至少评分36个以上笑话

```
> # R例13.4
> if(!require(recommenderlab)){install.packages("recommenderlab")}
> library(recommenderlab)
> data(Jester5k) ; str(Jester5k) ; Jester5k ; nratings(Jester5k)
> summary(rowCounts(Jester5k))
> hist(getRatings(Jester5k), main="Distribution of ratings")
> best <- which.max(colMeans(Jester5k))
> cat(JesterJokes[best]) ; as(Jester5k[10, ], "list")
> rowMeans(Jester5k[10, ]) ; colMeans(Jester5k[, 1])
> hist(getRatings(Jester5k), breaks = 100)
> hist(getRatings(normalize(Jester5k)), breaks = 100)
> hist(rowCounts(Jester5k), breaks = 50) ; set.seed(123)
```

```
> eS <- evaluationScheme(Jester5k, method = "split", train = 0.8,
+  given=15,goodRating = 5)
> gD <- getData(eS, "train")
> r_ubcf <- Recommender(gD, "UBCF")
> r_ibcf <- Recommender(gD, "IBCF")
> r_svd <- Recommender(gD, "SVD")
> r_popular <- Recommender(gD, "POPULAR")
> r_random <- Recommender(gD, "RANDOM")
> pr_ubcf <- predict(r_ubcf, gD, type = "ratings")
> pr_ibcf <- predict(r_ibcf, gD, type = "ratings")
> pr_svd <- predict(r_svd, gD, type = "ratings")
> pr_pop <- predict(r_popular, gD, type = "ratings")
> pr_ran <- predict(r_random, gD, type = "ratings")
> gDu = getData(eS, "unknown")
> (P1 <- calcPredictionAccuracy(pr_ubcf, gDu))
> (P2 <- calcPredictionAccuracy(pr_ibcf, gDu))
> (P3 <- calcPredictionAccuracy(pr_svd, gDu))
> (P4 <- calcPredictionAccuracy(pr_pop, gDu))
> (P5 <- calcPredictionAccuracy(pr_ran, gDu))
> error <- rbind(P1, P2, P3, P4, P5)
> rownames(error) <- c("UBCF", "IBCF", "SVD", "Popular", "Random")
> error
> CF <- list(POPULAR = list(name = "POPULAR"),
+ UBCF = list(name = "UBCF"), IBCF = list(name = "IBCF"))
> CF
> evlist <- evaluate(eS, CF, n = c(5, 10, 15))
> options(digits = 3) ; set.seed(1)
> avg(evlist)
> plot(evlist, legend = "topleft", annotate = TRUE) ; pause(5)
> plot(evlist, "prec", legend = "bottomright", annotate = TRUE)
> pause(5)
> (R1 <- Recommender(Jester5k, method = "POPULAR"))
> pr <- predict(R1, Jester5k[1:2], n = 5) ; as(pr, "list")
>  (pra <- predict(R1, Jester5k[300:309], type = "ratings"))
>  as(pra, "matrix")[, 71:73]
>  Jester.bin <- binarize(Jester5k, minRating = 5)
>  Jester.bin <- Jester.bin[rowCounts(Jester.bin) > 10] ; Jester.bin
>  set.seed(123)
>  eS.bin <- evaluationScheme(Jester.bin,
+    method = "cross-validation", k = 5, given = 10)
>  CF.bin <- list("random" = list(name="RANDOM", param=NULL),
+                "popular" = list(name = "POPULAR", param = NULL),
```

```
+                    "UBCF" = list(name="UBCF"))
>  eV.bin <- evaluate(eS.bin, CF.bin, n = c(5, 10, 15))
>  plot(eV.bin, legend  ="topleft")
>  plot(eV.bin, "prec", legend = "bottomright")
> #### 混合过滤
> eS <- evaluationScheme(Jester5k, method="split", train=0.8, given=20,
+ goodRating=0)
> gD = getData(eS, "train")
> r_hybrid <- HybridRecommender(Recommender(gD, method = "POPULAR"),
+  Recommender(gD, method="IBCF",
+      param=list(normalize = NULL, method="Cosine")),
+  Recommender(gD, method="UBCF",
+      param=list(normalize = "Z-score",method="Euclidean")),
+  Recommender(gD, method = "RANDOM"),
+  weights = c(.2, .3, .3,.2) )
> getModel(r_hybrid)
> pred <- predict(r_hybrid, gD, type="ratings")
> #### 0-1评分矩阵(TRUE, FALSE)
> Jester5k_bin <- binarize(Jester5k, minRating=1)
> class(Jester5k_bin) ; head(Jester5k_bin)
> Jester5k_bin_mat <- as(Jester5k_bin,"matrix")
> colnames(Jester5k_bin_mat_num)[colSums(is.na(Jester5k_bin_mat_num)) > 0]
> rules <- apriori(data = Jester5k_bin_mat_num, parameter =
+  list(supp = 0.5, conf = 0.8))
> inspect(rules) ; rulesdf <- as(rules, "data.frame")
> rulesdf[order(-rulesdf$lift, -rulesdf$confidence), ]
> data(Jester5k) ; str(ster5k) ; head(Jester5k@data[1:5,1:5])
> Jester5k@data[1,] ; Jester5k@data[100,]
> zero.ratings <- rowSums(Jester5k@data == 0)
> zero.ratings.df <- data.frame("user" = names(zero.ratings), "count" =
+ zero.ratings)
> head(zero.ratings.df)
> head(zero.ratings.df[order(-zero.ratings.df$count),], 10)
> hist(zero.ratings.df$count, main ="Distribution of zero rated jokes")
> zero.density <- density(zero.ratings.df$count)
> plot(zero.density)
> model <- kmeans(zero.ratings.df$count,3 )
> model$centers ; model$size
> model.df <- data.frame(centers = model$centers, size = model$size,
+ perc = (model$size / 5000) * 100)
> head(model.df) ; Jester5k@data[,1] ; par(mfrow=c(2,2))
> joke.density <- density(Jester5k@data[,1])
```

```
> plot(joke.density) ; joke.density <- density(Jester5k@data[,25])
> plot(joke.density) ; joke.density <- density(Jester5k@data[,70])
> plot(joke.density) ; joke.density <- density(Jester5k@data[,100])
> plot(joke.density) ; par(mfrow=c(1,1)) ; nratings(Jester5k)
> hist(getRatings(Jester5k), main="Distribution of ratings")
> ratings.binary <- binarize(Jester5k, minRating =0)
> ratings.binary
> ratings.sum <- colSums(ratings.binary)
> ratings.sum.df <- data.frame(joke = names(ratings.sum), pratings =
+  ratings.sum)
> head( ratings.sum.df[order(-ratings.sum.df$pratings), ],10)
> tail( ratings.sum.df[order(-ratings.sum.df$pratings), ],10)
> data <- sample(Jester5k, 1500)
> hist(getRatings(data), main="Distribution of ratings for 1500 users")
> data <- sample(Jester5k, 1500)
> ratings.mat <- getRatingMatrix(data)
> str(ratings.mat) ; str(data@data)
> data.norm  <- normalize(data, method = "center")
> data.norm.z <- normalize(data, method = "Z-score") ; par(mfrow=c(3,1))
> plot(density(getRatings(data)), main = "Raw")
> plot(density(getRatings(data.norm)), main = "Normalized")
> plot(density(getRatings(data.norm.z)), main = "Z-score normalized")
> par(mfrow=c(1,1))
> sample <- evaluationScheme(data, method="split", train=0.9, given = 10,
+ goodRating=5)
> (train <- getData(sample, "train"))
> (test <- getData(sample, "unknown"))
> test.known <- getData(sample, "known")
> test.known ; dim(train@data) ; dim(test@data)
> # RANDOM
> random.model <- Recommender(train, "RANDOM") ; random.model
> getModel(random.model)
> random.predict <- predict(random.model, test.known, n = 5,
+ type = "topNList")
> random.predict@items[1] ; random.predict@ratings[1]
> test@data[1,]
> # POPULAR
> popular.model <- Recommender(train, "POPULAR") ; popular.model
> popular.predict <- predict(popular.model, test.known, n = 5,
+ type = "topNList")
> popular.predict@items[1] ; popular.predict@ratings[1]
> test@data[1,c(50,32,36,27,53)]
```

```
> results <- evaluate(sample, method = "POPULAR", type = "topNList",
+  n = 5 )
> getConfusionMatrix(results)
> sample <- evaluationScheme(data, method="cross", train=0.9,
+ given = 10, goodRating=5)
> results <- evaluate(sample, method = "POPULAR", type = "topNList",
+  n = c(5,10,15) )
> avg(results)
> # UBCF
> sample <- evaluationScheme(data, method="cross", train=0.9,
+ given = 10, goodRating=5)
> results <- evaluate(sample, method = "UBCF", type = "topNList",
+  n = c(5,10,15) )
> avg(results)
> # IBCF
> sample <- evaluationScheme(data, method="cross", train=0.9,
+  given = 10, goodRating=5)
> results <- evaluate(sample, method = "IBCF", type = "topNList",
+ n = c(5,10,15) )
> avg(results)
> # SVDF
> sample <- evaluationScheme(data, method="cross", train=0.9,
+  given = 10, goodRating=5)
> results <- evaluate(sample, method = "SVDF", type = "topNList",
+  n = c(5,10,15) )
> avg(results)
```

13.5 本章思维导图

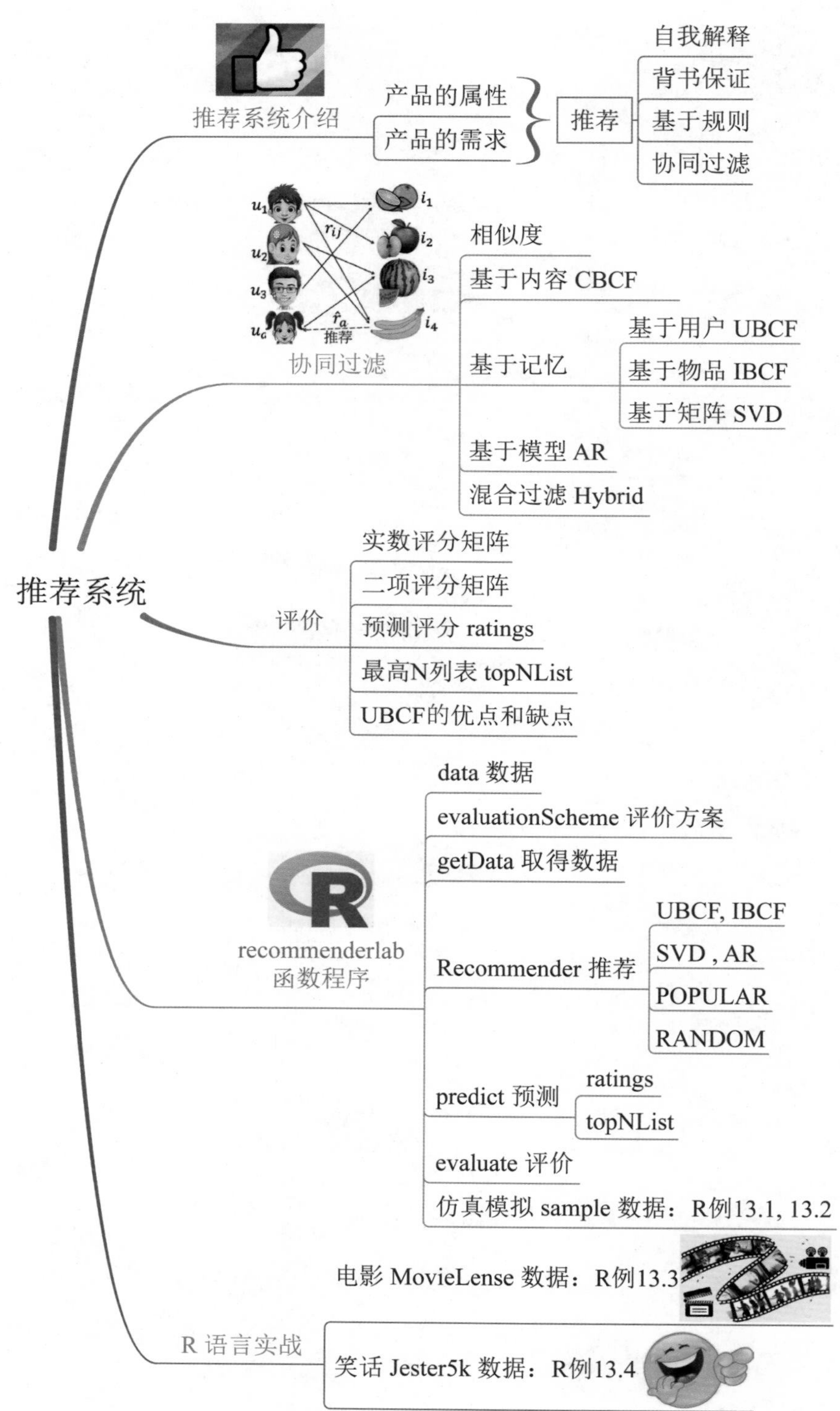
推荐系统
推荐系统介绍
产品的属性
产品的需求
推荐
自我解释
背书保证
基于规则
协同过滤
协同过滤
推荐
相似度
基于内容 CBCF
基于记忆
基于用户 UBCF
基于物品 IBCF
基于矩阵 SVD
基于模型 AR
混合过滤 Hybrid
评价
实数评分矩阵
二项评分矩阵
预测评分 ratings
最高N列表 topNList
UBCF的优点和缺点
recommenderlab
函数程序
data 数据
evaluationScheme 评价方案
getData 取得数据
Recommender 推荐
UBCF, IBCF
SVD , AR
POPULAR
RANDOM
predict 预测
ratings
topNList
evaluate 评价
仿真模拟 sample 数据：R例13.1, 13.2
R 语言实战
电影 MovieLense 数据：R例13.3
笑话 Jester5k 数据：R例13.4

结　语

佛祖慧眼观看，见那猴王风车子一般相似，不住只管前进。

大圣行时，忽见有五根肉红柱子，撑着一股青气，他道：

“此间乃尽头路了，这番回去，如来作证，灵霄宫定是我坐也。”

又思量说：“且住！等我留下些记号，方好与如来说话。”

拔下一根毫毛，吹口仙气，叫：“变！”

变作一管浓墨双毫笔，在那中间柱子上写一行大字云：

“齐天大圣，到此一游。”

——吴承恩《西游记》

本书暂时告一个段落。

大数据还有很长的路要走，后续还有：基于Python语言的数据科学、神经网络、深度学习、大数据人工智能、时间序列、半监督式学习、文本挖掘、图像识别、序列挖掘、社群网络、可视化处理、分布式处理、大数据框架工具以及大数据案例应用等。

休息一下，接下来要走更远的路。

感谢大家。

参考文献

中文书目

[1] 陈文贤，陈静枝. 大话统计学[M]. 北京：清华大学出版社，2016.

[2] 赵民德. 赵家酒店 昔年种柳. http://www.jds-online.com/blog/1999/02/02/，1999.

[3] 王振武. 大数据挖掘与应用[M]. 北京：清华大学出版社，2017.

[4] 王国胤，刘群，于洪，等. 大数据挖掘及应用[M]. 北京：清华大学出版社，2017.

[5] 李仁钟. 应用R语言于数据分析[M]. 台北：松岗，2015.

[6] 吕晓玲，宋捷. 大数据挖掘与统计机器学习[M]. 北京：中国人民大学出版社，2016.

[7] 周志华. 机器学习[M]. 北京：清华大学出版社，2016.

[8] 刘鹏. 大数据[M]. 北京：电子工业出版社，2017.

[9] 张重生. 大数据分析[M]. 北京：机械工业出版社，2016.

[10] 简祯富，许嘉裕. 大数据分析与数据挖矿[M]. 台北：前程文化，2016.

[11] 薛薇. R语言数据挖掘[M]. 北京：中国人民大学出版社，2016.

[12] skydome20. R系列笔记，https://rpubs.com/skydome20/Table，2018.

[13] Wun-Yan Huang. R的世界 - Use R for Statistics，https://sites.google.com/site/rlearningsite/factor/pca.

英文书目

[1] Chang CC，Lin CJ. LIBSVM：a library for support vector machines. ACM Transactions on Intelligent Systems and Technology，2011.

[2] Chinnamgari SK. R Machine Learning Projects[M]. Packt，2019.

[3] Christensen C，Raynor ME. The Innovator’s Solution[M]. Harvard Business School Press，2003.

[4] Conway D. The Data Science Venn Diagram，http://drewconway.com/zia/2013/ 3/26/the-

data-science-venn-diagram，2013.

[5] Dalpiaz D. R for Statistical Learning，STAT 432 – Basics of Statistical Learning at the University of Illinois at Urbana-Champaign，2019.

[6] Ganguly K. R Data Analysis Cookbook[M]. Packt Publishing，2017.

[7] Hahsler M. recommenderlab：A Framework for Developing and Testing Recommendation Algorithms，https://cran.r-project.org/web/packages/recommenderlab/recommenderlab.pdf.

[8] Hahsler M. recommenderlab：Lab for Developing and Testing Recommender Algorithms. R package. https://github.com/mhahsler/recommenderlab，2019.

[9] Han J，Kamber M，Pei J. Data Mining[M]. Elsevier，2010.

[10] James G，Witten D，Hastie T，Tibshirani R. An Introduction to Statistical Learning[M]. Springer，2017.

[11] Johnson RA，Wichern DW. Applied Multivariate Statistical Analysis[M]. Pearson，2012.

[12] Kassambara A，Machine Learning Essentials：Practical Guide in R[M]，CreateSpace，2017.

[13] Lander J. R for Everyone[M]. Addison-Wesley，2014.

[14] Lantz B. Machine Learning with R[M]. Packt，2015.

[15] Lesmeister C. Mastering Machine Learning with R[M]. Packt，2017.

[16] Poole D，Mackworth A. Artificial Intelligence[M]. Cambridge University Press. 2017.

[17] Powell C. CHAID and caret – a good combo，R-bloggers，2018.

[18] Russell S，Norvig P. Artificial Intelligence[M]. Pearson. 2016.

[19] Shmueli G，Bruce P，Yahav N，Patel N. Data Mining for Business Analytics[M]. Wiley，2018.

[20] Subramanian G. R Data Analysis Projects[M]. Packt，2017.

[21] Tattar PN. Hands-On Ensemble Learning with R[M]. Packt，2018.

[22] Zhang Z. Naïve Bayes classification in R，Ann Transl Med，2016.